天下无独燃之火，世间安得有无体独知之精？

——王充，《论衡·论死篇》

身体是可见的灵魂，灵魂是无形的身体。

——Osho，《智慧之书》

一个心理状态不是由另一个心理状态直接引起的，一定先有躯体表现介入这两者之间……因为我们哭泣所以我们感到悲伤、因为我们攻击所以我们感到愤怒、因为我们颤抖所以我们感到害怕，而不是因为我们感到悲伤、愤怒或恐惧所以我们哭泣、攻击或颤抖。没有由知觉而起的躯体状态，知觉就只是一种纯粹的、苍白黯淡的、没有情绪激动的认知。

——William James，《心理学原理》

绍兴文理学院优秀学术著作出版基金
浙江省一流学科重点资助基金
浙江省哲学社会科学新兴交叉学科重大扶持项目
『他心直接感知的神经哲学基础与实验研究』(21xxJC05ZD)

Embodied Cognition in Psychology

A Dialogue among Brain, Body and Mind

具身认知心理学

大脑、身体与心灵的对话

陈 巍　殷 融　张 静◎著

科 学 出 版 社

北 京

内 容 简 介

20世纪90年代以来，具身认知心理学兴起并掀起了一股沸腾的热浪。它横跨了一系列广泛的主题，为心理学描绘出一幅巨大的蓝图。本书系统回溯了具身认知在心理学史与认知科学史上的来龙去脉，介绍了具身认知的元理论、实体理论与实验证据，厚描出具身认知心理学的精细面貌，并对具身认知运动存在的问题与未来走向进行了批判性反思。最后，本书提出“内感受具身认知科学”的设想，将内感受视为沟通具身认知内在成分与外在成分的重要桥梁，从而为具身认知提供一种构成性的理论框架。

本书适合从事心理学、哲学、脑与神经科学、认知科学、人工智能、语言学等学科领域的研究学者，以及对人文社会科学与自然科学的交叉研究感兴趣的读者阅读。

图书在版编目（CIP）数据

具身认知心理学：大脑、身体与心灵的对话 / 陈巍，殷融，张静著. —北京：科学出版社，2021.6

ISBN 978-7-03-068925-2

Ⅰ. ①具…　Ⅱ. ①陈…　②殷…　③张…　Ⅲ. ①认知心理学　Ⅳ. ①B842.1

中国版本图书馆 CIP 数据核字（2021）第103380号

责任编辑：崔文燕　冯雅萌 / 责任校对：王晓茜

责任印制：赵　博 / 封面设计：有道文化

科 学 出 版 社 出版

北京东黄城根北街16号

邮政编码：100717

http://www.sciencep.com

北京市金木堂数码科技有限公司印刷

科学出版社发行　各地新华书店经销

*

2021年6月第 一 版　开本：720×1000　1/16

2025年1月第六次印刷　印张：24　插页：1

字数：460 000

定价：128.00元

（如有印装质量问题，我社负责调换）

序　一

基于对认知主义和联结主义等经典认知科学研究框架的反思，也基于对经典认知研究的“表征-计算主义”主流研究纲领的反思，自20世纪90年代开始，当代认知科学研究中开始出现一种新的研究框架——具身认知（embodied cognition，EC）。具身认知心理学注重将大脑神经生理活动和社会文化情境等生物学、社会学因素纳入认知理解之中。

《具身认知心理学：大脑、身体与心灵的对话》一书的几位作者在具身认知研究领域中进行过长期、深入的探索，搜集了大量文献，最终写出了该书初稿。2015年3—6月，在由我在浙江大学组织的两周一次的认知科学交叉学科讨论会上，该书作者之一陈巍博士曾经响应我提出的“是否有必要发起第三次认知革命”的议题。他在讨论时曾对该书中的一些内容与观点做过介绍，引发了来自神经科学、心理学、物理学、哲学等不同学科师生的热烈讨论。随后，陈巍博士通过承办第十二届“心灵与机器”会议（2015）、中国心理学会理论心理与心理学史专业委员会学术年会（2019）等学术活动，在为建设国内认知科学共同体的奔走呐喊中不断推进具身认知的研究。

目前呈现在读者眼前的是一本观点新颖、内容全面、资料丰富的书稿。书中详细介绍了具身认知的诞生背景与研究现状，特别是深入讨论了具身认知的元理论、实体理论与实验证据，并对具身认知运动存在的问题与未来走向进行了批判性反思。最近几年，陈巍博士在绍兴文理学院筹建了“大脑、心智与教育研究中心”，他带领的科研团队积极探索具身认知的脑与神经基础，并且提出了一些带有原创意义的理论框架，如该书中系统阐述的“内感受具身认知科学”的设想。该书值得关注这一领域的读者阅读和参考，也将为心理学界与认知科学界回答“What is mind?”这一事关心灵本质与发生规律的重大科学问题贡献中国智慧。

今年国庆节期间，我接到陈巍博士从绍兴打来的电话，欣喜地得知该书即将付梓的消息。在11月下旬，我和陈巍博士都参加了在浙江大学举办的第十七届“心灵与机器”会议。会议结束后，我们围绕“第二代认知科学与表征”问题交换过想法，他支持保留“心理表征”的概念，并认为这可以规避具身认知的解释偏差。

我很乐意将该书推荐给国内学界，以期有更多年轻学者投身认知科学研究领域中，进行跨学科的深入探索和实际应用，共同推动中国认知科学的发展与繁荣。

唐孝威①

2020年12月23日

---

① 中国科学院院士，浙江大学物理系教授、博士生导师，国家“985工程”哲学社会科学创新基地浙江大学“语言与认知研究中心”学术委员会主任。

序　二

认知科学引入中国始于20世纪80年代中期。过去的40余年，国内心理学、神经科学和人工智能等核心领域快速发展，在国际主流学术期刊和会议上发表论文已成为这些学科研究者的常态，但真正与哲学结合得很好的认知科学在中国的发展仍然比较缓慢，可以说，中国还没有形成哲学与经验科学真正交叉融合的学术环境。这与中国的认知科学家大多欠缺足够的哲学思维、哲学界又缺少与科学界的实质性合作不无关系。这种状况的直接表现是，大多数认知科学哲学的工作还是在追踪国际热点、译介名家著作或基于文本对一些思想进行分析批判，很少看到有较高哲学素养的学者走进实验室，针对实验科学的基础理论和工作假说提出具有创造性的修正。近年来，一些有抱负的青年学者已经意识到这一不足并在探索之路上有所作为，目前活跃于中国认知科学界的青年学者陈巍，就是其中的一位优秀代表。

陈巍在认知科学研究领域有着自身独特的优势，他曾接受过十年心理学的科学训练，熟悉心理学研究方法和认知神经科学的实验设计；同时，长期的哲学研修又使他获得了较强的批判性反思能力。陈巍于绍兴古城青墨古韵的熏染中静心学问，在物润天泽人文荟萃的书圣故里辛勤耕耘，近些年可谓佳作频出。从关于镜像神经元、他心通、自我、意识等多个主题的层层深入，到基于现象学精神病理学与神经科学的双重视角审视心理学的实验假说，再到出版《神经现象学：整合脑与意识经验的认知科学哲学进路》，一路成果喜人，其研究视野也越来越开阔。更为难能可贵的是，陈巍一直在具身认知这一领域持续深耕，并逐渐探索与聚焦自己的研究方向，带领他的精锐团队多年磨一剑，成就了这部《具身认知心理学：大脑、身体与心灵的对话》。不久前在中国人民大学召开的“认知科学与哲学的双向挑战”专题研讨会上，陈巍告知我他有一本书稿即将出版，并希望我能为其作序。鉴于他潜心研究且多有上乘佳品产出，我即欣然应允。

呈现在读者面前的这部著作关注的“具身认知”也一直是我们研究团队关心的话题。狭义的具身性观念着重强调身体对于认知具有的奠基性意义，需要特别说明的是，有机体的多模态感知活动在认知活动中占据核心地位。广义的具身性观念更强调阐释认知的基本单元是大脑-身体-环境的动态耦合体，重点说明认知主体如何参与不同情境，以何种方式与环境进行积极主动的交互。当然，以具身性（embodiment）观念为代表的“4E”运动——具身认知（embodied cognition）、嵌入认知（embedded cognition）、延展认知（extended cognition）和生成认知（enactive cognition）——已然席卷了当今认知科学的大片领地。

作者在这部著作中，不仅对具身认知前沿有非常丰富的介绍，更难得的是对具身性研究纲领做了整体性反思，并审慎地指出具身认知领域研究当前亟待解决的三个紧密相连的问题是：①具身性核心概念的界定问题；②具身性理论假设的兼容性问题；③具身性理论论证与解释的有效性问题。作者认为，仅仅强调大脑、心灵和身体之间存在密切联系还远远不够，研究者需要解答这种联系是如何发生的，又是以何种形态存在并发挥作用的。具体来说，身体在多大程度上涉入认知？身体又通过何种渠道影响认知？身体在认知的哪些过程中发挥作用？陈巍团队提出的这些理解也与我们在《认知科学对当代哲学的挑战》一书中指出的观点相呼应，对于认知心理学面对的表征问题，我们的立场是，在认知过程中并非只有一种纯粹命题式的心理表征，以身体为基础的知觉表征可以作为原初表征在底层提供认知与行动的因果说明。因此，我们愿意采取一种“审慎的”立场，接受在线认知和离线认知的区分，赞同取消以命题式表征作为表征唯一形式的教条，承认存在基底层的具身性知觉表征，以及以行动的目标导向为主的具身性知觉表征在认知中的重要作用。

在探讨心智的本质和认知的过程、功能和机制问题中，如何面对第一人称的内感受与第三人称的行为功能解释之间的鸿沟，是新近心理学和哲学界共同关注的课题。该书的重要价值还体现在，作者尝试为反思上述问题提供一种将哲学分析与科学证据交叉融合的原创理论。陈巍认为，一种兼顾本体论承诺与实践意义的解决方案是重视内感受在大脑、心灵与身体对话中的具体作用方式。他还基于涉身认知的构成解释，大胆提出了“内感受具身认知科学”的设想，将内感受视为沟通具身认知内在成分与外在成分的重要桥梁，从而为具身认知提供了一种构成性的理论框架。

我认为，陈巍的这种努力充分反映了中国青年学者积极融入国际学术前沿的学术勇气和扎实努力，令人敬佩，更值得大大褒奖。我坚信，如果能将哲学的前沿问题意识及批判性思维与认知科学的经验研究方法结合，聚焦不同语境的特殊问题，经过长期学术积累，随着跨学科研究环境的逐渐成熟，中国会有更多的青年哲学家不仅将产出解决中国问题、具有中华文化内涵的原创性成果，也将在人类心智和认知本质的真理探索中、在国际学术舞台上大放异彩。该书可以算作这种努力的一次有重要价值的尝试，真诚地期望阅读这部引领新方向的心理学大作的读者都能够从中深深获益。

刘晓力①

2021年1月12日

① 教授、博士生导师，中国人民大学哲学院杰出学者特聘教授，中国人民大学哲学与认知科学跨学科平台首席专家。

序　三

近年来，人们对具身认知的兴趣与日俱增，与此话题相关的书籍、论文也以颇为可观的速度不断面世。此刻，我用某常见学术搜索引擎以“具身认知”为关键词进行搜索，即可发现2000年以来出版了19 000多本/篇书和文章。一方面，对具身认知的讨论热度方兴未艾，尤其是在心理学科，具身认知的触角广泛涉及知觉、语言理解、记忆、学习、推理、动机、自我监控、社会心理和进化心理等领域和分支，甚至已有学者在讨论用具身认知取代传统认知心理学理论或者统一心理学的所有细分领域。但是另一方面，具身认知的定义却仍处在较为模糊的境地。哲学家、心理学家、神经科学家、语言学家、人工智能专家和生物学家等均试图从自身视角出发，澄清这一领域的内涵，于是争议也就在所难免。究竟是将具身认知看作认知科学的范式转型，还是将其视作可以被传统理论所兼容的“贫瘠”取向？对这一问题的思考，不仅需要以开放包容的哲学态度加以鼓励，也需要以审慎严肃的科学态度认真对待，更需要以返本溯源的历史态度详加考察。

总体来说，在心理学与认知科学视域下，具身认知认为心灵不仅与身体有关，而且身体还会影响心灵。在哲学基础上，这种立场挑战了勒内·笛卡儿（Rene Descartes）在17世纪提出的，并在之后几个世纪被众多哲学家与科学家接纳的身心二元论思想。因此，对心理科学中的具身认知思想和研究进行梳理回顾，总结具身认知如何改变或影响了科学心理学对心灵的看法，是十分必要的工作。

陈巍博士曾在中国理论心理学与心理学史研究重镇——南京师范

大学获得心理学博士学位，师从郭本禹教授，目前是绍兴文理学院的心理学教授，在具身认知研究领域开展了大量研究，也是国内较早关注并引入具身认知研究的青年学者之一，尤其是对具身认知的理论心理学思考颇有造诣。对于他的工作，我之前虽有耳闻，但因自身的学术兴趣一直未能深入。这次，他热情邀请我为《具身认知心理学：大脑、身体与心灵的对话》作序，借此机会，我仔细学习了书稿内容，认为与同类著作相比，该书具有一些鲜明的特色。

首先，史料丰富，理论关怀深切。该书对具身认知在心理学乃至整个认知科学中的缘起、内涵与各种版本进行了系统、翔实的考辨，力图对具身认知心理学进行百科全书式的阐释。这有助于读者按图索骥，找到自己感兴趣的具身认知话题进行阅读。在此基础上，作者尤其重视考察具身认知对于当代心理学变革的认识论贡献。作者认为，具身认知研究不再将心灵（或思维）视为脱离身体的东西；相反，心灵是一种受到身体和大脑与环境相互作用强烈影响的活动。认知之所以如此依赖于身体，是因为认知是用来指导行动的。我们感知是为了行动（我们感知到什么取决于我们打算如何行动）。即使是对极为抽象的认知过程（如自我、语言）的理解，也得益于考虑它们是如何以行动为基础的。这种对行动的关注与传统认知心理学形成鲜明对比，后者在很大程度上认为行动（和身体）相对认知而言是次要的。这些想法接轨国际学术前沿，将为具身认知的实验研究提供非常丰富的理论启迪。这一点在该书第四篇“基于具身认知理论的实验研究”中已经得到初步兑现。

其次，创新意识强烈，批判性反思精神值得鼓励。该书值得推荐的另一个重要特征在于作者旨在基于前人研究提出带有自身烙印的新观点。我关注到，在书稿最后一章，作者提出了“内感受具身认知”的设想，将内感受视为沟通具身认知内在成分与外在成分的重要桥梁，以期为更好地解释一直困扰具身认知的可重复性难题提供新思路。这种尝试充分反映了当代中国心理学青年学者的自信和努力。此外，难能可贵的是，作者并没有因为自己的学术兴趣而“迷信”具身认知，而是对其存在的问题进行了深刻的批判性反思，尤其是对来自实验室的否定性证据给予了高度重视，形成了一种“正反合”理论自觉。

当然，该书也仍然遗留下了一些问题有待后续研究的进一步深入。例如，具身认知心理学是如何沟通大脑、心灵与身体的，其具体细节是怎样的，仍有待补充新的工作。然而，瑕不掩瑜，该书仍为近年来具身认知领域内难得一见的用心之作。我在衷心祝贺作者的大作问世之余，也虔心祝愿作者今后能够持续推进该项工作，在具身认知研究的国际舞台上发出更多属于中国学者的“好声音”！

是为序。

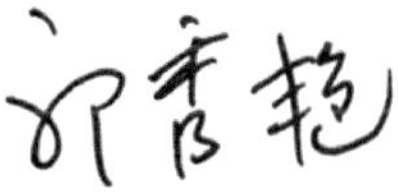[1]

2021年3月6日

① 华东师范大学心理与认知科学学院教授、博士生导师，长江学者特聘教授，国家“万人计划”哲学社会科学领军人才。

目　录

第三篇　具身认知的实体理论与实验证据

第四篇　基于具身认知理论的实验研究

第五篇　余音：具身认知的未来

导　论

我常以为实验心理学家在其专攻的范围之内也需要历史的新知识。若没有这种知识，便不免将现在看错，将旧的见解视为新的事实和新的见解，而不能估计新运动和新方法的价值。

——波林，1981

当代认知科学在经历符号计算主义与联结主义前后相继的两个阶段后，终于在第二次“认知革命”的浪潮中步入“第三个阶段”。该阶段的核心口号将认知的本质提炼为四个“E”：具身（embodied）（Varela et al.，1991）、生成（enactive）（Paolo et al.，2010）、嵌入（embedded）（Beer，2011）与延展（extended）（刘晓力，2020；Clark & Chalmers，1998）。当然，后两个取向都可以被视为“具身-生成”的衍生物。作为经典认知科学的“叛逆运动”（rebel movement）或“忠诚的反对派”（loyal opposition）（Gentner，2010），“具身-生成”的认知科学（embodied-enactive cognitive science）代表了一种显著不同于“计算-符号”（computational-symbolic）与“联结-动态”（connectionist-dynamic）认知科学的发展阶段。因为在解释何为“认知”上，其哲学预设与前两者完全不同：认知并非孤独或专有地发生在“头脑中”，除了某些亚个人层面的加工（sub-personal processes）外，“具身-生成”的认知被构想成一种对意义生成的、有意识的、交互主体性（intersubjectivity）的加工（Larkin et al.，2011）。

20世纪90年代以来，具身认知已然在认知心理学乃至整个认知科学中掀起了一股沸腾的热浪（Vallet et al.，2016）。对于经验科学来说，具身认知是一个非常有成效的研究方案，可以充分解释人类认知行为的许多方面，然而科学界中许多人仍然低估了具身认知对我们理解人类认知行为的贡献（Farina，2021）。与具身认知相关或由此衍生而来的理论与观点包括生成认知、嵌入认知、接地认知（grounded cognition）与延展认知等（刘晓力，2010a；Paolo et al.，2010）。更为重要的是，这一系列的理论议题已经成为心理学家偏爱的实验课题，并作为一种立场指导着实验设计与结论解释（Gallagher，2008）。当前，具身认知正在以摧枯拉朽之势撼摇经典认知科学的基石，在当前认知科学的几乎所有领域中都可以找到“具身-生成”认知拥护者的身影，比如，人工智能、生物学、心理学、神经科学、语言学、人类学以及哲学等（刘晓力，2014；Niedenthal et al.，2009；Gallese & Sinigaglia，2011）。

自2005年10月笔者在浙江大学“985工程”哲学社会科学国家创新基地语言与认知研究中心举办的第二届“心灵与机器”会议上第一次接触到“具身认知”这一领域，至今（2020年）不觉已经过去15年。在这期间，具身认知运动依旧保持高速发展的势头。根据 ISI Web of Science 的最新检索结果，与具身认知这一主题有关的研究在国际三大索引期刊检索中超过2700篇，且累计被引频次超过50 000次（图0-1）。

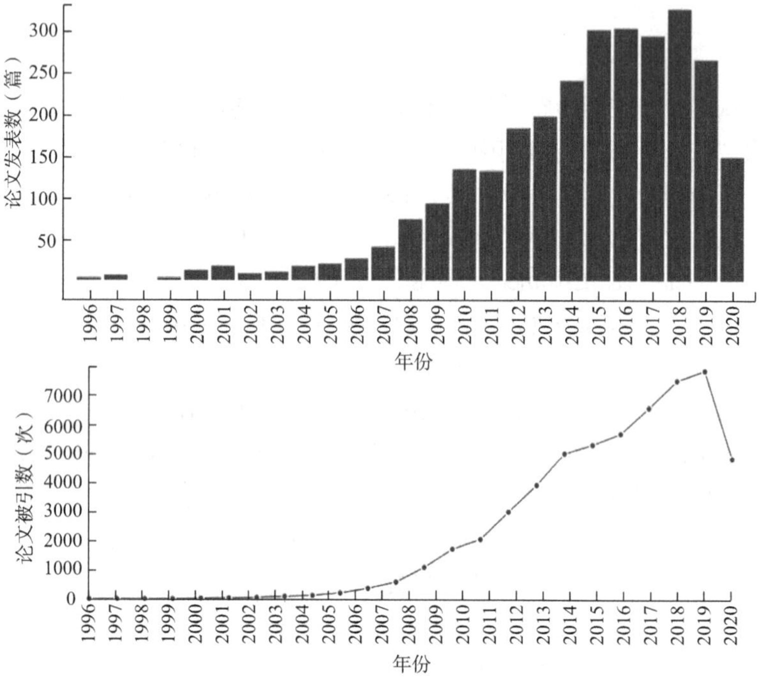

找到的结果数：2 792

被引用频次总数：53 681
去除自引：44 390

施引文献：30 378
去除自引：28 364

平均被引次数：19.23

H指数：100

图 0-1　1996—2020 年具身认知研究论文发表及引用概况

注：2020 年 9 月 18 日检索结果

通过科学计量学领域的知识图谱技术和文献计量技术，可以在一个更高的层次和水平上通过图像化的形式对具身认知的研究现状进行概括并预测其未来的研究趋势和走向。本书选取与第二代认知科学密切相关的关键词，包括具身认知/具身心智（embodied cognition/embodied mind）、嵌入认知/具身心智（embedded cognition/embedded mind）、生成认知/具身心智（enacted cognition/enacted mind）、延展认知/具身心智（extended cognition/extended mind）等，以中国知网和ISI Web of Science为检索平台，使用的知识图谱绘制工具为CiteSpace软件和VOSViewer软件，选取的文献类型为实证研究和综述，检索的范围是1970—2020年。对关键词进行聚类分析，结果如文后彩图0 2和彩图0-3所示。

然而，尽管具身认知已成为当下心理学界的新宠，但它依旧如“一个萦绕在认知科学实验室上空的幽灵”（Goldman & de Vignemont，2009），大多数学者对具身认知运动的身世由来知之甚少。与此同时，伴随不同理论诉求与知识背景的学者加入这个阵营，种种迹象表明，“具身–生成”认知科学已经陷入“战国时代”：在涉及究竟何为认知的“具身化”与“生成”上不仅缺乏统一的意见（Kiverstein，2012），而且这种“令人沮丧的分化”（dispiriting balkanization）正在阻碍其理论效力的发挥（Goldman，2012）。几乎与此同时，国际学术界对具身认知的质疑与批判不断升级。认知心理学家Goldinger（2016）等在《心理规律通报与评论》（*Psychonomic Bulletin & Review*）上发表的《贫瘠的具身认知》（*The poverty of embodied cognition*）一文甚至对此“盖棺定论”：“超越经典实验室的发现，具身化的理论无力充分解释我们认知生活的基本经验。”

因此，对于具身认知这股热潮背后的历史源流、内涵、证据及其问题进行系统的考辨，不仅将从认识论上有助于我们更好地把握“何为认知”这个大问题，也可以从实践层面上为实验心理学家拨开迷雾，为具身认知提供新的实证思路。在笔者的博士论文《迈向整合脑与意识经验的认知科学：神经现象学研究》中，笔者就试图为意识经验的具身认知基础提供一种新的解释。在以这项工作为基础出版的《神经现象学：整合脑与意识经验的认知科学哲学进路》一书中，笔者进一步地勾勒并论证了神经现象学的本体论承诺：“心智与生命的强连续性”→“认知的具身–生成特征”→“意识经验的不可还原性”。随后，笔者的研究继续徘徊于上述这些论题之间，并逐渐将关注的焦点转向社会认知、交互主体性与读心问题。然而，对于具身认知，笔者依旧意兴盎然，并决意从哲学重返心理学，为廓清当前具身认知心理学的概貌做一次系统尝试。

在对全书内容进行阐述之前，笔者认为有必要交代一下本书的研究定位，对研究主旨给出必要的导航与校准。对此，我们先来看一下英国理论心理学家、心智哲学家Velmans（2009）有关意识哲学–科学研究的4个层次。层次1：广义现象学。意识是一种唯有第一人称才可通达的现象，因此，作为一种现象，它包括日常的体验、内省和反思、现象学的体验和反思、东方传统的止观等。层次2：形而上学。心身关系，即心与身处于何种关系？作为纯粹物理实在的大脑如何产生了活生生的意识体验或精神世界？这是一个根本的形而上学问题，它关乎人究竟以何种方式存在。它是意识研究中的困难问题。层次3：自然科学。意识与身-脑紧密相关，这是意识科学研究的基础。例如，意识及其行为表现的神经机制或意识的神经相关物（neural correlates of consciousness，NCC）是什么？为什么分布式的、时序上有先后的神经网络活动会最终显现成一种统一的意识体验？层次4：方法论。从第一人称角度，我们拥有体验；从第三人称角度，我们拥有的是关于特定体验或体验类型的脑生理与运行知识。这两种知识如何在方法论上实现互补？

这种对问题层次的划分同样适用于具身认知研究。按照我们近年来对具身认知运动的把握，的确有一些学者认为，具身认知的目的带有某种本体论承诺（ontological commitment）。但是，在心理学与认知科学内部，更多的学者会倾向于在层次3上探讨具身认知。按照“斯坦福哲学百科全书”网站上有关具身认知的词条的最新版解释，具身认知在认知科学上的历史锚定至少包含6个来源：①隐喻与认知；②生成认知；③对机器人学的反思；④生态知觉；⑤动力论与发展；⑥现象学。其中，除了现象学取向带有强烈的本体论承诺外，其他的具身认知取向并不需要直接涉及层次2。

综上，我们强调：本书的立场与核心观点主要落脚在层次3上，即关注具身认知的心理学或科学实效论（pragmatics）问题，以此为出发点兼顾层次1、层次2与层次4，对具身认知的广义现象学、形而上学与方法论问题进行讨论。

本书的第一篇主要由第一章至第三章构成，主要系统回溯了具身认知在心理学史上的来龙去脉，对具身认知运动在当代心理学与认知科学中的位置提供必要的历史锚定。

第一章以美国实用主义哲学家、心理学家杜威的机能主义心理学思想为源头，读者可以其名篇《心理学中的反射弧概念》为蓝本，发现具身认知思想的雏形，即有机体的身体运动以及与身体运动相关的特征和感觉经验（或称身体经验）在认知过程中扮演重要角色，而有机体的身体又嵌入其所处的动态环境之中，从而形成一个不可分割的整体。

第二章以德国早期心理学流派——符茨堡学派（Würzburg school）的无意象思维研究为对象，发现其核心成员 Külpe、Marbe、Ach、Bühler、Selz 等提出的决定趋势概念、意识态度、思维觉知、特定反应与预期图式等一系列概念与具身认知领域内的目标导向动作、动作-句子匹配效应、抽象概念的隐喻等重要论题之间存在潜在的思想关联。

第三章围绕胡塞尔传统的现象学哲学渊薮，从胡塞尔出发，考察了意识意向性的现象学还原进路如何超越理智主义与经验主义的对峙；以海德尔格“此在”与“共在世界”概念入手，分析现象学本体论如何消解心灵与认知研究中的“笛卡儿式焦虑”；通过对梅洛-庞蒂知觉现象学思想的梳理，廓清他人首要地被理解为意向性的成分，作为一种意向和掌握周围世界的方式，勾连起现象学与当前具身社会认知的直接社会感知进路的关系。

第二篇主要介绍了具身认知的元理论与第二代认知科学。我们期待向读者全面、翔实地阐释当前具身认知运动的各大元理论版本。

第四章主要介绍了具身认知的基本立场及其一般主张，包括朴素具身化、激进具身化与中立具身化，重点考察了具身认知的身体观和动力学方法，探讨了认知结构在大脑、身体与环境的结构性耦合中涌现出来的动态机制，尤其是知觉-行动环路的作用。

第五章呈现并澄清了陷入“战国时代”的具身认知科学，并介绍了具身认知的一个激进版本——延展认知的核心概念、理论假设、实验证据与结论。该版本已经成为具身认知理论者和更为传统的认知主义者之间一些最热烈的讨论来源。延展认知提出了一种心灵与认知的构成观，将认知过程的成分延展到了大脑与身体之外，抛出了“认知的标志”难题。

第三篇的议题是具身认知的实体理论与实验证据。我们向读者呈现了概念表征、语言理解、动作理解、拥有感与自主感、身体幻觉、同感与社会互动等多个心理学领域内具身认知研究的前沿进展。这些议题从低阶的个体心理活动到高阶的社会认知，厚描出具身认知心理学的精细面貌。

第六章讨论了人类的抽象概念系统是以感知觉经验和具体概念为基础发展形成的。根据概念隐喻理论，主体可以以感知运动经验的方式对抽象概念进行体验式表征与加工。基于空间隐喻、温度隐喻、洁净隐喻、触觉隐喻等研究向我们揭示了对抽象概念的加工同对其进行隐喻化描述的身体经验具有关联。借助神经复用理论，我们指出主体的概念系统可能具有多元表征机制：感知表征加工与身体经验相关的具体知识，抽象符号表征加工与身体经验无关的抽象知识。最后，我们以阅读为例，论证了通过身体操作与想象操作的机制来实现具身化阅读。

第七章将主要精力落在对具身化的行动与自我意识的探讨上。这是第三篇中篇幅最长的一章。我们围绕观念运动、橡胶手错觉、幻肢与异己手综合征等主题，从实验诱发的自我意识活动到病理性的自我意识活动，讨论了来自行为与认知神经科学的最新实验证据。我们的主张是，自我既不是实体论（substance theory）理解的一种独立实在之物，也不是错觉论（illusion theory）认为的一种纯粹的心理错觉。建构论在同时否定两种极端观点的前提下指出自我应当是一种过程的建构，是一种具身建构的产物。也就是说，自我是一个“我正在持续进行”（I-ing）的过程，正是这个过程生成了一个“我”，并且在这个过程中，“我”和过程本身是等同的。

第八章的视角从个体认知转向社会认知，着重考察了近十余年心理学与神经科学领域内的重要发现——镜像神经元以及在此基础上提出的具身模拟理论。通过讨论和评估该理论在近期遭遇的一系列质疑，以及由此对镜像神经元在动作理解上扮演角色的批判，回应了具身社会认知面临的挑战，在此基础上，将交互主体性的社会互动引向一种更为广阔的群体意向性图景，在变色龙效应中进一步呈现具身社会认知的复杂性。最后，我们讨论了镜像神经元的基因基础如何影响其产生、发展与演化。

第四篇主要介绍了我们近期开展的三项基于具身认知理论的实验研究。

第九章的内容涉及道德概念的黑白隐喻表征及其对道德认知的影响，采用不同的研究方法在不同水平上考察了道德概念的黑白隐喻表征，探讨了黑白视知觉对道德认知的影响。实验1a 发现，在词汇选择任务中，被试倾向于判断白色希腊文词汇具有道德意义，判断黑色希腊文词汇具有不道德意义。实验1b 通过词性判断任务表明，当道德词以白色呈现、不道德词以黑色呈现时，被试会更快地做出判断反应。实验2显示，当将道德两难故事呈现在黑色背景上时，相比于呈现在白色背景上，被试会在道德评判任务中将故事中人物的行为判断为更加不道德。实验3通过情境实验发现，相比于明亮环境，在黑暗环境中完成实验的被试更倾向于认为他人会不公正地对待自己。研究证明，黑白颜色概念与道德概念的隐喻联结存在心理现实性，黑白颜色刺激知觉会对道德判断产生影响，且环境的亮度也会影响到人们对道德相关问题的认知判断。

第十章考察了具身认知策略对幼儿阅读理解能力的影响，以此检验了基于具身认知理论的索引假说的合理性。本章研究采用3（年龄）×3（策略）的被试间实验设计，考察具身认知策略对幼儿阅读理解能力的影响。结果表明，具身认知策略在4—5岁年龄和阅读的理解层面表现出一定的优势，视觉线索策略在阅读的记忆层面表现出显著优势，而口语理解策略的效果最差。该结果部分验证了索引假说的合理性，并进一步给出了其适用范围，应该根据幼儿的年龄以及阅读目标来选择适宜的策略，帮助其实现意义建构。

第十一章的内容涉及虚拟手错觉中同步性和距离参照系对身体拥有感的影响。本章研究使用方位追踪仪、数据手套及投影仪，通过两个实验考察虚拟手错觉中距离参照系对身体拥有感的影响。实验1在虚拟环境中采用经典橡胶手错觉的变式，考察同步性和虚拟手位置对拥有感的影响；实验2引入距离参照系，考察在不同参照条件下，被试对同一个位置的虚拟手在不同同步情况下的拥有感错觉。

研究结果发现：①无论是同步性还是距离，都会对虚拟手错觉中的拥有感产生影响，即同步比不同步条件下、距离近比距离远条件下的拥有感更显著；②不同的距离参照系对同一位置的拥有感体验的影响差异显著，先近后远的呈现方式会减弱错觉，而先远后近的呈现方式则会加强错觉。这一发现与身体拥有感是受稳定的身体意象调节的假设并不一致。

在本书的最后一部分，即第五篇中，我们以怀疑论的立场审慎地指出了具身认知当前亟须直面和解决的三个紧密相连的问题：①核心概念的界定问题；②理论假设的兼容性问题；③论证与解释的有效性问题。笔者认为，知道大脑、心灵和身体之间存在密切联系还远远不够，我们需要解答这种联系是如何发生的，又是以何种形态存在并发挥作用的。具体来说，身体在多大程度上涉入认知？身体又通过何种渠道如何影响认知？身体在认知的何时发挥作用？因此，一种兼顾本体论承诺与实践意义的解决方案是重视内感受在大脑、心灵与身体对话中的中介与调节作用。最终，我们基于具身认知的构成解释，提出“内感受具身认知科学”的设想，将内感受视为沟通具身认知内在成分与外在成分的重要桥梁，从而为具身认知提供一种构成性的理论框架。

第一篇

01

具身认知科学史前史

第一章 杜威的遗产：反射弧概念及其批判

我们通常用某些词汇来表达情绪的各种特征。不管这些词汇所形容的情感有多么高级，但词汇本身却都是非常普遍的，来源于它们的感觉基础，是一种源于身体经验的感觉，如源于嗅觉味觉的身体经验，我们会以“恶心”来表达自己的厌恶之感，会以“芳香”来表达自己的愉悦之感。在思维的操作和生物的、生理的操作之间并不存在一个连续上的断裂……这意味着有关身体运动的经验是个体理性操作源泉之一。

——Dewey，1938

众多学者在谈论具身认知产生的历史背景时都会不约而同地提及杜威（图1-1[①]）。Butcher（2012）指出，具身化的遗产在科学意义上的脉络可以追溯至从德国哲学家康德的先验范畴（priori categories）到格式塔心理学、杜威的机能主义心理学，从威廉·詹姆斯的思辨心理学到梅洛-庞蒂的知觉现象学。Chemero（2009）认为，绝对强调身体在认知过程中的统治作用的激进具身认知科学观点有着很深的美国心理学根基，即直接传承于威廉·詹姆斯和杜威。Lakoff 和 Johnson（1999）则授予了梅洛-庞蒂和杜威“具身观念的两大先驱”的头衔。因此，当我们回归已身，外观大脑、身体与环境的关系时，我们应重拾诸如杜威等先辈哲人的相关思考，他们的经典理论为当下的

图1-1 John Dewey（1859—1952）

① 除特别说明外，本书中的学者肖像照片均出自 Wiki 百科。

方法论修正提供了宝贵的思想之源。此外，不同背景的学者在考察上述与具身认知相类似的观念和主题的历史渊源时，杜威的身影也总是位列其中（Gallagher，2008；Paolo et al.，2010）。种种迹象显示，杜威的心理学思想为具身认知遗留下了直接而丰富的遗产。遗憾的是，尽管 Venturelli（2012）曾考察过对反射弧概念的批判，但迄今为止，没有学者对杜威的具身认知思想进行深入、翔实的考证与论述。考虑到杜威发表于1896年的论文《心理学中的反射弧概念》是其学术思想的最佳反映，并入选《心理学评论》（*Psychological Review*）过去一百年间发表的最有影响力的工作（希克曼，2010），此文被具身认知科学的支持者用以作为反对传统认知科学的出发点，因此有必要试图以此为文本去探明反射弧概念与具身认知之间的内在逻辑关联。

第一节　反射、反射弧与杜威的批判

反射和反射弧（reflex arc）概念原本是生理学对有机体不随意运动的描述和说明，其中，反射是指人体通过神经系统对外界或内部的各种刺激所做出的规律性反应，即我们所谓的感觉刺激—运动反应的过程；而反射弧是指参与反射的全部神经结构，包括感受器、传入神经、神经中枢、传出神经和效应器，它是反射活动的结构基础。反射和反射弧在杜威那个时代的心理学研究中掀起了一股普遍的、占统治地位的思想潮流。

在杜威看来，当时的心理学对反射的理解建基于预先设想和形成的有关感觉、思想和运动之间隔离区别的观念之上。当时的研究者认为，"感觉刺激是一回事，代表的观念中枢的活动是另一回事，而运动放电代表的运动本身又是一回事。结果是，反射弧不是综合的，或者有机统一的，而是由杂乱部分的拼凑物，是一种无关过程的机械结合"（Dewey，1896）。杜威发现，当时有关刺激与反应之间的二元论和有关身体与心灵的陈腐二元论之间存在某种明显的回响，他对此提出严厉的批判。对于杜威而言，心灵与身体构成了一个不可分割的整体。事实上，刺激和反应都是严格相关且同时存在的，对于反应的刺激和对于刺激的反应都是同时"需要发现的"东西（墨菲和柯瓦奇，1982）。因此，从结构上看，反射弧是一个统一体而非零散的缀合物，感觉刺激、中枢联结和运动反应之间亦并不是一种先后顺序的线性关系，个体的运动反应不仅仅是达到刺激，还是进入刺激；从功能上解释，反射弧不是简单的刺激和反应的机械组合，而是一个感觉-运动回路（sensorimotor circuit）。在这个感觉-运动回路中，先行于感觉刺激的是一套完整的感觉-运动协调，感觉刺激以感觉-运动回路中身体运动的协调为基础并脱颖而出，且经过中枢联结而导向下一个更大的身体运动协调（Dewey，1896）。在杜威看来，“反射弧是心-身行为（psycho-physical act），这一术语涵盖的不仅仅是狭义的生理学意义上的‘反射’（例如，眨眼），而是每一个统一的行动，或者行为的完整部分，每一个行动都是特定经验的共同协调”（Dewey，1969）。

杜威在《心理学中的反射弧概念》中的第一点批判是：感觉刺激、中枢联结和运动反应并非不同类型的心理存在，它们实际上是一个感觉-运动回路，一个由运动协调构成的回路，其中最为重要的是身体运动的协调。个体维持和再组织有关身体运动的协调，以此获得事物的意义，即认识事物。杜威的这一批判引起了Waskul 和 Vannini（2006）的共鸣，他们指出，Dewey（1896）的《心理学中的反射弧概念》一文是针对刺激和反应二元论的批判，有机体通过减少朝向“由互不关联的部分所组成的缀合物和互不关联过程所组成的机械联结”的互动来优先抢占对具身化的完整和有组织的理解。所有的人类活动都包括具身联系，我们不能错误地认为感知觉和运动是离散且独立的过程，它们实则是一个协调过程（Gibbs，2005）。杜威的第二点批判是，反射弧是一个完整的回路，这决定了经验具有连续性的特征。运动时相前后有关身体运动协调的经验是同一身体状态的连续，即前者是后者的基础，后者是前者的再组织，运动时相并非前后经验分界线的仲裁者。观念或中枢过程对个体随后的运动或运动反应的调节受限于个体先前有关感觉或外围刺激的身体经验（bodily experience）。Gibbs（2005）业已指出，杜威在100多年前在有关行为的刺激-反应的著名评论文章中谈到，个体而后的经验性质取决于其在某些活动中早已采取的身体协调方式，即个体先前有关刺激的知觉经验及随之产生的反应均是其“现在正在做”的组成部分；杜威的这一箴言已美妙地捕获了具身知觉的基本内容，即感知觉和行动之间并非线性因果关系，而是一个身体经验连续体。杜威的第三点批判是：不应该对运动做人为的分析和简化，不应将运动看作一种人为的科学结构，为了不失动作之真意，我们应当把运动放于有机体适应环境的过程中予以研究。在杜威看来，刺激和反应是有目的的，反射弧是一个有目的的过程，即适应环境。他指出，在研究反射弧时，我们应考虑有机体的情境性，有机体的活动情境会影响他的刺激选择和运动反应。这与具身认知理论有着异曲同工之妙，即关注情境性的运动和身体状态对人的心理和行为的作用，以此探讨人类是如何通过获取外部世界知识来建构内部概念系统的（Barsalou，2008）。概言之，杜威对反射、反射弧的批判正契合了当前具身认知理论的核心内涵。

第二节　杜威反射弧概念中的具身认知思想雏形

随着第二代认知科学的兴起，越来越多的研究者主张，认知是一种具身的活动而非离身的行为。认知是具身的，意味着认知的发生并不仅仅位于中枢系统，同样位于知觉和运动系统。认知不再被视为一个“三明治”：一头是知觉（输入）；另一头是行为（输出）（Thompson et al.，2016）。大量实证研究表明，高级的认知过程与知觉、运动过程之间是相互作用的（Barsalou，2008），即身体不仅是认知所借助的“硬件”，也是完成认知过程的依赖体。Lakoff 和 Johnson（1999）首创性地指出，心灵原本是具身的，充分肯定了身体在认知过程中发挥着关键性的作用。一个完整的认知过程理论必须承认心灵寓居于身体之中，以及身体活动（感觉传导除外）至少在某些时候构成了认知过程的实在组成部分（Hardcastle & Stewart，2008）。从发生学的角度看，心灵和认知必然以一个在环境中的具体的身体结构和身体活动为基础。

一、身体运动的协调性与具身认知的内在关联

当前的具身认知理论主张，认知是具身的，受到身体的物体属性及身体运动的制约。个体的身体运动和其他与身体相关的特征（如手势）在认知过程中发挥着重要的诱导性作用（Goldman & deVignemont，2009）。感觉运动系统的状态可以影响我们的认知。例如，重复地抓握和移动物体使其从靠近身体的位置转移到另一个远离身体的位置会影响对涉及动作的句子的判断（Mahon，2015）。Anderson（2003）指出，认知之所以根植于具身，并非仅是因为认知的所有过程须以神经活动为基础，还因为在概念形成和理性推理这些认知过程中，个体的知觉和运动系统扮演了基础性的角色。心理学家做了相关的研究，给出了充分的实证证据。Tom 等（1991）以测试耳机为由诱导被试做出点头或摇头的动作，同时在实验桌上摆放一支钢笔，在测试结束后询问被试是否愿意将实验桌上的钢笔作为礼物送予他人。结果表明，相比于摇头组的被试，点头组的被试更倾向于将桌上的钢笔送予他人。在另一项研究（Niedenthal et al.，2001）中，主试让被试观看脸谱图并判断两张脸的面部表情是否有变化，一组被试可以自由模拟，而另一组被试则被要求用嘴唇咬住一支笔以阻止面部的自由模拟。结果表明，能够自由模拟表情的

被试对任何情绪的脸的辨别都要快于被阻止自由模拟的被试。Rotella 和 Richeson（2013）比较了被试在不同身体姿态下的认错和弥补行为的差异。结果发现，较之表现出傲慢和自负的身体姿态的被试，表现出内疚与后悔的身体姿态的被试更倾向于承认自己或其他成员的过失行为，且更愿意弥补过失行为。此外，Jostmann 等（2009）比较了被试在手拿不同重量的写字板时对外币价值的判断情况。结果发现，相比于拿着较轻写字板的被试，拿着较重写字板的被试会认为外币的价值更高。这意味着身体动作会影响认知判断。

具身认知理论强调身体运动对认知的重要作用与杜威关于感觉刺激与运动反应之间关系的阐述产生了跨时代的遥相呼应。杜威主张，任何刺激之前都是一整个行动，即感觉–运动协调，并在感觉刺激—中枢联结—运动反应这一反射回路中发挥着重要的作用。因而，身体运动协调是主要的，而感觉刺激则是次要的。“尽管外在的刺激是多种多样的，我们却可以用一种属性来描述它们，这就是运动。无论作用距离的远近，事物作用于有机体并使之产生感觉的唯一方式就是运动。”（杜威，2010）在此以杜威引用威廉·詹姆斯的“儿童和蜡烛”的事例加以说明。若以当时在心理学界盛行的反射和反射弧的概念来看，光亮感觉是儿童产生抓物动作反应的刺激；而儿童抓握光亮后所体验的灼烧感觉是其缩手动作反应的刺激。简言之，运动反应的产生是由于感觉刺激的存在。但杜威却认为，在这一事例中，反射弧不是从一个感觉刺激开始，而是从感觉–运动协调开始，即视觉与眼动的协调，也就是“看见”这一身体运动（act of seeing）。随后，“抓握的动作”在“眼–臂”这个更大的协调背景中孕育而生，最后出现的“灼烧后的缩手动作”也是“眼–臂–手”协调的结果。在杜威看来，整个反射弧是在身体运动的协调中产生的，与中枢联结（认知观念）相连的感觉刺激受孕于身体的运动反应，并且终止于更高级的身体运动协调。由此看来，杜威肯定了个体的身体运动协调在认知中的首要作用，感觉作为刺激并不意味着任何特殊意义的心理存在，它的意义随着感觉–运动回路中身体运动协调的变化而变化；感觉刺激的发现是身体运动协调的结果，同时也标志着问题的出现（即认知的开始），而后通过中枢联结所产生的身体运动反应则标志着这个问题的解决，即认知活动的完结。

二、身体经验的连续性与具身认知的内在关联

我们对世界的认知并不是一个抽象的命题，而是在根本上取决于我们对世界的多种感觉经验，其中包括运动、情绪事件以及有关空间和温度维度加工的身体经验（Ackerman et al.，2010）。人们对身体的主观感受和身体在活动中的体验部分地为思想提供了基础内容（Gibbs，2005）。认知不仅包括抽象的和形式化的精

神表征，还包括来自各种感觉变形的知觉内容。这些感知输入通过大脑中的感知运动区域的神经元系统进行储存，以此来捕获环境中和身体上所产生的感知事件的信息（Barsalou，1999；Varela et al.，1991）。Freiler（2008）认为，身体经验是建构知识的一种源泉。认知依赖于一个有着特定知觉和运动系统的身体的经验（Thelen et al.，2001）。Ackerman 等（2010）进一步指出，身体触觉经验可能为个体内和个体间的有关概念和隐喻知识的发展创造了一个本体论的框架，就如同是运用这些知识的出发点。例如，儿童抚摸一只狗，同时被告知“这是狗”，此时，儿童的身体经验便被整合进对狗的认知中，即概念形成的过程。早在1919年，行为主义心理学的创始人华生就做了一个具有里程碑意义的经典实验，即“小艾尔伯特恐惧习得”实验，该研究充分体现出身体经验对认知的影响。原先的刺激（白鼠）因伴随着其他令人恐惧的刺激（如刺耳的声音）而得到了扩展，它意味着当接触时便引起恐惧、痛苦和退缩反应等整个身体经验的刺激，并被内涵进儿童自身的经验，进而导致被试小艾尔伯特对刺激（白鼠）的认知发生了转变。Beilock 和 Holt（2007）所进行的一项实验也为此提供了一定的佐证。当要求被试使用标准的打字法，在用同一手指输入字母和不同手指输入字母间进行选择时，与初学者相比，熟练的打字员倾向于选择后者，但他们对其选择无法做出解释。这一发现意味着，一个熟练的打字员在阅读文字信息后的认知活动耦合了潜在的敲击这些字母的身体运动经验，后者对前者产生了影响（Zhong & Leonardelli，2008）。此外，中国的某些习语和认知活动，如“一朝被蛇咬，十年怕井绳”和珠算过程中手指的灵活运动等，在某种程度上亦为身体经验对认知的重要作用提供了有力证据。

具身认知的这一内涵在杜威对身体经验的连续性的强调中早已预设。在杜威看来，认知发展的基础是通过身体的行动而获得相应的经验。在感觉–运动回路中，感觉刺激在身体运动协调中孕育而生，一种有关原来感觉的身体经验通过中枢联结得到重新解释而形成新的运动反应。个体的身体经验是其能够意谓、思考、知道和交流一切的最初基础，我们把经验和理性截然分开是错误的，一切理性思维都是以身体经验为基础的（Lakoff & Johnson，1999）。在杜威看来，反射弧中所涉及的身体经验有着它的连续性，即现在正在经历的身体经验受过去的身体经验的影响，同时它们又会影响个体在将来所要经历的身体经验。这种“经验连续性原则”意味着每一个当前的经验总是在某些方面取决于以往的经验，同时又以某种方式改变以后经验的性质。因此，他赋予了身体运动经验的连续性在认知中的重要作用。

再以“儿童和蜡烛”为例，儿童在被蜡烛灼烧以后，当再次见到烛光时会缩手，若按照传统反射弧理论的解释，儿童再次看见蜡烛时的缩手反应是由于灼烧的感觉代替了光亮的感觉，因而是一个全新的运动反应。然而，杜威则认为，反射弧是一个感觉–运动回路，这使得热痛感觉和视觉以及肌肉感觉能够成为同一回路中的身体经验，儿童在将来对蜡烛所产生的缩手反应就是得益于先前的身体经验，即反应构成了刺激（response constitute the stimulus）。儿童在经历灼烧后再次看见蜡烛时，此时的看见仍控制着抓握，并且被灼烧所解释。受原先身体经验的影响，我们的中枢联结对感觉刺激进行了重新解释，由此产生的运动反应是原先身体经验的连续和再组织。我们从感觉开始的认知起始于对身体经验连续性的解释，感觉及与其相关的认知得益于纯粹具身的和前言语的水平（Dewey，1934）。

三、身体运动和身体经验的环境适应性与具身认知的内在关联

具身认知理论家强调，认知是具身的，并且延展到了环境中（Vaesen，2014）。环境是认知系统的一部分，认知系统可以扩展至包括身体在内的整个环境（Wilson，2002）。因此，“为了理解认知，我们须把有机体放到它所在的环境中，视有机体、运动和环境紧密相连”（Eliasmith，2007）。著名的橡胶手错觉感知实验证实了这一点（Guterstam et al.，2011）。研究人员把被试的右手和一只与其性别相符的橡胶右手并列放置（假手与真手的食指大约相距12.5cm）。研究者用遮布挡住被试的小臂直到肩部，以此模糊真实手与身体的相连感；被试的左手放于其视野范围内的皮肤电导反应传感器上。用刷子轻刷使被试相信这第三只手确实是自己身体的一部分，然后研究人员迅速拿起一把菜刀猛地割向其中一只右手。结果发现，以见到菜刀所产生的普遍的恐惧反应为基准，无论菜刀割向真实右手还是橡胶右手，被试左手的汗腺反应是一样的。这说明个体已经将外界环境给予他的橡胶右手视为自己身体的一部分，即更新自己的身体，变通地去接纳感觉到的物体并将其视为自己身体的一部分，认知也随着身体构造的改变而有所变化，即源于身体的认知使嵌于环境的身体更好地适应环境。

上述关于具身认知的态度早在杜威以适应环境为目的的机能主义观点中就埋下了种子。杜威对反射弧概念的批判，是以他理解的关于意识或心灵的实用主义功能价值观为立足点的，主张心理学的研究不该遵循人为的科学结构，而应通过有机体对环境的适应来加以理解。Bredo（1998）指出，杜威的《心理学中的反射弧概念》一文是对当时心理学中的机械方法论的强有力的抨击，同时也为我们指明了一种以进化论假设为基础的更为积极的方法。为了转换成进化论的观点，拒绝机械论的观点，杜威给了身体运动而不是主体更大的权利。这种以身体运动为基础的心理学观点，将有机体的运动描述成刺激的改变者而不是之后反应的迎合

者。从进化论的角度出发，他将意识或心理视为身体对环境的适应，思维、记忆、情绪、语言、判断、推理等都是人类对复杂多变环境条件的顺应功能，是身体的知觉和运动功能日益复杂化的结果。“任何独特的器官、结构或形态，任何细胞或元素的集合，都应被视为一种调节或适应特殊环境的工具。”（Dewey，1916）这种适应观在杜威的认知概念中扮演了重要角色。杜威曾说：“有生命的地方就有行为、有运动。为了维持生命，运动就要连续，并与其环境相适应。”（杜威，1958）他认为，刺激或感觉、中枢联结或观念以及运动或反应之间的差异并不是由于各自孤立存在的顺序，而是来源于它们在同一运动回路中的功能分化，它们是“参照一个宽泛的目标组织其手段”，从而达到“完全的适应”。这一“宽泛的目标”指的是有机体的生存环境，而所谓的“完全的适应”既包括机体内部的协调，也包括机体与环境间的协调。进一步说，由身体发出的刺激或感觉、中枢联结或观念以及运动或反应需要以身体所在的生存环境为参照点，即身体是嵌在生活环境中的，它不可脱离自身生存环境的参照坐标；与此同时，为了达到“完全的适应”，身体动作间需要协调，并在此基础上形成有关身体动作的身体经验。

从发生学的角度来看，个体在偶然间会找到有关刺激的有效反应，从而淘汰那些无效反应；久而久之，个体会形成一定的有关身体运动的经验，对某一刺激形成特异的反应，但前提是它对这一刺激有了明确的认知，即不是这一刺激则不会产生特异的动作反应。由此杜威指出，儿童被蜡烛灼烧之后会产生缩手反应；当他再次看到蜡烛的时候就会自发缩手，这时的缩手反应不是由先前的灼烧感变成了刺激导致的，而是儿童对蜡烛能灼烧手有了一定的身体经验，随后的身体运动反应是先前身体运动经验的再组织，并以对环境的适应为最终目的（Dewey，1896）。这在某种程度上阐明了个体的行为反应不简单是身体肌肉或者腺体分泌的反应，而是一种基于先前身体运动经验的认知反应，使嵌入环境的身体能更好地适应环境。

第三节　反射弧概念批判在当代认知科学中的回响

杜威于120多年前在《心理学中的反射弧概念》一文中对反射弧概念的批判与阐释极大地吻合了当今具身认知的理论内涵。正如 Johnson（2010）所言：“紧随 James 和 Pierce 的步伐，Dewey 精工细雕出了一个非二元的且以身体为基础的有机体认知理论，他所提出的观点以自己所处时代的脑科学和心理学为依据，但却也出乎意料地与当代认知神经科学中的‘具身认知’观点相一致。”杜威强调反射弧是统一的有机整体而非分裂后的机械结合，以及身体运动协调和身体经验连续性在感觉-运动回路中的重要作用，同时也指出感觉–运动回路是处于环境中的回路，不能人为地将两者隔离。这一理解与具身认知强调有机体的身体运动、身体经验在认知过程中的重要作用，并将身体、认知和环境视为一个不可分割的动态整体的观点不谋而合。在此基础上，杜威指出，先前的身体经验源于先前的身体运动协调，并且对随后的身体动作协调产生影响，形成后续的身体经验，它们的最终目的是实现对“生存环境”的充分适应。概言之，认知的本质是实践而非理论的，这种实践主要体现在脑–身体–环境的互动以及适应性行为。相比之下，当前的具身认知研究还存在如下问题：①虽然强调身体运动对认知的影响，但却是从一个离散的角度来研究这些身体运动（诸如头部运动或面部表情等）分别对认知的影响，且身体对认知的作用是直接的还是间接的仍难以盖棺定论，这离解开具身认知内部运行机制的目标还有很长一段距离。②虽然重视身体经验对认知的影响，但是很少关注身体经验是如何由先前的身体运动演变而成的抑或身体经验是否存在连续性。③虽然承认身体所嵌在的环境对认知的影响，但并不重视适应环境是认知的最终落脚点。

此外，杜威关于反射弧概念的阐述为延展认知理论提供了重要的认识论基础（Vaesen，2014）。延展认知被视为替代具身认知的综合性研究进路，该理论对认知的看法表现出更为激进的倾向。延展认知主义主张认知不局限于大脑，而延伸至外部世界，是大脑、身体和世界三者相互作用的过程和结果（刘晓力，2010b）。杜威的反射弧概念中所蕴含的认知是适应环境的，且外部信息构成认知过程这一观点在当今的延展认知主义中体现得淋漓尽致。可见，杜威的思想无疑具有巨大的潜藏价值，可帮助我们重新审视并进一步厘清认知的本质以及悬搁在认知内部的核心争议，即何为认知及其界限问题，促进认知研究范式以及整个认知科学在争论中向前发展。

第二章　无意象思维：符茨堡学派的历史重估

当观察者（在解决简单问题时）被问道他们拥有什么心理意象时，他们的报告显示分歧很大，正如我们期待从意象研究中发现巨大的个体差异……一些人报告了视觉意象，一些人是听觉，一些是动觉，一些则是言语。一些人报告了清晰的意象，一些人则报告了大部分模糊和零碎的意象。一些人坚持思想清晰的闪现的片刻，他们不具有真实的意象，只有对一些关系或广泛意义上的其他“对象”的觉知。许多心理学家不接受这种证据，他们称这必定归结于内省的缺陷。所以引发了“无意象思维”争论，持续了多年并以僵局告终。

——Woodworth & Schlossberg，1954

第一节　符茨堡学派的缘起

思维是什么？迄今为止没有任何一个概念可以精确地描述出这一“地球上最美的花朵”。爱因斯坦曾如此感叹它的琢磨不定，“无论是词语还是语言，也不管书面的还是口头的，在我的思维过程中似乎从不扮演任何角色。对组成我思维的心理实体而言，可以供我随意复制并组织起来的只有那些模糊不清的特定符号和意象”（转引自 Baum，2004）。现代科学心理学（scientific psychology）奠基人 Wundt 虽然罗列了12 000多种感觉属性，但唯独没有提到思维。他在其1897年出版的《心理学大纲》中这样写道，“与其他自然科学一样，心理学需要两种精确的方法：第一，是实验法，服务于分析简单的心理过程；第二，是对一般心理产物的观察法，主要服务于高级心理过程和心理发展的研究”（Wundt，1897）。简言之，Wundt 认为，只有简单的感觉和知觉的心理过程才能以实验研究进行分析，而高级心理过程只有通过民族心理学的比较研究法才能被认识。作为高级心理过程的“思维”显然不能以实验研究进行分析。此外，按照 Wundt 学派的理解，一般的高级心理过程可以被还原为低级心理过程加以研究，而只有感觉、情感和意象这三类心理内容或元素具有不可还原性（Roeckelein，2006）。因此，所谓思维的本质无外乎徘徊在这三种元素的组合之中。

符茨堡学派因 Oswald Külpe 领导以符茨堡大学为中心的心理学家研究无意象思维而得名。这一学派存在于1900—1920年。学派的主要成员有 Mayer、Orth、Marbe、Watt、Ach、Bühler、Messer、Selz、Ogden、Wertheimer、Koffka 等。1894年，作为 Wundt 得意门生的 Külpe（图2-1）来到符茨堡大学任教授，并于1896年与Marbe一起按照Wundt的莱比锡模式建立了心理学研究所。在符茨堡大学工作的15年间，他指导、鼓励其实验室的学生和同事进行了许多关于思维的实验研究，先后取得了50多项研究成果。

图2-1　Oswald Külpe（1862—1915）

符茨堡的工作最早发轫于 Mayer 和 Orth 在1901年发表的《联想性质的研究》一文。他们的实验发现，在联想过程中，除了具有意象特征的情感基调（feeling tone）和意志行为（acts of will）外，还存在“第三种意识活动”。Mayer 作为被试通过观察发现，紧跟着刺激词“韵律”（meter）之后不是对其进行进一步的定义，而是会出现一种特殊的意识过程，接着报告反应词“扬抑格”（trochee）[①]，并且无法在他的意识中找到用来对心理事件做出反应的意象的丝毫痕迹（Mandler J & Mandler G，1964）。他们将这类意识经验称为无意象思维。符茨堡学派的主要研究范式基本都是通过被试的自主控制来对思维过程进行检验的。那么，他们的实验是怎样进行的呢？其核心方法便是在思想进程中对自我进行系统和实验性的观察，又称“系统性实验内省法”（Jones & Elcock，2001）。这种方法是把整个内省过程分成几个阶段来进行自我观察，通过实验引发特定的心理进程，要求被试准确汇报进程中的意识经历，同时用仪器记录下每个阶段的时间。例如，Külpe 在实验中问被试：“你是否理解这句话：想法是如此难理解，以至有些人更愿意给他下判断？”被试要尽可能准确地描述测试期间的意识过程。因此，某个被试可能会描述说，“当我慢慢地重复这句话时，会意识到‘判断’在这里意味着无心之语”（吕克，2009）。此外，他们还要求被试尽可能精确、详细地去描述他们先前的回答。通过对这些实

① 如果一个音步中有两个音节，前者为轻，后者为重，则这种音步叫抑扬格音步。

验的分析，使被试产生一种自我观察感。研究发现，对思维过程的观测是不能被解释成完全由意象联结起来的结果。于是，他们相信存在着一些无意象的因素，这些因素驱使思维朝着某一方向运行，并且决定了思维的过程。

著名认知科学家 Wilson（2002）在其名篇《具身认知的六个主张》一文中明确地提出，“具身认知的早期资源包括：19世纪心理学家有关无意象思维的争论；James 及其他人提出的知觉的运动理论；Piaget 的发展心理学强调了认知能力的出现基于感觉运动能力，以及 Gibson 的生态心理学使用描绘与环境潜在交互的动允性概念来审视认知”。由此，本章尝试围绕符茨堡学派几位重要成员在无意象思维领域各自提出的理论观点、概念与实验论据展开简要阐述，在此基础上详细分析无意象思维实验所引发的争论与启示，进而考察其对当代认知科学的影响。

第二节　无意象思维实验研究及其引发的争论

图2-2　Karl Marbe（1869—1953）

一、Marbe 与重量判断研究

Marbe（图2-2）是德国心理学家，也是符茨堡心理学研究所的创始人之一和符茨堡学派的重要成员。他在《判断的实验心理学研究：逻辑导论》（1901）一书中详细论述了其关于判断的实验研究。在 Marbe 的判断实验中，他想要回答如下问题：是否所有形成的判断行为都存在一种具有同样特征的现象学特质？是否存在一种特殊的可感受的特质（如感觉）来区别行为和判断的来源？当时的许多研究者都认为，这样的可感受的特质是确实存在的。为了验证这些假设，Marbe 设计了一些实验情境驱使被试形成判断，进而要求被试在形成这些判断的过程中报告他们的有意识的心理体验。所谓实验中的判断，Marbe 指的是预言“正确”和“错误”的意识过程，并能在有意义的方式下使用（Marbe，1961）。表2-1中呈现的是 Külpe 作为 Marbe 实验的被试所报告的几个实例（Hoffmann et al.，1996）。

表 2-1　Külpe 作为 Marbe 实验的被试所报告的几个实例

任务	Külpe 的回答
被试听到这样的句子："我们接下去将要去哪里？"	一个由声电机发出句子的声音"去咖啡吧"，但另外在心灵之上还有一个"你想去的任何地方"与之相抗衡。被试对这种意识状态是存在疑问的
提问被试问题："你认为在德语中最为广泛使用单子（particle）的是什么？"	反省，声电机发音"和"（"德语"，"最广泛"与"单子"的关系）。被试同时具有一种书写某些词汇（如单子）的视觉图像
实验要求被试提起两个圆柱形的重物，先提起一个后再提起另一个，接着让这些被试判断这两个圆柱体哪个更重，并把他们认为更重的圆柱体正面朝下放置。这两个圆柱体的重量是不同的，一个为 25 克，另一个为 110 克，但看起来两者相同	在把重物翻过来放之前，在意识中出现了声学上的口头描述"翻转"。但被试除了对重物重量的感觉和运动感觉（kinaesthetic sensations）外，并没有任何感觉

Marbe 的判断实验研究的意义在于，对于整个符茨堡学派的无意象思维研究而言，一个一度棘手的问题是：在很多实验中，被试做出了正确的判断，却不知道判断是如何做出的。被试在判断时并未出现判断所依据的意象，只有那么一种模糊的、无法描述的状态。而假使内省所常发现的意象和感觉不足以解释意识，那么意识中还有何种其他内容可用以作为意识的解释呢？Marbe 较早地提出了"意识态度"的概念来解释这一问题。也就是说，被试的理性结论可能产生于非理性的思维过程中。这一实验结果与 Wundt 等的传统观点发生了冲突。传统观点认为，被试做出正确判断的心理条件是将两个重量的意象进行比较，思维的过程就像逻辑学的三段论过程那样清晰和明确（郭本禹，1999）。

二、Ach 与思维研究

图2-3　Narziss Ach（1871—1946）

Ach（图2-3）是德国心理学家。Ach 对无意象思维的贡献主要表现在他提出的三个重要概念上，即系统性实验内省法、决定趋势和觉知。"系统性"这一形容词意旨分段，即将内省过程分成三个阶段：①内省前的阶段，包括在信号词（预备/开始）和刺激呈现之间的时间。②内省中阶段，包括实验过程中的实际体验（不是反应本身，而是导致反应的体验）。③内省后阶段，即伴随反应阶段之后的心理过程（Hoffmann et al.，1996）。“实验”一词意指计时器或其他装置，主要是运用希普计时器（Hipp’s chronoscope）这样的装置。Ach 以此说明，要了解系统性内省或内省的阶段，必须依靠严密的自然科学技术。

Ach 在实验中发现了决定趋势（determining tendency）现象。Watt 曾欲用 Müller 的持续趋势（perseverative tendency）来说明一旦启动以后的任务，被试究竟如何无意识地进行至思维活动中的目标终点，但 Ach 放弃了这一术语，而重新创造了“决定趋势”一词。该词意指被试在完成一个任务时，往往受到无意识的影响。Ach 把这种无意识影响称为“预备中的一个因素”，它会促进被试的联想趋势，所以叫作“决定趋势”。例如，给被试一张纸，上面印有“5”和“2”两个数字，“5”在上，“2”在下，让被试联想。如果被试联想到加法，便会说出“7”这个联想结果；如果联想到乘法，便会说出“10”这个联想结果；如果联想到减法，便会说出“3”这个联想结果；等等。但是，如果在内省前阶段，即在呈示这两个数字之前，主试和被试在闲聊中偶尔谈到与加法有关的内容，被试在内省中期便倾向于把两数之和作为最初的反应。这个有效的先决概念便是决定趋势，因为它决定了被试的联想趋势（波林，1981）。Ach 认为，该领域的研究有助于支持无意象思维的概念，即被试在交谈中没有特殊的心理意象，而是受到无意识的影响。Ach 研究决定趋势时所使用的计时码表打印机（chronotyper）如图2-4所示。

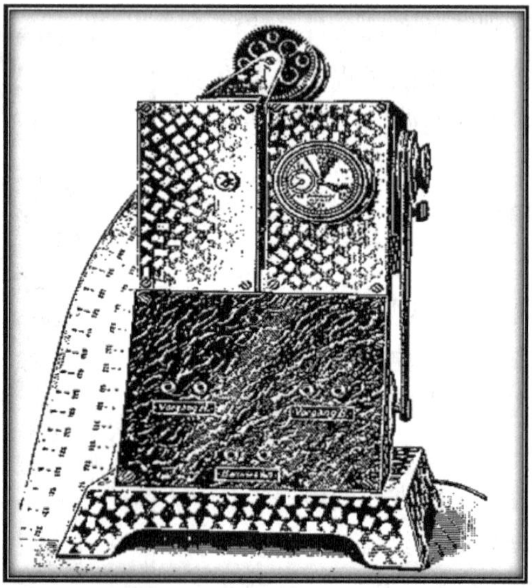

图 2-4　计时码表打印机（Hoffmann et al.，1996）

Ach 在实验中还发现了觉知现象。觉知意指一种无意象的、感觉模糊的、不易描述的意识内容。比如，一个人可能在实际上并未体验到闹钟响的情况下意识到闹钟将响。Ach 把它解释为“unanschaulich”，后来 Titchener 把它译成“不易理会的”（impalpable）（波林，1981）。系统的实验内省法不仅能发现思维中可以理会的内容，而且能发现其中不易理会的内容。

三、Bühler 与思维实验

Bühler（图2-5）是德国心理学家和语言学家，也是符茨堡学派中的激进分子。Bühler 进行了一系列思维研究的实验，在实验中，为了尽可能地让被试无法感受到自己的存在，他放弃了传统实验中所使用的莫尔斯电报键、声音键以及由 Watt 引入联想实验的希普精准计时器等实验装置。取而代之的是，在实验过程中，刺激材料由主试口头呈现，并由其手工操作秒表（精确到1/5 s）计时，同时要求被试闭上双眼，以避免被主试干扰。

图2-5 Karl Bühler（1879—1963）

Bühler 认为，当思维逐渐有意识地发生时，它们是完全可以被观察到的。但实验任务的设置具有一定的挑战性和难度，否则被试可以通过快速的、机械的和不可观察的方法去解决那些较简单的问题。但是，这并非意味着实验中所呈现的问题越难越好，Bühler 更多强调的是对被试任务的合理选择，因为即便是同样一个问题，并不都能引发每一个被试的思考。因而，在实验过程中，主试不仅要合理选择问题，还要在问题的选择上多加尝试，以激发被试的思考。在被试回答完问题后，主试又要求被试尽可能说清楚他在实验过程中经验到什么。另外，这种自我观察的方法是否可靠和客观也是 Bühler 所要考虑的问题，为此，他提出了三种办法来保证自我观察结果的客观性。第一，使用有经验的被试。Bühler 只信任当时的 Külpe 教授和 Dürr 讲师。第二，被试能检查报告的内部一致性。第三，也是最重要的，Bühler 相信，关于最近的思维过程的自我观察报告也能在某一时间点后通过对这些同样思维过程的记忆来测试。

Bühler 一共主导完成了6个自我观察报告实验系列。在第一个实验系列中，被试所面对的是诸如“你知道 Eucken 所说的世界历史统觉（world-historical apperception）的意思吗”。被试用“是”或“否”来回答这样的问题。在第三个实验系列中，主试读出20对观念，比如，“思想的高尚力量——Kant 印象”。在念完每一对之后，被试要指明他们已经理解了的观念。在进行短暂的休息后，主试再次读出前面那一部分，被试则被要求重复与之相应的后面那一部分（Bühler，1907）。

实验之后，通过被试的自我观察报告发现，被试的思维经验除了由感觉、意象、情感组成外，还包括意识情境（situations of consciousness）。按照 Bühler 的说法，意识情境都是意识的非描述性的（non-depictive）和非意向性的（non-intentional）状态。Bühler 的被试也报告了其他一些片段性的经历，并将这些片断归诸“意识”，或“知识”，但更多的是归诸“思维”。Bühler 认为，这些思维是问题解决过程中最基本的部分。显而易见，问题解决过程中最基本的部分不是意象，它们不可能成为思维紧密联结和连续内容的载体。相反，意识中一些表面上看起来不完整的、零碎的、随机的东西会出现在我们的思维过程中。因此，思维是无意象的过程。

图2-6　Otto Selz（1881—1943）

四、Selz 与特定反应理论

Selz（图2-6）是德国心理学家，也是符茨堡学派后期的重要成员。符茨堡学派的工作一直被当成对 Müller 联想主义的反动。但如 Humphrey（1951）认为的那样：“符茨堡学派的工作一直无法完全绕过联想主义，从他们的研究中，我们更多的是认识到如果脱离任务和决定趋势，那么联想主义不足以解释思维的事实。”Selz 的实验是对符茨堡学派后期工作的重要延续与拓展。他旨在提供一种完全不同于联想主义的思维理论。这样说并非指 Selz 不承认联想，而是指他认为联想不能作为思维的根本机制。因此，为了弥补符茨堡学派的无意象思维研究所留下的鸿沟以及他们所一直信奉的联想主义是思维活动的必要但非充分要素的不足，Selz 决意否认将两者的简单结合作为思维的根本机制。

为了证实以上观点，Selz 进行了一系列实验，以下仅举一例并予以说明。Selz 给被试呈现一个单词，接着让他说出在某种程度上与呈现单词相关的另一个单词，例如，“绞刑架”作为“审讯的场所”（与之相关的“梯子”）；“农场主”作为“地位高的”（与之相关的“职业”）；“水晶”作为“实在的凝结”（与之相关的“花瓶”）。此外，从呈现单词到被试做出反应的时间，即被试为寻找恰当的单词的内省时间也被记录了下来。实验结果显示，被试经常不能报告正确的反应词。例如，一个被试对“农场主”产生联想的词为“商人”，它与“农场主”并列，而不是所需的“地位高的”一词。内省分析发现，这类失败不是由于相关词语之间的竞争增加了对“农场主”产生的联想，而是由于对刺激词使用了错误的“预期图式”（Hoffmann et al.，1996）。

Selz 所谓的“预期图式”，即“一旦我们意识到在精神、生命、欲望、控制中最原始的驱力是其对最终状态的预期，这种期待就成为图式。因此，图式预期的重要性就变得可以理解了，即使我们对实现上述目标的部分条件还不得而知”（Hoffmann et al.，1996）。在讨论这些观察数据的基础之上，Selz 提出了特定反应理论。在上述实验中，被试说出“地位高的”一词的任务和刺激词“农场主”不能被视为孤立的因素，它们就像连贯的问题：“农场主的一般概念是什么？”这个问题已经按照图式预期了认知的图式单位，即复型，即“农场主是一个职业”，并且已被被试获得（Hoffmann et al.，1996）。这种在预期图式引导下产生的特定联想过程同样具有无意象的特征。

五、关于无意象思维研究的争论

在 Külpe 的领导与规划下，从 Mayer 和 Orth 最初发现的模糊的、难以捕捉的、几乎无法描述的无意象思维和 Marbe 定义的意识状态，到 Ach 的决定趋势和觉知，再到 Bühler 所谓的思维元素和 Selz 的特定反应理论，符茨堡学派的研究者通力合作和步步深入，逐渐建构出一张相对独立于 Wundt 内容心理学体系的概念网络。符茨堡学派的研究者在数年中不断改进他们的方法，但结果是相同的：确实存在着无意象思维。他们一直在不断丰富并深化无意象思维的定义、描述与解释，并最终认定，思维可以等同于心理意动，在思维的过程中并不必然存在着感觉、情感和意象的元素，而且联想主义也无法解释思维的无意象特征。这种激进的立场旋即引起了一场激烈的争论。

1. 消极反应：Wundt、Müller 和 Titchener

至今为止，对符茨堡学派思维心理学最具影响力的批判来自1907年时已年届75岁的心理学一代巨匠 Wundt。1907年，Wundt 发表了《论思维心理学的追问实验和方法》长文，专门攻击了符茨堡学派的方法，力图以此证明符茨堡学派的结果是错误的。在这篇文章中，Wundt 认为，符茨堡学派的“追问实验”不能被称为真正的实验。在 Wundt 眼中，在心理学中，内省法作为一种严格的科学方法必须是客观、定量的施测，其因变量指标必须是精确的，如反应时和心理物理学中对重量的判断。而系统性实验内省法强调主观性、定性和来自被试对其思维过程的详细报告，是不可靠的（Schultz D & Schultz S，2004）。他悲叹道，符茨堡学派的研究者眼中的“实验”成了为实验者对某些实验对象产生影响的“剧本”。这种做法无异于实验心理学中的“青少年犯罪行为”（吕克，2009）。他们的虚假实验已经到了这样一种地步，甚至无视一个严谨实验所需具备的四个准则。第一，观察者作为实验对象，是无法单独决定是否观察到了心理过程中发生的事件。这个工作必须由实验者本人来完成。实验者必须带有“一种无法预期事件”的态度去对待被试的反应。第二，在符茨堡学派实验中，观察者会禁不住妨碍被观察的心理过程。比如，在 Bühler 的实验中，提问和回答之间需要有一个很长的间隔（5—20 s），因此，内省报告必然很容易受到许多错误的影响（墨菲和科瓦奇，1982）。Wundt 认为，符茨堡学派实验妨碍了被试在问题解决的同时进行内省。符茨堡学派实验预先假设被试会专注于问题和他们对问题的解决，但具备这种“双重人格”是不可能的。第三，相同的观察者是不能被重复的，即对同一个被试是不能重复施测同一任务的，对于被试而言，第二次任务是依靠实施第一次任务时保留的记忆完成的，而不再经历相同的推理过程。第四，观察过程的发生条件不能被改变，一个改变的任务必须是一个全新的任务（Bühler，1907）。

为此，Bühler 于1908年回应了 Wundt 的批评，在回应中，他严厉地批评了 Wundt 的观点，尤其是他认为思维的每一个动作都必须通过意象或情感表征在意识中的观点。同时，他也反对 Ach 将思考看作无意识意象之间交互作用的有意识反映。他认为，Wundt 的批评是缺乏洞察力的结果，并客观和确定地回击说自己的研究是彻头彻尾的实验，思维绝对不会复杂到无法用实验研究的地步（Jones & Elcock，2001）。至此，符茨堡学派和 Wundt 之间的争论达到白热化。

随后，哥廷根学派（Göttingen school）的领袖，作为 Külpe 和 Ach 曾经老师的 Müller 也对符茨堡学派的无意象思维进行了激烈的批评。根据 Müller 的理解，心灵意象的运作规律主要有两类：联想的规律和保持的规律。联想的规律关注意象间的联系，即不同的意象是怎样联系起来的，一种重复触发的联想是怎样加强两个意象间的联结的，或者是不同意象的联结怎样加强或抑制另一个意象的。如果一个意象 a 是伴随在意象 b 之后出现的，那么当意象 a 再次出现时，心灵中就会产生一种呈现意象 b 的趋势。保持的规律说明任何意象都会出现在意识的过程中，每个意象具有在意识中再次自由产生的趋势，这就是保持趋势。虽然这种趋势经常很快就衰退了，但其在思考问题的过程中起到了更加强烈地集中注意以直接指向意象的作用。如果在思考问题的过程中意象被不断重复，那么这种趋势就会被增强（Kimble et al.，2000）。而这种观点显然是与 Selz 的特定反应理论相悖的，根据特定反应理论，每个意象在意识中产生的趋势并非完全自由的，而是在受到被试经验中的“预期图式”的严格限制后做出的某种特定反应。

另外，Müller 还对符茨堡学派实验中一些看似细节的方面提出了严厉的质疑，他认为，这种疏忽会进一步导致实验的误差，甚至使得实验要证明的结果变得不可信。比如，Müller 首先反对 Ach 没有与被试签署一份完整的研究协议，并使用了大量匿名被试。Müller 指出，“这种方法不符合良好科学的要求，我们可以想象历史学家提到了他所依赖的目击者却无法指出是哪一个目击者做出了这样的陈述”（Kusch，1999）。进一步地，即便认同询问被试经验的做法是不可避免的或有效的，Müller 仍对 Ach 如此频繁地甚至略显不近人情地提问被试而从中得出的结果表示怀疑。他认为，Ach 过多的问题无疑提示并导致被试凭借记忆去重复解释那些由问题所诱导但实际并不存在的意象。此外，他还指出，Ach 没有认识到在反省的自我观察（retrospective self-observation）中使用多种方法会导致实验失败。证据在于，被试在反省中会产生即时的早期经验，或者反省者能在实验者提出的问题的帮助下提供一种经验的完整报告。Müller 对 Ach 实验中的被试的能力也没有留下什么好印象，并声称：“我将要驱逐那些任何声明具备回答 Ach 实验中涉及的所有或大多数问题能力的被试，并将其视作一种耻辱和欺骗。”（转引自 Kusch，1999）在 Müller 看来，Ach 和其他符茨堡学派成员没有正确地训练其实验被试，尤其是实验者没有教授被试在其反省报告阶段对其意象持有一种正确的怀疑倾向。他认为，符茨堡学派成员忽视了明显的心理学原则，即“不记得并不意味着没发生过”。被试没有能力回忆起一种心理状态，并不能作为这种心理状态未曾发生的无懈可击的论据。Müller 进而把这种对 Ach 实验的不满辐射到整个符茨堡学派成员。他嘲讽道，“一旦成为 Külpe 学派的被试，命运马上安排他成为一个具有上帝恩赐的非描述性的记忆的人，这是一种我和其他凡人并不拥有的记忆”（转引自 Kusch，1999）。

继 Wundt 和 Müller 之后，与 Külpe 同为 Wundt 高足的 Titchener 也从方法论和理论上对符茨堡学派的研究展开攻击。Titchener 力主思维过程的感觉及意象性质，反对符茨堡学派的无意象思维。他认为，思维过程纵然有时拒绝内省，但这不意味着它们就是无意象的，“意识态度”并没有什么新意，仍然属于传统的心理元素（Humphrey，1951）。虽然 Titchener 承认 Ach 的决定趋势和符茨堡学派的这个前提，即思维可以是无意识的，但他在《思维过程的实验心理学演讲稿》（1909）一书中指出，符茨堡学派的被试关于“无意象思维”的报告根本不是对意识的描述，而是根据他们对一个人应怎样解决实验中的问题的信念所进行的捏造。因为他们犯了内省实验中常见的“刺激错误”，即被试误将刺激本身所产生的意识内容与伴随意识内容产生的体验相混淆的倾向。比如，当看到一张长方形的桌面时，被试即报告体验到了长方形，那就犯了“刺激错误”，因为桌面投射到视网膜上产生的真实意思内容应该是梯形的。因此，在内省实验前，被试需要接受严格训练，以学会区分直接的意识体验和对意识体验所做出的解释。为了验证符茨堡学派提出的无意象思维的真实性，Titchener 还在其康奈尔大学的心理实验室，指导其学生针对符茨堡学派提出的概念进行检验，具体分工是：Pyle 负责检验预期图式，Okabe 负责检验信念，Clarke 负责检验意识态度，Jacobson 检验意义和理解。康奈尔的思维实验宣称没有发现任何无意象思维存在的迹象，并成功地把所有的意识内容追溯至感觉、情感和意象等基本元素（Kroker，2003）。Titchener 总结认为，符茨堡学派拒绝对一个心理内容进行分析，却称它为“无意象思维”，这对于内省主义者的符茨堡学派来说是一种失败。

2. 积极反应：新康德主义者、Stumpf 和 Woodworth

在一片甚嚣尘上的质疑声中，也有相当数量的哲学家和心理学家站出来肯定了符茨堡学派的工作。他们赞誉其实验结果，并且宣称符茨堡学派的研究项目才是“心理学史上一个真正的重要事件”（Kusch，1999）。其中，新康德主义者（Neo-Kantians）的反应最为积极与友善。传统康德主义认为，所谓先验心理就是认识主体心理上存在着的一种先天结构和形式，人们对世界的认识及其拥有的科学知识，是由人的这种先天心理结构决定的。新康德主义认为，康德的心理主义是康德哲学的不彻底性的表现，因为这种心理主义既有可能把心理意识活动的对象当作意识之外的自在之物而导致自然主义，也有可能由于把心理意识活动的对象归结为主体的先天能力而导致主观主义。他们要求排除主观主义和自然主义，从而也要求排除心理主义。而符茨堡学派的工作从实验的角度很好地印证了他们的这种观点。著名哲学家 Rickert 对 Marbe（1961）的著作极其推崇。他认为，Marbe 的研究主题，即“判断”是一种逻辑形式而不属于一种心理类别的观点——是对新康德主义反心理主义（anti-psychologistic）运动的最有力支持。Cohn 重估了 Ach（1905）的工作，并且称赞其尝试带来了“在实验工作中引入了更高级和更复杂的问题”（Kusch，1999）。Cassirer 在其巨著《实体概念和功能概念》（*The Concepts of Substance and Functions*）中，还祝贺思维心理学研究发现了非描述性的心理元素。Hönigswald 于1913年发表了一篇长达40页的文章——《关于思维心理学的原则问题》（*Questions of Principle Regarding Thought Psychology*）。他指出，符茨堡学派的思维心理学并不仅仅反对联想主义，而且重新捕捉到了 Kant 的关键见解。这些见解包括思维是反身的（reflexive）。思考“我思”必须伴随“我”的其他所有思维过程——涉及非描述性的概念或意义，并与所有心理内容，包括描述性意象混合在一起（Kusch，1999）。

另外，也有来自心理学内部的学者给予积极响应。作为当时德国四大心理学研究所的领袖之一——柏林学派（Berlin school）的 Stumpf 就力挺符茨堡学派的研究明确了“较之长时间来联想主义心理学所信奉和讲授的思维本质，符茨堡实验所证明的发生在所有心理活动中的观念思维更加具有独立呈现的特点”（Kusch，1999）。显然，反对 Wundt 的元素主义和 Müller 的联想主义使得 Stumpf 和符茨堡学派的研究者殊途同归地走到了一起。在大洋彼岸，美国实验心理学家 Woodworth 无疑是无意象思维最为坚定的支持者。1915年，他通过实验支持了符茨堡学派的假设。在他的实验中，主试教会被试按照某种方式学习一些词（如 A、B、C、D），前后两词呈现的时间间隔相同，并达到让每一对词的第一个词出现时能引起被试对第二个词的回想效果。按传统联想主义者的设想，B 与 C 的联结会像 A 与 B 的联结一样得到牢固建立。但实验结果显示，第一个对子的第一项引起第二项的联想是后者引起下一个对子第一项的联想倾向的85倍，即被试更倾向于把 A 和 B 当成对子。Woodworth（1915）认为，造成这种结果不是由于前后词汇的相邻性，也不是由于简单的学习愿望或特殊的态度，而是由于知觉动作自身建立了这种联系。这种知觉动作没有符号性的特征，是一种无意象思维。

3. 混合反应

除了正面和负面的激烈意见之外，研究者对符茨堡学派工作的评价也夹杂着许多混合反应。Petersen 注意到符茨堡学派的研究片面地关注“科学思维”，并反对采用其他思维模式，因而建议符茨堡学派的方法论需要现象直觉作为补益。Betz（1910）也提出了类似的混合主张。尽管他同意 Bühler 的研究结论，但 Betz 相信，要说服任何一个对符茨堡学派思维实验的怀疑者，必须要思维心理学家走出实验室去采集那些“来自街头和日常生活中”的论据。在混合反应中，最具有影响力的人物是德国著名哲学史家 Aster。尽管 Aster（1908）详细地批评了 Bühler 的工作，但他并非反对一般的符茨堡学派研究项目，而是支持一种从思维到意识状态的回归。Aster 的出发点是 Bühler 对于意向性思维和非意向性的意识状态之间的区别。思维及其出现时刻意味着什么？描述类似“关于……的意识”、“关于……的知识”或者“关于……的思维”等经验又意味着什么？Aster 将以上疑问理解成在一种非意向性特征中去描述心理状态，或是将来自朝着它们所指向的对象与心理状态的表征独立出来。Aster 认为，Bühler 将意识经验的对象和意识经验本身混淆在了一起。此外，Bühler 还否认他的实验被试总是表达其经验而不是描述经验，比如，用类似这样的说话方式——“哦，很好，这是一个相当困难的问题”——作为一个实验报告的组成部分，而不是描述一种思维经验的结构，比如，“我连这个问题想说明什么都不清楚”（Kusch，1999）。

对于符茨堡学派的结果，还有一些评论者尝试给予不同的解释。美国心理学家 Angell（1911）指出，无意象思维是我们大脑的生理产物。它在潜意识中发生，一旦超过阈值就会成为意象思维。换言之，思维过程有时体现出无意象的特征，有时则具有意象特征。但这一假设被指责为不符合 Morgan 的吝啬律——为什么大自然创造了两种思维类型？这对于人类适应复杂的环境有何意义？关于思维的无意识性也遭到斥责，因为无意识的东西不属于心理学的研究范畴，而是生理学的研究对象。因此，整个符茨堡学派引以为傲的“无意象思维”主题面临被“奥卡姆剃刀”清除的危险。

第三节　无意象思维对当代认知科学的影响

虽然在1909年后，曾在符茨堡工作过的 Selz 仍然继续着符茨堡学派开创的工作，但这一学派其实在 Külpe 赴任波恩大学后就已经开始走向衰落。著名心理学史家黎黑（2013）对此这样感慨：“令人不解的是从1909年直至逝世，Külpe 几乎从未对符茨堡戏剧性的试验发表过任何意见，因此，符茨堡学派没有产生过可供选择的心理学。他们的方法是创新的，他们的发现是激励人心的、超出规范的，并在心理定势上做出了不可磨灭的贡献。但符茨堡学派始终只是一个学派，一个过早终止的研究纲领。”然而，纽约城市大学哲学与心理学教授 Greenwood（1999）却毫不掩饰地对符茨堡学派的工作加以赞誉：“无意象思维的争论在构造主义心理学的历史终结中扮演着重要的角色。”而有关无意象思维的争论还带给我们以下两方面的启示。

首先，围绕无意象思维实验的争论拓宽了科学心理学研究的对象，相关的概念与理论对当前具身认知领域内的众多主题提供了启示。在 Wundt 那里被一度抛弃的人类高级心理过程的实验研究重新回到了心理学的视野之中。虽然一些心理学家对似乎存在的无意象思维本身尚持一种怀疑态度，但绝大多数心理学家开始相信只要构思缜密、方法事宜，对高级的心理过程完全能够进行实验研究。正如 Külpe（1915）所言，“原则上，在心理学中没有什么主题是实验法无法介入的，因为正如我们建议的那样，当实验心理学被称为普通心理学的时候，已经赋予了实验研究处理所有心理过程的权利”。而实验法作为科学心理学诞生的标志之一，它的应用范围一旦扩大，无疑坚定了处于萌芽期的现代心理学作为一门独立学科的信心。此外，无意象思维概念不仅突破了 Wundt 所划定的三类基本心理学元素的藩篱，而且证实了联想主义在解释心理元素形成高级心理过程时存在的缺陷。荷兰格罗宁根大学教授 Hark（2004）评价道："无意象思维的发现是思维存在不可还原性的有力佐证。"心理活动所具有的意动（act）、不可还原的整体性（holistic）使得心理学家逐渐认识到心理现象本质的复杂性。上述特征同样是具身认知运动所关注的。符茨堡学派的决定趋势概念、预期图式、意识态度等一系列概念与具身认知领域内的目标导向动作、动作–句子匹配效应、抽象概念的隐喻等重要问题之间存在着潜在的思想关联。

其次，这场争论开启了科学心理学研究方法多元化的大门。Simonton（2002）指出，无意象思维论战的一个深远影响便是加剧了那些曾经拥护内省法作为科学方法的心理学家的不满。内省法在勾画心理活动的主要轮廓方面可能是适用的，但作为一种精密工具就不够了：它的作用似乎有一定的范围，超出这个范围，要把握思维的细致微妙而又迅速变化的过程就无能为力了（Schultz D & Schultz S，2004）。他们进而反思，如果改进了内省法（如符茨堡学派的系统性实验内省法）依旧无法处理人类思维问题，以至 Wundt 据此否定符茨堡学派工作的假设成立，为什么不以此全盘否定内省法的价值呢？是否正是由于内省法本身的弊端限制了这场争论的解决（Ogden，1911）？符茨堡学派的被试相信无意象思维，他们就发现了无意象思维，而 Titchener 的被试只相信思维过程中的感觉和情感要素，他们也就仅仅发现了感觉和情感。心理学家开始怀疑内省法是一种经不起检验的、不可信的工具，它易于受理论期望和偏见的影响。至少，"内省只是为心理学研究提供了一个好的起点，而无法成为研究的终点"（Bridgeman，2010）。这种研究方法显然滋生了"信则有"（believing can be seeing）的非科学态度，不利于心理学的科学定位。这场争论过后，内省法的黄金时代一去不复返，心理学将迎来方法论的全盛时期，Freud 的精神分析法、格式塔心理学的现象学实验和行为主义的刺激—反应法等如雨后春笋般蔓延开来，奠定了当代心理学的科学方法论基调。今天，在这种方法论多元主义（methodological pluralism）背景下，内省法又以新的面貌复兴，与现象学还原一起构成了认知科学的第一人称方法论，并与以认知神经科学为代表的第三人称方法论一起为具身认知的研究提供了宽广的方法论支撑。

第三章　现象学哲学：对“笛卡儿式焦虑”的消解

长期以来，笛卡儿的身心二元论加速了经验主义[①]与理智主义[②]在认识论上的对立。经验主义和理智主义具有一致的二元论背景。Varela 等深刻地指出，两者都罹患了所谓的“笛卡儿式焦虑”：要么，我们有一个有关知识的坚实稳定的基础，知识从这里开始、建立和休憩，要么我们无法摆脱某种黑暗、混乱和混淆。这种对一个预先给定的、绝对的参照点的渴望引发了前者期望在世界中寻找一个外在且自在（being in itself）的根基，而后者则期望在心灵中寻找一个内在且自为（being for it self）的根基。于是，主体与客体、心灵与世界由此演变成决然对立的两极，两者之间存在着不可逾越的“解释鸿沟”。经验主义将认识活动视为对外在世界的恢复，心灵是自然之镜（mirror of nature）；而理智主义则将认识活动视为心灵的投射，世界是心智之镜（mirror of mind）（Varela et al.，1991）。落实到认识活动的实现途径上，经验主义认为认识主体是通过“联想”或“回忆的投射”的方式将外部的感觉材料加以综合而完成认识活动的，理性主义则认为这种认识活动是在主观意识的引导下，通过“注意”“判断”等方式实现的。

经典认知科学几乎毫不例外地继承了上述两大认识论，同时也延续了两者共享的“笛卡儿式焦虑”。如果将经验主义与理智主义在认识论舞台上长达几个世纪的对立与抗衡比作两名侦探手头各有一张关于某位嫌疑犯的照片：一张拍摄的是其正面；而另一张拍摄的是其背面。为了判定哪一张照片才是真实的，两者分道扬镳，分成两个阵营：“正面主义者”与“背面主义者”。前者坚信只有从正面拍摄的照片才是真实的，后者则坚持认为从背面拍摄的照片才是真实的。然而，出于谨慎的态度，每名侦探不得不发明出一种理论来解释另一方的存在。于是，正面主义者在解释背面的存在时遭遇到背面主义者在解释正面的存在时同样的窘境。为了避免发生矛盾，正面主义者一直尽可能避免接触其背面，而背面主义者

---

① 即“主观主义”（subjectivism）。

② 即“客观主义”（objectivism）。

也巧妙地演绎出回避其正面的方法。

然而，正如正面与背面只不过是观察这个嫌疑犯的角度不同，主观与客观、身体与心灵、认识主体与认识对象也只不过是解释同一现象的不同视角罢了。对此，现象学家与认知科学家卢茨（Lutz）洞悉到现象学抛弃经验主义与理智主义的初衷，“在笛卡儿的概念框架下，‘心理的’（mental）对应着‘物理的’（physical），这样的对立本身就是问题的一部分，而不是解决方案的一部分”。于是，从胡塞尔的“意识意向性”，到海德格尔的“此在”，再到梅洛-庞蒂的“交互肉身性”，现象学的认识论演变轨迹旨在消解“笛卡儿式焦虑”，这将为具身认知在认识论转向与范式确立上打下扎实的基础。

第一节 意识意向性：胡塞尔对理智主义与经验主义之争的超越

施皮格伯格对于现象学运动曾经有过一个形象的比喻，“在这个运动的内部，胡塞尔自己的进程可以比作围绕一个内在中心——在这里就是主体的意识现象——向前运动的螺旋。然而，在转了几圈之后，他的一些追随者就被从切线上甩出去了”（施皮格伯格，2011）。这个比喻暗含了两层意义。首先，虽然现象学的天空群星璀璨，但胡塞尔的学术思想仍然牢牢地占据着中心位置，他的学术思想及其演变总是直接或间接地为其他学者开辟新的路径。其次，虽然这场学术运动有着多重目标，研究者有着各自的学术诉求，对现象学内涵、方法的理解上也存在差异，但主体的意识现象始终是整个经典现象学研究的终极目标与核心对象，“现象学是一门对意识的现象与意识的对象的本质给予反思的描述性科学”（Marbach，2010）。当然，“（现象学）这门科学虽然是关于意识的科学，却并不是心理学，它是一门与关于意识的自然科学相对立的意识的现象学”（胡塞尔，2007）。换言之，现象学在意识的探索上具有不同于经验科学的本体论与认识论诉求。

“现象学进路始于意识经验的不可还原性。”（Varela，1996）意识经验的不可还原性点破了整个经典现象学的本体论立场：意识作为一种第一人称的主观现象或心理现象，具有独特的本体论意义。这种独特的本体论意义在意识的意向性特征中得到彰显。“意向性”一词不指别的，它仅仅是指意识的普遍、根本的特性：意识是关于某物的意识。该概念出自胡塞尔的老师布伦塔诺（F. Brentano）。布伦塔诺在《经验立场的心理学》（*Psychology from an Empirical Standpoint*）（1874）

一书中指出，意向的内存性是心理现象独具的特性，没有任何物理现象能表现出类似的性质，物理现象是自己包含着自己，是自足的，它决不包含别的事物于其内（Brentano，1995）。所以，我们完全可以将心理现象定义为有意向地包含一个对象于其内的现象。对象的意向的内存性乃是心理现象普遍的、独具的特征，正是它把心理现象与物理现象严格地区分开来，即任何心理现象都要指向某一对象，心理现象不能够单独存在，它总是由意识行为与意识对象两者同时构成。因此，意向性决定了意识经验是一种主动的、参与的、创造的和建构的过程，而不是简单构成的、惰性的、静止的或被动的内容，更无法被还原为纯粹客观的感觉材料。胡塞尔在继承布伦塔诺遗产的基础上，进一步对其意向性理论做出了新的发展。

首先，胡塞尔在《逻辑研究（第二卷）》（1901）中将意识经验的意向性区分为“意向性特质”与“意向性质料”（扎哈维，2007）。前者主要指每个意识的意向性活动都是具体类型的经验，如希望、相信、怀疑、回忆、害怕等。后者主要指每个意识的意向性活动无论是对一座金山、一只大象还是一个化学公式的经验，都是指向某物、关于某物的。同样的特质可以和不同的质料相结合，比如，我相信美国总统是奥巴马，相信记得某个化学公式，相信昨晚梦见了一座金山等。反之，同样的质料也可以和不同的特质结合起来，比如，我希望、相信或怀疑自己记得那个化学公式。在意向性活动中，意向性特质与意向性质料是相互依赖、不能分割的，但意向性质料具有优先性。正是意向性质料给意向性活动提供了朝向对象的指向性，虽然它只是规定了这个指向，而没有建构出对象（扎哈维，2007）。这种意动-对象关系（act-object relation）也被称为意向性的相关结构（correlational structure of intentionality）（Thompson & Zahavi，2007）。“相关的”并不意味着两个术语是恒定的结合，其各自的存在可以被分离开来加以想象，而是指意向性行为与意向性对象的不变结构（invariant structure），即对象-指向的意向性经验必然包含两个不可分割的极点。随后，胡塞尔在《纯粹现象学通论与现象学哲学的观念》（1913）中将这两个意识经验的极点命名为意向相关项（被经验到的对象）和意向活动（意向性地指向对象的心理活动），两者的综合被称作“意向构造能力”（倪梁康，2007）。这样一来，布伦塔诺视野下从笛卡儿时代继承而来的心理与物理（主体与客体）的两元对立被一种先验的一元论所取代：意向构成能力既意味着“我思”，又意味着经由“我思”构造的对象。

其次，胡塞尔进一步描绘了意向性的构成过程。布伦塔诺对意向性的刻画更倾向于一种“静态”的描述，而没有进一步揭示意识的意向性活动是如何产生意识对象的。胡塞尔认为，实项的对象并非意向对象，而只是参与到意向性活动之中的感觉材料或意向性质料，而意向性活动的功能就在于把它们“激活”，并统握它们。整个意向活动的意向性结构好似老式的放电影过程。一盘盘的电影胶带上是一张张分隔开的照片，每张照片是静态的、清清楚楚的。比如，一匹马在跑。每一张照片不可能直接反映马的运动，不然它就模糊了，它只能是马在一瞬间姿态的定格。这个胶带上的图像就相当于感觉材料。然后，胶带被放到放映机里面，转动马达，把这个胶带激活，就像意向活动一样。这时，会有一束光线投射出来，相当于这个激活中的统握。最后，我们看到的是一个活生生的对象。这个屏幕上投影出来的图像相当于意向活动在我们意识屏幕上投影出来的意向对象（张祥龙，2011）。这就是胡塞尔意义上的“活生生的人类经验”。

最后，胡塞尔将意向性从意识经验的主体水平拓展到了交互主体水平上。胡塞尔认为，意向性在狭义上可以被定义为对象–指向性（object-directedness），而在广义上则可以被定义为主体作为朝向世界或他人（“他异性”）的开放性（openness）。因此，在任何情况下，意向性都强调了一种对于心灵是自我封闭（self-enclosed）的否定。就这样，意识的意向性使得现象学从本体论的“鲁宾逊的体验视域”[①]中解脱出来。胡塞尔指出，“每个客体性，即在我眼前的某种经验以及起初的某种感知，都具有一种统摄性的视域，即可能的经验——本己的和陌生的。就本体论而言，我所拥有的每个显现，从开始起就是一个开放的无限过程的环节，但是可能显现的视域并不是同样明晰地实现的，进而，这一显现的主体性是开放的交互主体性”（转引自扎哈维，2001）。随后，胡塞尔在《笛卡儿的沉思》中进一步演绎了“自我”与“他人”如何实现意识经验分享的三个步骤：组对（pairing）、并现（co-present）和移情（empathizing）（胡塞尔，2002）。

长期以来，笛卡儿的实体二元论带给自然科学与哲学的并非只有本体论上的困境，还加速了认识论上的经验主义与理智主义的进一步对立。经验主义认为，一切知识都来自经验，知识的普遍性必须奠基于经验之上，主要通过对经验的归纳而获取。理性主义则认为，一切知识都来源于心灵中固有的天赋观念，它们具有自明性、无可置疑性，主要通过对这些观念的推理和演绎而获取知识。落实到具体的认识活动上，经验主义认为，认识主体是通过“联想”或“回忆的投射”的方式将外部的感觉材料加以综合而完成认知活动的，理性主义则认为，这种认知活动是在主观意识的引导下，通过“注意”“判断”等方式实现的。胡塞尔敏锐地认识到，“笛卡儿是理性主义与经验主义这两条发展路线的出发点”（胡塞尔，2005a），而现象学在认识论上的任务是：同时“悬搁”经验主义者眼中独立于意识活动的外在客观世界与理智主义者眼中独立于外部世界的、内在于意识活

① 这是由现象学家 Held 提出的一个隐喻，鲁宾逊被与世隔绝地困在一个孤岛上，他不知道存在其他的主体及其对世界的看法。这暗指了一种本体论与认识论上的“唯我论”（solipsism）困境。

动的主观世界。

胡塞尔对经验主义与理智主义的认识论进行了系统而彻底的批判。一方面，经验主义认为，任何东西都必须是可以看见或可触知的，因此它从一开始就没有为范畴对象或本质留出一席之地。然而，这种理解是有悖于“生活世界”(life-world)的。借助意向性概念，胡塞尔指出，在我们的直接物理环境中，实存的对象仅仅组成我们所能意识到的东西的很小一部分，我们不仅仅能够思考月亮的背面，也能够想到方的圆、独角兽等不在场的、不可能的、不存在的、观念的对象。另一方面，理智主义将任何事物视为内在于心灵的、由观念演绎的产物。因此，在理智主义看来，认识对象是内在于认识活动之中并由之构造的。胡塞尔首先指出，“‘本质’、‘观念’或‘艾多斯’[①]，这些都只不过是‘朴素的心理事实’的哲学雅称。这些名称的危险性在于它们所包含的形而上学的暗示”(胡塞尔，1997)。接着，借助意向性概念，胡塞尔反驳了理智主义的立场，即假定意向对象是内在于意识活动的，它实际上被包含在意向之内，从而和经验本身共享同样的存在方式，这种理解将会导致对意识活动与意向对象之间的混淆。[②]例如，“我进行计数，在‘1和1’中形成了我的数的表象。这些数表象现在如此，而当我们以同样方式第二次形成它们时，它们改变了。在此意义上，有时不存在同一个数的任何表象，有时又存在同一个数的任意多的表象。但正因此之故我们做出了区别……因此把它称作一个心理构造物是荒谬的”(胡塞尔，1997)。当然，“尽管对象不属于认识体验，但与对象发生的关系却属于认识体验，对象能显现出来，它能在显现中具有某种被给予性，但尽管如此它既不是实项地存在于认识现象之中，也不是作为思维而存在”(胡塞尔，1986)。因此，意向对象不应该被等同于纯粹意识活动的封闭产物。

由此延伸出去，胡塞尔借助对经验主义与理智主义的批判，也表明了现象学在他人的问题上持有的立场。胡塞尔指出了他人并非经验主义意义上纯粹的物理对象，也并非理智主义意义上认识主体意识活动的创造物。“一方面，我把他人经验为世界对象，而不只是自然物(尽管按照某一个方面他人也会成为某个自然物)。他人的确也是作为他们各自所属的自然身体中心理上起支配作用的人而被经验到的。所以作为心理物理学的对象，特别是当他们与身体相结合时，他们就是‘在’世界‘中’的。另一方面，我同时又把他人经验为对这个世界来说的主体，他人同样能经验到这个世界，同时，这个世界也同样能经验到我，就像我经

---

① 艾多斯(eidos)，是柏拉图意义上的理念，即指天赋的关于事物本质的观念。

② Zahavi(2007)还提供了另一种对理智主义的反驳的路径：我们可以在不同的意识活动中指向同样的对象(如上文中不同意向性特质与同一意向性质料的组合)。

验到它和在它之中的他人那样。”（胡塞尔，2005b）因此，胡塞尔化解了笛卡儿在他人问题上的认识（这种认识被经验主义与理智主义所继承并充实），“我作为一个主体是否以及为什么能够认识客体”，并以一个新的认识论问题加以代替，“我们作为主体是否以及为什么能够认识另一个主体，另一个主体的存在如何对我成为有效的事实”（倪梁康，2007）。

综上，在胡塞尔看来，经验主义与理智主义所人为划分出的内心世界概念和心外世界概念是不融贯的。意识的意向性确保了我们的认识活动具有一种超越主客二分世界的可能性与必然性，从而实现了认识主体和认识客体（对象，包括他人）的统一性。

第二节 “此在”与“共在世界”：海德格尔的现象学本体论转向

胡塞尔现象学的先验取向以及对笛卡儿主体性哲学的继承，使其在重视“主体”或“意识”的同时也遗漏了“主体”或“意识”本身的存在方式。因此，胡塞尔的现象学更像是“认识论的现象学”（epistemological phenomenology）。为了推进“现象学的本体论转向”（ontological shift of phenomenology），海德格尔进一步地对“主体”或“意识”的存在本身进行追问，并提出了“此在”的观点。海德格尔认为，我们“活生生的经验”是一种“在世之在”（being-in-the-world）。这种“在世之在”是一种“有深意的状态”，一种混沌未开的主客杂糅。它具有“无区别”或“不计较”的特征，主体与客体以一种动态的、原初的方式发生互动。我们正是通过“此在”与世界打交道或发生关系的，而不是通过胡塞尔所谓的那些感觉、知觉方式（张祥龙，2011）。这种本体论上的“此在”可以以不同的方式呈现出来。海德格尔（2010）对此给出了鲜活的解释：“这样的（与世界）打交道，例如用锤子来锤，并不把这个存在者当成摆在那里的物进行专题[①]把握，这种使用者也根本不晓得用具的结构本身……在这种使用者打交道中，操劳使自己从属于那个对当下的用具起组建作用的‘为了作’。对锤子这物越少瞠目凝视，用它用的越起劲，对它的关系也就变得越原始，它也就越发昭然若揭地作为它所

① 或称主题性（thematic），即指将认识对象当作一种预先给定的存在。无论这种预先给定是对外部世界的恢复还是对内部世界的投射。

是的东西来照面，作为用具来照面。锤本身揭示了锤子特有的‘称手’，我们称用具的这种存在方式为上手状态。”换言之，这个世界中的东西最初并不是作为简单地出现在“手边”的东西的物体给予的，而是作为可以在实际世界中使用的，因而是作为“上手的”用具给予的（施皮格伯格，2011）。借此，海德格尔揭示出了意识经验的前反思（pre-reflective）特征。这一概念后来在梅洛-庞蒂与萨特的学说中得到了深化。进一步，海德格尔（2010）认为，交互主体水平上的意识经验同样是一种前反思的“在世之在”，“自我认识所说的并不是通过感知察觉和静观一个自我点，而是贯透在世的所有本质环节来领会掌握在世的整个展开状态。只有当生存着的存在者同样源始地在它的寓世之在及其他人之在——它们都是它的生存的组建环节——中对自己成为透明明晰的，它才‘自’视”。

但是，在海德格尔眼中，世界上所有的存在者对“此在”来说，都“或者呈现为‘上手的存在者’，或者呈现为‘在手边的存在者’”——从中不难看出——它们“直接指涉到此在的手。因此，‘手’中介了世间里的存在者与此在之间的存在论关系”（张尧均，2006）。实际上，这已经暗示了“此在”是有手，即有肉身作为载体的。虽然胡塞尔在《欧洲科学的危机与先验现象学》中论证过身体与先验主体性之间的关系，但他的先验还原立场却“悬搁”了我们实在的身体与心灵，身体仅仅被视为了意向性质料的被动构成部分。

Ilharco（2003）指出，Maturana 和 Varela 与海德格尔在否定一种预先给定的、僵死的“存在”（being）方面拥有相似的直觉。海德格尔（Heidegger，1962）认为，长久以来，西方传统意义上的科学与哲学本体论都将“存在”理解成一种“真实的在场”（pure presence）。这种源自巴门尼德（Parmenides）并经由柏拉图与亚里士多德发展起来的偏见将原本作为展开的存在封闭起来，并将其等同于“确实”（actuality）。海德格尔认为，上述认识论在忽略世界与主体共在的前提下同时过于迅速地转向了主体，这种转向加速了世界与主体间的断裂。为此，他主张以作为原初状态存在的、主客未分的“此在”或“共在世界”替代上述以自在的、真实的在场形式给定的存在。Maturana 和 Varela 在这方面与海德格尔的立场极其接近。Maturana 和 Varela（1992）宣称，“理解任一时刻我们正在体验的世界的规律，但是不存在任何独立于我们自己的参照点可以给予我们的描述与认知断言以确定”。进一步的，他们对于那种预先给定、静止的认识主体也给予了抨击与抛弃，“正如我们知道我们如何知道的那样，我们带出我们自己”（Maturana & Varela，1992）。同时，以生命作为雏形的主体与世界的共在与共生则表现为“作为有血有肉的人，我们之于我们身处其中的世界而言并非是陌生者，世界正是经由我们的生活而产生的”（Maturana & Varela，1992）。这是因为在最为简单的活细胞层面上，世界或环境就并非“自在的”，而是“为我的”，“我”也不是孤立的、静态的，而是积极地面向世界，并在其中生成和寻求意义。

从中不难发现，Maturana 和 Varela 对认知系统的认识与海德格尔在克服经验主义与理智主义共同预设的“事物的素朴而自然的观看”（塔米尼奥，2008）之间存在一致性。海德格尔点出了自然主义认识论的误导，“这种诠释认为意向性关系是每次都由于对象的现成性而加给主体的某种东西。这里暗含的观念是：自在地作为孤立的心理主体，这个主体是不带有意向性的”（塔米尼奥，2008）。由此延伸出去，海德格尔的此在思想作为一种本体论承诺，还预设了交互主体性的意义，即在正常情况下，我们通过共同参与同一个世界来充分了解彼此。事实上，正如作为“在世之在”，我们一直依赖他人，他们的共存共同隐含在我们的日常活动中。海德格尔甚至认为，在同一时间，我们与他人具有同等的原创性，借助本体论必要性存在于世界中的［寓在实体之间，并且与其他此在共在（being-with）］（Heidegger，1977），并且无论他人是否事实上存在，这都是成立的。

第三节　交互肉身性：梅洛-庞蒂的知觉现象学思想

梅洛-庞蒂将身体放置到现象学的高位，提出了“身体性”的概念。身体性是对胡塞尔的身体概念的推进，它不单是支撑我们行动的可见与可触的躯体，也包含我们的意识和心灵，甚至包含我们的身体置身其上的环境。作为一个整体，它超越了任何身体/心灵、身体/世界、内在/外在、自在/自为、经验/先验等二元概念，而是将其综合在一起，并通过行为与知觉两种形式表现出来（张尧均，2006）。因此，意识意向性（intentionality of consciousness）是由身体意向性（bodily intentionality）所奠基的。这种身体意向性是一种展现习惯行为和身体技能的“运动意向性”（motor intentionality）[①]。对于梅洛-庞蒂而言，意识的特征“并非是我思，而是我能”（梅洛-庞蒂，2005）。例如，“对于在行动中的运动员来说，足球场并不是一个‘对象’……它引起了某种行动的模式，并且它在引发和引导行动的时候就像运动员没有意识到它一样。足球场自身并不是给予他的，而是作为一种它实践意向的内在的部分呈现给他的；运动员和它成为了一体，并且感受

① 认知科学家与现象学家 Dreyfus（2002）将这种运动意向性称为“全神贯注的熟练应付”（absorbed skillful coping）。“熟练做事”并不具有一个主体-客体的结构：某人的体验并不是面对一个独立的对象然后作用于它或者发现它。身体图式（body schema）就是运动意向性的表现形式。

到了‘目标’的方向，就像是他自己身体的水平的和垂直的平面那样直接。可以很充分地说，意识就栖居在这个环境之中。此刻意识无非是环境和行动的辩证法。运动员采取的每一个细微行动都改变了球场的特性，建立了一种新的力的作用线，在其中行动也得以展开和完成，由此再次改变了球场的现象”（Merleau-Ponty，1962）。同样的，这种身体意向性衍生出的“肉身间性”也是交互主体性得以实现的前提。我与他人是“世界之肉”（flesh of the world）的分化活动中产生的两个部分。在本体论上，二者是用同样的材料组成的，归属于同样的“肉”（张尧均，2006）。由此，梅洛-庞蒂完成了从胡塞尔“意识现象学”到“身体现象学”——从“意识意向性”到“身体意向性”或“身体的在世之在”（Legrand，2007），再到“身体性的交互主体性”（bodily intersubjectivity）（孟伟，2009）——的转向，实现了现象学本体论的突围。

那么，这种认识论会给我们的认识活动造成怎样的困惑呢？梅洛-庞蒂（2010）阐述道：“一个机体的各种反应，只有当我们不是把它们设想为在某一身体中展开的肌肉收缩，而是理解为针对当下的或潜在的特定环境的各种活动（捕捉猎物、走向目标、远离危险的活动）时，才是可以理解和预测的。”如前所述，自创生理论通过“活着即是认知”“活着即是意义的生成”等观点展示了生命系统正是带有这种“意向性之母”的原初主体。“意义的盈余”更是挑明了使用第三人称的认识论立场来分析生命现象及其环境是不完整的，“只是因为（蔗糖溶液中的）细菌作为一个整体的存在所具有的视角，它们作为进食行为成分的特定的意义才有可能。如果抛开细菌作为一个单元整体，那么梯度和水力学特性之间的所有相互关系就成为环境的化学定律，这对作为观察者的我们是显然的，但却毫无任何特定的意义”（李恒威，2007）。

梅洛-庞蒂继承了胡塞尔对经验主义与理智主义的批评，并洞悉到“经验主义和理智主义之间的亲缘性比人们通常所以为的还要更为隐蔽和更为深刻”（转引自刘胜利，2011）。这种亲缘性表现在两者都持有一种“自然的思维态度”，即总是不假思索地在认识论上预设了某些东西。其中，最重要的就是预设了独立的、预先给定的、对象化的认识主体与认识对象，这就是所谓“被给予之物的神话”（myth of the given）（孟伟，2009）。两者的差异在于：经验主义寻求一种通向自在的还原来确保这些预设，理智主义则寻求一种通向自为的还原来确保这些预设。

梅洛-庞蒂运用许多心理学的实验证据将经验主义与理智主义的认知论捆绑在一起进行了批判。例如，“如果用一根头发多次刺激皮肤上的某个区域，那么我们首先有点状的，能清楚分辨的、每次都定位在同一个点上的知觉。随着刺激不断进行，定位的准确率降低，知觉在空间中扩展开来，同时，感觉不再是特殊的：不再是一种接触，而是时而由冷时而由热引起的灼热感。随后，被试以为刺激在移动，在其皮肤上划出了一个圆圈。最后，不再有任何感觉”（梅洛-庞蒂，2005）。这个例子反驳了经验主义将我们的知觉还原为由感觉材料的任意“联想”或“回忆的投射”所给予的观点，因为无论是联想还是回忆，均不会伴随如此丰富的体验，尤其是不能解释知觉的最后消失。同样的，这个例子也反驳了理智主义将我们的知觉视为由“注意”或“判断”给予的观点，因为在知觉过程中，被试的主观意识并未引导“注意”或“判断”这些复杂多变的体验。我们的知觉不仅仅是心灵和意识所给予或创造的，所有相关的知觉毕竟无法与感觉材料的刺激脱离开来。然而，对感觉主义与理智主义的批判将梅洛-庞蒂带入这样的困境：一方面，在确保与外部世界的原初联系的基础上，不能像经验主义那样完全坠入第三人称视角的客观世界；另一方面，在确保认识论第一人称视角的基础上，不能像理智主义那样将认识活动封闭为“孤独自我的投影”（施皮格伯格，2011）。这促使梅洛-庞蒂进一步以现象学的目光寻觅可以融贯主观世界与客观世界的认识论基石。

显然，“身体”恰好正是这样一个具有主客双重意蕴的认识论载体。梅洛-庞蒂在《知觉现象学》中以手的“触摸”和“被触摸”为例论证了上述观点，“我的身体是通过它给予我的‘双重感觉’这个事实被认识的：当我用我的左手触摸我的右手时，作为对象的右手也有这种特殊的感知特性。我们刚才已经看到，两只手不能同时被另一只手触摸和触摸另一只手，当我的两只手相互按压时，问题不在于我可能同时感受到的两种感觉，就像人们感知两个并列的物体，而是在于两只手能在‘触摸’和‘被触摸’功能之间转换的一种模棱两可的结构”（梅洛-庞蒂，2005）。换言之，两只手在触摸与被触摸之间的功能是可以相互转换的，但对于任一一只手而言，它不能同时既是触摸的，又是被触摸的，“对我的左手来说，我的右手是一团骨骼与肌肉，我在这团骨肉中立即猜到我为探索物体而伸向物体的另一只灵活的、活生生的右手的外形或体现。身体行使认识功能时对外部世界感到意外，它试图在主动触摸时被触摸，它开始进行一种‘反省’，这足以使得身体与物体区分开来”（梅洛-庞蒂，2005）。因此，梅洛-庞蒂认为，身体既是能触摸的，又是被触摸的；既是主动的，又是被动的；既是自在的，又是自为的。总之，身体既是主体，又是客体，具有一种“可逆性”（interconvertibility）与“两义性”（ambiguity）。同样的，梅洛-庞蒂认为，身体也具有融贯自我与他人的认识论意义。这依旧可以从触摸与被触摸的例子中得以衍生，“当我的左手碰到我的右手时，或当我知觉到我身体的另一部分时，我正在以一种特定的样式体验自身，在其中预备了他人体验我以及我体验他人的方式”（扎哈维，2008）。其原因在于，这种触摸与被触摸的关系可以拓展至自我与他人手的接触关系之上，握手就是典型的表现形式，“握手也是可逆的；我同时既可以感觉到自己被触摸，也可以感觉到在触摸”（张尧均，2006）。这意味着，主体的自我体验必然包含一种他人维度，这正是交互主体性实现的前提与必要条件。

在《知觉现象学》临近结尾处，梅洛-庞蒂明确表达了他对认识主体与认识对象关系的全新理解，“世界与主体是不可分离的，与之分离的不过是一个作为投射世界的主体；主体与世界是不可分离的，与之分离的不过是一个作为主体自身投射的世界”（瓦雷拉等，2010）。就这样，梅洛-庞蒂把认识主体由理智主义的“意识”“主观感知”转向了“身体及其意向性”；把认识对象由经验主义的“客观对象”“感觉材料”引向了“身体与世界的共在”，从而打破了“被给予之物的神话”，实现了认识主体与认识对象（包括他人）在“身体”处的统合。

交互肉身性概念对于我们理解人际互动中身体与心灵的关系同样具有不容忽视的重大意义。它帮助我们修复了一直以来被理智主义者的分析所扭曲的他人经验（Merleau-Ponty，2012）。尽管梅洛-庞蒂会说，在感知一种愤怒的姿势的时候，我们正在感知的是愤怒自身而不仅仅是毫无心理意义的行为，他否认我们以感知地毯颜色同样的方式感知姿势的意义。他人的姿势指向一个有意向的对象，并且“我”不是通过看它们背后，而是通过关于它们所凸显的世界的部分来理解这些姿势的意义的（Merleau-Ponty，2012）。为了理解表达性的行为，这些行为必须对于观察者来说也是可能的，或者按照梅洛-庞蒂所说，“对姿势的理解是通过我的意图和他人的姿势的相互作用，以及我的姿势和他人行为中可以读出来的意图之间的互惠。发生的每一件事情就好像是他人的意图寓居在我的身体内，或者好像我们意图寓居在他的身体中”（Merleau-Ponty，2012）。“我”将“我”的身体经验为一种能够在世界中行动的能力，并且“我”将他人的身体知觉为以一种熟悉的方式来应对同一个世界。

因此，交互肉身性帮助我们从传统理智主义认识论引导下的社会认知研究中抽身出来，放弃“读行为”（behavior reading）和“读心”（mindreading）的二分法（Sinigaglia，2008），并最终摆脱掉整个阅读意象。超越这种二分法改变了挑战的性质。决定性的问题不再是如何弥合可见的、无心的行为与不可见的、无形的心理性之间的差距，而是要理解基础的早期同感形式与更复杂的人际理解形式之间的联系。要理解这种联系本身可能会带来许多挑战，但采用心灵哲学的术语，这些挑战将属于社会认知的容易问题，而不是困难问题。正如梅洛-庞蒂所说的那样，较之将他人理解为一个根本上陌生的心灵，如果我们将他人首要地理解为世界上意向性的成分，作为一种意向和掌握周围世界的方式，那么知道我们如何才能理解另一个人的问题就没有那么难解决（Merleau-Ponty，1962）。这对于后续具身社会认知的研究产生了深远且持续的奠基性影响。

第二篇

02

具身认知的元理论与第二代认知科学

脱离身体的智能对智能的研究是最不智慧的解法。

——陈立，1997

第四章　当我们谈论具身认知时，我们在谈论什么

第一代认知科学是20世纪50年代末期所发生的第一次"认知革命"的直接产物。随着研究的逐步深入，表征计算研究范式自身暴露出越来越多的问题。尤其因为存在无法实现承诺的高级人工智能和无法解释认知的起源与发展等问题，表征计算主义者不得不逐步摒弃其核心观点——"认知是遵循清晰的形式规则对抽象符号表征的操控（计算），且符号是由物质的任何可操纵的序列来表示的观点"（徐献军，2007）。换言之，认知过程的产生与操作符号的特定规则有关，而与实现这一操作过程的物质载体无关。

于是，以大脑为隐喻的联结主义范式和崇尚生态效度的生态主义范式开始出现在人们的视野中。但是，这两者也同样因为自身的局限性，不得不走与表征计算研究范式融合的多元主义路线。即使当前的认知科学表现出了以表征计算主义为主导的多元融合趋向，它们也仍然不能把认知科学研究从困境中解救出来，因为它们的融合没有从根本上解决认知科学所遇到的问题，换言之，这种融合并没有触及问题最本质、最核心的地方——对认知主体身体的思考。

在 Heidegger、Merleau-Ponty、Dewey 和 Bartlett（Lindblom，2007；Osbeck，2009），Gibsons（Garbarini & Adenzato，2004），Vygotsky（Nooteboom，2006），Beer、Brooks、Clark、Kelso、Thelen、Smith 和 van Gelder（Keijzer，2005）等的呼吁和努力下，一场新的认知学科研究范式转型运动已在悄然进行中，它变革了认知科学研究旧有的视角、立场、方法乃至研究工具。第二代认知科学（Lakoff & Johnson，1999），即具身认知科学也就在这样的背景下应运而生了。

自20世纪80年代中期以来，在西方心理学、哲学、神经科学、认知人类学、计算机科学、人工智能等领域中，"具身认知""具身心智""具身化"等概念日益被广大研究者所提及和关注（Ziemke，2003）。国内虽然少有学者涉足具身认知科学，但这一领域已开始得到众多研究者的关注。

相比于第一代认知科学而言，具身认知科学最大的不同之处就是强调认知主

体的身体对认知活动的影响。同时，它也更加注重认知主体所处的实时环境对认知活动的影响，并将认知主体所处的环境视为认知系统的一部分。这里所指的身体、实时环境等核心概念有别于我们通常意义上所理解的身体和环境。此外，对具身认知的理解也并非通过一个简单的定义就可以完成，我们首先要理解不同立场的具身认知观所包含的不同主张。在研究方法上，与传统认知科学的计算机模拟相比，具身认知科学主要以动力学研究方法为主。笔者在参阅大量文献的基础上，尝试对具身认知科学中的这些核心概念、关键问题和主要研究方法进行了深入剖析和详尽诠释。

第一节 具身认知的基本立场及其一般主张

在传统认知科学与具身认知科学的激烈碰撞中，由于不同学者拥有不同的学术信仰、持有不同的学术观点，因而在具身认知科学的研究阵营中势必就出现了不同的学术立场。但是在这些不同的学术立场中存在着一个广泛的认同和一个共同的倾向——需要重新审视传统认知科学的研究主题和研究方法，并且“变革”是这些学者表现出的共同倾向。此外，在这些不同的学术立场中，也存在一些普遍承认的主张，只是不同学者在对这些主张的理解上还存在分歧。

一、具身认知的基本立场

为了比较具身认知相比于传统认知科学从根本上变化的程度，Clark（1999）根据具身化的和环境嵌入的一些事实，将具身认知区分为两种立场，即朴素具身化和激进具身化。其中，朴素具身化主要将这些事实视为内部组织和加工理论应用的限制条件；而激进具身化则更进一步地认为，这些事实将改变认知科学的主题问题和理论结构。同时，朴素具身化和激进具身化这两种立场之间的区别并非绝对的，它们之间还存在一个中间立场——中立具身化（neutral embodiment）。

1. 朴素具身化

朴素具身化立场最早见诸一些视觉研究中，Ballard（1991）在探究主动视觉时认为，视觉加工是一个动态变化的过程，相应行为只有在视觉环境足够稳定时才能被按要求执行。因此，快速改变自身与环境耦合状态的主动视觉系统促进了对环境的精细表征。即便这些被表征的信息可能是不需要的，但它们仍然能按要求被快速和更多地算出来。Ballard（1997）在研究具身认知的意象性编码时，证实了人的认知活动必须涉及与环境的交互作用，这就意味着人类身体的特定形式就成为界定认知行为许多方面的重要限制条件。另外，他们认为意象性计算提供了表征外部感觉数据和内部认知进程以及运动行为链接基本特征的机制。作为认知活动的一个主要特征，工作记忆与眼睛运动和手部运动的实时身体特征配置紧密相关。此外，他们还提出了意象性表征的概念，它是指身体的朝向运动在把实时环境中的对象和认知加工进行绑定过程中所使用到的内隐参照系统。

虽然朴素具身化的研究开始关注认知主体的身体和环境在认知活动中所起的作用，但还是呈现出严重依赖内部表征、计算转换和抽象的数据结构等特点。那么，在这种情况下，对身体、环境和行为的关注就仅仅是作为一种获得内部数据结构和操作权限的方法与工具。

2. 激进具身化

激进具身化的立场认为，认知科学中结构的、符号的、表征的和计算的观点都是错误的。Brooks（1991）、Beer（1995）、Kelso（1995）、Gelder（1998）和 Smith（2005）就认为，认知科学研究中是不需要表征的，认知活动必须涉及表征的观点部分是因为研究者无法想象存在着能够展示认知活动过程的非表征系统。事实上，动力学研究方法就可以完全避开表征为认知活动建模提供强有力的理论构架。Gelder（1998）还认为，具身认知假设由本质性假设（nature hypothesis）和知识性假设（knowledge hypothesis）这两个部分组成。本质性假设认为，认知主体自身也是一个动力学系统；知识性假设则认为，必须采用动力学的方法来研究认知。因而，我们只能通过非计算和非表征的方法，以及解释性的图式（explanatory scheme），并利用动力系统理论（dynamical systems theory，DST）这样的工具才能更好地去研究认知活动（Clark，1997a）。

但这些激进的具身观毕竟只是少数人的观点（Clark，1997a，1997b，1999），而且朴素具身化和激进具身化争论的焦点在于表征的有用性问题，该问题尚未得以解决（Keijzer，2002）。事实上，关于表征的有用性的问题也是从传统认知科学转向具身认知科学过程中所形成的一个极为核心的问题。

3. 中立具身化

Bechtel（1998）、Keijzer（2002）就反对激进具身化主张彻底抛弃“表征”的观点。他们反驳的观点主要集中在两点：①表征批判者狭隘地将表征视为完整的环境模式，而认知科学对表征的使用并不局限于这种特定类型的表征；②对表征的批判主要是在涉及感觉-运动协调这类较低水平的认知加工中，在这些涉及较低水平的认知加工中，我们也许可以放弃使用表征。但是，当涉及思维、语言和记忆等实时的、较高水平的认知加工时，表征则是认知活动的基础。

因而，Clark（1999）、Markman 和 Dietrich（2000）认为，在依然严重依赖表征的朴素具身化和全盘否定表征的激进具身化之间，还有可能存在一个中间立场。Keijzer（2005）则进一步认为，知觉-行为成分处理“在线的”和认知具身的方面，而基于表征的认知系统则处理需要表征加工的“离线的”方面。值得强调的是，此处的“表征”与传统认知科学中的“表征”在内容［意向性的（deictic）和行为导向的（action-oriented）］和内部载体的本质属性（使用临时广泛的加工和复杂的动力学规则作为内部象征）上是不同的。

总之，朴素具身化和激进具身化之间的争论依旧没有停止，但笔者更倾向于一种中间立场。换言之，笔者赞成认知活动需要表征参与的观点，但不认为对身体、世界和行为的关注仅仅是为了形成特定的表征。有时候，人的认知活动确实没有表征的参与，而是以最经济的策略保持耦合（coupling）主体和适应世界之间的有效平衡。比如，大多数司机在开车转换方向时将身体程序化地与所转换的方向保持一致，尤其是新手，这种程序化的调整更多是在无意识情况下完成的。笔者也不赞成激进具身化极端否定表征的做法，从新近关于具身认知的一些研究来看，人们发现了更多表征参与的认知证据，并开始强调表征对认知活动的影响。Carruthers（2008）通过对偏瘫失认的研究就有力地证明了离线的和在线的身体表征的存在。Goldman 和 de Vignemont（2009）就认为，不同身体形式和身体编码的表征对认知活动有重要影响。因而，取中间立场可能更为合适。

二、具身认知的一般主张

随着具身认知受关注程度的日渐升高，广大研究者在“对心灵的研究必须将其放入客观身体与环境交互作用的背景中去”这一问题上已经达成共识，具身方法也得到了研究者越来越广泛的支持。但是，具身认知不同立场间的不同主张以及这些主张引发争论的受关注程度都存在极大的差异。

Wilson（2002）认为，如果我们想保持对“具身认知”术语的有意义使用，就需要理清这些主张和重新审视这些主张的价值。她对具身认知研究中比较具有代表性的六个主张进行了再评价。

第一，认知是情境的（situated）。Wilson 认为，我们的认知活动并非都是情境性认知，也存在诸如计划、记忆和白日梦等离线认知活动。人类认知活动的一个重要标志就是它能在任何与当前环境的交互作用中去耦（decouple）。另外，她在 Barsalou（1999）和 Brooks（1991）研究的基础上发现，情境性认知的中心是基于人类野外生存需要的主张是没有很强说服力的，夸大情境性认知最终将会阻碍我们去弄清情境性认知的真正方面。

第二，认知是具有时间压力的（time-pressured）。当情境要求认知主体快速、连续地做出反应时，认知主体就不能形成关于环境的完整心理模型以获得行动计划，这种诱发现象就被称为"表征瓶颈"（representation bottleneck）。而 Wilson 认为，并非所有的认知活动都内在地涉及时间压力，且时间压力中的情境本来就是任务的一部分。不过，我们可以通过对时间压力下认知活动的研究，来发现情境性认知的更复杂形式。

第三，我们把认知工作卸载于环境中。Wilson 强调，人类的信息加工能力有限，因而在实际的认知活动中，我们可以利用环境以减少认知负载，即我们能把认知工作以符号卸载（symbolic off-loading）表征的方式置于环境中，仅仅在需要知道（need-to-know）的时候才提取这些信息（Ballard, 1991, 1997; Kirsh & Maglio, 1994）。尤其是当认知活动的目的不再直接指向活动的情境时，它也无须直接指向空间问题。物理符号，甚至是它们自身的空间关系，都能被用来表征思维抽象的和非空间的领域。

第四，环境是认知系统的一部分。Wilson 认为，分布于情境中的因果控制的事实不能充分证明"我们必须研究分布的系统"（Beer，1995，2000）这一主张是正确的。首先，科学的最终目的不是解释特定事件的因果关系，而是要理解组织和功能的基本原理。其次，系统边界的界定在某种程度上取决于研究者分析的特定目的，具有较强的主观性。再次，分布式认知丧失了其激进的标志。这种主张并不要求我们对认知领域的研究进行改革，只是简单地增加了需要研究的现象。最后，从长远角度看，这种分布式的方法能否深刻揭示认知活动的本质还不得而知。

第五，认知是指导行为（for action）的。一般认为，认知机制和行为是以一种非常直接的方式联结起来的，即个体关于特定行为模式的知觉、概念和记忆。而这种观点正是 Wilson 所要批评的。研究表明，认知通过一种更间接、更灵活和更复杂的策略来促进行为。在这种策略中，认知主体在不确定关于外部世界本质的信息在何时会被用到时，会将其全部保存起来以备将来之用。我们的心理概念通常就保留了关于对象属性的丰富信息，我们可以将这些信息用于不同的用途，甚至可以完全不同于我们最初加工它们的目的。

第六，离线认知是基于身体的（body-based）。即便从环境中去耦，心灵的活动仍然基于个体与环境在交互作用过程中通过进化所产生的感觉加工和运动控制机制。Wilson 认为这一主张是非常重要的，也是最能被证明的，但未得到研究者的足够关注。她还认为，在对离线认知活动中感觉和运动资源以何种方式起作用这一问题的研究上，会有更多的研究将更深入地探讨离线认知是以何种方式实现具身的（Talmy，2000；Lakoff & Johnson，1999，2003；Wilson，2001）。最后，她强调，我们不应将这一主张视为一种理论进步，而应将其视为认知一般性和基础性的原理。

Wilson 强调，我们应当根据已提出的特定主张的实质去理解它们，而不是将具身认知视为一种单一的主张，而且这样做也便于我们将具身认知的在线方面和离线方面区别开来。她对这六个主张的再评价得到了 Ziemke（2003）、Anderson（2007）的肯定。Anderson 甚至重新解释了 Wilson 所评价的六点主张。值得提出的是，在解释"环境是认知系统的一部分"这一主张时，Anderson 认为，有机体利用环境来简化认知任务的方法可以分为两大类：①有机体通过稳定的环境特征来简化认知任务；②有机体改变环境以简化认知任务。他还认为，"离线认知是基于身体的"这一主张也可以被分为两个不同但相关的部分：①知觉、认知以及它们组成成分（如表征和概念）的本质和结构，同思维过程、逻辑规则、喜好一样，都依赖于身体的本质、结构和行为；②甚至是离线认知，即便思维在时间上不同步，身体与环境间没有发生交互作用，也还是基于身体的。

另外，Anderson 在 Wilson 的基础上将上述关于具身认知的一些描述性主张概括为以下六点：①像人类其他的适应性活动一样，认知的进化史可以帮助我们更好地理解它的功能；②认知进化是因为它是适应性的，即通过更有效地应付环境，进而从根本上提高生存和繁殖成功的可能性；③认知在具体的环境中进化，它能利用环境中的实体结构和持续特征来应付生存的挑战；④认知在具备特定身体属性的有机体和天生具有某种结构特征的身体中得到进化，因而，认知活动可以充分利用这些身体结构特征来实现认知目标并使自身在这一过程中得到塑造；⑤认知在具有一组先验行为可能性、本能、习惯、需要、目标和喜好的有机体中进化。⑥已经进化好的以及正在进化中的身体器官和身体的其他器官一起，通过联合进化去解决身体机能所遇到的问题。

此外，Anderson 整合了 Wilson 和 Ziemke 二人的观点，并以其为基础，在具身认知、情境性认知和还原生物学的区别上也提出了四点主张：①具身化是结构的耦合（embodiment as structural coupling）。②历史的具身化（historical embodiment）。这一主张主要强调认知主体认知加工的特征不仅仅是在种系进化的历史中形成的，而且在很大程度上也是由与环境连续的、重复的交互作用塑造成的。③身体的、类有机体的和有机体的具身化（physical，organismoid，and organismic embodiment）。这三个方面表现的是身体示例限制性程度逐渐增加的三个水平。④社会的具身化（social embodiment）。这一主张主要强调有机体除与客观环境相耦合外，还与社会环境相耦合。

总之，对具身认知观的基本立场及其一般主张的梳理和整合是十分重要的，也是我们正确理解具身认知观的前提条件。在讨论完具身认知的基本立场及一般主张后，我们将继续探讨影响我们正确理解具身认知的另一关键论题——身体观。

第二节　具身认知的身体观

如何看待认知主体的身体在认知过程中所扮演的角色，是区别第一代认知科学和第二代认知科学最核心、最根本的标准。因此，身体观在具身认知中的地位可见一斑。在前文中，我们也曾提到，具身认知观中的身体并非完全是传统解剖学意义上的身体。那么，具身认知观中的身体又是怎样的呢？它又是怎样影响认知活动的呢？有研究者这甚至认为，他们同其他具身认知研究者一样，在对身体观问题的解释上都存在着局限性（徐献军，2007）。

首先，针对上述两个问题，我们可以先从"身体是怎样影响认知活动的"这个问题入手。因为只有清楚地知道了身体在认知活动中所扮演的角色，才能更好地回答"具身认知观中的身体是怎样的"这样一个递进性的问题。在解释的过程中，我们可能需要在身体观的视角下来理解前文中列出的部分主张。

那么，身体究竟是怎样影响认知活动的呢？我们先回顾一下 Anderson（2007）所提出的六点主张。其中，第四点提到"认知在具备特定身体属性的有机体和天生具有某种结构特征的身体中得到进化"。换言之，身体特征和认知属性并非一成不变的，它们之间甚至存在着联合进化。例如，手由于生理局限性，不能直接去取正在火堆上烧烤着的食物，但手可以借助一些辅助工具来达到目的。手在使用工具的过程中会变得越发灵活，人类也会在这一过程中不断创造出新的方法和工具。同时，一些能较好应用于认知活动的身体特征会被保留下来，相应地，能够适用于特定身体器官的认知属性也会被保留下来。第六点主张则更直接地阐明了身体（器官）与认知之间的关系，"已经进化好的以及正在进化中的身体器官和身体的其他器官一起，通过联合进化去解决身体机能所遇到的问题。我们不必惊讶于认知器官由有限变异的功能单位组成；不必惊讶于认知器官在结构的稍高水平层次上涉及重复的和丰富的功能结构；不必惊讶于结构的最高水平证明了高度的专门化……不必惊讶于认知器官不需要广泛的中枢控制（但这不排除特定情况下的中枢控制）"（Anderson，2007）。同时，Wilson 也极为重视"离线认知是基于身体的”这一主张，感觉运动资源的作用是模拟客观世界的某些方面，以作为表征信息和推理的手段。这种对外部情境的感觉运动模仿广泛地影响着人类的认知活动。

另外，具身认知研究中经常会提及 Gibson 的“动允性”（affordances）这一概念，它是生态心理学范式组织结构的核心（Clark，1999，2007）。动允性是客观环境提供给主体去利用、干预和活动的可能性，它取决于主体的身体结构、能力和技能与环境自身所提供的行为相关属性的匹配程度。

Gallagher（2005）对身体觉知怎样影响我们的经验和身体怎样通过建构特定的机制塑造经验等问题进行了详细论证。他认为，要正确理解身体在认知活动中的作用，还需要准确区分身体图式[①]和身体意象。身体图式是一种感觉-运动能力系统，在意识水平以下发挥作用，并在运动控制中扮演重要角色，也就是说，身体图式能无意识地对身体运动进行协调和控制。而身体意象是指一种身体知觉的伪像，因而在个体的意识经验中扮演重要的角色。例如，患有单侧忽视（lateral neglect）的病人在吃饭时会忽视单侧的食物，刮胡子时会只刮一半脸的胡子，意识不到自己某一侧的空间位置等。但是，患者走路、打结等双手任务却没有受到影响。这表明患者的身体意象被破坏，但身体图式仍然是完好的。

如果说我们所做的回顾是零碎的，还不能十分清晰地阐明身体是怎样影响认知活动的，那么，Goldman 和 de Vignemont（2009）在这个问题上的阐述可谓系统、全面。他们认为身体对认知活动的影响可以概括为以下四个方面：①身体解剖学（boby anatomy）的解释。身体的不同部分借助于不同的解剖学结构在认知活动中扮演着重要的因果角色。试想我们将蜻蜓的复眼系统取代人的眼睛，那么人类将完全以一种不同的方式来知觉这个世界；②身体活动（boby activities）的解释。身体特征相关的活动（如手势）在认知活动中扮演着重要的因果角色。虽然 Goldman 和 de Vignemont 认为这一解释在说服力上略显尴尬，但 Chandler 和 Schwarz（2009）的研究则证明，在被试阅读一个对他人的模糊描述时，无意识的活动中暗含表示敌意的中指和表示赞赏的拇指，会影响被试对这个人的印象。Blaesi 和 Wilson（2010）也通过类似研究证实了认知主体的身体动作影响着其自身的知觉和判断。③身体内容（bodily content）的解释。具有身体内容的心理表征（bodily representation）在认知活动中扮演重要的因果角色。这里对身体内容的心理表征的划分主要是依据表征编码所使用的身体形式。因此，他们认为第三种

---

① 身体图式（body schema）是一种知觉-运动系统能力，能够持续控制姿态和动作。它是一种自动的程序系统，无须知觉监控就可以运作。例如，当我们穿过安检门、在电梯上保持平衡、坐在椅子上转圈或伸手取咖啡杯时，身体图式能确保我们的身体具有无意识、自动化地完成上述活动的能力。

解释不过是第四种解释的一种过渡性的观点；④身体形式（bodily format）的解释。不同身体形式或身体编码的心理表征在认知活动中扮演重要的因果角色。虽然对身体形式划分的特异性标准还存在争议，但他们认为第四种解释尤其在解释身体如何影响社会性认知活动时是最具潜力的。

这样，我们就完成了对身体怎样影响认知活动这一问题的回答。在此基础上，我们再来澄清“具身认知观中的身体是怎样的”问题。

具身认知观中的身体并非完全是解剖学意义上的身体，然而，Goldman 和 de Vignemont（2009）却对这一解剖学意义上的身体做出了独到的解释。他们认为，为了突出身体在解释认知活动中的重要性，具身认知研究者所强调的身体是除大脑以外的身体部分。因为大脑本身就是心理活动发生的场所，而将大脑视为身体的一部分会削弱“身体对心理活动是至关重要的”这一主张。我们认为，两人强调身体在认知活动中的重要性的初衷是可以理解的，但是将大脑从完整的身体中孤立开来是不可接受的，他们的这一做法有画蛇添足之嫌。作为具身认知重要证据的镜像神经元（关于镜像神经元，笔者在下文中将有相关陈述）的发现，就足以说明我们不能将大脑从完整的身体中分离出去。此外，Gelder（1998）和 Beer（1995，2000）认为，在情境行为的动力学方法研究中，认知主体的神经系统、身体、环境都被视作耦合的动力学系统（图4-1）。

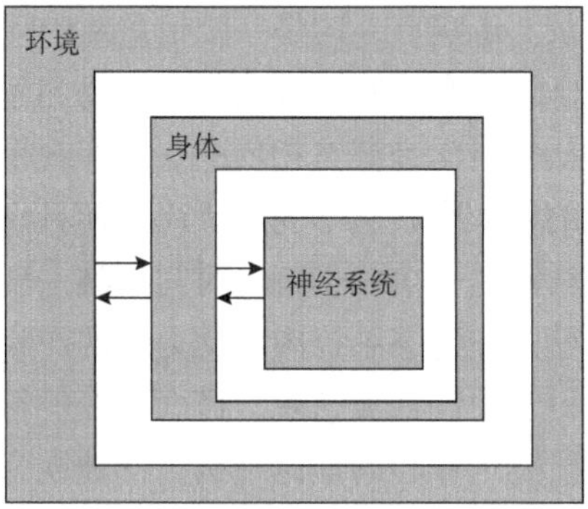

图 4-1　情境的和具身的主体动力学视角

注：神经系统、身体和环境均被视为动力系统，并且它们之间存在持续的交互作用

所以，综合本节中的论述，以及前文中的相关内容，我们可以认为，具身认知观中的身体，除了我们通常所指的解剖学意义上的身体外，还指一种经过“历史进化”（evolved）了的身体、处于特定情境中的“情境性”（situated）的身体、“社会化的”（socialized）身体，以及形成了身体图式的身体。

第三节　具身认知研究的动力学方法

具身认知的浪潮席卷了整个认知科学领域，给传统认知科学带来的冲击是不言而喻的。在研究方法上，第一代认知科学表征计算的方法很显然已经不合时宜，这就要求我们要为具身认知的研究寻找新的方法和工具。

具身认知的观点认为，认知在本质上是具身的，强调认知活动与感觉运动层面，以及它们所嵌入的结构化的环境之间的紧密联系。这实际上就是变相强调，我们只有将认知活动与对神经系统、身体和环境之间的交互作用所涉及的动力学的、依赖于时间和关系的正确评价紧密联系起来，才能对认知活动做出正确的理解。那么，在这种视角下，认知主体自身就是一个动力学系统，更确切地说，认知机能必须被理解为一个动力学加工过程，对于这些过程而言，动力学研究方法所提供的工具则能够用来很好地理解它们（Beer，1995，2000；Gelder，1998）。

那么，为什么传统的表征计算范式不能很好地解释认知活动，而动力学方法却可以，又为什么不是其他的方法呢？这个看似简单且多余的问题在我们所参阅的诸多文献中却极少涉及。事实上，这是一个很重要的问题。

首先，具身认知科学认为，认知系统内部的行为和系统本身的加工过程是非稳态的，这一点与传统认知科学是截然相反的。在客观世界的活动中，个体的认知系统不仅可以在不同的背景中做出不同的反应，而且它也能像自身活动的结果一样发生着变化。认知活动是一个处于特定时间的唯一事件，并且处于一个不断变化的情境中，它本身就是非稳态系统内部动力学的产物。但是，认知系统的这种不稳定性在传统认知科学中经常被忽视，概念不变的符号或者我们所主张的表征，都是当代认知发展研究中核心的理论结构，都被视为解释人类认知稳定性的基本要素（Smith，2005）。很显然，传统认知科学的研究方法将不变的概念、符号和表征从认知活动实时的和自然变化的过程中以及动力系统的范畴中割裂开来的做法，是难以满足具身认知研究要求的。

其次，在本章第二节中，我们提到，一些研究表明，在涉及运动能力较低水平的认知加工中可以放弃使用表征。Kelso（1995）就以令人信服的研究结论证明，在左右手食指运动协调的过程中并不涉及稳定、持续的表征。也就是说，传统认知科学表征计算的方法在涉及低水平的认知活动中可能无用武之地。当然，我们这里只是强调这种可能性，而没有武断地否决低水平认知加工对表征的使用。

另外，具身认知之所以采用动力学研究方法，是因为动力学研究方法本身的适宜性。这里先介绍具身化这一概念。广义上的具身化通常是指结构性耦合，这一术语最早是由 Maturana 和 Varela（1992）引入到认知科学中来的，他们在研究中将认知科学视为一种生物学现象（Lindblom，2007）。这一研究使 Dautenhahn 等（2002）在尝试精确定义具身化时深受启发。为了弥补前人对具身化定义的不足，他们试图估量认知主体与其所处环境之间的关系，以达到从定量的角度来定义具身化的目的。他们给出了具身化最粗略的定义：如果系统 S 和环境 E 之间存在相互影响的信道，系统 S 就被嵌入环境 E 中。系统 S 在 S 和 E 所存在的每一个时刻 T，都被嵌入环境 E 中，环境 E 的可能状态中与系统 S 有关的子集具有扰乱系统 S 状态的能力，系统 S 的可能状态中与环境 E 有关的子集具有扰乱环境 E 状态的能力。实际上，Dautenhahn 等对具身化粗略的定义，也就是我们所要讨论的狭义的具身认知 DST。

此外，Gelder（1998）和 Beer（2000）认为，泛泛而言，动力学系统是一个能清晰描述系统随时间变化的数学工具。严格地讲，动力系统由有序时间系列 T、状态空间 S 和演化操作数 $\varnothing_t$（$\varnothing_t$ 可用关系式表述为：$S \to S$ 转为一个初始状态 $X_0 \in S$ 在时间 $T_0 \in T \to$ →状态 $X_t \in S$ 在时间 $t \in T$）三个要素组成。其中，状态空间 S 可以用数值或者符号标识，既可以是连续的，也可以是离散的，抑或二者兼有之。描述系统状态所需变量的数量决定了系统是有限维度的还是无限维度的。演化操作数 $\varnothing_t$ 可以是直接给出，也可以是间接定义。它可能是确定的，也可能是随机的。DST 所提供的这些丰富的工具就使得动力系统的实时行为变得可视化和可分析。为此，Beer（1995，2000）还列举了五个动力学建模（图4-2），旨在说明动力学方法工具是如何描述系统演变行为的。

值得注意的是，虽然动力学建模和 DST 是动力学方法的两个方面，且二者没有清晰的界限，但是，对二者的区分却是很重要的（Gelder，1998）。动力学建模是应用数学的一个分支，主要是通过提供抽象的动力学模型来帮助我们理解自然现象，当然这也包括我们所要研究的人类认知活动现象。而后者则是抽象数学的一个分支。更严格地讲，DST 在本质上是几何学的概念，它是通过非线性微分方程系统来描述系统演变行为的。动力学家试图通过借助状态空间（state space）、吸引子（attractors）、轨迹（trajectory）、稳定性（stability）、耦合（coupling）、初始状态敏感性（sensitivity to initial conditions）等概念来理解认知系统的过程和行为。李恒威和盛晓明（2006）、李其维（2008）认为，我们还需要采用耦合性相互作用的非线性微分方程系统来描述认知系统中持续相互影响、决定、塑造和动态演化着的变量，并且可以通过非线性微分方程系统来“表达处在状态空间的认知主体的认知轨迹，特别是通过在一定环境下和一定的内部压力下的认知主体的思想轨迹来详尽考察认知”。

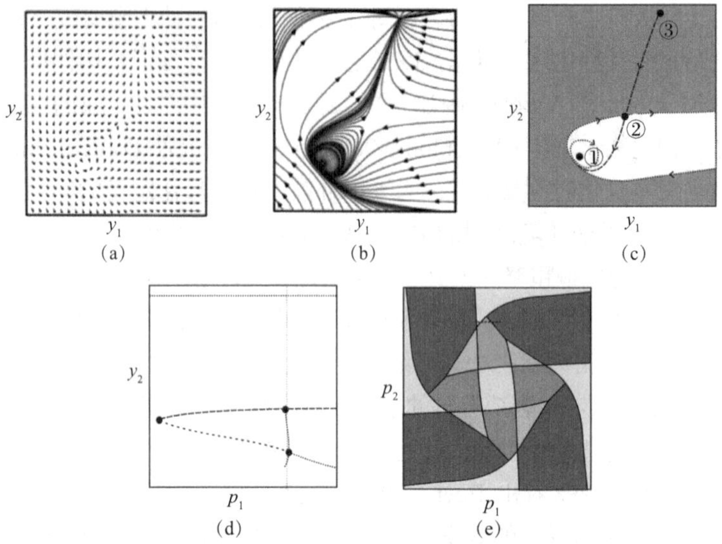

图 4-2 DST 的一些基本概念

注：（a）一个向量场，用来表示状态空间中每一个点的实时方向和变动的幅度。（b）一种流动状态，用来表示系统典型的分解轨迹。（c）一个相图，用来表示一些极限集和它们的稳定性，以及它们的吸引域。点表示平衡点，①轨迹是一个极限环，②是不稳定极限集，③是滑动极限集。另一部分细虚线和粗虚线轨迹分别表示滑动点的稳定的和不稳定流形。滑动点的稳定流形将极限环的吸引域（白色）从稳定平衡点的吸引域（灰色）中分离出来。（d）一个分岔图，用来表示当参数 p_1 改变时，y_2 在相图中映射的变化。其中，除了分岔点用黑色表示外，其余颜色的含义同（c）图。参数部分对应表示（c）图中的虚线部分。（e）一个参数图，用来表示当 p_1、p_2 两个参数改变时，具有不同相图的参数空间域。相同的颜色区域具有相似的性质。参数部分对应于（d）图中的虚线部分

由于具身认知观自身的特点，以及动力学研究方法的适宜性，动力学研究方法成为具身认知研究的主要工具。相比于认知科学的其他研究方法而言，动力学研究方法有两大优点：第一，动力学研究方法关注认知过程的连续演化，因而可以很好地解释认知的可塑性；第二，这种持续的进程使得动力学研究方法可以更好地解释认知加工过程的细节，因而，我们可以通过动力方法来较好地解释认知的个体差异。这是指相对于传统认知科学主要把注意力集中在个体间行为的共性上而言，动力学研究方法可能更关注个体间的差异（Markman & Dietrich，2000）。

动力学研究方法目前已成为具身认知研究的主流方法，这种方法主要利用了当前数学研究的可能性。但问题是，对于认知系统这样的多层级开放式系统（wild systems），当前的数学研究是无能为力的（Jaeger，1998）。换言之，动力学研究方法在认知研究中的一般适用性是值得质疑的。这主要表现在以下五方面：第一，动力学研究方法自身的复杂性，尤其是其对数学和计算机基础要求的较高门槛，使得它无法像表征计算的方法那样广为研究者所理解和接受。因而，动力学研究方法自身的复杂性俨然已经成为其迅速普及的绊脚石。第二，认知系统由改

变自身特有时间量程的随机输入所驱动。这样，DST 中的吸引子、分岔等基本概念在认知系统的研究中就没有任何作用。第三，认知系统是非稳态的。但这里的非稳态与动力学方法中的非稳态不同，它应该被理解为动力学规律自身非参数性变化的结果。第四，认知系统是高维度的，它的许多变量都是根据不同子系统的不同规律演化的。而当前对高维度系统的研究只能像协同系统和平均场方法那样去关注特定类型的整体参数。第五，笔者以为，动力学研究方法容易使我们背离最初的研究意图。我们起初是想通过动力学研究方法来探索人类的认知活动现象，但是，动力学研究方法却更多地要求我们关注如何合理建模，这就存在本末倒置之嫌了。

从具身认知被明确提出直至今日的这段时间内，有关具身认知的研究已经越来越广泛地渗透到认知科学的各个领域当中，并且也逐渐有来自各领域的研究成果证明具身认知观的正确性。其中最引人瞩目的当属认知神经科学领域和认知语言学领域的镜像神经元研究（Cook et al.，2014；Veissière et al.，2020）。镜像神经元（Pellegrino et al.，1992；Gallese et al.，1996）最初是指一类由主动执行或者被动观察与物件相关的动作所启动的视觉运动神经元。简言之，它就是个体在执行某一动作时所启动的运动神经元，与个体观察其他个体执行相同或类似动作时所启动的神经元的交集不是空集。后续研究认为，镜像神经元广泛地存在于人脑中，它们能像镜子一样映射其他个体的活动，因而其对个体的动作模仿学习（Longo et al.，2008）、共情（Sprengelmeyer & Jentzsch，2006）、语言和理解他人意图（Iacoboni et al.，2005）等社会认知的展开具有极为重要的意义。2019年4月，荷兰神经科学研究所的 Keysers 首次发现大鼠前扣带皮层中存在“情绪镜像神经元”。他们让大鼠观察接受了不愉快刺激（轻微休克）的其他大鼠，并观察它们的行为和检测其大脑的变化。当大鼠害怕的时候，它们的自然反应是僵立，以避免被食肉动物发现。研究者发现，这项实验中的大鼠看到其他大鼠不愉快表现的时候也会僵立。这意味着触发大鼠自己痛苦感觉和它们看到其他大鼠痛苦时，情绪镜像神经元会被重新激活。

然而，对具身认知质疑的声音也随之出现，不绝于耳，这主要表现在以下三个方面。第一，具身认知缺乏有说服力的实证研究的支持。通常，支持具身认知假设的数据主要有四种类型：①在知觉和概念加工中，运动系统被启动的直接证据；②运动系统的启动扩散到知觉和概念加工水平的行为证据；③由阅读理解所诱发的感觉和运动系统的启动的证据；④在运动系统受损的被试的语词决策实验中，被试对名词的决策成绩好于动词。但是，Mahon 和 Caramazza（2008）的研究认为，这四种类型的证据同样可以采用认知的非具身观点加以解释。第二，具身认知科学学科内一些重要的概念含糊不清。比如具身化，虽然 Dautenhahn 等

（2002）给出了具身化的粗略定义，但他们同时进一步指出，不可能存在对具身化本质的明确解释，也不可能在认知科学学科内给出具身化的统一定义（Lindblom，2007）。第三，对具身认知研究方法的质疑。关于这一点，上文中也有详细论述，此处不再赘述。

因而，处于“青少年”期的具身认知科学还不够成熟，不够稳定，有太多不确定的因素。不论是第一代认知科学的表征计算范式，还是我们现在所推崇的具身认知观的动力学研究范式，不过是我们在探寻心理学研究范式中的一小步。因此，我们在审视现在的第二代认知科学时仍然需要持有批判的眼光。

第五章　从具身认知到延展认知

这种理论构想简单而空洞，因为属性多得不可胜数……按照 Skinner 的功能分析法，通过确认“控制刺激”就能解释许许多多的反应。但这样使用“刺激”一词，其客观性就不复存在了。刺激不再是外在的物质世界的一部分，而是来源于机体内部。听到反应时，我们才能确认刺激是什么。这些举不胜举的例子清楚地表明，该理论完全倒退到心灵主义心理学了，“刺激控制”一说只不过是对这种倒退的掩饰罢了。

——Noam Chomsky，1959

第一节　“战国时代”的具身-生成认知科学

一、具身认知的内涵之争

伴随具身–生成认知科学的蓬勃发展，越来越多的研究者开始在如下主张上达成共识：借助真实世界情境中具身经验（embodied experiences）如何形塑与引导认知执行（cognitive performance）来探索活生生的身体（lived body）与心灵（Gibbs，2005）。对于不同的具身认知拥护者而言，“具身化”这一术语似乎意味着很多不同的意义，这些观点有的激进，有的温和。不过，还是可以从海量的具身理解中抽离出一些最基本的核心主张，这些主张又可以分为哲学与认知科学两个层面。

从哲学的立场来看，“（具身认知）这一新的思维方式通过发现意识与无意识、生物性与社会性过程的概念联系规避了传统的心灵和物质或身体和灵魂的二元论”（Krois et al.，2007）。Gallese（2005）借用了 Merleau-Ponty 的话表达了自己对“具身”一词的理解，“我们说因为身体具有‘行为模式’，所以身体是一种奇特的对象，它使用自身的某些部分作为世界的通用符号系统，借此我们可以寓居于这个世界上，‘理解’这个世界并且发现其中的意义”。因此，具身就是一种在环境中生成的身体感，它确保我们捕获最原初的自我感。身体从根本上为我们的行动提供资源或能力，如各种各样的运动潜能（motor potentialities）。这些潜能通过填充那些在我们手边上的、能够被我们所指向的事物以及那些我们可与之发生互动的其他身体，从而界定我们所生活的世界的视域（Gallese & Sinigaglia，2010）。

从认知科学的立场来看，Varela 等（1991）曾对具身认知有过最具统摄性的定义，“使用具身这个词，我们意在突出两点：第一，认知依赖于经验的种类，这些经验来自具有各种感知运动的身体；第二，这些个体的感知运动能力自身嵌入在一个更广泛的生物、心理与文化的情境之中”。Thelen（2000）指出，“认知依赖于经验的类型，这些经验来自一个携带知觉与运动能力的身体，而这些能力又密不可分的联系在一起，整合成一个由记忆、情绪、语言与生命的其他方面交织起来的基质。当代具身认知所持有的观念对立于占据支配地位的认知立场，后者将心灵视为一个用以操纵符号的装置，因而它关注那些由符号恰当地表征世界的形式规则与加工”。因此，具身认知旨在颠覆经典认知科学的“计算机隐喻”。在具身认知视角下，认知不再被视为一系列基于符号或逻辑的抽象表征的功能，而是根植于身体和具体经验的、具有内在联系的、与他人进行交互的生物系统。生物体的认知活动是具身化的，这些活动是在身体–脑活动的基础上实现的。

Shapiro（2011）进一步提炼出具身认知的三大主题：①概念化。生物体身体的属性对我们获取生物体的概念给予了限制或约束，即哪一种生物体用以理解其周遭世界的概念取决于其所具有的身体类型。因此，倘若两个生物体拥有不同的身体，那么它们在如何理解世界上必定也是不同的。②替代。生物体的身体与环境之间的互动代替了作为经典认知核心的表征加工。认知不再依赖于基于符号表征的算法加工。认知可以在不涉及表征状态的系统中发生，并可以在不诉诸计算加工或表征状态的前提下被解释。③构成。身体或世界在认知加工中扮演了构成性角色，而不仅仅是因果性角色。以氧的要素角色与因果性角色为例。虽然氧气是引发爆炸的原因之一，但氧同时也是水的一种要素，水是由氧原子和氢原子构成的。与之类似，根据构成的主张，身体与世界并非仅仅对认知产生因果性影响，也是认知的构成要素。

然而，正如 Kyselo 和 di Paolo（2010）指出的，“我们对于具身化究竟何所指依旧不清——因为这其中有着大量对于‘身体’的不同理解”。为此，我们认为，可以结合 Goldman 与 de Vignemont（2009）对具身认知化主题的分类学解释（图5-1）及其相关的研究实例来系统考察其涉及的“身体”内涵。

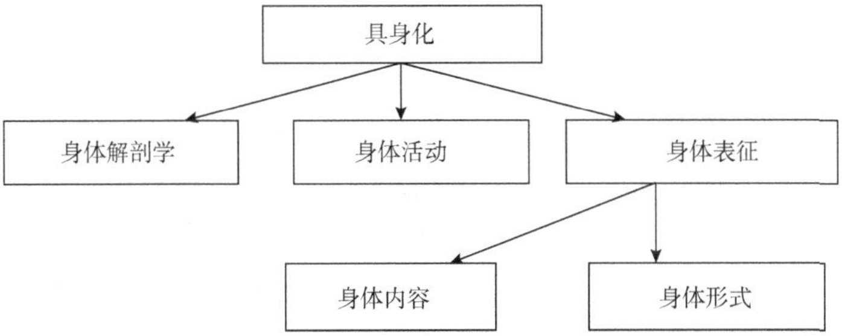

图 5-1 具身化主题的分类学解释（Goldman & de Vignemont，2009）

1）身体解剖学的解释。它主要指身体的一部分凭借其独特的解剖学结构对认知起一种重要的因果作用。例如，像弹簧一般可塑的肌肉骨骼系统帮助我们易于行走，手指的柔韧性能帮助我们抓握坚硬的物体（Grafton，2009）。如果我们用蝙蝠的回声系统取代人的眼睛，那么人类将以一种完全不同的方式来知觉这个世界。又如，由脑损伤而患有单侧忽视（lateral neglect）的病人在洗漱甚至穿衣服的过程中，通常只在身体的一侧进行上述活动而忽视身体的另一侧（Gallagher，2005）。此外，身体解剖学解释还应涉及基于身体解剖结构的经验对知觉能力的影响。参与大量体育项目的运动员比非专业人士更能利用身体的细微暗示，如腕和踝关节的弯曲（Aglioti et al.，2008）。

2）身体活动的解释。它主要指个体的动作以及与身体有关的其他特征（如姿势）对认知起一种重要的因果作用。比如，研究者通过让被试用“牙齿固定铅笔”（模拟笑）和“嘴唇固定铅笔”（抑制笑）两种方式控制自己的面部表情，并要求其对计算机屏幕上呈现的词汇进行效价判断。研究发现，前一种表情控制会促进被试对积极词汇的加工，而后一种表情控制会促进其对消极词汇的加工（张静和陈巍，2010）。又如，在被试阅读一个对他人的模糊描述的同时诱导其观察表示敌意的中指运动和表示赞赏的拇指运动，会影响被试对这个人的印象。较之观察拇指运动情况下，被试在观察中指运动情况下更容易对这个人产生消极印象（Chandler & Schwarz，2009）。

3）身体内容与身体形式的解释。二者主要指以各种身体内容或身体形式存在的心理表征对认知起一种重要的因果作用。这是因为我们对世界的认知并不是一个抽象的命题，而是在根本上取决于我们对世界的多种感觉经验，这些感觉经验是与身体内容相关的，包括触觉、运动、情绪事件以及有关空间和温度维度加工的身体经验（Ackerman et al.，2010）。比如，崔倩（2012）的实验研究显示，触觉经验会影响对具有“硬”或“软”语义的汉字的再认。挤压硬球的被试能够正确再认出更多的具有“硬”语义的目标字（如“刚”），而挤压软球的被试能够正确再认出更多的具有“软”语义的目标字（如“绒”）。Zhong 与 Leonardelli（2008）的研究将被试分为两组，让其中一组被试回忆他们遭到他人排斥的情景，如想加入一家俱乐部却被拒绝等；让另一组被试回忆被他人接纳的情景。随后，让两组被试估计其所处房间的温度，结果显示，回忆“被排斥”情景的实验组估计的平均温度显著低于“被接纳”的实验组估计的平均温度，即前者更容易感觉到“冷”。在上述两个例子中，包含与触觉及温度有关的身体内容的表征均对认知活动产生了影响。

二、生成认知的内涵之争

“生成的”（enactive）这个词是由 Varela 创造出来用以描述和统一认知科学内部一系列相关观点的术语（Thompson et al.，2005）。Varela 本人曾在不同情境与层面上使用过这一术语，这也造成了当前学者对“生成”的内涵有着不同的理解。当然，其具体主张也可以区分为哲学与认知科学层面。

迄今为止，最具哲学意味的生成定义是：认知扎根于具有自治的自主体（autonomous agents）的意义生成活动中，这是一种积极产生并维持它们自身的存在，因此生成或带出它们自己的意义与价值范畴（Thompson & Stapleton，2009）。对于生成而言，“自治”具有无可替代的核心地位，活的生物（living beings）的认知总是具有自治特征的，因为“只有通过这样一种内在的自我建构才能及时地调节其与外部环境之间的互动”（Thompson &Stapleton，2009）。

在认知科学层面上，Thompson 和 Varela（2001）认为，生成认知科学主要包含三个主题：①具身化。认知并非定位于头脑，而是寓于整个生物体之中，而生物体又嵌入到其生存的环境之中。②涌现性（emergence）。认知是由涌现与自组织过程（self-organized processes）构成的，这种涌现与自组织过程跨越了大脑、身体与环境，并将三者联系起来。③自我与他人共同决定（self-other co-determination）。在社会性生物中，认知是由自我与他人的动力学共同决定的。

随后，Thompson（2005）又进一步提出了生成概念的三个核心观点：①生物体是一个自治的自主体，其主动地产生并维持自身的同一性，从而界定它们自身的认知领域。②神经系统是一个自治的系统，即根据其作为一个在组织上封闭的相互作用的神经元的感觉运动网络，神经系统是主动产生并维持其自身活动的协调一致模式（coherent patterns）。③认知结构是从身体、神经系统与环境之间出现的周期性感觉运动耦合（recurrent sensorimotor coupling）中涌现出来的。

Varela 等（2001）认为，生成视角下的大脑活动过程与生物体一样也是自治的、递归的、再进入的与自激活的[①]，而不是在任何地方开始或停止的。生成取向不是将知觉看作感觉的一个后续阶段并且将感觉感受器作为起始点加以分析，而是将知觉、情绪和认知当作意向性行为（intentional action）的从属成分，并将脑的自产生（self-generated）、内源性活动视为分析的起始点（Thompson et al., 2005）。这种位于前额叶、边缘系统或颞叶和联合皮层的活动远离感受器而产生，并且反映了生物体的预期、准备、情绪性语调、注意等状态（Varela et al., 2001）。这些状态必然同时作为感觉流入而活动，并以一种有意义的方式塑造那种流入。然而，经典认知科学想要将这些内部状态描述成一种在感觉加工上以“自上而下”方式进行的活动。相比较而言，生成认知则认为，“自上而下”和“自下而上”仅仅是一种启发式的术语，脑活动的实质是一种基于其内部确立的参照点，从而整合输入与内源性活动的大尺度网络（Varela et al., 2001）。这种大尺度动态网络可以用来理解认知现象如何从自组织的神经活动中涌现出来。

除了强调认知活动与外界环境的交互作用及其动态涌现特征之外，一些学者认为“生成”的意义还在于重新审视行动及其在引导认知活动中的意义（Varela et al., 1991；Noë，2004）。因此，生成进路还应该包含两个层面：①知觉存在于由知觉引导的行动；②认知结构出自循环的感知运动模式，它能够使得行动被自觉地引导出来。这在 Held 和 Hein（1958）的一个经典实验中得到了最佳印证。他们在黑暗中饲养了几只小猫，并只有在控制条件下才让它们见到光。其中，第一组的小猫允许正常走动，但它们中的每一个都被套了车架与篮子，并且里面装着一只第二组的小猫。第二组的小猫都以四脚悬空的方式被固定住，无法自主行动。因此，两组小猫都享有同样的视觉经验，但第二组小猫完全是被动的。几周后发现，第一组小猫的行为正常，而第二组小猫的行为跌跌撞撞的，看起来它们就像是瞎的。这个研究说明物体并不是通过特征的视觉提取被看到的，而是通过行动的视觉引导被看到的。

Noë（2004）的知觉生成解释理论进一步深化了这种解释的内涵。该理论首先认可了 Wilson 对经典认知科学表征观的再定义。Wilson（2004）将表征分为三类：①反应（reactive）——反射（reflexes）。②生成（enactive）——身体技能/能力（bodily skills/abilities）。③符号（symbolic）——语言词元/概念（linguistic tokens/concepts）。草履虫依据磁场南北极来调整自己的位置属于第一类表征，因为其并没有真正在环境中主动控制其行为，而只是一种被动的反应，并且其所处的环境是极其简单和有限的。生成的表征主要包括身体技能，如骑自行车所需要

---

① Varela 等借用这一系列数学、人工智能术语意在表明大脑活动与生物体的新陈代谢活动一样均具有调用自身资源持续维系其同一性的能力。

的身体技能。因此，生成表征与身体活动存在密切联系。它超越了对环境刺激的简单的反射反应，而且也并非有意识或反思的思维。符号表征则将身体及其所处的环境分离开来。知觉生成解释理论主要反对的就是第三类表征（Menary，2006）。

Noë（2004）引用了歌德在《颜色的理论》中的宣言来表明自己的立场："我们描述一个人的性格的尝试将会是徒劳的，但对他的行为（action）与行动（deed）的描述将会呈现给我们一副关于他性格的图像。" Noë 认为，在大量日常生活情境中，我们只需采用感觉运动的权变（sensorimotor contingencies）就可以解释知觉。知觉本质上是生成的。它是一种熟练地运用身体技能去探索外部环境的行动，而我们的行动决定并产生了我们的知觉内容与知觉经验。认知并非大脑的物理属性的副产品，而是大脑、身体与环境三者形成的动态系统。认知就是在认知者的内部环境与外部环境的互动中涌现出来的。此外，由于我们的知觉活动离不开行动的引导，它主要依赖于身体技能，所以知觉经验的产生不需要借助符号化的内在表征，身体与外部世界发生直接的互动，从而生成我们知觉经验的丰富性。Noë 同样以 Held 和 Hein 的实验为例进一步对知觉的生成给予解释。他认为，该实验说明了以下几点：①视觉经验的产生必须依赖知觉者和环境之间的互动，而这种互动必须建立在知觉者主动施加的行动之上。②在实验训练期中，第二组小猫的身体被固定了起来，以至于经过训练后它们看起来像是瞎的，但实验表明它们还是保留了最基本的视觉。这是因为眼球运动依旧存在，这种本能的运动依旧能生成基本的感觉动作知识与原始的视觉经验。

三、具身认知与生成认知的关系

"具身"与"生成"这两个概念既有联系，也有区别。"具身"侧重描述大脑、身体与环境在认知活动的生成中所扮演的角色。"生成"则侧重解释具身化的认知结构的产生与运作的动态机制。作为捆绑在一起的一对孪生概念，两者互为支撑且相互佐证：具身的认知必然是生成的，而生成的认知又必然是具身的。

当前，具身–生成的认知科学正在面临来自经典认知科学的挑战。首先，是否所有的认知活动都可以运用具身–生成取向的概念、方法与工具进行解释？针对这个问题，已有研究发现了具身–生成取向在解释认知现象上失效的例子。例如，按照具身–生成认知的理解，身体结构决定了认知过程，对身体运动技能的掌握是产生知觉经验的必要条件。然而，临床上常见的闭锁综合征（locked-in syndrome，LIS）患者虽然承受着身体上的损伤，但是他们几乎完好地保留了所有认知技能。这意味着认知可以在脱离实际依靠身体结构或感觉运动权变的情况下被保留下来（Kyselo & di Paolo，2010；Nizzi et al.，2012）。其次，具身–生成取向与经典认知科学的概念、方法与工具上是否真的不存在任何相容性?

Chatterjee（2010）认为，具身–生成取向与经典认知取向在解释知觉与运动系统关系时的分歧只不过反映了有关不同的表征系统之间如何映射的两种观点而已。前者对应的是多通道假设（multimodal hypothesis），后者对应的是通道无关假设（amodal hypothesis），但两者的争论本身没有超越经典认知科学的概念范畴。

毋庸置疑的是，未来的具身–生成认知科学只有在回应上述挑战的过程中才有可能将其内涵“汇聚在一个统一并且综合的取向上”（Goldman，2012），从而真正走出“战国时代”，确立其在认知科学史上的地位。

第二节　延展认知：一种构成性的具身认知解释

按照之前 Shapiro（2011）的观点，除了概念化与替代两种具身认知版本之外，我们还可以选择一种更为激进的具身认知版本，即构成性的具身认知（constitutive embodied cognition）。

心灵哲学家 Clark 和 Chalmers（1998）在等价论证的基础上为心灵或认知的构成性提供了依据。可能最著名的等价论证是关于一只鸭子的例子：如果它像鸭子一样走路，像鸭子一样嘎嘎叫，并且像鸭子一样飞，那么它就是一只鸭子。在此论证中，等价的作用是显著的：如果事物在各个相关方面都等于鸭子，那么它就是一只鸭子。下面，我们将通过一个经典的延展认知例证来看看等价论证是如何被吸收到确立构成的意图中去的。

这个例子是 Clark 和 Chalmers（1998）提出的。Inga 具有正常记忆能力。她听说在现代艺术博物馆（MoMA）有一个艺术展览，对此她很感兴趣。在停顿了1 s之后，她回想起现代艺术博物馆位于第三大街53号，然后她就去了。在 Inga 注意到脑海中闪过的现代艺术博物馆的地址之前，她有一种感觉（如相信该博物馆位于第三大街53号）。哲学家描述了此类信念，存在的但是并非有意识存在的，作为非当下的存在。只有积极致力于此信念，方能使其产生。

现在设想 Otto，他是一个阿尔兹海默症患者。当 Otto 听到现代艺术博物馆有展览并形成参加的意图时，他不能像 Inga 一样，借助记忆回忆起该博物馆的位置。事实上，这种疾病已经抹掉了他有关现代艺术博物馆位置的记忆或使其无法访问这些信息。然而，Otto 通过使用笔记本弥补了此缺陷。在笔记本中，他记下了依靠正常记忆能力可以恢复的大多数信息。现在，Otto 必须“记住”一些事实，如现代艺术博物馆的地址，他打开他的笔记本并找到他所需要的信息。“对于 Otto，他的笔记本起到了生物记忆通常起到的作用”（Clark，2008）。此实验的结论是，Otto 的笔记本里是他的非当下信念。

现在 Clark 和 Chalmers 概述了这些条件，他们相信，笔记本条目必须满足它们起到了 Inga 的非当下信念所起到的相同作用。较之 Inga 记忆中的非当下信念，Otto 的笔记本条目包括：①笔记本对他来说一直是可得的。他离开家的时候总是带着他的笔记本，所以内容也一直在他身边。②笔记本中的信息也是易于获得的。假定 Otto 组织好了笔记本条目以便于他把非当下内容转为非当下信念的速度并不比 Inga 慢。③Otto 不假思索地认可了他的笔记本中的信息，就好像我们很少怀疑我们的回忆的真实性一样。④出于这一推理，Otto 认可了在过去的和在笔记本中的内容。

重要的是，尽管 Clark 和 Chalmers 认为这些条件是记忆的特征，但如果它们所具有的心灵地位是令人信服的，那么笔记本的条目也应该具备上述特征，但这样说并不意味着笔记本的条目作为记忆特征就必须是获取无碍或绝对正确的。也许 Otto 把一些冰淇淋洒在了他的笔记本的某一页上，现在它粘在了另一页上，使得其内容难以获取或者比起其他页面的内容变得难以阅读。与之相较，Inga 在获取或者再现她的一些记忆时可能表现出相同的困难（不过不是因为她把冰淇淋洒在上面了）。同样，也许 Otto 喜欢游泳，但是当他在游泳池里的时候，他把笔记本留在了更衣室里，避免笔记本因沾上水而看不清楚字迹。在游泳的时候，他不能记住不同的事实。但是，Inga 可能会经历类似的短期记忆损失的时期，如在她睡觉、醉酒或者沉思的时候。也许 Otto 阅读了对他来说相当怪异的条目：“现代艺术博物馆真的在第三大街53号？”Inga 有时也会怀疑她的记忆力。这些例子显示了 Otto 之于他的笔记本和 Inga 之于她的记忆力之间的类比关系是相当稳健的，一些明显的表现差异足以经得起推敲。

对 Otto 和 Inga 的讨论意在确立 Otto 的笔记本和 Inga 的记忆力之间的一种等价。这种等价一旦确立，说明心理状态——认知过程的成分——可以存在于头脑之外是一件容易的事。所有必要的带着前提的结论后来被称为等价原则，“如果，在我们面对一些任务时，世界的一部分运行以某系统，发生在头脑之中，我们将毫不犹豫地确定其为认知过程的一部分，则此世界部分是……认知过程的一部分”（Clark，2008）。

Otto 的笔记本的内容是非当下信念，是因为它们等价于普通人类的非当下信念。如果具身认知是一些真正崭新的东西，甚至其经过发展取代了经典认知科学，那么人们应该期望具身认知至少在方法和概念上在经典认知科学喘息之处留下一些许诺。在我们对具身认知的概念化取向，以及更精确地说，替代取向的研究中，我们发现具身认知所做出的改变非常有限。理解心灵，需要理解身体强加于之上的限制，或者需要对大脑、身体和认知活动自发涌现的世界之间的耦合交互加以鉴别，此外，出于这样或那样的原因，经典认知科学无法容纳这些事实。

构成假设的支持者也将他们自己视为颠覆传统认知主义者的斗士。无论如何，正如我们将要看到的，经典认知科学所依靠的众多解决方案即便在构成是正确的前提下依然良好地存续着。具身认知和经典认知科学的主要争论点在于对心灵构成的考虑。然而经典认知科学完全以计算过程来构成大脑中的心灵，如果构成是正确的，那么认知过程的成分延展到了大脑之外。构成的一些拥护者于是主张身体是心灵的一部分。更激进一些，一些拥护构成的人甚至主张心灵延展出身体，进入世界。后一种观点被标注为延展认知，它已经成为具身认知理论者和更为传统的认知主义者之间一些最热烈的讨论的来源。

构成所面对的主要挑战是解释身体或者部分世界是心灵的成分的观念，使这变得尤为困难的是需要区别心灵的单纯因果影响和心灵构成。毋庸置疑，每个人（包括经典认知科学家在内）都会认同身体活动影响心灵的观点。例如，转动头部可以改变进入眼睛的刺激，从而影响视觉知觉。但无论如何，这不是可以把头部运动视为知觉成分的理由，头部运动或许只是属于实际知觉成分的那些过程的一个因果因素而已。类似地，移动摄像机会影响摄像机加工的数据，但这不是把摄像机的运动列入实际制造图像的计算过程的成分之一的理由，而是将前者视为因果性地影响后者的因素之一（Shapiro，2019）。

在更深刻地探究这些议题之前，我们最好停下来考虑这些例子是否只是在某种程度上定义了一个包括因果因素的心理过程，从而使构成为真？因此，如果假设头部运动对于特定视知觉（如单眼深度知觉）是必要的，为什么不接受它们为视知觉的成分呢？坚持这一点，一个人或许会怀疑大脑中限定知觉构成的决定并非任意的。如果是这样，或许在那些延展认知于大脑之外的人和那些保留认知于大脑界限之内的人之间的争论完全只是口头上的——取决于约定而非更为实质性的东西。

例如，恐惧的身体或面部表情使我们能够体验恐惧这种情绪；恐惧的身体表达是实例化恐惧的载体的组成部分，不是仅仅作为一种倾向的表达，而是作为其物质实现的一部分。认知科学家 Krueger（2011a，2011b）将这样一种立场称为“表达的构成性意义”。这种立场在构成性意义上谈论表达，即某些身体行为是心理现象的表达，因为它们实际上构成了某些心理现象的适当部分。换句话说，某些心理现象是具有复杂结构的混合实体（hybrid entities）。它们是跨越内部（脑与神经生理活动、心理状态及主体的第一人称经验）和外部（身体动作、手势、表情和环境）操作的状态或过程。不可观察原则的问题在于其将内在与外在、体验与行为视为二元对立。一方面，无论是理论论还是模拟论，都将不可见的心理状态视为隐藏在可见的行为背后，这些心理状态因果性地引发（cause）了行为，所以我们需要借助后者来间接地（理论化或模拟）通达前者。另一方面，传统的具身认知支持者虽然认同身体活动影响心灵，但依然接受了心灵的单纯因果影响观。正如梅洛–庞蒂在1948年的一篇文章中辩护了心理现象和行为之间的表达关系强于单纯的偶然因果关系：

想象一下，我出现在某个人的面前，出于某种原因，他对我极为恼火。我的对话者生气了，我注意到他通过打手势和大喊大叫来表达他的愤怒。但这种愤怒在哪里？人们会说，这是在我的对话者的脑海里。这意味着什么并不完全清楚。因为我无法想象我从对手的表情、言语和身体中看出的恶意和残忍。这一切都不会发生在某个超凡脱俗的世界里，在一个位于愤怒的人身体之外的神殿中。它真的就在这里，在这个房间里和房间的这一部分，愤怒爆发了。它在他和我之间的空间中展开。我承认，我的对手愤怒的地方在他脸上的感觉与在某一刻泪水可能从他的眼睛流出或者鬼脸可能在他的嘴上凝固的感觉不同。然而，愤怒存在于他身上，在他苍白或紫色的脸颊、他充血的眼睛和喘息的声音表面上绽放。

——Merleau-Ponty，2008

已故美国精神病学家、精神分析理论家与发展心理学家 Daniel Stern 提出的行动的活力形态概念就是这种构成性意义上的表达的绝佳实例。活力体验是一种整体性的主观现象，它关乎行动的方式和风格，是从一种有自己流动模式的格式塔中产生的。不管所传达的内容是什么（情感、动作、思想），活力的动态形式是“在运动中感受到的具有时间轮廓的力量体验，以及去某个地方的活力（aliveness）感觉”（Stern，2010）。它们就像世界语，除了情感、感觉或行动的特定语言之外，活力形态关注于“体验的动态性质，关注兴奋、兴趣和活力的波动”（Stern，2010）。因此，当我们感知和表达行为时，至少在某些时候，我们感知的不是倾向性的表达，而是心理现象的适当部分。我们确实在行动中看见了心灵。当然，当我们这样表达时，并不意味着我们感知一个人的愤怒就像我们感知“地毯的颜色”一样（Merleau-Ponty，1962）。现象学家对可观察的、身体的或表达现象的解释与行为主义的解释存在本质的差异。我们的确不能用纯粹的物理或几何术语来非常准确地描述一个愤怒的人面部扭曲的特征，如脸颊的颜色、颤抖的手、紧蹙的眉头等，仅此而已，事实上，我们经常没有注意到这些特征中的许多信息，因为有其他东西完全主导着这一场景——这个人正在怒气冲冲。换句话说，经典认知科学在本体论上将另一个人的身体承诺为纯粹物质的东西，用现象学的术语表述，就是躯体。相反，现象学家将它视为一个活的、表达性的或“有生命的”身体。

事实上，构成争论的绝非无实例化的口舌之争。在成分和成因之间的确存在真正的区别，有理由认为构成上的争论是真实的，从而存在解决的可能性。现在，我们需要使成分和成因之间的区别变得更清楚。

上面讨论的研究为某些心理状态可以在某些行为模式中实例化的想法提供了初步合理的证据。例如，某些情绪的身体或面部表情使我们能够体验这些情绪；身体表情是实例化情绪的载体的一部分，不是作为一种倾向的表达，而是作为其物质实现的一部分。去除这一载体的表达维度［如默比乌斯综合征（Moebius syndrome）患者或注射肉毒梭菌］，就会去除部分情绪本身——情绪的体验也相应地改变了。但需要明确的是，这并不意味着情绪与人们的行为表达是同一的（identical）。情绪体验有一些私人的现象学、生理学和神经学的维度，这些维度并不会被其行为表现所穷尽。例如，当个体真的很快乐、笑得很灿烂时，其快乐不是简单地表现在其微笑的身体特征上，也不是在使其能够微笑的复杂的神经和生理过程中。这些证据也没有表明个体情绪的现象学和情绪的行为表达之间可能有或一定有相似之处。情绪的现象特征在性质上明显不同于它的表达行为。该论点不需要相似性，而需要互补性。

这里所说的“互补性”，是指一个系统的性质，就是这个系统的不同组成部分聚集在一起，协调各自的功能，形成一个互相协调的或和谐的整体，这种协调使这个系统能够做它原来不能做的事情，例如，汽车发动机的不同部件（如气缸、阀门、活塞、曲轴等），协调它们各自的功能，并使发动机能够实例化特定属性——机动（locomotion），否则发动机不会拥有这种属性。这种机动属性独立于各个部件的功能，但仍然依赖于它们的和谐整合。这些组件具有某些属性，这些属性使它们在功能上准备好与系统的某些其他组件相互整合，并成为机动过程的促进器。然而，严格地说，机动并不在任何个体的组成部分中，就像愉快不在上翘的嘴巴或特定的神经解剖学中一样。相反，机动的过程跨越了它们；它是通过相关部件（气缸和阀门，而不是烟灰缸和安全带）的整合来实现的。从这个意义上说，一个系统的各个组成部分是一个过程的组成部分，而不会因此完全同化于这个过程或任何其他组成部分。

类似地，在某些心理状态下，神经、生理和表达行为过程协调各自的功能，允许主体去做一些他本来做不到的事情。去掉这个协调系统的一部分就是损害了受试者实例化情绪体验的能力。例如，在默比乌斯综合征或注射肉毒梭菌的情况下，去除面部表情成分就是损害主体实例化情绪体验的能力。这就是某种情绪体验的物质载体的行为表达部分，就像活塞是机动的物质载体的一部分一样。

但需要进一步澄清的是，这辆车的各个部件之间的关系不是同一性的关系。即使当汽车在移动时，使其能够这样做的各个部件在其移动之前、期间和之后仍保持不同的特征，但它们仍然是运动过程的一部分，没有这些部分及其互补的相互关系，就不会实现运动。同样，情绪表达的行为成分也与相关的神经活动或情绪体验本身截然不同。正如 Pickard 似乎认为他必须否认的那样，“经验和行为之间似乎没有任何共同之处：它们没有相同的方面，因此没有可能解释它们如何可能是相同的”（Pickard，2003）。体验和行为是两码事。它们的共同点不是种类上的相似性，而是它们在由互补部分组成的系统中的位置（即大脑和神经肌肉系统功能正常的主体等）。最终的结果是，认知和情感的实例是通过神经、生理和行为组件的互补协调来实例化的。认知和情感过程跨越这些组件，就像机动跨越发动机的某些组件一样。因此，在某些情况下，看到表达行为就是看到认知或情感过程的一部分（Krueger，2011a，2011b）。

然而，不同的证据流是为了激发这样一种观点，即某些心理过程的部分是通过它们在可见的身体上的分布而可见的。有些心理状态是混杂的，既有内在的，也有外在的。这为直接感知理论提供了经验支持，因为我们可以看到另一个人的混合认知和情感状态的外部实现方面。如果是这样，我们有理由拒绝不可观察原则。此外，由于接受直接感知理论和反对不可观察原则，我们可以看到一个认知上要求很高的认知任务（如模拟），或者寻得另一个人的心灵内容以便弄清楚他们在干什么——可以转变成某些在直接感知过程中更易于获取的至关重要的社会信息。这一点尤为重要，因为尤其是在我们年轻的时候，我们拥有的处理外部世界的感知技能大大超过了我们拥有的思考或想象技能，而这些技能是充分处理内部世界所需要的（Kirsh，1995）。这与大量发展心理学的研究发现相一致，婴儿从出生起就是在有意义的社会环境中敏捷的感知者和行动者。

第三篇

03

具身认知的实体理论与实验证据

第六章　具身化的语言与概念

惯养娇生笑你痴，菱花空对雪澌澌。好防佳节元宵后，便是烟消火灭时。

——曹雪芹，《红楼梦（第一回）》

第一节　我们赖以生存的隐喻：具身化的概念表征

概念是人们进行抽象思维的基本元素，人们的推理、想象等心理活动必须通过借助于对概念的加工而进行。概念的隐喻化一直是概念研究领域中的重要问题。所谓隐喻，是指一个认知域中的概念系统地用于对另外一个认知域中的概念进行表达，这种表达在大多数情况下是自动化的、不被人所意识到的，甚至很多情况下，隐喻化的表达已成为词的本义，只有通过隐喻，人们才能表达这些概念，如山“脚”（身体范畴表达地理概念）、“重”（知觉范畴表达价值概念）要、贬“低”（空间范畴表达情感概念）。

针对隐喻现象的解释，传统语义学把隐喻看作词义的替代或变换，也就是说，隐喻仅仅是语义问题。传统语义学的这种解释遭到许多质疑，而后发展的语用学则提出应根据逻辑与语境对隐喻做出理解，这种观点仍然局限于仅从语言运用的角度看待隐喻。现代认知理论的出现使研究者开始从认知机制对隐喻现象进行分析，在第二代认知科学——具身认知兴起的背景下，概念隐喻理论（conceptual metaphor theory，CMT）得以提出，这一理论主要阐释了概念隐喻的本质、根源、其形成过程与工作机制。近年来，随着相关研究的不断涌现，CMT 也得到了发展和完善。本节总结了 CMT 关于隐喻的基本观点，梳理与归类了近年来基于 CMT 的相关实证研究，并思考了目前有待澄清的关键性问题，提出了未来研究的主要方向。

一、概念隐喻理论简述

语言学研究显示，隐喻在全世界各种语言中都普遍存在。Lakoff 和 Johnson（1980）在对大量隐喻进行分析和研究后指出，隐喻是人们借助具体的、有形的、简单的始源域概念（如温度、空间、动作等）来表达和理解抽象的、无形的、复杂的目标域概念（如心理感受、社会关系、道德等），从而实现抽象思维。从这一观点看，隐喻具有一定的认知功效。然而，隐喻背后的深层机制是什么？一种可能性是隐喻只是加深理解的辅助工具，其出现具有一定的偶然性。而另一种可能性则是，隐喻反映了人类认知演化发展的过程和思维的基本方式，隐喻为了解人类的认知提供了一个视窗。随着具身认知及其实证研究的兴起，支持后一种观点的 CMT 得以提出并获得了较大的发展。

1. 具身认知及其关于概念表征的主要假设

具身认知是当前认知心理学研究的新取向。传统的认知主义倾向于认为认知等于计算活动，同时这种计算是可以实现于物理装置或者生物大脑的，思维、推理、概念表征等认知能力与主体的知觉运动经验是相分离的，主体的认知能力独立于自身的知觉运动系统。具身认知理论则认为，计算并不是理解和建构认知活动的唯一方式，认知活动不仅离不开生物大脑，而且与人类身体及其所处环境的互动密切相关。大脑嵌入身体，身体嵌入环境，构成了一体的认知系统（叶浩生，2011a，2011b）。

在对概念与思维的解释中，传统的认知主义以非模态理论作为典型代表，这种理论认为，人类通过感知觉获得的信息可以转化为非模态抽象符号，非模态抽象符号储存在语言记忆中，人们利用非模态抽象符号表征概念的意义，思维的过程就是对非模态抽象符号信息的提取与加工。随着信息加工论在人工智能等研究与实践领域暴露出越来越多的局限性，这种观点开始受到越来越多的挑战。具身认知关于概念表征的观点以 Barsalou（1999）的知觉符号理论为代表，其主张概念是通过身体对世界的感知觉经验而形成的，并只有通过它们才能被理解，概念表征不是一种独立的抽象符号或心理表象，而是神经表征，是主体经验客体时的知觉、运动及内省体验。从根本上讲，人以体认的方式认识世界，概念与思维的实现必须依靠人的身体经验，而不是依靠超验、抽象的符号。

具身认知的这一假设得到了大量实验证据的支持。研究发现，个体以知觉运动经验仿真的形式对概念知识进行表征与加工。例如，当个体加工“玫瑰”这一概念时，大脑多通道系统的视觉（红色）、触觉（刺）、嗅觉（香气）等感知觉信息都会被激活，以实现对“玫瑰”这一概念的理解。具身认知关于概念表征的研究为探究隐喻的演化与加工机制提供了深层次的视角。

2. 概念隐喻理论的主要假设

在具身认知的研究背景下，Lakoff 和 Johnson（1999）提出了 CMT，这一理论也被称为认知隐喻理论。近年来，随着实证研究的不断积累，CMT 也得到了不断的发展与深化，可以将 CMT 的主要观点归纳为以下几个方面。

第一，隐喻的本质是人们利用熟悉、具体的经验去构造陌生、抽象的概念，也就是说，从概念发展的角度来看，抽象概念是主体在具体概念与具体经验的基础上建构而成的。根据具身认知理论，概念知识是基于主体的身体经验而形成的，身体经验是主体认识世界的起点。毫无疑问，主体同具体的客体进行互动时会获得多重感知觉体验，在此基础上形成对具体事物的概念化认识。然而，人的认知并不局限于对具体事物的认识和表达，而是要认知、思考、表达一些抽象的概念和思想，人要探索和认识复杂的抽象概念与思想，就必须借助已知的具体概念（concrete concept），将其映射到未知的抽象概念领域，以通过具体事物来理解那些相对抽象的概念与思想，把握抽象的范畴和关系。

第二，由具体概念到抽象概念的隐喻化过程是通过概念结构“架构”（scaffolding）而实现的（Williams et al.，2009）。根据 CMT，人类在丰富的感知觉经验的基础上可以形成关于具体概念范畴的图式结构，这些图式结构主要涉及空间、温度、感知觉等概念领域，如上–下空间结构、冷–暖温度结构、光滑–粗糙触觉结构等。隐喻映射的过程就是将关于具体经验的图式结构架构到抽象的范畴和关系上，从而获得新的知识和理解。Williams 等（2009）指出，架构机制同人类一些最基本的认知特征相符合。根据达尔文的进化论与进化心理学的观点（Buss et al.，1998），在进化中，一个全新概念结构的产生要经历一个漫长的经验积累周期，而将已有的概念结构映射至新的概念领域在时间消耗上则要更加经济。人类可以将较为简单的概念结构向不同认知领域进行转移，这是一种具有重要意义的进化适应优势（Barrett & Kurzban，2006）：利用已被证明具有良好适应力的概念结构来发展更高层次的概念，可以加工更加丰富的、与始源概念无关的信息，扩展人类思维的范围。

第三，经过架构过程而形成的抽象概念同始源概念具有紧密的联系，概念间的关联既体现在语词层面上，也体现在自然的心理表征层面上，通过隐喻的架构机制，人们将一个与知觉运动系统相关联的具体概念结构映射到一个无法以身体经验知觉的抽象概念领域，具体概念的图式结构成为抽象概念的内在逻辑结构，而与具体概念相关的感知觉经验则成为抽象概念表征不可缺少的一部分（Landau et al.，2010）。这同具身认知的基本假设是一致的：概念表征作为人类最基本、最主要的认知能力，无法脱离主体的感知运动系统而单独存在。

第四，从概念加工的角度来看，抽象概念具有体验性。由于经隐喻映射而形成的抽象概念不仅包括认知表征，同时还包括与感知运动经验相关的神经机制和适应性行为趋势，人们既需要运用具体概念的图式结构来思考和理解抽象概念，同时，当人们理解抽象概念或进行抽象思维时，与具体概念相关的感知觉经验也会被激活，主体便可以对抽象概念进行体验式加工。因此，尽管诸如时间、状态、道德等复杂的抽象概念对于人类来说是看不见、摸不着的，在感知信息模糊的情况下，人类却可以利用隐喻映射机制对其进行体验式表征与加工。正如 Lakoff 和 Johnson（1999）所指出的："无论我们的抽象概念变得如何复杂，它们也必须与我们具身形式紧密联系。我们仅能经验我们具身性允许我们经验的，并基于我们身体的经验来概念化所运用的概念体系。"

由此可以看出，根据 CMT，隐喻式语言仅仅是概念隐喻的表面形式，隐喻是深层的概念性机制。人类的抽象概念系统是通过一些具体概念来建构的，通过概念结构的架构，人们会借助于基本的感知觉范畴与经验去发展更高层次的概念，所有不是直接源自身体经验的概念在本质上都是隐喻性的。通过隐喻映射机制，主体可以以感知运动经验对抽象概念进行体验式表征与思维。

二、关于概念隐喻理论的实证研究

CMT 颠覆了传统语义学对隐喻的解释。根据 CMT，无形、复杂的抽象概念植根于有形、简单的具体概念，人们通过具体的感知觉经验把握与抽象概念相关的信息，因此，身体经验与抽象的思维不是独立无关的。近年来，心理学家围绕这一研究主题从多个角度进行了大量的实验研究，这些研究大多同社会认知或语词理解相关。已累积的研究证据证实了 CMT 基本假设的合理性。本书按照不同的隐喻类型对这些研究进行了梳理与归纳，并挑选其中较为经典的研究范例进行展示与说明。

1. 基于空间隐喻的实证研究

空间隐喻是以空间域为始源域，利用空间概念来构造和理解非空间概念的隐喻方式。Lakoff 和 Johnson（2003）认为，在所有隐喻中，空间隐喻在人类的认知和抽象概念系统的形成中占据着中心地位。人无时无刻不身处于一定的空间中，人类的身体构造以及在环境中的运作模式决定了我们每天反复地、直接地体验各种空间关系，因此，空间概念是个体成长过程中较早出现并最为熟悉的概念。当人们将上-下、内-外、长-短等空间图式结构映射到非空间概念领域时，其便可以运用空间经验范畴来构造和理解非空间概念。因此，与空间隐喻相关的抽象概念涉及主体对空间关系的感知运动经验表征。近年来的研究发现，空间刺激干扰会影响到人们对特定抽象概念或抽象的社会信息的加工（表6-1）。

表 6-1 空间隐喻相关的实证研究

隐喻原型	研究者	实验内容	研究结论
上下空间概念表征具有积极或消极效价的概念："上"表示优秀、道德、神圣的；"下"表示消极、拙劣、卑鄙、邪恶的，如"贬低""提拔""拔尖""垫底"	Meier 和 Robinson（2004）	研究者要求被试对呈现在屏幕上的具有积极或消极意义的词汇进行词性判断。研究发现，当积极词汇呈现在屏幕顶部时，被试判断的反应时更短；而当消极词汇呈现在屏幕底部时，被试判断的反应时更短 其他的研究者使用权力、道德甚至宗教、神魔等抽象概念作为实验材料，也都发现了空间垂直维度对抽象概念加工的影响	人们头脑中对褒贬意义的表征关联着固定的上下方位属性，在方位信息与褒贬意义一致的情况下会产生加工促进作用，而在不一致情况下会产生加工干扰效应
	Zanolie 等（2012）	使用 ERP 进行研究，被试对呈现在屏幕中心的具有强权或弱势色彩的词汇进行词性判断，被试在每次完成词性判断后，还要对随机呈现在屏幕上、下、左、右四个方位的目标物进行判断。之前的研究曾发现，如果目标物呈现在被试所注意的空间位置且被试需要对目标物进行区分反应时，被试大脑中的 N1 成分振幅会更大。实验则发现，当先前呈现的词汇指称强权群体而之后的目标物呈现在屏幕上方时，以及当先前呈现的词汇指称弱势群体而之后的目标物呈现在屏幕下方时，被试大脑中的 N1 成分振幅会更大	被试对权力相关概念的加工会引发对特定方位空间的注意
空间距离概念表征时间概念，如"期限很短"	Casasanto 和 Boroditsky（2008）	被试观察一个点在线条上的移动并判断所需时间，实际上，点在不同长度的线条上移动所需的时间是一致的，研究发现，当线条更长时，被试认为刺激点移动的时间更长	被试对空间距离的感知影响了对时间的加工
	Oliveri 等（2009）	参与空间加工的右顶叶在时间知觉中起重要作用，使用 rTMS 刺激健康被试的右顶叶皮层会影响到被试对线段长短的估计	时间加工和空间加工在右顶叶皮层存在连接
空间距离概念表征亲密度，如"疏远""关系很近"	Williams 和 Bargh（2008）	被试在一个坐标轴上连接两个点。一部分被试连接的距离较长，另一部分被试连接的距离较短。之后要求被试评定自己与家人、家乡心理联系的强度。研究发现，相比于画短线的被试，画长线段的被试会认为自己同家人、家乡的关系更为疏远	被试对情感距离这一抽象概念的加工与判断会受到其对空间距离知觉的影响

续表

隐喻原型	研究者	实验内容	研究结论
空间距离概念表征相似度，如“接近”“差得很远”	Boot 和 Pecher（2011）	被试判断屏幕上配对呈现的方块是否具有相同的颜色，这些配对方块的相对距离有远近区别。研究发现，当配对方块颜色相同时，如果方块间的相对距离较近，被试判断的反应时更短；当配对方块颜色不同时，如果方块间的相对距离较远，被试判断的反应时更短	物体间的空间距离会影响个体对它们相似性的判断，“相似”这一抽象概念包含空间距离表征
容器概念表征类别，如“陆军包括野战军”	Boot 和 Pecher（2011）	研究者将动物与交通工具图片进行两两配对并呈现，在呈现时，图片会有一个边框。其中，部分配对图片在同一个边框中，部分配对图片被边框隔开，被试需判断所呈现的图片是否都是动物或是否都是交通工具。研究发现，当呈现的图片是同一种类时，如牛和羊，被试在两张图片属于同一边框的情况下反应更快；而当呈现的图片是不同种类时，如牛和轿车，被试在两张图片被边框分开的情况下反应更快	人们对类别的加工会受到空间容器（边框）的影响，对类别的表征包含容器图式结构

受到身体结构和地球引力等因素的限制，人们对空间垂直概念的理解尤为深刻。语言学研究显示，在各种语言中都存在大量的借用“上”“下”垂直维度空间词汇来表达社会等级、情绪和情感状态等抽象概念的现象。Meier 和 Robinson（2004）采用空间 Stroop 范式对抽象概念的上下空间表征进行了研究，证明了对词汇的主观评价具有空间体验性。其他的研究者使用权力、道德甚至宗教、神魔等抽象概念作为实验材料也都发现，个体对具有褒贬意义词汇的加工会受到空间刺激的影响。此外，Zanolie 等（2012）进行的事件相关电位（event related potential，ERP）实验发现，被试在加工权力相关概念时引发的 N1成分振幅的变化同接受知觉空间方位刺激时 N1成分振幅的变化具有一致性，这为抽象概念的空间表征提供了更为直接的实验证据。

时间作为一种最为重要的抽象概念，是人类在对空间理解的基础上形成的，并且必须借助空间概念进行表征，例如，人们通常借助空间距离来表征时间跨度。近年来的大量研究证实，对空间距离的操作会影响人们对时间的知觉。例如，Casasanto 和 Boroditsky（2008）要求被试观察一个点在线条上的移动并判断所需时间，研究发现，当线条更长时，被试认为刺激点移动的时间更长，实际上，点在不同长度的线条上移动所需的时间是一致的，这证明被试对距离的感知影响了其对时间的加工。脑成像研究则发现，参与空间加工的右顶叶在时间知觉中起重要作用，Oliveri 等（2009）发现，使用重复经颅磁刺激（repeated transcranial magnetic stimulation，rTMS）技术来刺激健康被试的右顶叶皮层会影响到被试对线段长短的估计，这表明时间加工和空间加工在右顶叶皮层存在连接。此外，近年来的研究发现，空间距离除了表征时间概念外，还会表征“相似”“亲密”等重要的抽象概念，空间距离的操作会影响被试对这些抽象概念的加工。这些研究说明，空间经验对架构抽象概念具有重要的作用。

2. 基于温度隐喻的实证研究

人们会使用温度概念来描述社会人际互动或人际情感体验，如“热情”“冷淡”“内心温暖”等。对于哺乳动物来说，同其他的哺乳动物接近会使其产生温暖的感觉。另外，个体在婴幼儿期与抚育者亲密接触也会产生温暖的体验，这种基本的经验可能导致温度概念与人际情感概念的隐喻联结。按照 CMT 的假设，人际情感概念是主体在温度体验与温度概念的基础上发展和架构形成的，对人际情感概念相关的社会信息进行加工会引发与温度相关的感知觉体验。

早在20世纪中期，Harlow（1958）就曾证明早期的温暖体验在幼猴社会化发展中具有重要作用。研究者将幼儿脱离母猴单独抚养，暖育组的幼猴在成长过程中可以接近一个带有发热器的人造猴，而冷育组的幼猴所接近的人造猴不带有发热功能。研究发现，冷育组的幼猴成年后会在猴群中表现出交往障碍，而暖育组的幼猴成年后则没有出现这种障碍。这说明，幼年期的温暖体验可能是个体成年后积极的社会交往能力形成的基础。神经生物学研究则为温度与人际情感的关联提供了更为直接的证据。例如，脑岛皮层在个体知觉温度和理解人际互动信息，如信任、窘迫、同情时都会被激活（Kross et al.，2007；Todorov et al.，2008），这说明，温度知觉与人际互动可能具有共同的神经机制。Kasahara 等（2007）则发现，后叶催产素作为调节剂及人际互动的激素，对保持体温具有重要作用，后叶催产素缺乏的老鼠会出现体温紊乱等症状。

近年来的社会心理学研究证明，温度体验会对人际情感互动产生影响（表6-2）。在 Williams 和 Bargh（2008）的实验中，研究者发现，当触摸热咖啡杯时，被试会倾向于将实验工作人员判断为热情的；而当触摸冷咖啡杯时，其倾向于将实验工作人员判断为冷淡的。这说明，温度体验无意中影响了个体对他人性格的判断。其他的研究则显示，温度体验可以影响到人们的社会亲密感、人际信任感与自我孤独感的知觉。当个体接触温暖的物品或在温暖的环境中时，其会将自己与特定他人的关系判断为更亲密的，会在经济游戏中更加信任他人，会在孤独自评量表中将自己评判为更加不孤独的。

此外，不仅温度体验可以作用于人际情感，个体的人际情感体验也会影响到其对温度的知觉或需求。在 Zhong 和 Leonardelli（2008）的实验中，被试被要求回忆一段社会拒斥或者社会包容的经历，之后让其判断实验室的温度。结果发现，回忆社会拒斥经历的被试会认为实验室的温度更加寒冷。其他研究则发现，温暖体验对社会人际情感的缺失具有补偿作用。例如，经历社会拒斥的个体会更加偏爱热饮与热食物；在孤独自评量表中得分更高的个体会更加频繁、更长时间地洗热水澡；温暖经验可以降低个体因社会拒斥引发的对人际交往的渴求。

表 6-2 温度隐喻相关的实证研究

隐喻原型	研究者	实验内容	研究结论
温度概念表征人际情感概念，如"热情""冷淡""内心温暖"	Williams 和 Bargh（2008）	实验 1：被试触摸热咖啡杯时倾向于将实验工作人员判断为热情的，而触摸冷咖啡杯时倾向于将实验工作人员判断为冷淡的 实验 2：被试触摸冷的或者热的刺激物，然后选择一份礼物给自己还是给朋友，触摸热刺激的被试更愿意选择一份礼物给朋友	触摸热或冷的刺激会引发被试的"热情"或"冷淡"思维，从而影响被试对社会人际信息的判断
	Zhong 和 Leonardelli（2008）	实验 1：被试回忆一段社会拒斥或者社会包容的经历，之后判断实验室的温度。回忆社会拒斥经历的被试会判断实验室的温度更加寒冷 实验 2：通过一个虚拟的游戏，使部分被试产生真实的社会拒斥的感觉。之后要求被试对一些冷或热的饮料、食物进行评定。社会拒斥组的被试会更偏爱热饮料和食物	社会拒斥体验会引发与身体寒冷相关的感知觉体验，引发被试对可带来温暖感的食品的需要
	Ijzerman 和 Semin（2009）	实验 1：被试被安排触摸冷饮或热饮，并评价与自己与他人的亲密关系，接触热饮的被试，会认为自己与他人具有更亲密的关系 实验 2：被试在温度不同的房间进行一个无关研究，并对实验主试进行评判，判断自己与主试的亲密程度。在温暖房间的被试会认为自己与主试的关系更加亲密	温暖体验会增加社会亲密感
	Ijzerman 和 Semin（2010）	实验 1：与其他被试坐得更近，被试会认为房间的温度更高 实验 2：被试坐在房间里，研究者通过实验操作使被试认为自己与一个陌生人较为相似或者不相似，由于相似性会增加亲密感，被试越认为自己与陌生人相似，越会将房间的温度评定为更高	亲密感会影响对个体温度的知觉
	Kang 等（2011）	实验 1：被试触摸热或冷的物品后进行虚拟的经济信任游戏，触摸热物品的被试更愿意将资金投资给陌生人 实验 2：左前脑岛在冷热温度感觉中会激活，而在虚拟的经济游戏中，当被试被欺骗时同一脑区会激活	温暖的体验会增强人际信任感。知觉人际信任与知觉温度的脑区重合
	Lu 和 Wang（2011）	与孤独相关的词汇以冷的形象（字的上部有冰状图案）呈现时，被试对词汇的反应会更快	对孤独的概念表征包含"寒冷"

续表

隐喻原型	研究者	实验内容	研究结论
温度概念表征人际情感概念，如“热情”“冷淡”“内心温暖”	Bargh 和 Shalev（2012）	实验 1：被试通过问卷回答自己洗澡的习惯，并完成 UCLA 孤独量表。数据分析发现，被试的孤独感越强烈，他们洗热水澡的频率会更高，每次花费的时间会更多，所习惯的温度也会更高 实验 2：被试手拿冷或暖的医疗袋回答问题后填写 UCLA 孤独量表，手拿冷的医疗袋的被试在孤独自评量表上的得分会更高 实验 3：被试回忆一段被社会拒斥或接受的经历，之后触摸冷的或热的物品，并接受对个体交际需要的测量。研究发现，回忆拒斥经验的个体有更大的交际需要，但是，触摸热物品的被试在这方面的需要没有那么大	个体在社会交往中的情感损失可以通过身体温暖（如洗澡、接触热物品）得到补偿。温暖的身体经验可以减少个体因社会拒斥引发的对人际交往的渴求
	Hong 和 Sun（2012）	被试喝一杯冷饮或热茶，在此过程中评价几部电影。喝冷饮的被试会更喜欢并愿意观看具有温情色彩的爱情电影	体验身体寒冷后，个体会寻求心理“温暖”

这些研究说明，人际情感的温暖–孤独与物理温度的温暖–寒冷间的联系不仅存在于语言层面，同时还存在于知觉与认知层面。对人际情感抽象概念的表征包含与温度体验相关的感知觉信息，人们既会借助于温度体验来理解人际情感，同时，经历人际情感事件也会引发身体温度感知的变化。

3. 基于洁净隐喻的实证研究

“洁净近于美德”的隐喻广泛存在于文化、宗教领域之中。洁净概念原本是用来描述具体的物品或身体是卫生、干净的，然而，洁净的含义还存在于道德领域之中：符合道德观念与规范的人或行为被视为是纯洁的，而违背道德观念与规范的人或行为被视为是肮脏的。在宗教仪式与文学表达中，身体洁净行为在本质上具有忏悔过失、减轻罪恶和净化灵魂的性质。根据 CMT，洁净隐喻说明道德概念可能是通过与洁净相关的知觉经验被架构、发展和表征的。已有研究发现，当面对生理性不洁和不道德行为时，人们不但会产生相同的面部表情、情绪反应（厌恶感）和身体意向（退缩），同时大脑的前额叶与颞叶脑区的激活模式也类似（Moll et al.，2002）。

近年来的研究证明，人们可能通过与洁净相关的感知觉体验理解与加工道德范畴的概念与信息（表6-3）。例如，Zhong 和 Liljenquist（2006）发现，身体洁净（洗手）具有减轻不道德情绪体验的作用。在他们的实验中，研究者通过让被试回忆过去所做过的不道德事件或用抄写不道德故事以启动被试的不道德情绪体验，在这种情况下，被试对清洁类物品有更大的心理需求，并更容易在赠品选择中选择纸巾等洁净物品。这说明，通过身体洁净可以排解不道德的情绪体验。Zhong 等（2010）的研究则发现，身体洁净会提高被试对自我道德品质的评价，从而使其对不道德行为更加严苛。这说明，清洁的自我意象会提升个体的道德境界，从而提高个体的道德标准。其他的研究则在不同方面证明，身体洁净可以从不同的层面与道德行为发生交互影响，国内的学者对此也进行过细致的介绍（阎书昌，2011）。

表 6-3　洁净隐喻相关的实证研究

隐喻原型	研究者	实验内容	研究结论
洁净概念表征道德。符合道德规范的人或行为是洁净的，不符合道德规范的人或行为是肮脏的，如“他是一个内心很纯洁的人”“这种做法很肮脏”	Zhong 和 Liljenquist（2006）	被试评定对一些物品的心理需求，或选择实验赠品。在此之前回忆自己所做过的不道德事件或抄写不道德故事的被试对清洁类物品有更大的心理需求，并更容易在赠品选择中选择纸巾等洁净物品	身体洁净可以排解过去的不道德行为与过失
	Zhong 等（2010）	部分被试进入实验室之前先洗手，之后对社会问题进行道德判断。洗手的被试会将这些行为判断为更不道德的 之后的研究发现，身体洁净后，被试会认为自己与他人相比具有更高的道德品质	身体洁净会提高自我道德标准，影响对不道德行为的判断
	Liljenquist 等（2010）	嗅觉洁净（清新气味）与视觉洁净情况下的被试更愿意表现出互惠行为和慈善行为	洁净可以提高个体的道德标准，促进美德行为的发生
	Lee 和 Schwarz（2010a）	被试通过说（发电子邮件）或写的形式完成一种不道德行为，之后评价对几种清洁类产品的心理欲求水平和愿意为之付出的金钱。研究发现，通过手来完成不道德行为后，被试对手部清洁用品的需求增加，如香皂。而通过嘴完成不道德行为后，被试对口部清洁用品的需求增加，如牙刷	洁净隐喻与特定的身体部位是相连的，人们会倾向于清洁执行不道德行为的特定身体部位
洁净概念表征抹消过往的人生痕迹，如“洗洗一身的晦气”	Lee 和 Schwarz（2010b）	被试对十张 CD 进行评价，评价完之后让被试从其评价偏好中排第五和第六的 CD 中选择一张作为礼物。之后被试评价清洁品，一部分被试只是观察，另一部分被试则试用。之后被试再次对十张 CD 进行评价。没洗手的被试会将自己选择的 CD 评价为更好的，但是洗手的被试则没有这种效应	洁净可以减轻认知失调，降低决策合理化的需要

续表

隐喻原型	研究者	实验内容	研究结论
洁净概念表征抹消过往的人生痕迹，如“洗洗一身的晦气	Xu 和 Zwick（2012）	实验 1：被试回忆一段非常幸运的或不幸运的经历，之后完成一个产品测试任务，一部分被试只是从外表上检查清洁用品，另一部分被试则亲自试用。之后被试完成一个虚拟的决策任务。研究结果显示，在没有洗手的被试中，77%的回忆好运气的被试选择风险决策，而只有 36%的回忆坏运气的被试选择保守决策。然而，在洗手的被试中，只有 35%的回忆好运气的被试选择风险决策，而 75%的回忆坏运气的被试选择保守决策 实验 2：通过赌博游戏操作被试的好运气或坏运气。研究发现，先前在游戏中运气较差的被试，在洗手之后投注的数额会变大；而先前在游戏中运气较好的被试，在洗手之后投注的数额会变小	被试关于好运气或者坏运气的信念会因为手部清洁的改变而发生变化，洁净可以抹消积极与消极的心理信念

Lee 和 Schwarz（2010b）认为，洁净隐喻并不仅仅存在于道德领域，在更广泛的意义上，洁净具有消除过往痕迹的隐喻含义，抽象的“抹消”概念是通过洁净体验来表征的。因此，洁净也应该能对那些与道德无关联的行为或心理痕迹产生一定的影响。他们的研究证实，洁净可以减轻个体在双趋冲突背景抉择之后的认知失调，从而降低个体对决策进行合理化的需要。Xu 和 Zwick（2012）的研究也证实，洁净可以降低个体关于好运气或坏运气的信念。这些研究将关于洁净隐喻体验性的研究扩展到道德领域之外，说明洁净体验具有勾销过往的效应，并且，身体洁净所能消解的不仅仅是负面影响，同时也可以抹消有着积极意义的行为或心理状态。

4. 基于触感隐喻与重感隐喻的实证研究

触觉是个体在发育过程中最早出现的一种知觉形态，婴儿在出生之前就可以在子宫中进行触摸活动，粗糙、坚硬、柔软等触感是婴儿最先发展的认知，基本的触感经验帮助幼儿在成长过程中建立对世界的理解。触摸可以引发特定的肌肉运动与神经反馈，对于人们探索外部世界、精确化自己的行为和判断具有重要的作用。心理学研究曾证明，人们具有将触感作为判断依据的心理倾向。例如，人们在商店购物时，总是喜欢先触摸一下心仪的商品，即使商品的功效或质量与其触感无关。

由于其独特的生理与心理功能，触觉经验对一些抽象概念知识的形成具有直接的关系。早期的触感经验可能是社会分类系统形成的基础，一些基本的社会抽象概念是通过触感经验得到表征的。近年来的研究发现，对触感的操作会对抽象的认知过程产生影响（表6-4）。例如，触感概念常被用于描述性格，如态度“强硬”、思维“僵化”、个性“软弱”。Ackerman 等（2010）的研究发现，当触摸或接触硬物时，被试会将他人性格判断为更加强硬、严格或稳重的，这说明触感体验会影响到个体对他人性格的认知。Slepian 等（2011）则指出，在语言中，男性往往被描述为强硬的，而女性往往被描述为柔弱的。女性和男性在柔软度上存在很大差异，性别与触觉的隐喻关联可能反映了个体对性别的认知表征包含触感经验。他们的实验证明，当被试手捏硬物或用力勾画时，其会更倾向于将中性面孔判断为男性；而当被试手捏软球或轻微勾画时，其会倾向于将中性面孔判断为女性。强硬与柔软的触感反馈会影响到个体对性别的识别。

表 6-4　触感隐喻和重感隐喻相关的实证研究

隐喻原型	研究者	实验内容	研究结论
触感概念表征性格。例如，不易屈服或改变的个性被称为强硬、死板、稳重	Ackerman 等（2010）	被试观看一个魔术，在魔术开始之前检查魔术道具（软的毛毯或硬的木棍），之后对一个雇主进行评价。检查坚硬木棍的被试会将雇主评定为更加强硬、死板的 被试坐在硬木椅或软垫上对一个虚构情节中的雇员进行印象判断，坐在硬木椅上的被试会认为雇员更加稳重	触感体验会影响到个体对他人性格的认知，性格概念涉及触感经验表征
触感概念表征性别。男性往往是强硬的，女性往往是柔弱的	Slepian 等（2011）	被试手捏硬球或软球并判断中性面孔的性别，当手捏硬球时，更倾向于判断中性面孔为男性；手捏软球时，更倾向于判断中性面孔为女性 被试在判断性别时用笔用力勾画或轻轻地勾画选项，当用力勾画时，更倾向于判断中性面孔为男性，当轻轻勾画时，更倾向于判断中性面孔为女性	强硬与柔软的感觉反馈影响到了对性别分类的加工，性别概念涉及触感经验表征
	Jostmann 等（2009）	被试手拿不同质量的写字板估计某种外币的价值，手拿重板的被试会将陌生外币判断为更加值钱 被试手拿不同质量的写字板判断某一问题的重要性，手拿重板的被试会将这一问题判断为更加重要的	重感体验会影响到个体对抽象的重要性的加工判断，更强烈的重感体验会导致个体将当前评判的事物或人物知觉为更加重要的
重感概念表征重要性，如贵重、重视	Ackerman 等（2010）	被试手拿不同重量的写字板，对某一工作岗位的面试者进行评价。手拿较重写字板的被试会认为面试者对于这一岗位更为重要 被试手拿不同重量的写字板，判断政府对解决某些社会问题应投入多少资金。手拿较重写字板的被试认为政府对这些问题应分配更多资金	
	Chandler 等（2012）	不同被试手拿不同重量的《麦田的守望者》一书，评判其在美国文学史上的重要意义。当手拿更重的版本的书时，被试会认为这本书在文学史上具有更加重要的意义。这种效应只有在被试读过这本书时才存在	

续表

隐喻原型	研究者	实验内容	研究结论
重感概念表征重要性，如贵重、重视	Schneider 等（2011）	被试判断一本书的重量，在得知这本书极为重要的情况下会更加高估书的重量	关于重要性的信息会影响个体对重感的判断

与触感相关的另一种重要的知觉经验是重感。重感是人们对大自然中普遍存在的重力的知觉，对于塑造人类的身体构造和行为模式具有重要作用。由于体积和密度的不同，物品的重量会有轻重之分，重量决定了人们同具体物体的关系。移动较重的物品会产生较高的能量消耗，操作较重的物品会更加困难，因此人们认识到同重物的互动通常需要更多的身体与心智努力。许多文化和语言都使用重感作为抽象价值（重要性）的隐喻，如贵“重”、“重”视、器“重”，个体对抽象的重要性概念的表征与思考可能涉及重感体验。近年来的社会心理学研究证明，关于重感的体验会影响到人们对抽象的重要性的判断（表6-4）。一些研究证明，当手拿重物时，个体会将特定事件、特定个体知觉为更加重要的。Schneider 等（2011）则发现，关于重要性的抽象信息也会对重感产生影响，当被试得知一本书较为重要时，其会在重量评估时更高估这本书的重量。

5. 基于明暗隐喻的实证研究

明暗隐喻广泛存在于各种文化中。例如，（白色代表纯洁和道德，而黑色代表虚无或缺席）（类似于用“黑洞”作为隐喻）。在丘吉尔首相带领英国人民经历第二次世界大战的“至暗时刻”（darkest hour）（之后，他们憧憬着“未来的日子会更光明”。人们都希望在工作上被列入白名单，而不是黑名单。善意的谎言可以夸大真相，但人们不想在自己的记录上留下污点。在影视作品和图书中，好人、天使和神往往穿着白色的衣服，而恶棍、魔鬼和死神往往穿着黑色的衣服。）从进化的角度来看，人类在黑暗的环境中会面临更多危险与死亡，而在光明的环境中可以更好地避免未知的危险。因此，人们分别将光明体验与黑暗体验和具有积极效价与消极效价的抽象概念建立了隐喻关联。亮度与情感效价的隐喻关联说明了人们会借助视觉上的亮度体验对具有积极或消极意义的抽象概念进行表征与理解，因此，明暗线索会对相关的认知加工产生影响（表6-5）。

表 6-5 明暗隐喻相关的实证研究

隐喻原型	研究者	实验内容	研究结论
明暗亮度概念表征积极或消极情感概念。光明表征美德、亲善、朝气等积极概念，而黑暗表征邪恶、凶狠、死亡等消极概念	Frank 和 Gilovich（1988）	被试对照片上的足球选手和曲棍球选手进行评价。当照片上的队员身着黑色球衣时，被试会将他们判断为更加凶恶的 20 名足球裁判作为被试观看录像，录像内容涉及有争议的侵犯动作，所有的录像都是经过精心配对的。研究发现，当球员穿黑色球衣时，相比于穿白色球衣，裁判会将这些行为判断为更加具有侵略性，并给予更严厉的处罚	黑色球衣会更多地让人联想到侵犯，而白色球衣会更少地让人联想到侵犯。黑色的视觉体验引发个体的负性情感认知
	Webster 等（2012）	研究者对美国职业曲棍球大联盟 25 个赛季的比赛数据进行分析发现，当球员穿黑色球衣时，比他们穿其他颜色的球衣时，其更容易遭受处罚	
	Meier 等（2004）	研究者向被试呈现具有积极或消极情感效价的词汇，词汇的颜色为亮色或暗色，让被试判断词汇的词性。研究显示，当消极意义词汇呈现色为暗色、积极词汇呈现色为亮色时，被试判断的反应时更短、准确率更高	人们头脑中对积极或消极概念的表征涉及明亮或黑暗的视觉体验，在视觉信息与情感效价一致的情况下会对概念加工产生促进作用
	Sherman 和 Clore（2009）	向被试呈现具有道德与不道德情感效价的词汇，这些词汇的颜色为白色或黑色，被试需要迅速地对词汇的颜色做出判断。当词汇为黑色时，词汇越具有不道德意义，被试的反应越快；而当词汇为白色时，词汇越具有道德意义，被试的反应越快	
	Meier 等（2007）	被试对词汇的词性进行判断，每判断完词汇后，在屏幕的中央呈现一个颜色由暗到明递进的方块，被试指出刚才词汇的颜色在变色方块中的位置。研究发现，当先前的词汇具有消极意义时，被试更倾向于将其颜色判断为偏暗；而当先前的词汇具有积极意义时，被试更倾向于将其颜色判断为偏亮	个体对具有不同效价的情感概念的思维加工会引发不同的关于明亮度的视觉体验，从而对明亮的知觉判断产生影响
	Song 等（2012）	向被试呈现配对的表情不同但明亮度一致的面孔，被试判断哪一个面孔更加明亮。研究发现，被试会将带有微笑等积极表情的面孔判断为更加明亮的	
	Banerjee 等（2012）	被试回忆道德行为后，会将颜色知觉为更加明亮	

Frank 和 Gilovich（1988）曾发现，个体倾向于将穿黑衣的运动员判断为凶狠的。Meier 等（2004）以色彩 Stroop 的实验模式发现，当消极词汇呈现色为暗色、积极词汇呈现色为亮色时，被试对词汇判断的反应时更短、准确率更高。这说明，个体对明暗的知觉会对概念加工产生影响。其他研究者的后续研究也都得到了类

似的结果。Song 等（2012）的研究发现，明暗色彩同积极、消极情感的隐喻关联不仅存在于词汇加工中，同时也存在于表情识别中。我们经常形容个体在内心愉悦情况下的微笑是“灿烂的”，而在内心抑郁情况下的表情是“阴沉的”。研究者证明，在面孔的明亮度一致的情况下，被试会将积极的面部表情（微笑）判断为更加明亮的。这说明，积极情感概念的思维加工会启动被试关于明暗度的视觉体验，进而对亮度判断产生了影响。

除上文提到的主要研究外，近年来，越来越多的心理学家开始在 CMT 的基础上关注抽象思维与感知觉体验的相互作用。例如，Slepian 等（2012）基于“秘密是负担”的隐喻进行研究发现，当回忆秘密时，人们会表现出与负担重物一样的行为、知觉模式。Natanzon 和 Ferguson（2012）基于“目标追求是趋近运动”的隐喻进行研究发现，无意识的前趋运动会启动被试对目标的追求，导致被试在字谜游戏中有更高的游戏积极性。Slepian 和 Ambady（2012）基于“创造性是流畅思考（流体智力）”的隐喻进行研究发现，相比于临摹折线，临摹曲线可以更好地激发被试的创造力，提高被试的发散性思维能力。这些研究一方面扩充了具身认知的研究，为 CMT 的基本假设积累了大量的实验证据；另一方面也构成了社会认知研究的新取向，丰富了社会认知研究的内容。

三、影响隐喻映射建立的因素

根据 CMT，与具体概念的知觉特征和感知经验相关的图式结构被映射到抽象概念领域，通过隐喻映射，更高级的抽象概念被建构与表征。由于大量的隐喻关联存在跨文化普遍性，这说明特定的隐喻映射不是偶然建立的。那么，为什么一些抽象概念总是通过某一类具体概念范畴得到表征呢？也就是说，特定的隐喻映射是在何种因素的影响下建立起来的？目前主要存在以下几种不同的观点。

1. 相似观

相似观主要认为，特定的具体概念与抽象概念间的隐喻映射是基于具体概念与抽象概念之间内容与内在结构的相似性而建立起来的（Gentner，2003）。这种观点主要来自哲学与语言学。伽达默尔（1999）在其《真理与方法》一书中曾指出，“当某人将某一词语从某事物转移到另一事物时，他依据的是自己逐渐扩大的经验，即发现相似性，能够表达该相似性是语言意识的一种天赋，这是语言的隐喻本质”。人们通过发现原来没有任何联系的概念范畴之间的相似性，通过对不同概念范畴之间的相似性进行比较而建立隐喻映射，从而为理解抽象概念提供新的角度（费多益，2009）。例如，以“洁净近于圣洁/美德”这一隐喻来看，人们是利用了洁净和美德之间在没有污染、杂质这种状态上的相似性，即用物理性的洁净去理解人类心灵上的圣洁/美德，进而在两个概念之间建立隐喻映射，形成洁净隐喻。然而，按照这种观点，主体对抽象概念必须具备一定的认识才可以完成这种映射。如果是这样的话，主体实际上已经完成了对抽象概念的表征，抽象概念本身也已经具备了可进行思考和推理的结构，隐喻映射已经是不必要的了，这同 CMT 的基本假设不相符。

2. 早期经验观

早期经验观以并存（conflation）理论和社会共价关系理论为代表（Fiske，2004）。这种观点认为，隐喻映射可能源自婴幼儿期的基本经验，早期的基本经验是特定隐喻映射形成的基石。在儿童期的一些具体情景中，当两种体验并存时，已经存在的、较容易理解的具体概念的结构会映射并被保存到抽象的、较难理解的概念的结构中，这一过程的结果则是人们会用基本的感知经验代替抽象的社会经验。例如，权力概念涉及垂直空间表征，可能是因为个体在幼儿期时总是仰望对其进行管束的成年人，这种基本经验塑造了权力与空间的隐喻映射；情感概念涉及温度表征，则可能是因为个体在婴儿期被抚育者环抱时会产生温暖的温度体验和愉快的情感体验，这种并存经验塑造了情感与温度的隐喻映射。

相较于相似观，早期经验观为隐喻映射提供了更为合理的解释，并且这种观点得到了一定的实证支持。例如，安全型依恋的幼儿在与母亲的互动中会获得更多的温暖-情感共存体验，而不安全型依恋的幼儿在与母亲的互动中会获得较少的温暖-情感共存体验，因此，相较于不安全型依恋的幼儿，安全型依恋的幼儿可能会在温度体验与情感体验之间建立更强的隐喻关联。Ijzerman 和 Semin（2010）的研究发现，安全型依恋的个体在温暖的环境下比在寒冷的环境下会表现出更多的亲社会行为，而不安全型依恋的个体则不具有这种行为倾向。这说明，幼儿时期温暖与情感的共存体验会影响到温度-情感隐喻关联的强度。

3. 身体构造观

Clark（1973）认为，人类的知觉特性与身体构造决定了我们同环境互动的方式及所获得的感知觉经验，而隐喻映射正是在这些基本经验的基础上发展的，因此人类的身体构造决定了特定隐喻映射的形成。例如，身体的前后非对称性决定了人类可以更好地知觉正面的刺激，并对正面的刺激做出反应，因此，人们会将前后空间方位与特定的褒贬概念建立隐喻关联，如“前途”“退步”。再如，人们左右手臂的肌肉力量、灵活性、平衡感具有非对称性，用利手进行活动会获得更加积极的体验，在此基础上，人们会将右侧空间与积极概念建立联系，而将左侧空间与消极概念建立联系，形成“左坏右好”的隐喻映射。近年来关于利手与空间情感效价的研究证明了身体构造对特定的隐喻映射模式具有塑造作用。Casasanto 及其合作者的系列实验证明，左右利手会形成不同的左右空间隐喻映射，左右利手者都会更偏爱利手一侧的刺激（Casasanto，2009；Casasanto & Henetz，2012）。而当人们的利手特性由于一定的原因改变后（半侧偏瘫），人们的左右空间隐喻映射也会随之发生变化（Casasanto & Chrysikou，2011）。

4. 进化观

进化观从进化心理学与人类学的视角出发（Mithen，1996），主要强调个体或族群在进化过程中同物理环境的互动体验对隐喻映射的塑造作用。例如，亮度隐喻形成于漫长的进化中人们关于黑暗与光明环境的直接经验。进化观的独特优势在于它可以很好地解释某些隐喻的跨文化特异性。在世界的不同区域，由于自然条件的不同，人们在进化过程中与不同的生存环境互动，并会获得不同的基本经验，因而会产生特异的隐喻映射。例如，西非几内亚湾的芳族人需要经常切割含纤维的植物，因此，在芳族文化中，睿智的判断被隐喻化表达为“整洁的切口”，而笨拙的判断被隐喻化表达为“粗糙的切口”（Fernandez，1986）。

不同的观点从不同的角度阐释了影响隐喻模式形成的因素，值得注意的是，这些观点并不矛盾，而是可以互为补充的。对于某一特定隐喻来说，可能某一因素会对其形成具有主导作用。综合来看，进化过程、早期经验与身体活动特性等因素共同塑造了隐喻映射。

四、具身概念隐喻前瞻

CMT 从抽象概念的形成方式、表征内容和加工机制的角度对隐喻做出了解释，指出隐喻是深层的概念性机制，是人类一种基本的思维方式。隐喻的本质是人类借助于基本的感知觉范畴与经验去发展更高层次的概念，并通过感知觉经验表征抽象概念，思考与加工抽象的信息。围绕 CMT 开展的大量研究证实了其基本假设的合理性，同时也丰富了概念认知研究领域和社会认知研究领域，形成了新的研究取向。然而，对于很多具体问题，CMT 尚未可以做出更好的解答，一系列的理论与实证问题都有待澄清，未来的研究应围绕这些关键性问题展开。

1. 多重隐喻对认知的影响

当前，大多数关于隐喻的研究都是基于某种特定的隐喻表达方式，来探索单一感知觉体验的变化对社会信息加工的影响。事实上，由于具体经验范畴的有限性，人们会利用某一类具体概念范畴构造多重抽象概念范畴，典型例子如上下概念会与道德、权力、地位等多类抽象概念建立隐喻映射关系。此外，更为重要的是，人们还会使用多重具体概念范畴来表征和认知某一抽象概念范畴，例如，与道德概念建立隐喻联结的具体概念包括空间概念（上、下）、洁净概念（纯洁、肮脏）、亮度概念（光明、黑暗）等。研究发现，使用不同的隐喻表达方式描述同样的抽象意义可能会使人产生不同的理解。例如，在 Morris 等（2007）的研究中，被试阅读关于股票市场的报告，一份报告中将价格隐喻化为生命体，如股票价格"攀升"，另一份报告中则以空间概念描述股票当前的价格走势，如价格"上涨"，之后被试判断第二天的股票价格趋势。研究者认为，由于生命体具有自主运动的特征，因此将价格隐喻化为生命体会导致被试倾向于推断价格继续上升，研究结果证明了这一假设。这说明，对同一抽象概念采取不同的隐喻化表达会影响到人们如何知觉、判断和评估与抽象概念相关的信息。然而，在自然情况下，人们在进行抽象思维时，是否会选择多重隐喻中的某一种隐喻映射模式对抽象信息进行理解？这种选择受哪些因素的影响以及是否会对认知加工产生影响？这一系列问题都有待在今后的研究中得到澄清。

2. 隐喻映射的跨文化差异性

在不同的文化中，同一抽象概念是否会以不同的具体概念范畴进行表征？Lakoff 和 Johnson（1999）声称，尽管人们拥有大体相似的感知经验，从中直接产生大体相似的图式结构，但由于其他不确定因素，隐喻映射在普遍性上存在差异，有些似乎是普遍的，有些似乎只属于特定的文化。例如，Casasanto（2010）发现，在不同的语言中，人们对时间概念的空间表征存在不一致。希腊人将时间间距隐喻化为空间容量，如时间很"满"；而英国人则将时间间距隐喻化空间距离，如时间很"长"。

与此相对，英国人对时间的认知会受到与距离有关的刺激的干扰，而希腊人对时间的认知则会受到与容量有关的刺激的干扰（如往容器中倒水，注入越满，希腊人会觉得时间更长）。这种差异性一方面可能是源自在进化过程中受不同生存环境的塑造的影响，另一方面也可能是来自诸如文化规则、宗教信仰等文化因素的作用。未来的研究则应对隐喻映射进行跨文化比较，探索影响隐喻映射跨文化差异的因素。这对于人们更好地理解文化因素对认知的影响具有重要意义，同时也为解释不同文化下人们的行为模式差异提供了一个新的渠道。

3. 隐喻映射的单向作用与相互作用

Lakoff 和 Johnson（2003）认为，隐喻映射是非对称的，即隐喻仅仅是从我们所熟悉的具体概念领域向不熟悉的抽象概念领域的单向传递过程，因此，感知觉体验对抽象信息的加工具有单向作用。部分实验支持了这一假设，例如，人类在空间经验的基础上建构了时间概念，因此我们借助于空间概念来表达时间概念，却几乎从不借助时间概念来表达空间概念。Casasanto 和 Boroditsky（2008）的实验证明，空间刺激干扰会影响人们对时间距离的判断，但时间刺激干扰不会影响其对空间距离的判断。这说明，人们可以利用空间经验表征和认知时间，却无法利用时间经验表征和认知空间。

然而，一些研究发现，隐喻是一个双向的、相互作用的意义产生过程（Black，1993）。例如，个体的温度体验会影响其对社会人际情感的认知，而社会人际情感体验则会对个体的温度知觉产生影响；身体洁净会影响个体对道德行为的知觉，而回忆不道德行为则会增加个体对身体洁净的需要。这种观点与具身认知关于概念加工的假设是一致的：个体对概念知识的提取和加工会引发身体知觉运动状态的变换，身体物理属性的变化则会对概念加工过程产生影响。单向作用与相互作用的假设都得到了相应的实证研究的支持，这说明，一部分隐喻映射只存在感知觉体验对抽象思维加工的单向作用，而另一部分隐喻映射则存在感知觉体验与抽象思维加工的相互作用。然而，目前仍未确定是什么因素造成了这种差异，今后的研究则应对具有单向作用和双向作用的隐喻映射进行对比分析，探索形成这种差异的原因，进一步澄清感知觉体验与抽象概念加工间单向作用或相互作用的内部机制。

4. 感知觉对思维影响的个体差异性

隐喻的功能是使人们以具体化的结构和范畴实现对抽象信息的认知，因此，人们在避免加工复杂、抽象信息倾向上的差异可能会影响到他们隐喻化思维的强度。关于人格的研究发现，对结构化知识（structured knowledge）有较高需求的个体更偏爱对社会信息进行具体化的解释（Neuberg & Newsom，1993）。概念隐喻为人们提供了以具体概念结构理解抽象信息的途径，对结构化知识有着更高需求的个体，可能会更加依赖隐喻进行抽象性思维和信息加工。因此，这些人对抽象概念信息的加工可能会更强烈地受到来自感知觉因素的干扰和影响。未来的研究可以以此假设为切入点，探讨人格差异是否会影响到感知觉体验对抽象概念加工的作用，探索感知觉体验对思维影响的个体差异性。

5. 强隐喻表征观与弱隐喻表征观的对比

抽象概念的表征是否一定要利用隐喻映射机制？对此问题的解答存在强隐喻表征和弱隐喻表征两种观点。强隐喻表征观同 CMT 的基本假设是一致的，即认为抽象概念一定要根据具体概念与具体经验来建构、表征和理解。弱隐喻表征观认为，任何概念都有自己独立的表征，对于抽象概念来说，其直接表征是个体经历与抽象概念相关事件时的内省体验和涉及抽象概念的情境信息，正是直接表征提供了一种对抽象概念本质的直接理解（Barsalou，2009）。而隐喻只是用来详细理解并延伸抽象概念的工具，隐喻理解是一个二级加工过程，其功能在于使主体可以以更加形象化的方式对抽象信息进行加工。强隐喻表征观与弱隐喻表征观的分歧体现在认知加工中则是感知觉经验激活的必要性问题。尽管大量实验证明感知觉体验与抽象概念加工存在相互作用，然而这些研究却无法说明感知觉经验的激活对于理解抽象概念的必要性。未来的研究则应澄清感知觉经验激活在抽象概念加工过程中的时间效应，如果可以利用较为先进的神经生物学手段证明，感知觉经验的激活在抽象概念加工的进程中最先出现，则可以进一步说明人们必须利用感知觉经验对抽象概念信息进行理解与认知，强隐喻表征观和 CMT 的基本假设也可以得到更加明确的证明。

6. 概念隐喻理论的应用性

以 CMT 为基础探究感知觉体验对社会认知的作用已成为过去社会心理学实证研究的重要研究取向。传统上的心理学理论认为，人们依靠抽象的、离身的图式对社会信息进行理解；CMT 及相关实证研究却发现，人们对抽象概念相关信息的判断、加工与认知还会受到身体感知觉体验的影响。这一成果在消费心理学领域有着重要的应用前景。

近年来，已经有多项消费心理研究关注无意识的视觉、嗅觉、触觉等感知觉体验如何影响消费行为。这些研究证实，以隐喻为基础对感知觉进行操作，可以很好地引导消费者的消费行为。例如，Hong 和 Sun（2012）基于温度隐喻的研究发现，个体在身体寒冷体验后会寻求心理“温暖”，在这种情况下，个体会更加喜欢观看具有温情色彩的爱情电影。另外，在消费领域之外，CMT 也可以从感知觉的角度解释某些社会现象，例如，种族歧视在美国是非常严重的社会问题，人们总会无意识地认为黑人更富有攻击性，除了刻板印象因素外，这种现象还可以在亮度隐喻相关研究结论下得到合理解释。而温度隐喻的相关研究则可以从人际情感的角度对一些涉及温度体验的社会现象做出解释，例如，冬季抑郁症（winter depression）的成因可能源于人们在寒冷的冬季会产生更强烈的孤独感；美国退休老人更喜欢迁移到温暖的南方则可能成因于内心孤独增加了他们对温暖环境的需要。总之，随着关于 CMT 实证研究的累积，其必然会被应用于实践，这一方面可以使 CMT 在众多领域发挥其重要的指导作用，同时，科学的实践对于 CMT 理论体系的日趋完善也具有重要作用。

第二节 所感即所知：多元表征与神经元复用

概念是人们实现对话、推理、想象等认知能力的基本元素，是思维的起点。传统的认知理论认为，主体对客体的概念表征是通过非模态抽象符号实现的，抽象符号表征概念内容，并同语言形式的概念具有一一对应的关系。例如，人们大脑中存在的关于“键盘”的抽象符号，使人们在阅读到“键盘”这一词汇时能理解其具体所指。这种概念表征的观点是20世纪五六十年代认知革命的产物，它以心身二元论为基础，视认知为抽象符号的信息加工过程，认为概念表征同主体的知觉运动系统无关。

然而，自20世纪70年代中后期以来，传统的符号加工范式在哲学、心理学、认知科学和人工智能等研究领域遭到越来越多的质疑。随着第二代认知科学——具身认知的兴起，心理学家开始从具身性的角度理解概念表征问题，强调主体的感知觉系统与身体经验在概念表征中的作用。尽管具身概念表征理论得到了大量实证研究的支持，然而，该理论无法恰当、合理地阐释抽象概念表征问题。与此相对应，近年来的一些实证研究表明，具体概念与抽象概念涉及的是不同形式的概念表征，概念表征的机制是表征多元的（representational pluralism）。本节分析了具身性假设在解释抽象概念表征上的不足，梳理了与多元表征相关的理论与实验研究，并对当前研究中的问题进行了思考。

一、概念表征具身性假设的局限性

1. 概念表征的具身性假设

具身认知是当前认知心理学研究的新取向。传统的认知主义倾向于以计算模式理解人类的认知活动，认为人类的思维、推理、概念表征等认知能力与主体的知觉运动经验是相分离的，并可以通过物理装置或者生物大脑而实现。具身认知理论则认为，计算并不是理解和建构认知活动的唯一方式，认知活动与人类身体及其所处环境的互动密切相关。大脑嵌入身体，身体嵌入环境，构成了一体的认知系统（李其维，2008；叶浩生，2011a，2011b）。

在具身认知的研究视角下，众多研究者都提出了关于概念表征的具身性假设，如 Barsalou（1999）提出的知觉符号理论、Louwerse 与 Jeuniaux（2010）提出的符号交互理论等，这些理论对概念表征的基本看法是一致的：概念是通过身体对世界的感知觉经验而形成的，并只有通过它们才能被理解，概念表征不是一种独立的抽象符号或心理表象，而是神经表征，是主体经验客体时的知觉、运动及内省体验。从根本上讲，人以体认的方式认识世界，概念表征的本质是“所感即所知”式的感知经验存储（殷融等，2012）。

概念表征的具身性假设得到了大量实验证据的支持。研究发现，概念加工会引发身体知觉运动状态的变化，例如，当个体阅读或判断词汇时，与概念内容相关的大脑皮层（如运动皮层、嗅觉皮层、味觉皮层等）会被迅速激活（Boulenger et al.，2006；Goldberg et al.，2006；Pulvermüller，2005），身体的运动状态（如与情绪相关的面部肌肉活动）也会发生相应变化（Bub et al.，2008；Niedenthal et al.，2009）。另外，身体物理属性的变化会对概念加工过程产生影响。例如，来自神经生理学的研究证明，个体运动皮层激活水平的高低会对动作概念的理解产生影响。在概念判断任务中，当经颅磁刺激（transcranial magnetic stimulation，TMS）施于被试大脑运动皮层的手臂区时，被试对关于手臂运动的概念反应会更加迅速；而将 TMS 施于被试大脑运动皮层的腿部区时，被试对关于腿部运动的概念反应会更加迅速（Pulvermüller et al.，2005）。对于帕金森综合征患者来说，当接受多巴胺（一种可提高患者运动皮层活力的药物）治疗后，他们可以更好地完成动作概念判断任务（Boulenger et al.，2008）。这些研究证明，主体的感知运动系统为概念加工提供了神经基础，概念表征植根于主体身体的感知运动系统。

2. 具身性假设对抽象概念表征解释的不足

尽管大量实验证实了具身概念表征假设的合理性，然而，这些研究中所使用的材料都是指称动作的具体动词或指称实物的具体名词，因此主体可以以直接的感知运动经验来表征这些概念知识。然而，人的认知并不局限于对具体事物的认识和表达，还要思考与表达抽象的概念和思想，相比于具体概念，抽象概念对于人类的推理、思维和想象等高级的认知机能更为重要。而抽象概念所指涉的事物通常是无形的、无法与主体的知觉运动系统发生直接关系，如民主、道德、价值等。那么，主体如何以具身性的方式对抽象概念进行概念表征呢？针对这一问题，具身概念表征的支持者提出了种种假设。这些假设或理论主要可分为两类观点，然而，每一类观点都由于特定的缺陷而无法为抽象概念的表征问题提供合理的解释。

（1）情境经验表征观

持情境经验表征观的研究者重视情境（situation）因素在概念表征中的作用，他们认为，主体关于某客体的知识并不是抽象的、与情境割裂的，而是在一定的情境背景中获得的，因此，主体倾向于以一种情境化的方式表征概念知识，情境信息在概念化过程中得以保留。尽管抽象概念所指称的事物不与主体的感知系统发生直接关系，然而，与抽象概念相关的情境经验，如行为、动作、情绪、内省经验等可以作为对抽象概念的知觉表征，抽象概念表征的具身性由此得以体现（Barsalou，2009；Prinz，2005）。以抽象概念“民主”为例，对“民主”的情境表征可能包括个体在践行民主相关行为时的动作（投票）、内省情绪（自豪）等，这些感知经验构成了对“民主”的概念表征内容。情境经验表征假设得到了一定的实验支持，Barsalou 和 Wiemer-Hastings（2005）发现，相比于具体概念，个体在描述抽象概念时会表述更多的与情境或内省相关的信息。Wiemar-Hastings 和 Xu（2005）也发现了类似的结果。研究者认为，这说明具体概念涉及的是直接的感知觉表征，而抽象概念涉及的则是以情境经验为基础的间接的感知觉表征。

然而，情境经验表征观具有众多不足。首先，并非所有的抽象概念都同特定的情境有关，如“类别”“范围”。其次，一些抽象概念会涉及包括大量事件、行为在内的丰富、复杂的情境信息，如果与此相关的感知觉体验都构成概念表征的内容，无疑会增加主体的认知负担。更为重要的是，情境信息也并不足以表征一个抽象概念的真实意义。例如，关于“民主”的情境表征可能涉及在一个情境中投票的动作。然而，投票时书写、手臂摆动等一系列的知觉动作并不等同于“投票”的含义，“投票”所涉及的社会因素及其所产生的社会结果才真正构成了“投票”的概念意义。因此，情境经验并不足以表征抽象概念，与情境相关的感知觉经验可能是抽象概念表征的一部分，但仅依靠情境经验很难完全概括一个抽象概念的真实意义。

（2）隐喻表征观

隐喻是人们借助具体的、有形的、简单的始源域概念（如温度、空间、动作等）来表达和理解抽象的、无形的、复杂的目标域概念（如心理感受、社会关系、道德等），如“重”（知觉范畴表达价值概念）要、贬“低”（空间范畴表达情感概念）。在具身认知研究思潮的影响下，一些关注隐喻认知功能的学者提出并发展了 CMT。根据 CMT，隐喻的本质是人们利用熟悉、具体的经验去构造陌生、抽象的概念，人类在丰富的感知觉经验基础上可以形成关于具体概念范畴的身体图式，如上-下空间图式、冷-暖温度图式。通过将关于具体经验的身体图式架构到抽象的范畴和关系上，人们便可以利用具体事物来理解和把握抽象的范畴和关系。与身体图式相关的感知觉经验则成为抽象概念表征的一部分（Lakoff & Johnson，1980，1999；Landau et al.，2010；Williams et al.，2009）。

CMT 的基本假设得到了大量的实验支持，研究发现，与隐喻相对应的知觉体验和抽象信息加工间具有互相影响的关系。例如，人们经常使用重感作为抽象价值（重要性）的隐喻表达，如贵“重”、“重”视、器“重”。近年来的社会心理学研究证明，重感体验会影响到人们对抽象的重要性的判断，在实验中手持较重写字板的被试会更加重视特定问题（Jostmann et al.，2009）；而关于重要性的抽象信息也会对重感产生影响，当被试得知一本书较为重要时，其会在重量评估时更高估这本书的重量（Schneider et al.，2011）。

因此，一些具身概念表征理论的支持者认为，人们通过特定隐喻表达方式，可以以身体动作或感知觉来表征抽象概念。然而，虽然知觉动作和抽象概念之间可以以隐喻为中介建立联系，但这并不能说明人们对抽象概念的表征是完全基于身体经验的。CMT 强调的是基本经验范畴在发展抽象概念结构和理解抽象信息中的重要作用，人们只是利用与感知觉范畴相关的具体概念结构来表征抽象概念结构，而不是表征抽象概念本身，因此，CMT 实际上并不否认独立表征的存在。通过隐喻机制，主体可以以更加形象化的方式加工抽象范畴，但牵涉其中的感知觉表征也并不能涵盖一个抽象概念的全部意义。例如，“热情”“冷淡”是人们利用基本的温度体验范畴构造和理解人际情感概念范畴，然而，与温度相关的感知体验并不能代表这些抽象概念的本质含义。因此，隐喻机制也并不能很好地解释主体如何对抽象概念进行具身性概念表征。

二、概念多元表征假设及相关研究

概念表征的具身性假设及其相关实证研究对概念研究领域产生了革命性的影响，推动了概念认知研究领域的前进。然而，具身性假设始终无法恰当地解释抽象概念表征这一问题。正如 Barsalou（2008）所说：“抽象概念为具身认知提供了一系列的挑战，关注知觉模态表征的理论如何解释无法以感知觉经验描述的概念？”具身性假设在抽象概念表征问题上的困境说明，感知经验表征不是概念表征的唯一形式，主体对概念知识的表征形式可能是多元的，这种假设消除了具身性表征与非模态符号表征的对立性。抽象符号表征的存在可以使人类的概念系统功能更加完善，并满足不同的表征加工需要：与身体经验相关的具体概念依靠的是感知经验表征，与身体经验无关的抽象概念则依靠抽象的符号表征。

1. 与多元表征假设相关的实证研究

从理论角度考虑，多元表征假设可以解决抽象概念表征的问题。而当前的一些实证研究成果也发现，具体概念与抽象概念涉及的是不同的表征方式，不同类型的概念知识在大脑中的储存方式是不同的，进而为多元表征的存在提供了证据。

（1）病理学研究证据

长久以来，病理学研究就发现，在一些脑损伤病人身上会出现词汇加工分离（dissociation）现象，即脑损伤会使病人失去名词加工的能力，但对动词加工没有影响，或出现相反的模式。因此，研究者曾一度认为名词和动词具有不同的语义特性，所以二者在大脑中涉及的脑区会有所不同。然而，一些对失语症病人的研究发现，当将词汇的可想象性（imageability）因素加入分析后，病患的动词失语效应就不存在了（Bird et al.，2003；Crepaldi et al.，2006），这说明，这些患者无法理解和加工动词是因为对具体词汇的直观想象能力受损。与此对应，研究发现，在一些脑损伤患者身上具有可直观想象词（具体概念）和不可直观想象词（抽象概念）的加工分离效应。例如，Marshall 等（1996）曾报告一个病例，病人患有迟滞型失语症，他可以正常、流利地使用和理解抽象名词，然而在对具体名词和动词的理解上具有困难，无法正确地对具体物体命名，而对于动词，尤其是对于具有显著感知觉特征的动词也存在理解困难。这说明，由于抽象概念与具体概念具有不同的表征机制，涉及的是不同的脑区，因此在脑损伤患者身上会出现加工分离效应。

（2）认知神经科学研究证据

脑成像研究证明，抽象概念加工与具体概念加工会分别激活不同的脑区。Rüschemeyer 等（2007）发现，相比于抽象动词，个体对具体动词加工时会引发更强烈的前运动皮层、运动皮层和体觉皮层的激活。Sabsevitz 等（2005）则发现，相比于具体名词，个体对抽象名词的加工会引发更强烈的与语义加工有关的上部左颞叶皮层和下部左前额叶皮层的激活。这一结论符合多元表征假设：具体概念依靠的是感知经验表征，而抽象概念则依靠抽象的符号表征。Jirak 等（2010）的研究也证明，当被试听到由具体动作与具体名词组成的句子时，一些与身体动作相关的脑区（如额叶岛盖）会有更强烈的激活；而听到由抽象动作与抽象名词组成的句子时，与语言加工相关的脑区（如缘上回）会有更强烈的激活。此外，Ghio 和 Tettamanti（2010）的实验则证明，当被试听具体句子时，左脑半球的感觉运动区会有更明显的激活，而在听抽象句子时，压部后皮层、扣带回皮层等脑区会有更明显的激活。虽然受不同的实验范式（如词语记忆任务、概念判断任务、概念想象等）、不同的实验任务难度等因素的影响，研究者所得到的结果并不完全一致，然而几乎所有的研究都显示概念表征具有不同的形式：一类与知觉运动区相关；另一类与语言区相关。

除脑成像研究外，ERP 研究证明，具体概念加工与大脑 N400成分更大的波幅有关（Huang et al.，2010；Kutas et al.，2007；Lee & Federmeier，2008）。Duñabeitia 等（2009）则利用眼动实验证明，向被试呈现抽象概念和具体概念会引发不同的眼动模式。

（3）行为研究证据

行为研究也证明，主体对具体概念和抽象概念的表征可能涉及不同的表征系统。在 Scorolli 等（2011）的实验中，研究者使用相同的及物动词和名词创造了四种不同的短句组合（具体动词+具体名词、具体动词+抽象名词、抽象动词+具体动词、抽象动词+抽象名词，例如，挤压海绵/友谊，尊重海绵/友谊），短句呈现在屏幕中央，被试则需要尽快判断呈现的句子是否具有真实意义，判断的结果和反应时被自动记录。研究发现，排除词汇组合的使用频率等因素后，被试对都是具体词汇或都是抽象词汇组成的短句的判断反应时要短于对混合词汇组成短句的判断反应时。研究者认为，这是由于具体词汇和抽象词汇分别激活了不同的加工系统，具体词汇激活的是感知表征系统，而抽象词汇激活的是语义表征系统，因此，不同类型词汇组合的短句会引发不同加工系统的参与，因而需要更长的反应时。

最近，Borghi 等（2011）在一次实验中模拟了个体对新的抽象概念和具体概念进行知识表征的过程。实验的第一阶段向被试呈现一些3D 图片。一部分图片的内容是新奇的，每一系列的图形都是按照具体的、固定的规则来塑造的，如固定的颜色、棱数等，因此它们指涉的是具体概念；另一部分图片的内容反映了物体间抽象的动态关系，研究者认为，这些关系指涉抽象概念，每一系列的动态关系图片也是按照固定的关系顺序来塑造的（如两个物体首先分离，然后按照水平位置聚合，再以不同的角度分离）。被试可以以鼠标对3D 图片进行操作，同时观看动态的物体关系转换模式。在之后的测试中，向被试呈现一些配对的图形或反映抽象关系的图片，被试需要根据前一阶段的学习来判断所呈现的配对刺激是否属于同一类。实验的第二阶段为语言学习阶段，在这一阶段也是向被试呈现图形或动态关系图片，同时告诉被试这些新奇的图形或关系的类别名称，并明确地向被试讲解概念的具体定义，即这些图形或者动态关系的构造规则（如“fusapo”：具有五个凸起的物体），之后完成同之前一样的测试。研究发现，在两次测试中，被试对图形的判断都要优于对关系的判断，说明抽象概念知识的学习更难；此外，经过对概念定义的语言学习后，被试对关系刺激（抽象概念）的判断成绩提升更高，也就是说，抽象概念知识通过语言学习效果更明显。研究者认为，这说明具体概念的概念化表征过程主要是通过感知觉经验完成的，而语言信息在抽象概念的概念化表征过程中则具有更重要的作用。

2. 与多元表征假设相关的理论

抽象概念与具体概念在性质上具有本质的区别。单一的表征机制无法满足概念表征的需要，来自认知神经科学、病理学和行为研究的证据都表明，人类的概念系统中存在不同的表征机制。在理论研究领域，概念多元表征机制的假设可以追溯到 Paivio（1986）提出的双重编码理论（dual code theory）。该理论认为，人类的概念认知系统中存在基于语言的表征系统与基于形象的表征系统，这两种表征机制会在不同的加工需要下发生作用。对于具有形象性的概念，感知编码与语言编码共同参与概念表征；而对于不具有形象性的概念，则只有语言编码参与概念表征。近年来，随着关于多元表征实证研究的不断累积，许多研究者也发展出了侧重点不同的理论。例如，Borghi 和 Cimatti（2010）提出的词汇工具（words as tools，WAT）假设认为，对具体概念的知识表征可以通过感知觉经验获得，而对抽象概念的知识表征则需要语言功能的参与，语言在表征概念知识中具有极其重要的作用。Andrews 等（2009）也认为，概念表征涉及两种形式：一种是体验式的（experiential），与基本的感知觉经验相关；另一种是分布式的（distributional），与抽象的符号加工相关。一些具身概念表征的支持者也修正了自己的理论，例如，Barsalou 及其合作者提出了语言与情境仿真理论（Barsalou，2008），该理论认为，人类的概念系统具有灵活的双加工机制。其中，与感知觉经验相关的情境仿真加工机制是概念表征的基本形式，而语言系统也具有表征概念知识的作用。Louwerse 和 Jeuniaux（2010）的符号交互理论也提出了类似的支持多元表征的观点。

三、概念的多元表征机制之前瞻

综上所述，具身性假设在解释抽象概念表征问题上的困境说明，人类的概念系统并不仅仅存在单一的知觉表征机制，而具体概念与抽象概念的加工分离效应则说明在人类大脑中存在不同类型的表征机制。当前关于多元表征机制的实证与理论研究刚刚起步，在今后的研究中，一系列问题还有待澄清和解决。

首先，在假设存在抽象符号表征的情况下，知觉加工机制与符号加工机制在概念表征中存在怎样的关系？一些实证研究证实，在具体概念表征中存在抽象符号加工机制。例如，关于失用症（apraxia）的研究表明，对概念的加工并不总是需要感知经验的参与（Johnson-Frey，2004；Mahon & Caramazza，2005；Negri et al.，2007）。患有失用症的病人会丧失如何使用工具的记忆，但他们却依然可以识别相关概念。例如，当向一个失用症患者呈现一把锤子时，患者将会无法回忆与演示挥舞、敲打锤子的动作，无法说明该工具的用处，但是却可以指出该工具是锤子，并回忆起与锤子有关的物品是钉子。这说明，在丧失了关于事物的知觉运动经验的情况下，个体依然可以保留关于事物的概念。在这种情况下，人们是以抽象符号对物体进行概念表征的，因此抽象符号也会参与表征具体概念，且这种抽象符号信息可以独立于身体经验而存在。此外，关于隐喻的研究则表明，抽象概念表征也会有知觉经验的参与。这说明，在具体概念和抽象概念表征中都会有多元表征机制的参与，只是地位不同。那么，在概念化的过程中，这两种机制具有怎样的关系？一种可能性是，由于两种机制具有不同的神经和生理基础，在进化过程中属于不同的阶段（符号机制无疑在进化过程中属于更高级的心理机能），因此在知识表征中是完全独立的。另一种可能性则是，表征概念知识的抽象符号与感知经验间存在复杂的交互作用，甚至抽象符号信息与知觉信息只是代表了概念表征的不同层面，二者具有上位-下位之间的关系。有研究证明，语义所能提供的信息足以帮助个体完成某些较为简单的概念理解与加工任务（如判断词组是否有意义），而当个体对某些概念需要进行完整的理解时（如解释词组的意义），与感知觉相关的概念加工才会被启动（Connell & Lynott，2011；Louwerse & Connell，2011）。这一效应暗示一种可能性：各种感知觉信息通过抽象符号整合在一起，抽象符号表征了概念的本质意义，而知觉运动经验则丰富了概念表征的内容（Mahon & Caramazza，2008）。当前的研究没有对这些假设进行合理的验证。因此，今后的研究需要探索各种表征机制之间的关系，建构更加复杂、细致的概念表征模型，厘清知觉表征与符号表征对于概念意义的必要性等问题，明确不同的表征方式在概念化过程中的地位和作用。

从具体研究上看，目前的研究结果还存在分歧。关于抽象概念表征与具体概念表征的分离效应还存在争论。例如，Glenberg 等（2008）利用行为实验及 TMS 发现，个体在加工抽象动词和具体动词的时候，大脑的运动区激活模式没有差异。Wilson 等（2013）的研究发现，在判断任务中，当向被试呈现抽象概念后，被试大脑中负责心理状态变化与社会互动的脑区（如中前额叶皮层）就会激活，说明被试对概念进行了情境想象。此外，证明概念表征涉及多种形式的研究报告在具体结论中也存在冲突之处（Desai et al.，2010）。彼此矛盾的结果说明概念的多元表征机制十分复杂（可能不仅仅涉及两种表征形式），今后的实证研究需要考虑实验范式、实验任务难度等因素，并需要对概念加工与概念表征间的复杂关系进行更细致的探讨。

抽象符号的存在形式也是一个具有较大争议的问题。毫无疑问，抽象符号表征是同语言相关的，众多关于多元表征的理论也都涉及了语言因素。但是，语言究竟与表征意义的符号之间具有怎样的关系？Barsalou 提出的语言与情境表征理论指出，主体可以通过词频、词序、语义网络、词汇关联等语言形式表征概念知识，但独立的语言本身并不具备任何意义（Barsalou，2011）。这种观点实际上仍然是否认表征意义的抽象符号的存在。传统的非模态符号表征理论则认为，认知主体可以对事物形成一种抽象的、符号化的认识，语言则是联系意义符号与事物的桥梁，是“符号的符号”，然而，如果假设这一观点成立，那么还需要进一步回答抽象的符号到底从何而来、抽象符号表征究竟如何储存以及这些抽象符号如何与语言建立联系等一系列更加复杂的问题。另一种观点则认为，语言本身就是表征意义的抽象符号，从种系演化与个体发育的角度来看，人类在直接的知觉运动经验的基础上将形式上的语言与具体事物之间建立联系，最初的语言只是一种外在的、指涉具体物体的符号，然而，人们凭借独特的抽象思维能力，并运用推理、想象等高级认知能力，可以以语言为工具扩展自己的认知范围，并在简单的具体概念的基础上进一步构造出抽象、复杂的概念体系，在这一过程中，外在的、符号的、形式的语言逐渐内化成为表征意义的符号（Dove，2010）。这种观点虽然解决了抽象符号是什么这一问题，但其只是一种宏观的、抽象的描述，在细节上缺乏清晰的表达，对具体问题仍然缺乏解释。由此可见，在多元表征理论的视角下，过去的关于非模态符号表征理论的质疑（如抽象符号是如何被赋予意义的）在概念研究领域依然存在，对抽象符号的存在形式、演化过程、生理基础等问题的探讨仍旧是今后研究的重点。

第三节 扎根于身体与想象操作的具身阅读

一、阅读的具身化转向

作为人类特有的一种学习行为和认知活动，阅读是人们走进知识宝库、提升智力水平、开阔人生视野、参与社会活动的重要手段。阅读对于个体和教育而言都十分重要，良好的阅读能力为学生的一生学习打下基础，阅读能力被称为“学习的基础，教育的灵魂”。教育家苏霍姆林斯基多次重申阅读和书籍的重要性：“使读书成为每个孩子最强烈的、精神上不可压抑的欲望，使人终身入迷地想同书中的思想、美、人的伟大精神、取之不尽的知识源泉打交道，这是一条最基本的教育规律。”（张万祥，2008）阅读是一种追求意义的过程，阅读理解不仅仅是一种语言学习或教育实践，从本质上讲更是一种认知活动。这个过程非常强调个体的体验与感知。从认知语言学的角度看，阅读理解是一个复杂的心理过程，在这个过程中，大脑里贮存的语言知识图式和世界知识图式相互作用，不断地对新输入的信息进行验证、分析和推断，直至完成对文本的解码。然而，进入21世纪以来，基于信息加工心理学的符号表征主义的语言理解与阅读观正在受到一系列的批判与质疑。

想象一下你置身于叙利亚国际机场。你不懂阿拉伯语，但是你有一本阿拉伯语词典。你来到行李认领处，看着前方墙上悬挂的大屏幕上的符号。它们是用阿拉伯语写成的，你打开随身携带的阿拉伯语词典寻找这些符号中的第一个单词。你找到了这个单词，但是发现有关它的定义是用阿拉伯语写成的。你想，没关系，你可以再去词典中寻找定义中的第一个单词。结果你发现，这个单词的定义也是由阿拉伯语写成的。毫无疑问，不管你花费多少时间在符号和词典上，你永远也搞不清楚这个单词的意思。这揭露了基于传统符号表征的阅读理解面临的窘境。抽象且任意的符号无法单独通过它们与其他抽象、任意符号之间的联结而被理解。词汇的形式是抽象出来的，并且任意相关于它所指的意义。它们只能基于某些其他本身可以被理解的表征形式来获得理解。奠基于这种符号表征主义的阅读教学注定是高认知负荷且效率低下的。在上述案例中，一张手提箱的图片同时附上一个指向走廊的箭头指向就可以为理解抽象的词汇符号提供基础。尽管我们无法理解这些词汇，但是我们可以理解图片，并使用这种知识来理解这些单词的意思。这意味着抽象、任意的语言符号通过基于我们身体的知识，以及我们的身体与世界的互动而变得有意义。

上述想法在“具身心智”或“具身认知”引领的第二代认知科学运动中得到了最为系统的阐释。具身认知观认为，身体与心智（或认知）之间存在一种紧密联系。心智有赖于身体之生理的、神经的结构和活动形式，具身性就是体验性（身体所经验到的）。用发展心理学家 Thelen 等的话说，即“认知是具身的，认知源于身体与世界的相互作用。依此观点，认知依赖于主体的各种经验，这些经验出自具有特殊知觉和运动能力的身体”（Thelen et al.，2001）。所谓认知，是指人的身体跟外在的世界互动时所产生的现象。法国现象学家 Merleau-Ponty 的知觉现象学关于“客观身体”与“作为世界中介的身体”是具身认知最直接的思想来源之一。他认为，身体是最为直接的“在世界中存在”；“身体本身在世界中，就像心脏在机体中”。因此，“不通过身体的经验，就不可能理解物体的统一性”，“物体的综合是通过身体本身的综合实现的”，对外部事物的知觉“直接就是我的身体的某种知觉”（Merleau-Ponty，2012）。

长期以来，教育与教学作为一种促进心智发展的“高级过程”，不仅与身体欲望、感觉运动系统等“低级过程”无关，有时甚至是一种对立关系。然而，具身认知的拥护者相信，教育应该把身体放置到作为学习的高位，并尝试论证认知、思维、记忆、学习、情感和态度等是由身体作用于环境的活动塑造出来的。教育活动是基于教学主体的心智活动，而心智活动基于并源自身体。阅读理解作为一种认知活动，教育工作者可以在具身认知的视野下看到阅读的一个重要转向。

二、具身阅读的基本概念与机制

作为具身认知的代表人物，著名认知与语言心理学家Glenberg提出了“索引假说”来解释语言理解。具身阅读被视为扎根于身体操作与想象操作的阅读策略，而镜像神经元系统的活动是其神经基础，阅读理解本质上是一种具身模拟的认知过程。

1. 索引假说

基于具身认知理论，Glenberg等提出了语言理解的索引假说。根据“索引假说”，语言符号是通过三个阶段的过程将知觉符号与感觉运动动允性“整合”而变得有意义的。理解一个句子会经历三个步骤：阶段1：索引（indexing），词和短语被索引（映射）到知觉符号。阶段2：从知觉符号中提取动允性（derivation of affordances）。阶段3：整合（meshing），给予与语言符号交织在一起，从而产生对单词或短语的理解。阶段1相当简单：由于属于给定物体的词（在声音和符号上）是任意的，不是固有的或通用的，所以该物体必须以感知者的语言命名，并由特定的词或短语来指定。因此，一个人可能第一次看到椅子，而另一个说话者可能指着该物体说“椅子”，目标是第一次感知者将产生该物体的心理表征，包括组成单词“椅子”的声音和符号。在阶段2，随着知觉符号的形成，人们得出了与知觉对象进行物理互动的方式。面对一把椅子的情况下，人们可能会认识到它提供了一个从地面抬起的地方可供我们坐上去。如果它有扶手，人们可能会认为它是可以抓住或靠在前臂上的对象。如果它有靠背，人们可能会认为它是一个既可以坐又可以靠的地方，甚至是一个可以覆盖其他对象的东西。如果它看起来很结实，人们可能会认为它是一个凳子状的物体，可以站在上面换灯泡。如果脆弱或能够旋转，它可能会被认为是一个人不应该站立的地方，等等。当给予被识别和分类时，它们与心理表征中的语言符号联系在一起，赋予单词或短语以感觉运动的可能性和局限性。由此产生的语言符号具有它所具有的意义，它是基于一个人与它的潜在互动，而不仅仅是基于管理语言的抽象规则，即“对一个特定的人来说，一个物体、事件或句子的意义就是这个人可以用这个物体、事件或句子做什么”（Glenberg，1997）。由此，在阶段3中发生的整合允许语言使用者主要根据来自经验的物理可能性来区分语言中术语和短语的适当和不适当的用法。

将单词或短语“索引”或“映射”到其所代表的物件上的过程越顺畅，就越容易实现语言理解。在理解文本的上下文时，那些与文本相关联的活动会增强索引的过程，从而产生积极的认知结果（Glenberg，1997）。例如，在文本呈现中实际操作与文本有关的玩具物体来模拟文本里所描述的动作时，就能正确地操作物体并且更好地实现上下文索引，使得获取意义变得越便利。因此，通过与文本内容相关联的活动来模拟文本有利于增强索引，这是具身阅读中的重要概念“身体操作”的起源。

2. 身体操作与想象操作

根据索引假说对语言理解的具身解释可知，理解在索引的过程中就已经产生。具身基于文字本身的同时也基于动作，其索引过程包括身体操作和想象操作两个部分。所谓身体操作，即学生阅读一篇发生在农场里的故事的文章，他的面前有各种玩具（如玩具谷仓、动物、拖拉机、农民），读一个关键句子后，学生被暗示去操作玩具来对应相应的句子。这个操作确保了词汇被索引到对象、动允性被派生（学生必须操纵玩具）、概念被整合，以此来模拟这个句子。所谓想象操作，就是在身体操作之后去想象操作玩具的过程。想象操作产生效果的大小与身体操作产生的效果相差无几。Glenberg 等（2004）在实证研究中发现，在阅读活动中，不论是提供实际操作还是提供想象操作的结果，被试都显著地对文本内容有较好的记忆和理解。最初的身体操作利用学生的身体经验来建构关于文本的心理模型，想象操作则促使学生利用这些已有经验，鼓励他们将听到或看到的词语对应到先前的经验，从而达成更好的理解。

身体操作确保了符号的基础，其关键在于玩具的存在以及学生必须亲自操作玩具。语义的建构过程是通过对语言输入内容进行感知运动系统的模拟来实现的，例如，在句子“小明把球递给了小高”中，通过身体操作传递球的动作，我们至少可以理解“递球”这件事情。在句子理解中，我们在词汇的基础上形成对句子所隐含动作的思考，如果我们能够建构顺畅的、连贯的情境，那么我们就完成了对句子的理解。学习环境中的具身认知首先必须经由物理方式生成相关感知经验，然后在此基础上通过想象操作维持先前经验并且进一步学习。例如，上文提到的农场故事，通过用塑料做的农夫、工人、牲畜等玩具将其表演出来，可提高读者对所读故事的理解和记忆。如果学生用身体操作的方式积累了大量经验，这将有利于他们在阅读过程中进行想象操作，从而提高其阅读能力。

3. 镜像神经元与具身模拟

20世纪90年代初，意大利帕尔马大学的神经科学家 Rizzolatti 所领导的团队发现一种新的运动神经元——“镜像神经元”。这种神经元会在豚尾猴执行一个指向目标的动作时产生放电，也会在只是观察同类其他个体或实验者执行同样（或类似）的动作时产生放电。后续的正电子发射断层成像（positron emission tomography，PET）、脑电图（electroencephalography，EEG）、TMS 和功能性磁共振成像（functional magnetic resonance imaging，fMRI）及脑损伤研究证实，在人类大脑皮层中存在着具有类似功能的镜像机制，观察和操作两种过程都会激活同样的神经生理机制。基于脑成像的研究发现，Gallese 提出了一个将镜像神经元系统与现象学相结合的理论框架——具身模拟理论。具身模拟理论强调“复用”（reuse）是心理模拟的核心观念。我们将他人的行为作为一种意图体验，在他人的所做所感和我们的所做所感之间形成一种等价关系。我们不仅“看到”一个动作、一种情绪或一种感觉，同时也会产生与上述动作、情绪和感觉有关的身体状态的内部表征，就好像亲自做了相似的动作或体验到相似的情绪和感觉一样。

镜像神经元是具身阅读的神经基础，身体操作与想象操作是读者对读物所描述情境的一种具身模拟。镜像神经元与具身模拟机制的存在使得读者能够有效地模拟读物情境。当读者看到文字或图画时，通过身体操作或想象操作，其能够产生有关身体状态的内部表征，进而能够更好地完成对读物的理解。

三、构成具身阅读的基本学习要素

阅读通过“身心一体”的认知机制去理解、领悟、吸收和鉴赏，学生在对文本材料进行阅读的过程中模拟动作、感知情境，或者只是透过阅读材料对动作或情境进行想象，就可以像亲自执行动作一样激活镜像神经元系统。如果在当代学习科学视域中对具身阅读进行系统的审视，可以发现其基本要素包括自由的学生、适宜的读物、多样化的学教具以及情境式的阅读环境。以虚拟现实技术为例，具身认知观确立了身体和体验在认知与学习过程中的有效地位，奠定了虚拟现实教育应用的认知基础。虚拟现实技术以计算机技术为核心，结合相关科学技术，生成与一定范围的真实环境在视、听、触感等方面高度近似的数字化环境，用户借助必要的装备与数字化环境中的对象进行交互作用、相互影响，可以产生亲临真实环境的感受和体验。虚拟现实技术所采用的设备是一种典型且未来具有很大开发价值的具身阅读学教具，它所创造的高度真实的情境也是具身阅读环境非常重视的内容。

1. 自由的学生

作为阅读的主体，学生是一个身体的客观存在。具身知识和概念通过我们的身体活动而生成。心理学研究表明，个体的身体自由度会影响其感知判断。无论是在课堂教学中还是在课外自主学习中，学生都不应该被要求死板地坐着读书，而应该鼓励他们自由地运用身体或手势等运动辅助学习。正如教育家陶行知所言，教育要解放儿童的眼睛、嘴、双手、头脑、时间和空间。学生在具身阅读过程中可以通过直接操作与文本有关的学教具，或者想象操作的过程，这样其对文本的理解才会更加深刻和准确。

2. 适宜的读物

阅读的最终目的是实现对读物的意义建构，即完成“理解”的任务。读物的适宜性包括年龄适宜性和个体适宜性。年龄适宜性是指不同年龄阶段的学生需要相对适宜的阅读材料，年龄越小的儿童对读物具身性的要求越高。例如，学龄前儿童的主要读物是画多字少并且以故事体为主的图画书，很多读物还配套附上操作玩具。个体适宜性是指读者个人如果具有与阅读文本相关的具身经验，那么从一定程度上来说，该读物对这个读者而言是比较适宜的。具身阅读中，读物本身的具身性为阅读理解提供了可能性，学生在阅读的过程中肯定能够进行或多或少相关的身体操作或想象操作。

3. 多样化的学教具

多样化的学教具是指各种各样的操作材料，在阅读中包括学具和教具，学具是指学生自主进行阅读学习时所用的工具，教具是指教师在阅读教学过程中需要与学生共同使用的工具。Rubman 和 Water（2000）在三至六年级学生的一个文本上下文学习过程中，证实了活动操作的正面效果。被试读一篇短文并被提问文章里是否含有任何矛盾之处，一半的被试读了两次，另一半的被试读了短文并用了一个故事板去描绘与文本相关的图像，结果后者更能成功地找出矛盾之处。仅仅是增加了一个故事板，学生却能够更有效地完成文本上下文的学习。具体的学教具能够在阅读理解中产生大量优势。第一，在具身阅读的过程中，学教具与书面信息是相结合的，因此儿童可以将一手和二手的知识相融合。第二，具体的学教具并不被当作符号，而是符号（如词汇）所指向的身体的一种处境。因此，当阅读到农场中的动物时，学生就利用身体操作他们面前的某些农场玩具。当利用想象操作阅读时，他们将词汇语言映射到在与农场玩具交互中学到的知觉符号上。具体的学教具并不是象征符号，但却是它们的基础。第三，身体操作和想象操作是巩固阅读理解的程序，阅读情境中学教具的运用在符号使用和理解中都不存在任何困难。

多样化的学教具既可以是真实的物件，也可以是虚拟的物件。在上述农场故事中，操作玩具就是真实物件的使用，如果代之以在虚拟现实中操作，那就是虚拟物件的使用。虚拟现实对于学生学习的“沉浸”程度要求很高，通过切断学生与周围世界的感官联系，使得学生“沉浸”在与学习内容的交互过程中。隔离了外界干扰，学生很难走神，这是高效学习的前提。虚拟现实的设备也可被看作一种有效的学教具。已有研究首次使用虚拟现实来修复诵读困难者的阅读障碍，有效途径就是通过虚拟现实的设备来加强学生注意力的集中。传统的康复训练大多是一种使用纸和铅笔的训练模式，但这些练习对于儿童来说会很无聊，并且某些儿童难以按照要求完成训练过程。虚拟现实修复工具采用动作录像游戏，以一种更有趣并且强调参与的方式来提高诵读困难者的阅读能力。

4. 情境式的阅读环境

根据具身认知理论可知，读者在阅读过程中获得的认知，是身体（大脑嵌入身体中）物理状态与周围环境的交互作用所产生的知觉、行动和自我内省的体验。阅读是身心、文本与情境的深度耦合，具身的阅读环境是身体与想象共同参与的环境，认知与经验的融合使得阅读更加简单也更有意义。无论是从教学环境还是学习环境的角度而言，具身阅读环境下，儿童身体的自由度和参与度比较高，儿童在这样的环境下会感觉到自由和舒适。Roth 和 Lawless（2002）认为，“不支持学生利用身体和姿势的学习环境会限制学生的学习”。例如，要求学生端正地坐着听教师讲解“推”字的含义，倒不如让学生利用身体操作来做“推”的动作。如果现实环境不能够支持学生身体或姿势的转换，那么虚拟现实所创造的环境就正好能够弥补这种缺陷。创设高度真实的情境正是虚拟现实最基本的功能。可以想象，在虚拟现实资源极大丰富的情况下，教师具备了将学生“瞬间转移”到任意场景的能力，学生可以随时体验到任何现实或者虚拟的情境。

四、具身阅读的基本框架

学生身体处于与文本内容相关的学教具的环境中，具身阅读是学生主体、读物、学教具与环境的多维互动，而不是其中的任意两方的简单互动。在阅读情境中，阅读者借助学教具和虚拟现实技术启动身体操作与想象操作，以实现对文本的理解。其中，镜像神经元活动引发的具身模拟在身体操作与想象操作的过程中扮演重要的角色。阅读者既可以直接通过身体操作来理解文本，也可以调用基于身体操作获得的想象操作来理解文本（图6-1）。

1. 通过身体操作获得具身经验

Gibbs（2005）认为，身体在做出某种动作时，主观感受到的种种经验都会成为语言与思想最根本的基础。研究表明，身体操作可以加强对抽象内容的处理和对已有概念的理解，而这种操作所使用的材料与情境越具体、真实，阅读者理解

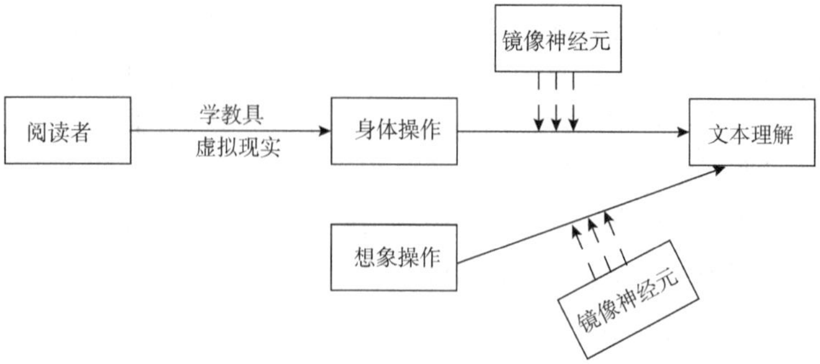

图 6-1　具身阅读的基本框架

起来就越容易。例如，直接用手指点击屏幕，比用鼠标控制屏幕，会使得学习更直接和更具体，并且能够与学习内容更好地融合起来。没有经过身体操作，直接的抽象阅读方法对于学生来说不具有实际意义，它会增加阅读困难，削弱阅读动机。在身体操作的过程中，必须最大化地实现操作材料、身体动作与阅读内容之间的多重匹配，即操作材料、身体操作的动作都应该尽可能地与阅读的文本内容相匹配，匹配程度的高低决定了训练效果的好坏。例如，教师运用教具进行教学也是常有的事情，但是在具身阅读训练中特别强调学教具与具身经验的匹配，学生通过身体操作能够获得相对应的具身经验，这样的具身经验需要在后期想象操作的时候能够想象出来。因此，学生阅读时的学教具、姿势动作应该与通过身体操作获得的具身经验相匹配。

这种阅读方式的优势在学前教育阶段得到了最佳的体现。学前儿童通常需要通过活动来获得经验，在活动中充分运用学教具。利用一个具体的动作或手势来表现一个概念，使得儿童能够建构一个关于该概念的更好的心理模型。例如，数数过程中触摸到事实存在的积木可以成为后期数数的一种具身经验。动作与概念两者之间是兼容的，能共处的。这种兼容性支持阅读者的最终想象。因此，从教育者的角度出发，应该帮助儿童获得适宜的经验，可从学教具和阅读环境两个方面开始着手。

2. 学会想象具身经验

具身认知理论认为，抽象概念通过情景模拟或隐喻与感知经验发生联系。所谓想象操作，就是在身体操作之后要求儿童去想象身体操作的过程。想象操作不同于简单的想象指令，而是在之前实际操作的基础上进行的，它就像是在视觉想象基础上产生了一个显著的动作元素（Glenberg et al.，2013）。因此，想象的内容同时包括视觉上的操作物体以及操作这个动作本身。研究者曾经提出训练年幼儿童进行想象操作的方法，他们要求儿童描述出想象的对象，从而研究者可以纠正其误解。儿童在以下三种情况下会被纠正：①只是简单地复述句子的信息；②描述出了想象的视觉信息但是没有动作信息；③没有提供出动作是如何产生的细节。研究者认为，这种训练比单纯让儿童想象一个静态情形（如形成某一情形的视觉形象）更加有效，年幼儿童在运用身体操作至少一周之后，想象操作可以被有效地运用。

3. 文本阅读时想象经验

阅读文本显然是一种符号性的材料，学生具备身体操作的经验与想象操作的能力，在阅读的过程中想象这个经验，这样就能增强理解的效果。身体操作与想象操作两个过程通过以下三个方面巩固模拟和理解：第一，通过将词汇意义根植于图像与物体的神经代表，加强了词汇的发展；第二，把语法根植于儿童的自身行为中，从而使语法功能得以增强；第三，融合词语在句子中，融合句子在文章（作为视觉描绘场景）中，学生能够更新这种融合。随着学生年龄的不断增加，其对身体操作的依赖会越来越少，渐渐替代的是在文本阅读时能够想象经验，从而达到更有效率的理解。

具身认知理论能够丰富我们对阅读的理解，在具身认知的视野下提出具身阅读对于教育工作者而言具有深刻的启发意义。身体与教育之间存在一种紧密的联系，教育并不是与身体相互隔离的。这种观点实际上与很多教育家的观点不谋而合，如皮亚杰、维果斯基、蒙台梭利等都强调动作对儿童学习的重要性，儿童思想的发展来源于动作。具身阅读在某种程度上借鉴口语表达的方式，借助于身体或身体的某一部分，学生通过对学教具的身体操作来丰富经验，进一步发展为想象操作，在适宜的阅读环境中更为轻松地完成理解。

然而，具身阅读项目是具身认知运动在阅读教学和学习中的一种实践形态，势必会受到具身认知理论本身局限性的影响。具身认知理论强调认知过程会受到身体的影响，认知基于情境，在行动中产生，并且可能脱离内部表征而产生。近期，上述观点也受到某些学者的质疑，他们认为离开内部表征来谈语言理解是荒唐的。大部分的语言并不能被模拟或直接与动作相对应，这一点非常重要。例如，“我们在电影中能够轻易地认出那些熟悉的演员”。这种句子并不能明显地指向某种模拟。即使是明显描述动作的语句中也会存在这个问题，例如，“小明把订书机递给小红”，“递”的动作可以通过运动系统模拟，但是对于剩下的两个人和一个订书机，个体如何在还不理解句子的前提下进行模拟？具身认知理论把模拟作为一种核心原则，其实它只局限于极其有限的语言理解范围。就具身模拟的神经基础——镜像神经元系统来看，其功能也存在被夸大的嫌疑。从鸟类抓住虫子，到科学家抓住头脑中的灵感，究竟要扎根于怎样的运动系统才能实现身体操作与想象操作呢？我们无法在上述抓握类型中找出共同点，因为单纯用运动系统无法对“抓握”概念进行分类，我们需要更抽象的内在表征系统。

也许具身阅读并不能完全地取代传统阅读，很有可能的是它适合于某些特定的阅读者和阅读材料。首先，年龄越小的读者越需要运用具身阅读的策略，例如，学前儿童的思维发展遵循直观行动思维向具体形象思维再向抽象逻辑思维发展的规律，年龄越小的儿童越需要借助于自己的身体与客观世界的相互作用或行动来进行思维，并且年龄越小的读者对身体操作的依赖性越大，其想象操作还处于不断地接受训练与发展中。其次，阅读材料的具身性越强，就越适合采用具身阅读策略。换言之，阅读材料本身中有更多可以被感觉-运动系统模拟的情境，个体运用具身阅读策略就能更容易地实现理解。

来自具身阅读研究的证据也为具身化的学习理论提供了新的收敛性证据。上述对阅读理解的本质、机制与基本要素的讨论旨在表明，学习不单单是一种对符号知识的内化过程，也是促使学生的相关经验、情感、思维和动作行为发生结构重组与功能嬗变，从而实现其本体认知系统建构升级的过程。学习的内化、转化与个性化生成都涉及人的经验匹配、概念扩充、情感评价和动作表情的虚拟预演等深层变化。因此，Glenberg 的索引假说与 Zwaan 的浸入式体验者框架、Barsalou 的知觉符号理论、Louwerse 与 Jeuniaux 的符号交互理论等一起奠基了具身化的学习理论。这些理论共享了对于学习的基本信念：①知识是包罗万象的、有生命的，与情境高度相关且对于学习主体而言是独一无二的，知识的历史性和情境性并不是隐藏在抽象符号背后的噪声。②学习的本质是以“所感即所知”式的感知经验存储的，这种存储的方式需要身体的参与，并有着深刻的脑与神经基础。③学习是学习者、学习情境与学习材料等因素动态耦合的产物，而不是单纯由外部刺激决定的。

第七章　具身化的行动与自我意识

当我用我的左手触摸我的右手时，作为对象的右手也有这种特殊的感知特性。我们刚才已经看到，两只手不能同时被另一只手触摸和触摸另一只手，当我的两只手相互按压时，问题不在于我可能同时感受到的两种感觉，就像人们感知两个并列的物体，而是在于两只手能在“触摸”和“被触摸”功能之间转换的一种模棱两可的结构。

——Merleau-Ponty，1945

第一节　心动还是身动：观念运动理论

对人类日常动作的理解与分析主要有两种解释：一是为了适应环境需求而对外界刺激做出的反应，研究者称之为基于刺激的动作（stimulus-based action）或感觉运动动作（sensorimotor action）（Herwig et al.，2007）。其执行基于先前刺激，也可被称为反应（reaction）（Herwig & Prinz，2007）。二是以个体的意图或目标为基础来操纵环境，研究者称之为基于意图的动作（intention-based action），又被称为随意动作、自发反应或是由目标驱动的动作，即观念运动动作。

观念运动理论（Hommel，2009）所解释的就是基于意图的动作，该理论认为，对动作的执行会在动作的编码和感觉效果之间形成双向联系。一旦形成双向联系，个体就可以通过预期或有意激活某一动作的感觉后效来选择动作（Elsner & Hommel，2001；Greenwald，1970；Herwig et al.，2007；Hoffmann et al.，2007；Kühn et al.，2011）。本节主要围绕观念运动理论在一般动作执行和动作模仿领域内的证据及其行为与神经机制进行论述，并通过对目前研究现状的总结指出以后的研究中应该注意的问题，为该领域进一步的研究提供方向性思路。

一、观念运动理论的内涵

观念运动理论认为，人们根据行为的感知觉后果来选择动作（James，1890）。这种选择分为两个步骤（Elsner & Hommel，2001）：首先，习得的动作和随后的感官效应之间的相互关联（动作-效果连接）（action-effect bindings），然后，反向地运用这一关联，通过对动作的预期效果来自动地选择相应动作。这包含两个要点：第一，所有的动作都会与其伴随而来的感觉效果产生联系。这些效果既包含来自四肢等的本体感觉（proprioception），也包含这些动作在环境中产生的变化等相对远程的效果。第二，对效果的预期可以激活相应的动作（Hoffmann et al.，2007），既可以是可感知觉到的动作的身体效果，也可以是这些动作产生的其他效果（Massen & Prinz，2009）。所以，从观念运动理论的观点来看，双向的行为-效果学习是获得行为能力的基本方法。很多研究都支持了观念运动理论的正确性（Elsner & Hommel，2001；Hommel et al.，2003；Waszak & Herwig，2007）。

二、观念运动理论的背景

“观念运动动作”这一术语最初出现在文献研究中时，其指涉的动作或多或少都是无意识、自动化的，如肢体动作或说话发音。“观念运动”作为一个概念，最早是由 Carpenter（1874）提出的，他认为，观念运动动作的核心定义属性是意图与动作之间的瞬间联系（Carpenter，1874）。从广义上来讲，这个观念可以运用到诸如桌灵转[①]（table turning）、读心术[②]（mind reading）等超心理现象中。这些现象都是由很强烈的意愿引起的，其执行并不需要个体的意识控制，甚至是不受个体的意识控制的。同时，Carpenter 还通过一些例子为这一术语提供了一个更严格的定义。例如，在著名的钟摆实验中，他将一个钟摆挂在被试伸直的食指上，并告知被试要保持手指的绝对静止，但是一般情况下，被试都会发现钟摆逐渐开始摇摆。Carpenter 认为，这是因为“钟摆是摇摆的”这一观念拥有诱发“符合这一观念”的无意动作甚至是有意动作的能力。因此，严格地说，观念运动这一术语可以被运用于所有由某种意图引起的动作中，并且这些动作需要具备以下两个标准：①必须受制于瞬时的意图观念；②这些意图观念与动作本身必须有一些相似之处，即内在的意图观念与外在表现出来的动作之间是有相似之处的。例如，

① 一种利用罗盘和卡片进行的类似占卜的活动。

② 通过一个人的动作行为可以推测其内心意图和想法。

上述例子中，意图观念就是“钟摆是摇摆的”，而动作表现就是手指无意识的运动使得钟摆摇摆起来，两者之间是有明显相似性的。

紧接着，James 讨论了观念运动动作，James 从 Carpenter 那里借用了观念运动动作这一概念来对其主要原理进行定义，“我们坚信一个行为的呈现能够在一定程度上唤醒一个现实中的动作，这个动作是呈现的动作的目标”（James，1890）。随后，Greenwald（1970）提出了一个学习机制。他认为，反应首先与它们可能引起的效果相关联，例如，按压反应键引起的手指触觉以及最后的声音效果等一系列的感觉反馈刺激；其次，当刺激-反应-效果三者总以同样的顺序被重复体验，那么在效果序列中，这些连贯的元素之间就会形成联系，这种联系使得一种效果的呈现会触发对即将产生的下一个效果的预期，也可以反过来触发引起这些效果的反应。这种预期反应效果序列可以对独立于反应信号的反应执行施以影响和控制（Stöcker & Hoffmann，2004），其潜在的逻辑已经被延伸并运用到诸如模仿、行为计划和技能获得等研究领域中（Hommel & Prinz，1997）。

三、观念运动理论的行为实验证据

1. 观念运动的共享编码机制

共享编码（common coding）是指一种用来描述知觉表征与动作表征之间连接的机制，该机制认为，知觉和动作有一个共享的表征。一个知觉事件会激活与此事件相关联的动作，而执行一个动作也会激活与之相关联的知觉事件（Prinz，1984），即知觉和动作之间存在密切联系，动作是依照其可能产生的可知觉的效果来编码的（Prinz，1997）。并且，对一个动作的知觉会激活与之相似的动作的执行（Knoblich & Flach，2001）。而这正符合观念运动理论的论点，即“当感觉和动作相似时，二者就可以相互地进行调节”（Prinz et al.，2009）。因此，知觉表征和动作表征可能享有共同的编码（Ammirante & Thompson，2010）。

所以说，共享编码理论认为，动作是依据其知觉的效果表现出来的，且知觉与动作直接相连。这一点与观念运动理论是一致的。当个体执行动作时，他们就习得了这些动作的结果。反过来，当个体知觉到可能由某一特定动作导致的知觉事件时，该知觉就会唤起那些导致这些知觉的动作。这也正是观念运动理论中提到的双向关联。

2. 观念运动理论在一般动作执行研究中的证据

大量证据显示，在基于意图的动作行为中，动作效果在有意识动作的控制中起核心作用（Hommel，2000；Prinz，1997）。Elsner 和 Hommel（2001）的实验首先明确地支持了观念运动理论。在实验的探测阶段中任一自发按键总是伴随着一个提示音（例如，左键→高音；右键→低音）。在随后的测验阶段，同样的音调作为目标刺激呈现，被试必须对其做出一个快速选择反应。实验结果显示，对一个习得的感觉效果的知觉“反向”激活了与其相关的动作。

在上述实验的基础上，Herwig 等（2007）进行了四个有不同探测阶段的实验，包含一个基于意图的被试组和一个基于刺激的被试组。Herwig 等的研究发现，被试只有在基于意图模式下进行操作时才会发生观念运动学习，并出现由 Elsner 和 Hommel（2001）证实的转移效应。研究表明，这两种“动作路径”的动作基于不同的学习：基于刺激的动作伴随着刺激–反应学习，而基于意图的动作导致动作–效果学习（Herwig et al.，2007）。

但上述的实验存在一个问题：在以刺激为基础的动作模式中，被试将注意分配到三个成分中，即之前的指令刺激、反应、效果音。在以意图为基础的动作模式中，被试只涉及两个成分（反应、效果）。为了明确观念运动学习是取决于动作模式还是注意的分配量，Herwig 和 Waszak（2009）设计了另一个实验。在该实验中，研究者在基于意图的动作组中的被试做出自主按键之前呈现刺激，呈现刺激1时让被试做按键反应，呈现刺激2则不做反应，由此将被试的注意分配到三个成分（刺激、反应、效果）中去；而在基于刺激的动作组中则加强了被试对按键之后呈现的效果音的注意，即要求被试在效果音呈现后，根据听到的效果音再进行按键反应（如果呈现的效果音是标准效果音，则不用再次按键，如果效果音比标准效果音高/低半音，则需要再次按键）。研究结果显示，观念运动学习取决于动作的选择是否基于意图的动作模式，而不是基于分配到动作–效果中的注意量（Herwig & Waszak，2009）。

除了上述实验之外，目前已经有很多实验（de Wit et al.，2007；Kunde，2003；Kunde et al.，2002；Nattkemper & Ziessler，2004）对观念运动理论所提出的动作–效果学习以及这种学习所建立的动作–效果双向连接进行了验证，并有力地支持了观念运动理论。

3. 观念运动理论在动作模仿研究中的论据

模仿动作的基本特征就是一个人所观察到的动作与自己即将做出的动作之间具有相似性，而这必然牵扯二者间的对应性问题（Brass & Heye，2005）。而观念运动理论则对模仿的对应性做出了解释。该理论假设知觉和运动拥有同一表征，使得刺激和反应之间不必有一个转换过程。按照 Lotze 和 James 的观点，动作的产生并不是对感觉刺激的反应，而是表征了个体想要达到的目的。当意图没被干扰时，它就激活了预设目的的表征，动作也就随之产生了。根据观念运动理论，目的和为了达到目的的动作计划会一起被激活。一旦我们习得了自己动作的结果，那么当再次产生特定动作时，我们也就期望与之相对应的结果。

据此，当个体看见他人的动作与其结果时，个体就激活了自身能产生相一致结果的动作表征。Brass 等的实验证实了这一假设。他们向被试呈现食指的两种运动方式，有一半的实验中显示食指上翘，另一半则是食指下翘。实验要求被试用食指快速指出运动方向。在实验的每一个区段中，要求被试总是用同样的动作来反应，即食指要么向上翘，要么向下翘。实验结果显示，将刺激相符（例如，刺激是食指上翘动作，被试也会上翘）和不符（例如，刺激是食指下翘动作，而被试是上翘动作）的反应时进行比较，被试在相符情况下的反应时更短，这也部分证实了观念运动理论的假设（Brass et al.，2001）。

Greenwald（1970，1972）进行的研究证明，不仅动作所包含的意图或相关联的效果能够引发相对应的动作趋向，对动作的感知也可以引发相对应的动作趋向。其研究将早期的观念运动理论延伸到将感知觉作为动作的一个触发条件，进一步说明了对他人动作的感知或其远程效果可以在观察者身上触发相同的动作。当然，这要求观察者之前已经习得了动作与其产生的效果之间的联系，这种动作与其相关联效果的习得机制的一个重要特征就是其中的关联必须是双向的。因此，要习得动作及其在环境中产生的效果之间的联系，就必须学习呈现出的效果与其相关联动作之间的这种反向联系（Elsner & Hommel，2001，2004；Kunde，2001）。如果没有这种双向性的学习，那么一个动作效果的感知或呈现就不能在观察者身上触发这一动作。另外，诱发动作倾向的程度取决于个体观察到的动作与个体在动作之后学习到的效果之间的相似程度。

另外，观念运动理论认为，在模仿中，动作的目的性比动作本身更为重要。Bekkering 等（2000）的儿童模仿实验对这一假设进行了验证。实验条件下，儿童和主试对坐在一张桌子前。在一半的实验中，实验者会把他的左手放在桌子的左边（左侧同侧动作）或者放在桌子的右边（左侧异侧动作）。在另一半的实验中，主试则将右手放在桌子右边（右侧同侧动作）或桌子左边（右侧异侧动作）。实验要求儿童重复主试的动作。在另一组实验中，儿童和主试也是对坐着，但在桌子的左右两边都各有一个大红点。不管主试做何种动作（左右侧的异侧或同侧动作），最终都会去遮挡住红点。实验同样要求儿童重复主试的动作。在这一情况下，儿童对同侧动作的模仿很好，但在模仿异侧动作中却频频出错。但是，在不出现红点的情况下，儿童对四种动作的模仿并没有差异。这说明，实验中红点的出现改变了所要模仿的动作的目的。在没有红点的情况下，动作本身就是模仿的目的，红点的出现却将动作目的改为去遮掩红点。实验证明，在模仿中，模仿者模仿的是动作的目的而不是动作本身，模仿动作是由动作目的引导的。鉴于此，

Bekkering 等（2000）提出了模仿的目标引导理论（goal-directed theory of imitation）。该模型认为，模仿者并不是模仿他所观察到的整个动作，而是把观察到的动作分成几个部分，这几个部分层次分明，最高的那一层就是模仿者的主要目标。根据观念运动理论，这一主要目标就会激活与实现目标关联最密切的动作程序。在执行动作时，个体所做的动作并不总是与模仿对象的动作完全一致的，但却总是能正确地重复模仿对象的动作的主要目标。

四、观念运动模型的神经科学研究证据

1. 观念运动理论的一般脑与神经科学基础

过去几十年里，大量的研究试图弄清基于刺激的动作和基于意图的动作的神经机制。近期的神经科学研究表明，基于意图的动作是由额纹状环路控制的，包括背侧-横向前额叶皮层、前扣带皮层和前运动皮层中部，主要涉及前运动皮层内侧壁。然而，基于刺激的动作是由不同的、取决于任务的通道控制的（Passingham et al., 2000; Toni et al., 2001），主要涉及顶叶和前运动区侧部（Herwig & Waszak, 2009）。由于对灵长类和人类的研究发现了前运动区的动作和感觉性能，研究者对这两个区域之间的关系进行了系统的研究，并且在研究中发现了一种重要的神经元：镜像神经元。

2. 观念运动的镜像神经机制

镜像神经元是在20世纪90年代中期，由 Rizzolatti 等在研究猕猴前运动皮层中的神经元放电活动时发现的一部分神经细胞（Rizzolatti et al., 1996）。猴脑的前运动皮层的腹侧区域主要有 F4（前运动皮层区）和 F5（腹侧运动前区）两个部分（Matelli et al., 1985）。在 F5区中，一些神经细胞不仅会在猕猴进行有目的的行为过程中放电，也会在猕猴观察其他个体做出类似动作时产生同样的放电反应，这就好像猕猴在通过一面镜子观察自己的行为一样。因此，这种细胞被称为镜像神经元（Gallese et al., 1996）。随着研究的深入，研究者发现，人类大脑左前额叶皮层的布罗卡区、顶下小叶（inferior parietal lobule, IPL）、额下回（inferior frontal gyrus, IFG）等同样存在具有这些功能的镜像神经元。其中，腹侧运动前区皮层的 F5区和顶下小叶的喙部所构成的“额-顶镜像神经系统”在动作识别和理解方面有重要的作用（Fogassi et al., 2005）。当前的行为知觉理论认为，存在一个“镜像系统”，将被观察到的行为映射到观察者自己同一行为的动作表征上（Rizzolatti & Craighero, 2004），他人动作行为的知觉会在观察者的脑中形成模仿运动表征，即便并不能引起外显的行为表现（Gallese, 2005; Wilson & Knoblich,

2005）。观念运动理论可以说是当代行为知觉理论的先驱（Häberle et al.，2008）。有研究（Calvo-Merino et al.，2005，2006；Casile & Giese，2006）发现，不仅是局部具体动作会引起观察者脑部前运动区和顶叶的激活，即使是个体在观察复杂的全身性动作时也会引起观察者与这些动作相关联的脑区的激活。事实上，由于镜像神经元在个体执行动作和观察动作时都会放电，故而支持了观念运动理论关于知觉和动作是同时产生的假设。

（1）一般动作执行中观念运动理论的镜像神经机制

研究者对人通过观察动作推测意图的研究发现，不同的意图涉及了不同的镜像神经系统激活方式。Iacoboni 等（2005）在其实验中通过设置不同的场景区分了同样动作的两种意图。场景一为餐桌上放着茶壶、水杯、零食，呈现的动作为人手抓握水杯；场景二与场景一的区别在于餐桌上的茶壶盖是打开的，零食比场景一少了一些，餐桌上也散落着零食，动作同样为人手抓握水杯。场景的不同提示着观察者在场景一中拿水杯是为了喝水，在场景二中拿水杯是为了整理用餐后的餐桌。fMRI 结果表明，观察有动作的场景较之仅仅观察动作和仅仅观察场景，腹侧运动前区皮层及额下回的后部等经典镜像神经系统的活动程度更大。而且对于这两种不同的意图而言，额下回区域的激活模式也有显著差异。排除了背景因素的影响后，研究显示，额下回除了涉及理解他人的动作外，还涉及对不同动作意图的理解。随后的实验考察了人们理解他人动作的意图是否需要“自上而下”的加工，结果表明，即使在被试将注意力集中在和推测意图无关的任务中时，表征意图理解的镜像神经元也被激活了。

正如前文所述，观念运动理论的中心就是“意图”。那么可以推测：镜像神经元激活并编码的是与正在做的或正在观察的动作相联系的意图，而不是动作本身。Fogassi 等（2005）通过深部的单细胞电极记录法首先证实了顶下小叶喙部的镜像神经元对于同样的抓握动作产生了不同的放电反应（动作目的不同，一个是把抓起来的食物吃掉，而另一个是把它放到容器里。但动作结果相同，即使猕猴没有吃到食物而是把它放在了容器里，实验者也会奖励它相同的食物）。结果表明，当抓握动作的意图（或者目的）不同时，这些细胞对于执行同一抓握动作的编码也不同。上述的这种变化在动作观察过程中也同样存在。实验中，猕猴仅仅观察到了实验者进行相同的抓握动作，而容器是否出现则暗示了实验者的意图。当容器出现时，实验者抓起食物并把它放到容器里；当容器不在时，实验者抓起食物并把它吃掉。实验结果显示，当实验者抓起食物的时候，那些在猕猴抓起食物来吃时放电活跃的细胞，在猕猴观察到实验者抓起食物准备吃时同样表现得活跃；相似的，那些当猕猴抓起食物把它放到容器里时表现得活跃的细胞，在猕猴观察到实验者做同样动作时也表现得活跃（Fogassi et al.，2005）。因此，这些神经元编码了与动作相关的目的（吃或者放到容器里），而不是编码看到的抓握动作。

（2）动作模仿中观念运动理论的镜像神经机制

近来，一系列的脑成像研究已经勾勒出了一个模仿的核心皮层环路，该环路由颞上沟后部（该区域是观看有机体运动和意图性动作时有反应的高级视觉区）（Allison et al.，2000；Jellema et al.，2000；Puce & Perrett，2003）、额叶与顶叶镜像神经区域组成。在该环路中，颞上皮层提供他人动作的高级视觉描述并将此信息反馈至额-顶镜像神经元区（Iacoboni et al.，2001），额叶的镜像神经元对动作的运动信息进行编码（Iacoboni et al.，1999），而顶叶镜像神经元则关注动作的目的（Iacoboni et al.，2005；Iacoboni & Dapretto，2006；Iacoboni，2009a）。

人类的模仿行为可以采取多种形式。由颞叶、顶下小叶和额下皮层组成的模仿的核心环路与其他神经系统之间的相互作用支持了不同形式的模仿行为。例如，模仿的核心环路与前额叶皮层的背外侧前额叶皮层相互作用，在模仿学习中起关键作用（Buccino et al.，2004），而模仿的核心环路及边缘系统的相互作用则支持了社会模仿及共情能力（Iacoboni，2005）。Carr 等（2003）对模仿和面部情绪观察的 fMRI 研究证明，共情是由镜像神经系统、边缘系统以及连接这两个神经系统的脑岛等组成的大型神经网络来实现的。在该网络中，镜像神经元支持了模仿所观察到的他人面部表情，从而进一步引起边缘系统的活动，使观察者产生了被观察者的情绪。这个模型预测，观察和模仿面部表情会激活镜像神经元、脑岛和边缘系统。此外，如果这些脑区真的在功能上与镜像神经元相关联的话，那么在模仿过程中，镜像神经元活动的增强也应该被传至脑岛和边缘系统。以上假设都得到了实证研究的支持。

前文所列举的实验论证了目标在人类模仿中的重要性。这些实验都广泛地确认了目标引导模仿（goal-directed imitation）。掩盖圆点任务的 fMRI 研究（Wohlschläger & Bekkering，2002）显示，目标引导模仿与非目标引导模仿相比，人脑中与猕猴的镜像神经系统相类似的脑区更为活跃（Koski et al.，2002）。

五、观念运动理论前瞻

综上，观念运动理论的意义首先在于将动作的执行及其过程中伴随的感知觉活动紧密地联系起来，而在传统行为科学研究中，两者隶属于不同的认知系统研究，对其研究往往是分开进行的。在这方面，受到观念运动理论的启示，有学者提出了共享环路模型（Hurley，2008）。该模型挑战了知觉-动作与中枢认知是分离的且处于次要地位的传统理解，并在此基础上论证了动作知觉机制如何能够建立在主动知觉的机制之上的。其次，观念运动理论论证了目标在动作计划和控制中占有举足轻重的地位，动作理解和模仿是在目标水平上而不是在动作水平上完成的（Iacoboni et al.，2005；Wohlschläger et al.，2003），从而揭示了动作执行、动作计划和对他人意图的理解能力在本质上都是由目标引导的。这些能力虽然在表面上毫不相干，但却和其他抽象领域中存在的能力（如语言理解）在脑部结构中享有共同的代表结构和机制，并且明显地运用到了运动系统（Fadiga et al.，2002）。另外，除目标以外，观念运动理论还证明了预期现象在观念运动理论研究的主要部分（即感知觉–动作连接）中有着重要的作用，并且引起涉及动作和动作效果的观念运动神经编码（Pezzulo & Castelfranchi，2009）。进一步，预测机制在我们的动作行为选择中也起到了非常重要的作用，同一个预测机制既提供了一个需要采取目标引导动作的“与未来的连接”，也提供了一个需要采取社会性行为的“与他人的连接”（Pezzulo，2008；Pezzulo & Castelfranchi，2007）。最后，观念运动理论论证了当动作与动作产生的效果之间产生连接之后，人类和其他动物可以实现自己的目标或者根据自己的意图来引导自己的动作，这就为进一步阐明在个体与社会心理活动中，有一部分认知能力（从简单的动作计划、执行与模仿到理解他人的意图再到社会合作）本质上是由目标引导的这一观点提供了具体化的设想，在更为广泛的层面上也让我们对传统认知和行为科学的基础进行了深刻的反思，一个以动作为基础的观念正在认知学科中逐渐产生（Jeannerod，2006）。当然，虽然观念运动理论的研究已经取得了相当大的进展，但该理论的研究中也存在一些问题。

首先，尽管模仿的目标引导理论作为观念运动理论在动作模仿领域内的代表，其核心观念是动作目标，但也有研究者认为，任何关于目标或意向性的理论都不足以解释动作的模仿（Wohlschläger et al.，2003）。这是因为目前研究的都还是简单的动作，难以为观念运动理论提供进一步的支持。模仿的目标引导理论认为，在身体动作的观察和执行之间会产生一种调节性的再编码（Perra & Gattis，2008）。但目前有研究（Bird et al.，2007；Leighton et al.，2010）证明，在模仿中，目标对模仿的引导作用并不比其他任务（包括动作观察）的引导作用高或者低。另外，目标引导模仿这一理念可以被应用到更加复杂的动作以及动作序列中去。虽然已有研究证明了模仿目标引导的理论，但有一部分映射机制仍必须被概括到模仿中。可以推测，发展完善的目标引导模仿动作需要通过经验学习。

其次，意图到动作层级的“较低”和“较高”水平是如何并存的，以及如何从动作到意图并且从意图返回到动作，这也是需要现在的研究者加以解释和阐述的。由于意图是处于较高水平的观念状态，很难通过实验对其进行操纵和观测。

之前的研究表明，与有意识动作相联系的个体主观感觉是由若干高水平认知过程决定的，这些高水平认知过程包括对动作意图和动作结果之间的有效对应关系的知觉（Banks & Isham，2009；Wegner，2002，2003）。例如，如果一个人意图弯曲他的食指而他的食指正好就弯曲了，那么这个人就会坚信这一动作是有意识的。而如何对这些高水平认知过程进行控制，也正是研究者迫切需要解决的问题。最近，有研究者利用一个假的人脑-计算机连接（phony brain-computer interface）装置对意图错觉进行研究，结果表明，被试会被假象所迷惑，以至于相信他们意图要做一件他们原本并没有意图要做的事（Lynn et al.，2010）。该实验阐明了个体的动作产生、意识过程和感觉之间存在密切的关系，并以此为观念运动理论提供了支持。但这也只是表明了意图与动作、感知觉之间的紧密关系，并没有解决动作与意图之间的通路问题。

最后，现有的所有以人类为对象进行的观念运动理论中的动作-效果学习连接研究都是以 Greenwald（1970）提出的意见为基础的。由于对动作产生的本体性效果（proximal effects）很难进行实验操纵，所以 Greenwald 提出，利用每一次实验要求的动作之后的附加刺激作为动作的远程效果，即动作在环境中产生的效果（Hoffmann et al.，2009）。但是，现在还没有实验能够对动作产生的本体性效果进行探测，并以此对观念运动理论中的动作-效果连接进行验证。这也是后续研究可以进一步努力的方向。

第二节　橡胶手错觉：拥有感与自我

我们的身体可能是我们最为熟悉的对象，我们不仅不断地通过它接收各种信息，而且我们还有通达它的内部通道。尤其是随着第二代认知科学的兴起，身体的与众不同也引发了心智哲学家、心理学家、认知科学家、神经科学家的更多关注。在具身认知的认识论框架下，身体在认知过程中的作用越来越受到重视。在认知神经科学的共同体中，研究者对理解在对身体进行表征时需要涉及的心理过程以及研究这些过程如何在脑中执行等问题的兴趣与日俱增（Jackson et al.，2011）。研究表明，身体上的自我意识与颞顶叶、前运动皮层、后顶叶以及外部纹状皮层中多感官身体信号的加工与整合有关。被试接收到关于其自身位置和外观的模棱两可的多感官信息的实验显示，上述脑区反映了对身体拥有的有意识体验（Blanke，2012）。

对身体的拥有感和自主感是目前研究的两个热门主题。拥有感是指个体感觉到自己的身体及其运动，或者个体作为运动的主体的前反思经验或感觉（例如，那种个体在控制自身动作的经验）（Gallagher，2000）。与之有着紧密联系并且在一般体验中难以与之分离的是自主感，它是指某人正在发起、执行并控制其自身在世界中的意志行动的主观觉知（Jeannerod，2003）。也就是说，前者是一种个体将自己的身体及其运动归属于“我”的感觉，而后者是一种“我”作为行动发起者的感觉（de Vignemont，2007）。在正常情况下，这两种感觉是不可分离的，但是在某些特殊的人群，如精神分裂症患者身上，我们又能够经常观察到两者的不协调。例如，病人经常会抱怨某些在他人看来由其本人发起或做出的动作并不是受其主观意愿控制的。此外，更能说明问题的当属 Sørensen 设计的异己手实验（Rensen，2005）。

在实验中，被试的任务是通过一个箱子上的小窗口观察自己戴着手套的手的运动，同时完成一项看似简单的任务：画一条与已经呈现在纸上的直线平行的直线。实验中，被试未被告知的是，他们面前的箱子并不是看上去的那么简单。箱子里有一面镜子，通过这个巧妙的设计，实验者可以让被试以为他们看到的是自己手的运动，而实际上呈现在他们视线范围内的是实验者的手的运动。因此，在实验过程中，被试会不止一次地发现，简单的画直线的任务会变得出人意料的困难。他们几乎毫无疑问地肯定看到的手是属于自己的，但是他们却不可避免地产生类似于无法对自己的手进行控制的怀疑：“我没有停，不过我与自己的手失去了联系，手在做它喜欢做的，而我对此无能为力。”造成拥有感与自主感分离的原因是：在执行任务的过程中，被试的动作意图提醒其在箱内镜子下面向前移动的就是他自己的手，但视觉输入却“否决”了动作意图试图保留的本体感觉信息（proprioceptive information）。最终，被试直接经验到作为“对我”发生的运动（拥有感），而没有体验到作为“由我”产生的运动（自主感）。不难看出，较之自主感，拥有感更具有奠基性意义（陈巍和郭本禹，2012）。而且，对身体的识别对于成为一个有意识的自我而言至关重要（Suzuki et al.，2013）。目前，与身体有关的认知科学问题主要也集中在拥有上，例如，拥有感的基础是什么？拥有感的功能角色是什么？拥有感如何与身体的感觉、动作以及情感相联系？一个人能对其他的非身体的对象感受到拥有感吗？（de Vignemont，2011）

从近年来的研究趋势上，我们也能看出拥有感日益凸显的重要性。我们在 Web of Science 上以拥有感（sense of ownership）为主题词进行检索（图7-1），从中可以直观地看到近年来以拥有感为主题的研究在数量上的激增。

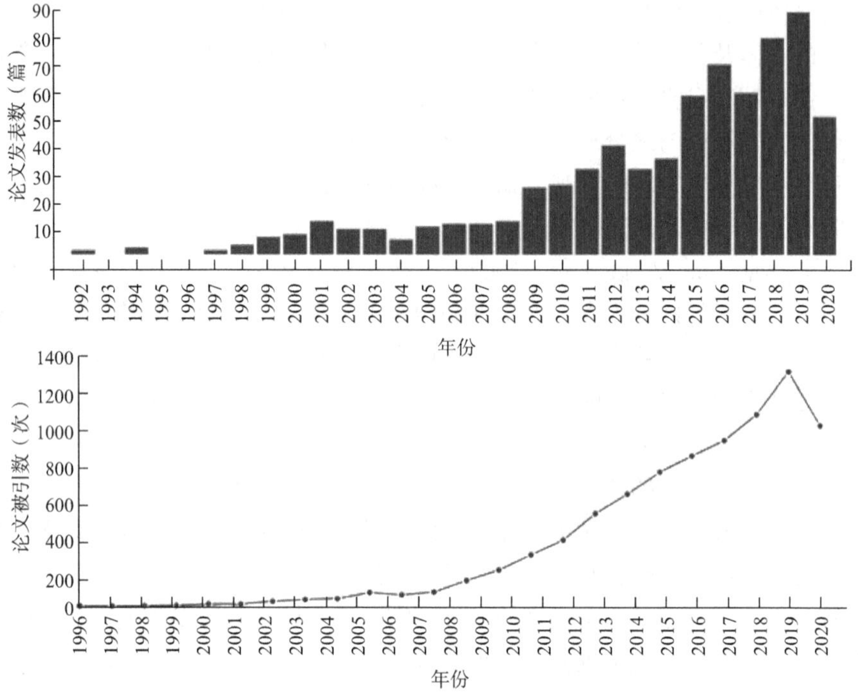

找到的结果数：710

被引用频次总数：9553
去除自引：9151

施引文献：7547
去除自引：7383

平均被引次数：13.45

H指数：43

图 7-1　1992—2020 年“拥有感”研究成果的发表及引用情况

注：2020 年 11 月 18 日检索结果

通常，有两种做法可被用于拥有感的研究中：①通过对一个对象被体验为某人自己的具身性的情况的研究；②通过对病人体验到身体的一个部分不是自己的缺失性的情况的研究（de Vignemont，2011）。较之只能在少数病理性的特殊被试身上开展的后者，前者显然更为方便与经济。就此而言，新的方法与研究方式的引入仍将对该领域的研究产生深远的影响与积极的推动作用（Ionta et al.，2011）。橡胶手错觉（rubber hand illusion，RHI）范式便是不可不提的工作。

一、橡胶手错觉范式的兴起

1998年，Botvinick 与 Cohen 在《自然》上发表的一篇占幅仅一页的实验报告将橡胶手错觉这一奇妙的实验范式呈现在了大家面前(Botvinick & Cohen, 1998)，从此也为身体拥有感的研究提供了一种新范式。橡胶手错觉是一种将人造的身体部分感受为自己真实身体的一部分的体验，实验中通常采用的是人造手。最初的橡胶手错觉包括两个实验。在第一个实验中，被试坐在一张桌子前，将左胳膊置于桌面上。将一块竖立的挡板置于被试的视线和左胳膊之间，使得被试无法直接看到自己的左手。将一只人造的橡胶仿真手置于被试面前的桌面上，用一块布将被试的左侧肩膀至橡胶手腕部分遮挡起来，以便让被试能够直视面前的橡胶手而无法看到自己置于挡板左侧的真实的手（图7-2）。用两把刷子尽可能同时地轻刷被试被隐藏的左手和他视线内的橡胶手。10分钟之后结束实验，要求被试完成一份包含9个问题的问卷。结果显示，他们感受到的触感不是来自视线外的真正施加在自己真实手上的刷子，而是源自眼前所能看到的与橡胶手接触的刷子，即第一个实验说明了被试通过这种方式产生了一种拥有感的错觉。

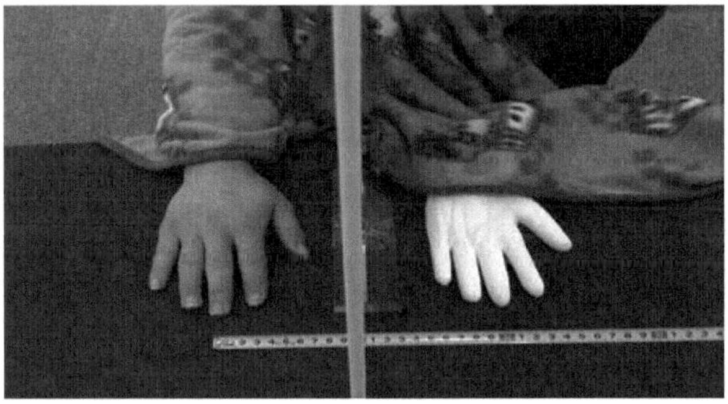

图 7-2　经典橡胶手错觉实验示意图

在第二个实验中，Botvinick 和 Cohen 把被试的眼睛蒙上，并要求被试将他们的右手食指放到与看不见的左手食指对齐的位置（左手仍置于与第一个实验中相同的位置）。结果显示，被试右手食指所放置的位置会趋于橡胶手对应的位置，第一个实验持续的时间越久，这种偏移就越明显。这一实验中观察到的现象与结果得到了很多研究者的重复与证实，并在各种不同的条件下得到了验证。Armel 和 Ramachandran 采用皮肤电导反应技术发现，当有威胁直接作用于橡胶手上时，人体内的电流会升高，说明在人造手上产生了一种“情感反应”(affective resonance) 与“情绪卷入”（emotional involvement）（Armel & Ramachandran，2003）。

尽管对于橡胶手错觉现象产生的原因至今仍未有权威的共识，但对于橡胶手错觉与视觉、触觉以及本体感觉间的匹配与交互作用有着密切的联系却是很多研究者基本都同意的观点。Paladino 等（2010）通过实验证明了同步的多感官刺激会导致自我–他者的融合（self-other merging）。在橡胶手错觉中，中央神经系统将外部对象（即橡胶手）归类为身体的一部分（Haans et al.，2012）。作为这种身体意象基础的认知和感觉运动机制将包括视觉与触觉的整合跟身体特定的感觉运动意外事件的发现进行合并（Botvinick，2004）。同时错觉的强度似乎会受到橡胶手形状与真实人手相似程度的内部模型的调节，即形态上与人类身体差异较大的较难得到整合，从而也更不容易产生错觉（de Vignemont et al.，2006）。橡胶手错觉的这些特点也使其成为身体拥有感研究的一种重要方法。

二、橡胶手错觉范式与拥有感研究

橡胶手错觉与拥有感的研究方面，最受研究者关注的当属这种对不属于自己身体的部分所产生的拥有感的错觉来源的探究。此外，在特殊人群中应用橡胶手错觉范式以发掘其临床应用价值，是近年来基于橡胶手错觉范式与拥有感的另一个热门的研究主题。

为什么我们会对这样一只不属于我们身体的一部分甚至不和我们身体产生任何接触的橡胶手产生错误的拥有感呢？自橡胶手错觉范式被报告以来，这一问题一直困扰着研究者。Botvinick 与 Cohen 最初给出的橡胶手错觉源于视觉、错觉以及本体感觉之间的交互作用这种笼统的解释显然不足以解答所有的疑问。在此基础上，一系列旨在厘清橡胶手错觉产生机制的研究如火如荼地进行着，其中的认知机制与神经机制是我们最为关注的方面。

1. 拥有感错觉产生的认知机制

橡胶手错觉实验设计过程中涉及两个关键点，即刷子是否同步刷橡胶手和被试的真手，以及橡胶手的形状、特性及其与真手之间的关系。大多数学者都认同前者涉及自下而上的匹配，即刷子的同步性等；而后者则涉及自上而下的匹配，即被试心中预存的包括真假手之间形状、位置的相似性。然而，至今为止的实验结果也未能给出绝对的回答。

（1）自下而上的匹配

Armel 和 Ramachandran 将经典橡胶手错觉中的假手换成光秃秃的桌面，同时用刷子刷被试被隐藏的真手和面前的桌面，并在一定时间之后向桌面施加潜在的疼痛刺激（Armel & Ramachandran，2003）。实验以皮肤电反应为因变量指标来考察被试的拥有感错觉体验。结果发现，与橡胶手错觉中类似的拥有感错觉在他们的实验过程中同样存在。此外，他们还对橡胶手的位置进行了调整，当橡胶手被移至距离真手3英寸①的位置时，拥有感错觉也依然存在。因此，他们认为橡胶手错觉的出现主要依赖于视觉和触觉刺激的同步性。并且，他们进一步解释，橡胶手错觉中的这种自下而上的匹配机制是贝叶斯知觉学习过程，通过这一过程，不同模态的两种知觉过程如果恰巧同时发生，它们就能被“联结”（bound）起来。换言之，“被看见的”和“被感动的”触摸之所以被“联结”在一起，就是因为它们在时间上的同步性。但是，对此，我们就产生了如下的困惑：是否除同步性以外，其他的特性就都不重要了？因为根据贝叶斯知觉学习理论，我们可以预测，被试看到的对象不管是类似于身体的一部分还是仅仅是中性的对象都无关紧要，只要视觉和触觉刺激的同步性存在即可。显然，认为自上而下的匹配才是错觉产生的关键的研究者并不这么认为。

（2）自上而下的匹配

Tsakiris 和 Haggard 设计了这样一个实验：他们将被试所看到的橡胶手进行位置的旋转，让橡胶手的位置从与真手一致的位置开始顺时针旋转90°，或者干脆直接用木棒或对侧手替换掉橡胶手。他们用经典橡胶手错觉实验中真手对于假手的本体感觉的偏移作为因变量指标来考察橡胶手错觉的强度，实验结果表明，橡胶手错觉的强度出现了显著的下降（Tsakiris & Haggard，2005）。近期，有研究使用虚拟现实技术发现，在屏幕上呈现的3D 假手也可以诱发橡胶手错觉（Ide，2013）。与 Tsakiris 和 Haggard 的实验相类似，Masakazu 发现，假手旋转0°、45°、90°和315°时产生的错觉强于180°、225°和270°，研究者认为，这是因为前四种旋转角度更具解剖合理性。尽管对于两个实验中不同的因变量指标何者更为合适与客观的争论依旧存在，但是 Tsakiris 和 Haggard 的实验已经很有说服力地挑战了 Armel 和 Ramachandran 所给出的解释。至少，我们现在尽管承认自下而上的视觉和触觉加工的必要性，但是我们同时还认为，自上而下涉及更高级的认知过程的匹配对于橡胶手错觉的产生可能也是必要的。此外，尽管实验结果表明，橡胶手错觉受真假手之间皮肤纹理和形状等相似性的影响，但并未发现真假手之间刺激的粗糙程度会对橡胶手错觉的产生及其程度有影响，换言之，只要保证两把刷子的动作的同步性，刷子是否完全一样并不会影响结果（Schütz-Bosbach et al.，2009）。但是无论如何，手的形状的对象会比非手的形状的对象产生更强的橡胶手错觉，对于皮肤纹理亦是如此（Haans et al.，2008）。近期也有研究表明，橡胶手相对真手的大小也会影响橡胶手错觉的出现，这种现象被称为“肢体大小效

---

① 1 英寸≈2.54 厘米。

应”（van der Hoort，2011）。这些就说明，自上而下的认知会影响橡胶手错觉，从而使个体对视知觉的需求比对触觉感觉的需求更大。

2. 拥有感错觉产生的神经机制

fMRI 研究发现，橡胶手错觉与腹侧前运动皮层、顶叶和小脑的血氧水平依赖活动有关（Ehrsson et al.，2004；Bekrater-Bodmann et al.，2012）。对中风病人的脑损伤研究也表明，腹侧前运动皮层在手臂的拥有感的产生中起到了重要作用（Zeller et al.，2011）。PET 研究证实，皮层的多感官区域，如前运动皮层、上顶叶以及岛盖，似乎对于诱发橡胶手错觉而言是关键区域，而右侧脑岛，可能还有额叶岛盖似乎关系到随后拥有感的产生（Tsakiris et al.，2007）。近期的 EEG 研究进一步揭示，在橡胶手错觉产生过程中，电信号先出现于对侧的运动皮层和躯体感觉皮层，之后传至顶叶（Zeller et al.，2015）。

Tsakiris 提出了一个他称之为身体模型（body-model）假说的神经认知模型，认为身体拥有感是由于当前的多感官输入与身体的内部模型之间的交互作用而产生的。他认为，首先，一个预先存在的身体模型会对可能是或可能不是某人身体一部分的对象进行识别。其次，在线的结构上和姿势上的对身体的表征会对多感官信息的整合进行调节，而这种整合会导致视觉和触觉坐标系统的再校准。最后，触觉感觉的最终参照会引起身体拥有感的主观体验。这些过程涉及一系列的神经网络，包括负责对外部对象的不相似性进行检测的右颞顶交界区、保持对身体的在线表征的次级躯体感觉皮层、对围绕手的坐标系统的再校准进行编码的后顶叶皮层和腹侧前运动皮层，以及作为身体拥有感的主观体验基础的右后侧岛叶。Tsakiris 认为，拥有感是会受到他所称的身体模型的限制的（Tsakiris，2010）。

但是，对此仍有不少问题。例如，身体模型表征的人类身体是一般化的还是更为具体的，即表征的是否为被试个人的身体参数？是否只有一个统一的身体模型还是身体的各个部分都有各自的模型？这些问题特别重要。如果确实是身体模型决定了什么能够或不能够被体验为某人自己的一部分，那么换言之，只有与身体模型中“给定的”描述一致的对象才能被视为他们身体的一部分。如果身体模型描述了结构上的特征并且如果它在橡胶手错觉中起作用，那么在拥有感中，我们就可以有如下的预期：①只有对象看起来和某人身体的一部分一样时才能被体验为其身体的一部分（身体相似性限制）；②只有完全相同一侧的身体对象才能被体验为身体的一部分（同侧肢体限制）；③一个人最多只能对两只手产生拥有感（双手限制）（Folegatti et al.，2012）。迄今已有不少研究给出支持第一种预期的结果（Tsakiris et al.，2010），如果外部对象不具有身体部分的视觉相似性，那么橡胶手错觉将无法产生。对于第二种预期，Tsakiris 和 Haggard 的研究给出的是支持的结果。当把一只橡胶右手置于被试的左手附近并同时用刷子刷两只手时，被试不会产生对橡胶手的拥有感（Tsakiris & Haggard，2005）。然而，Petkova 和 Ehrsson 却给出了相反的证据。他们让被试把左手置于桌上可视的位置而把右手藏起来，并在被试面前的桌上放上橡胶右手。实验过程中要求被试注视橡胶右手，同时用刷子轻刷被试真实的左手和橡胶右手。尽管两把刷子刷的并不是同一侧的手，但被试仍报告能感受到来自橡胶手的触觉并表现出本体感觉的偏移。可见，同侧肢体限制似乎并不是那么严格（Petkova & Ehrsson，2009）。对于第三种预期，Guterstam 等（2011）的研究同样给出了反例——多余手错觉。在这一范式下，被试能够同时看到自己的双手和橡胶手，但他们还是报告了来自橡胶手和来自自己真实手的触觉的感受。身体模型假说并不能给出令人信服的解释。

除了身体模型外，个人边缘空间（peri-personal space）也被认为对身体部分的自我归因有着重要的作用（Makin et al.，2008）。Makin 等发现，看一个对象靠近假手时在后顶皮层和右侧枕叶皮层产生的激活与看该对象靠近真手相同位置时产生的激活是相似的。但是如果没有真手的呈现或假手位于无法够到的范围时，这种激活是无法观察到的（Makin et al.，2007）。个人边缘空间是一种认知神经科学的概念，它描述的是包围在人体周围的区域，由整合多感官输入的特殊的大脑系统所表征。在橡胶手错觉中，源自假手的视觉信息与来自被隐藏的真手的本体感觉输入会被传输至解释手的位置的多感官脑区，一旦橡胶手周围的空间被建立为手的边缘空间（peri-hand space），“看到的”刷子在橡胶手上的碰触与“感到的”真手上的碰触就会被整合到一起，进而用于标志视觉-触觉事件在假手上的出现（Makin et al.，2008）。关于被试真手和橡胶手之间的距离，手周围的个人边缘空间非常重要。研究表明，错觉的强度会随着橡胶手离解剖学上可能的手的位置的距离的增加而呈非线性的下降。Lloyd 指出，这可能反映了编码手边缘空间的双模态（视觉和触觉）神经元的激活。这可能涉及视觉接收区将外部对象纳入身体图式以及对被试被隐藏真手的触觉接收区的包围（Lloyd，2007）。

对此，研究者的热情依旧，但对于橡胶手错觉在特殊人群中的表现，尤其是它们在临床上的可能应用，研究者同样寄予了很高的期望。

3. 橡胶手错觉的应用

选择特殊的被试开展实验研究是橡胶手错觉与拥有感应用的尝试之一。Reinersmann 等选用患有复杂性局部疼痛综合征（complex regional pain syndrome，CRPS）的患者作为实验组的被试，来研究他们在橡胶手错觉中对与身体相关的刺激的高阶多感官整合能力方面的表现（Reinersmann et al.，2013）。CRPS 患者通过自我报告和皮肤电测试所显示的在错觉体验方面的表现与控制组的健康被试没有差异。这一结果表明，尽管在本体感觉和触觉输入方面的加工是受损的，但是这些患者的高阶多感官整合功能却没有受到影响。

通过橡胶手错觉中被试拥有感的表现来寻找其与心理特质或人格特征之间的关系，是橡胶手错觉应用的另一方面的尝试。已有研究表明，精神分裂症患者可能会比健康的控制组被试能够体验到更强烈的橡胶手错觉（Peled et al.，2000）。Germine 等（2013）对55名健康的成年人进行橡胶手错觉实验，通过对被试自我报告的精神病样特征（psychosis-like characteristics）与对橡胶手的身体拥有感的易感性进行分析得出结论，对由感官信息导致的身体表征曲解的易感性可能与精神病或阳性的精神病样特征有关。更直接的证据来自 Asai 等（2011）对分裂型人格特征与橡胶手错觉实验中的表现之间的关系进行的研究。他们检验了橡胶手错觉的个体差异，包括移情与分裂型的特质，正如之前的研究所认为的，精神分裂症患者会更容易产生橡胶手错觉。此外，他们的研究结果还表明，体验到更强烈的橡胶手错觉的被试可能同时会拥有更强烈的移情与分裂型的人格特征。橡胶手错觉范式的研究应该能为我们更好地了解精神分裂症等疾病提供更多有价值的信息。

最受人关注的橡胶手错觉与拥有感的应用当属对于其临床应用的期待。橡胶手错觉与拥有感的研究同样也可以被用于探究截肢病人术后对假肢的拥有感。例如，那些被用于疼痛的感觉运动刺激手术中的皮层电刺激也能为进一步理解错觉的皮层表征提供机会，从而可能为个体的身体拥有感的调节提供机会。因此，橡胶手错觉还可能成为神经康复干预中的一个重要工具。未来的研究可以更加集中于发掘橡胶手错觉在研究截肢病人被改变的身体映射的功能方面的潜力，从而使得身体意象干预成为一种有效的康复工具（Ramakonar et al.，2011）。例如，有研究者提出这样一种设想，是否可以将假肢设计成有触觉感官的，并且使之与躯体的触觉刺激相联系，即人为地在假肢和被试真实身体之间进行类似于橡胶手错觉实验的过程（Edin et al.，2008）。当假肢碰到某个对象时，被试身体的对应部位也会产生触觉体验，这反过来就能够传播一种多感官的信号，进而“欺骗”大脑使之相信触觉感觉是来自人造四肢的，并且是属于当事人的。对肢体的这种拥有感就能够使得假肢更容易也更直接地得到使用，而且这种技术也能够降低身体对人造肢体的不满意度（Ehrsson et al.，2008）。这对于神经外科和术后康复都有着重要的意义。

三、展望

总之，橡胶手错觉作为一个新兴的研究范式，对拥有感的研究产生了很多有意义的影响。无论是出于进一步了解我们自身的信息整合加工过程的需要，还是出于让拥有感研究能够更好地应用于临床的各个方面，橡胶手错觉范式都是一个很好的研究对象与工具。值得庆幸的是，橡胶手错觉与拥有感的研究正在吸引越来越多研究者的关注。未来可以在如下几个方面继续拓展与深化。

第一，研究手段与范式的进一步拓展。随着橡胶手错觉实验研究范围的扩大以及引入新的刺激材料的需要，一种新的与橡胶手错觉范式有着异曲同工之妙的实验范式悄然兴起。大量的研究证实通过虚拟现实，即用电脑中的虚拟手代替橡胶手，同样能够实现橡胶手错觉。虚拟手错觉中最常用的方法就是将一只虚拟的三维手的图像呈现在被试面前的电脑屏幕上，同时要求被试一边移动自己被隐藏的手，一边观察屏幕上虚拟手的运动。研究表明，虚拟手错觉范式能够很好地实现传统橡胶手错觉范式下的效果，即对被试真实的、被隐藏的手施加触觉刺激，同时对屏幕中的虚拟手也施加同步的相同刺激，被试会在实验结束后报告与橡胶手错觉实验中相似的体验（图7-3）（Ma & Hommel，2013）。

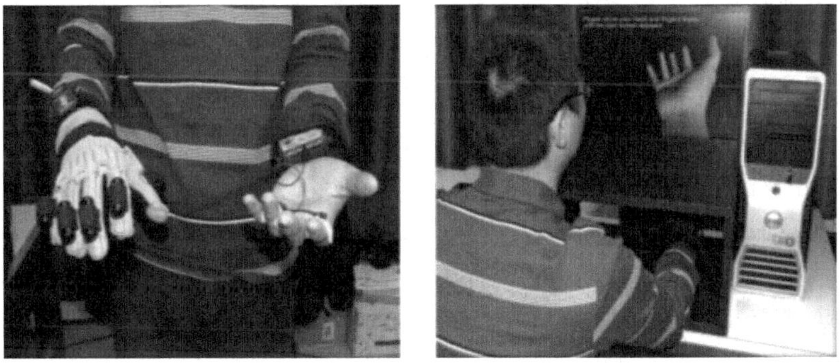

图 7-3　虚拟手错觉实验设备（Ma & Hommel，2013）

甚至有研究表明，即便没有真实的刺激，仅仅通过操纵被试真实手的运动与屏幕中虚拟手的运动之间的时间差，同样能产生相同的错觉效果（Sanchez-Vives et al.，2010）。此外，较之橡胶手错觉范式，无论是从实验设计的严谨性，还是从操作过程的便捷性，抑或是从刺激材料的广泛性方面，虚拟手错觉范式都具有前者无可比拟的优势。首先，从实验设计来讲，橡胶手错觉实验过程中所选用道具的可变性不如虚拟手错觉实验中的大，即虚拟手错觉实验可以根据被试的实际情况选取与被试的真实手尽可能接近的虚拟手的图案，而橡胶手错觉实验无法提供如此多样的仿真手。因此，虚拟手错觉所能提供的更好的仿真效果将能够更加有利于实验的开展。其次，从操作过程而言，橡胶手错觉实验过程所要求的同步刺激只能通过人为的方式实现，且每次实验过程中同步性的程度难免不一，但虚拟手错觉通过电脑控制作用于真实手和虚拟手的刺激不仅可以保证不同被试在各自实验过程中刺激的同步性，还能对刺激是否同步对错觉产生效果的影响进行更精确的深入研究。最后，从刺激材料来讲，虚拟手错觉中所能选用的刺激材料也比橡胶手错觉更为丰富，它使得探索新奇的刺激成为可能。虚拟手错觉在刺激材料方面的开放程度也使得我们能够在更大的范围内对自主感与拥有感等进行更深入的研究成为可能。

第二，探寻橡胶手错觉范式在其他相关领域的研究。拥有感的研究对于意识体验的具身性有着重要的意义，橡胶手错觉范式在该领域的应用将能为意识体验的具身性提供更加翔实的实证支持。我们知道，意识活动并非只局限于大脑，而且还包含嵌入在环境之中的身体，van der Hoort 等（2011）就通过橡胶手错觉范式论证了上述观点。实验中，被试平躺在床上，同时戴上一副头盔式显示器（head-mounted display，HMD），并将其连接在一套由三脚架架设的照相机上。通过该设备以及这种特殊的处理，被试无法看到自己真实的身体，但是可以通过显示器看到实验者想让他们看到的比自己身体大很多的巨人娃娃和比自己身体小很多的迷你娃娃。实验采用与经典橡胶手错觉范式类似的方法，同时轻触被试真实的身体和被试所能看到的放大或缩小的身体。在此过程中，被试不仅能够将放大的或缩小的身体体验为自己的身体，而且当体验放大的身体时，他们会感觉周围的事物都变小了，相反，当体验缩小的身体时，他们会觉得周围的一切都变大了。此外，对于与拥有感有着如此密切关系的自主感，目前橡胶手错觉范式几乎没怎么触及该领域。今后的研究应尽可能地在谨慎区别两者的基础上进一步深入探究其内部机制。例如，是否可以在橡胶手错觉范式中改变一些条件，从而创造出有自主感而没有拥有感、有拥有感而没有自主感、既有自主感又有拥有感以及既没有自主感又没有拥有感的情况，进而对意识体验的具身性进行更加深入的研究。

第三，进一步扩大橡胶手错觉范式在临床上的应用。总体来看，当前关于橡胶手错觉范式的应用还是局限于实验室探究，接下来的目标应该是让橡胶手错觉能够产生更加直接的临床价值。例如，已有研究表明，橡胶手错觉范式与身体拥有感（Jenkinson et al.，2013；Ocklenburg et al.，2012）、身体表征（Davies et al.，2013；Davies & White，2013）、身体意象（Haans et al.，2012；Suzuki et al.，2013）有着密切的联系。

例如，研究者利用电脑游戏和图形技术，创造出了一个“自己对自己”的虚拟互动场景，鼓励被试对自己表达同情和安慰。共有43名心理健康但有强烈自我批评倾向的女性参与了实验。她们借助头戴式可视装置，以第一人称视角，透过虚拟化身的“眼睛”观察外界。她们的一举一动，就会被连接在其身上和布置在房间里的运动跟踪设备记录下来，再映射到虚拟化身身上——无论被试做什么，其“虚拟化身”就会做什么。结果发现，这种方法可以成功缓解被试的自责倾向，并使自我同情得到提高（Falconer et al.，2014）。此外，身体拥有感、身体表征与身体意象还总是与一些如神经性厌食症（anorexia nervosa，AN）等疾病有密切联系。橡胶手错觉中对于橡胶手的拥有感的易感性能够作为罹患神经性厌食症等饮食障碍的一项指标，从而为更好地筛查出易感人群提供更精确的指标（图7-4）。

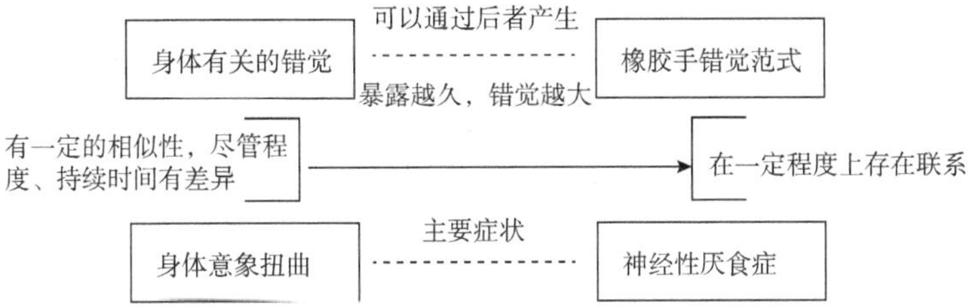

图 7-4　橡胶手错觉范式对神经性厌食症的预测

第三节　从“不存在”中寻觅存在感：幻肢的成因与镜像治疗

一、“具身幽灵”般的第一人称幻肢体验

早在16世纪，法国外科医生 Paré 在给外伤患者进行截肢手术并为他们设计假肢时意外地发现，许多患者报告他们仍能感觉到失去的肢体（包括手臂、小腿）。Paré 第一次对这种令人困惑的现象进行了描述，“诚然，这是如此奇异与有趣的事实，这一事实令人难以置信。除非人们能够亲眼看到，并亲耳听到患者在被截掉小腿几个月之后依旧痛苦地抱怨那种难以忍受的疼痛，而这种疼痛感来自那个已被截掉的腿上”（转引自 Wade，2003）。在随后的几个世纪中，有关幻觉的民间传说也不断出现。英国海军元帅 Nelson 在战斗中失去了右臂。从此，他体验到了来自已经不在的右臂的强烈疼痛（包括手指紧紧嵌入右掌的痛觉）。这种“幽灵”般的感觉促使他宣称由此产生的感觉是“灵魂存在的直接证据”（Riddoch，1941）。随后，美国著名神经外科医生 Mitchell 于1872年正式将这种现象命名为“幻肢”，并将由此产生的疼痛感称为“幻肢痛”（Mitchell，1872）。幻肢现象甚至引起了美国心理学之父 James 的关注，“许多人在失去肢体的情况下似乎依旧能感觉到这些肢体还在老位置上。这种幻觉是众所周知的，并且可供研究的案例是如此众多。奇怪的是，尚未出现系统化的研究来探索这一早应揭示的现象”（James，1887）。

幻肢看似是一种奇怪的现象，事实上98%的截肢患者在经历截肢手术、神经撕脱术（nerve avulsion）以及脊椎损伤后都会知觉到这种现象，其中，又有大约80%的截肢患者会体验到幻肢痛（Ramachandran & Blakeslee，1998）。幻肢痛的特征包括：①灼烧感、麻刺感或悸痛；②绞痛或挤压痛；③震痛或刺痛（Sherman & Arena，1994）。幻肢知觉的持续时间因人而异，幻肢感会在失去肢体的几天、几个月、几年甚至十几年后一直持续，直至其完全消失（Ramachandran，2011）。

最常见的有关幻肢感的报道为手臂或腿部，或者手臂或腿部中的其他部位（如手掌、脚趾）的截肢。然而，另有许多研究发现，幻肢感也可出现在已被切除的身体的其他部位，如乳房、阴茎或睾丸、眼球、牙齿、膀胱与直肠（Kooijman et al.，2000）。然而，上述幻肢感存在一些显著的共性：①几乎所有由幻肢产生的疼痛感均与手术前那些身体部位或内脏本身产生的疼痛感非常相似。比如，在经历子宫切除术（hysterectomy）后患者产生的幻子宫痛与手术前患者原有的痛经感觉极其类似。②几乎所有幻肢感都可以在功能性感觉层面上加以描绘。例如，患者会在经历阴茎切除术后依旧感觉到来自原有器官的排尿感与勃起感。此外，患者总是将幻肢感知为占据着虚拟的身体空间（veridical body space），如具有特定的尺寸、形状与姿势。并且，截肢患者会将幻肢知觉为是完全瘫痪的，或处于其意志控制之下，又或可以自发活动或产生反射性活动。幻肢一般被描述成处于一种“习惯性”的位置和姿势（例如，前臂旋前肌活动使得肘部部分弯曲），或处于一种和截肢前肢体所处的姿势相似的姿势（Ramachandran & Blakeslee，1998）。此外，截肢患者的幻肢姿势出现自发的变化也非常普遍。例如，有研究指出，幻肢感倾向于“正确地配合残肢的移动”（Henderson & Smyth，1948）。当然，在很多情况下，幻肢被感知成被固定在一个位置上无法动弹。63%的患者感觉到当他们移动身体其他部位时，那个已经截除了的肢体依旧位于原来的位置上（Nobuyuki，2016）。这种“具身幽灵”（embodied ghosts）般的体验也为哲学家反思身体的本体论与认识论问题提供了素材（Crawford，2014）。

二、两种人称方法论视角下幻肢成因释谜及其互惠约束

幻肢症状让神经病学家、哲学家、心理学家与临床医生着迷之处在于：当站在第三人称视角来观察该症状时，其呈现出的是一系列特殊的行为与神经现象，而当站在第一人称视角来观察一个有意识的系统时，其呈现出的是一系列特殊的主观体验。如何有效整合这两种视角以探究幻肢体验及其成因呢？我们需要考虑

一种“神经病理现象学”[①]（neuropathological phenomenology）的方法论框架，将“体验结构的现象学解释与它们在认知科学中的对应部分通过互惠约束而彼此关联在一起”（Varela，1996）。

1. 幻肢产生的第三人称脑与神经机制迷雾

一直以来，在幻肢成因解释方面占据主导地位的是神经激惹理论。该理论认为，残肢的神经因无法继续生长而形成神经瘤（neuromas）。神经瘤中的神经会磨损并缠绕在一起而产生炎症，这使得其比较容易受到刺激。由神经瘤产生的杂乱信号传递到大脑，使得大脑误认为失去的肢体依旧存在。随后，麦扎卡（R. Melzack）提出了幻肢知觉的神经矩阵理论（neuromatrix theory of phantom limb perception）。该理论认为，对身体与自我的有意识的知觉主要是由大脑内部的活动模式或神经信号（neurosignatures）产生的。这种模式或信号是由知觉输入触发或调解的。以疼痛知觉为例，它是由一个特殊的、广泛分布式存在的身体–自我神经矩阵信号输出的产物，而不是对躯体组织受损或发炎等刺激的直接反应，外界刺激仅仅起到“触发”与疼痛有关的神经矩阵的作用。因此，人们经常会在没有物理刺激的情况下感知到疼痛，在这些情况下，他们经历的疼痛全部来自相关的身体–自我神经矩阵。该矩阵主要由躯体感觉系统、边缘系统与丘脑系统组成（Melzack，1990）。然而，尽管上述理论看似揭示了幻肢感以及幻肢痛产生的原因，但是基于上述理论研发的治疗措施并不能有效根治幻肢痛。

就在同一时期，有关大脑皮层躯体定位映射的研究为神经科学家解释幻肢产生之谜提供了新的证据。旁斯（T. Pons）等的研究尝试了解大脑皮层躯体定位的映射是否会因为传入神经阻滞（deafferentation）而改变。实验的对象是接受脊背根神经切除术11年后的猴子。这种手术切断了感觉刺激与皮层躯体定位映射中手部区域之间的神经信号传输。他们对这些猴子实施全身麻醉，然后用单细胞神经记录法记录其感觉区域内神经元的活动。由于在这11年来，猴子的手臂没有任何神经信号输入大脑躯体定位映射中的手部区域，因此，当研究者刺激猴子的手部时，负责手部区域的脑区中的神经元不会被激活。实验结果如实地证明了这一点。然而，该研究意外发现，当研究者刺激猴子的脸部时，除了负责脸部区域的脑区

① 这里，笔者参考了智利神经科学家、生物学家瓦雷拉（F. Varela）提出的“神经现象学”（neurophenomenology）方法论，但冠以“神经病理现象学”之名，以区别于“现象学精神病理学”（phenomenological psychopathology）。与前者相比，它旨在强调将其用于神经病学中某些病症在心理、行为层面鲜活的临床异质性（clinical heterogeneity）的探索。较之后者，它更突出来自非侵入性的脑与神经成像的研究证据（而非仅仅依赖于传统的神经病学证据）对于现象学分析的价值。我们在更宽泛意义上使用“现象学”一词，囊括了临床现象学、胡塞尔传统的现象学以及当代自然化的现象学路径。

中的神经元被激活之外，负责手部区域的脑区中的神经元也被激活了（Pons et al., 1991）。因此，该项研究有力地证明了皮层躯体定位的映射可以被改变。

2. 来自临床现象学第一人称报告的启示

旁斯等的工作引起了有着“当代布洛卡”[①]与“神经科学界的马可•波罗”[②]之誉的美籍印度裔神经病理学家 Ramachandran 的高度关注。Ramachandran 通过对大量病例的临床分析与实验研究认为，幻肢现象的产生是传入神经阻滞后皮层躯体定位的映射（cortical somatotopic map）变化的直接产物，他将这种观点称为“重新映射假说”（Ramachandran，1993，1998）。既然如此，当研究者刺激猴子的脸部时，它是否会觉得感觉不仅来自脸部，也来自瘫痪的手臂呢？显然，猴子无法开口说话，也就无法为上述设想提供精确的第一人称描述。因此，Ramachandran 等以一位名为 Tom Sorenson 的幻手患者为被试开展了一个临床现象学[③]实验（Stanghellini，2011）。该患者在10年前失去左臂，并一直伴有幻手感。具体实验程序如下。首先，研究者为被试戴上眼罩，以避免其看到研究者在身体的什么部位给予刺激。随后，研究者用一根普通的棉签开始接触被试身上的各个部位，并同时询问被试正在被接触的是自己身体的哪个部位。例如，研究者刺激被试的背部时询问：“你感觉到了什么？”被试回答：“你在触摸我的背部”。研究者陆续用棉签触摸被试身体的其他部位（包括胸部、右肩、脚部等），但被试的感觉都只产生于被触摸的部位。但是，当研究者刺激被试的脸部时，研究者提问：“你感觉到了什么？”被试回答：“你在触摸我的脸部。”研究者继续追问：“你还感觉到了什么？”被试回答：“这很奇怪，你在触摸我失去的大拇指，我的幻拇指。”接着，研究者把棉签移动到他的上唇，并继续询问：“这里的感觉如何？”被试回答：“你在触摸我的上唇与我的幻食指。”研究者追问：“你真的确定吗？”被试回答：“我能感觉到它来自两个部位。”随后，研究再次触摸被试的下颚，并询问：“你感觉到了什么？”被试回答：“那是我的幻小指。”（Ramachandran et al.，1992）

这个现象学实验初步证明，幻肢患者的脸部分布着一个幻指引起感觉的身体表面图。此外，Ramachandran 还发现，在被试的左上臂部位也分布着一个类似的

---

① 诺贝尔医学或生理学奖获得者、神经科学家 Eric R. Kandel 语。

② 著名进化生物学家 Richard Dawkins 语。

③ 现象学提供的分析框架可以为临床医生理解患者病态的主体性提供更精细的理解，而不受限于一种预先确定的、固化的疾病诊断模式。完全依赖标准化的方法（如症状评定量表和结构化访谈）会导致医生按照标准将患者的症状对号入座，而忽视标准之外与症状相关的信息。这种临床现象学取向在神经与精神疾病成因的假设形成、解释上具有不可替代的有效性。

身体表面图。这些在身体其他部位上能够通过刺激而引发幻肢感的区域也被称为幻肢的“触发区域”（trigger zone），这些区域主要位于截肢部位的同侧。与之相对应，由刺激触发区域诱发的对应幻肢部位的感觉被称为“关联感觉”（referred sensation）。问题在于，为什么会有两个“触发区域”呢？Ramachandran 认为，这是因为按照皮层躯体定位的映射分布，手区正好位于脸区下方以及上臂与肩膀区域的上方。这意味着，实验中患者左手臂的截肢使得来自手部的神经信号丧失，而来自脸区以及上臂与肩膀区域的神经信号“侵入”手区（图7-5）（Ramachandran et al.，1992）。

为了进一步证实上述假设，Ramachandran 和 Hirstein 对4名幻肢患者实施了同样的测试，并同时使用脑磁图（magnetoencephalography，MEG）技术与三维表面重建磁共振（3D surface rendered MRI）技术扫描其相应的大脑活动。研究发现，幻肢患者的皮层躯体定位的映射分布均发生了较大的改变（图7-6）。

基于上述研究，Ramachandran 与 Blakeslee 指出，传统研究之所以建议使用背根神经切除术或脊椎索切开术（cordotomy）来阻止感觉信息输入大脑，从而消除或缓解幻肢感与幻肢痛的幻肢感的产生，是因为有理论认为幻肢感来源于截肢残端①。然而，他们的研究证明，幻肢感根本就不存在于截肢残端及其神经信号的输入过程，而是由身体“触发区”的刺激诱发的。例如，在 Sorenson 的病例中，其在日常生活中做出面部表情或活动（如笑、眨眼等）时所产生的神经信号传递到大脑的手区，促使其大脑出现了重新映射，从而使得其产生一种幻觉，认为已经截肢的左手还在。

然而，上述论点还无法解释以下令人困惑的问题：为什么有些幻肢是可以正常运动的，而有些幻肢是无法动弹的？这种幻肢运动的感觉究竟来自哪里？幻肢痛是如何产生的？为此，Ramachandran 和 Blakeslee 又展开了一系列的研究。他们收集了大量幻肢患者的第一人称报告，发现约有1/3的患者的幻肢无法动弹。比如，一名叫艾琳（Irene）的患者描述道“我的手臂就像被水泥包裹起来一样”，并且她还能形象地用正常的手臂来模仿其幻肢所处的姿势（Ramachandran & Blakeslee，1998）。

对于大部分幻肢患者而言，早在他们经历截肢手术之前，那些需要切除的肢体往往因为外周神经损伤②或者是用吊带、石膏固定而出现过一段时间的真实瘫痪（real paralysis）（Ramachandran，2011）。因此，很多患者受伤的肢体实际上往

---

① 上述手术有时是有效的，但在很多情况下是无效的，或者暂时消除了幻肢痛，但一段时间后又会出现。

② 外周神经损伤主要指由外力作用导致外周神经丛、神经干或其分支发生损伤，主要临床表现为神经麻痹、肢体瘫痪。

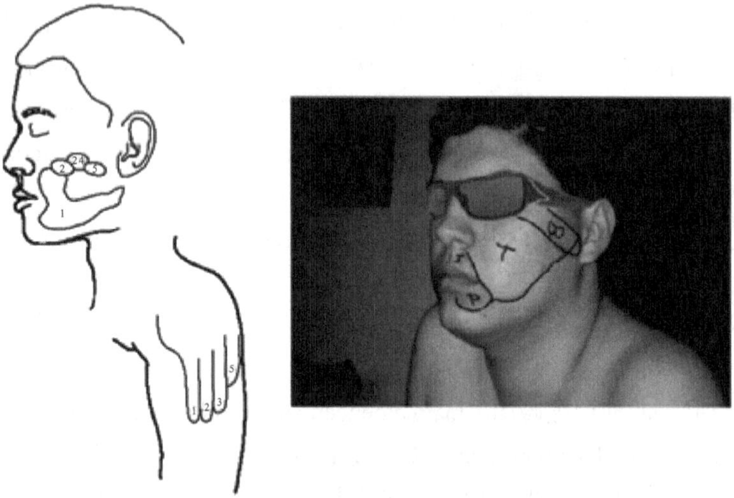

图 7-5　幻手产生感觉的身体表面分布图（Ramachandran & Blakeslee，1998；Ramachandran，2011）

注：左侧图中，患者脸部与上臂部位的数字代表了手指部位，1 代表小指，以此类推。右侧图中，患者脸部的英文字母代表了各个手指的缩写，例如，P 代表小指（pinky）

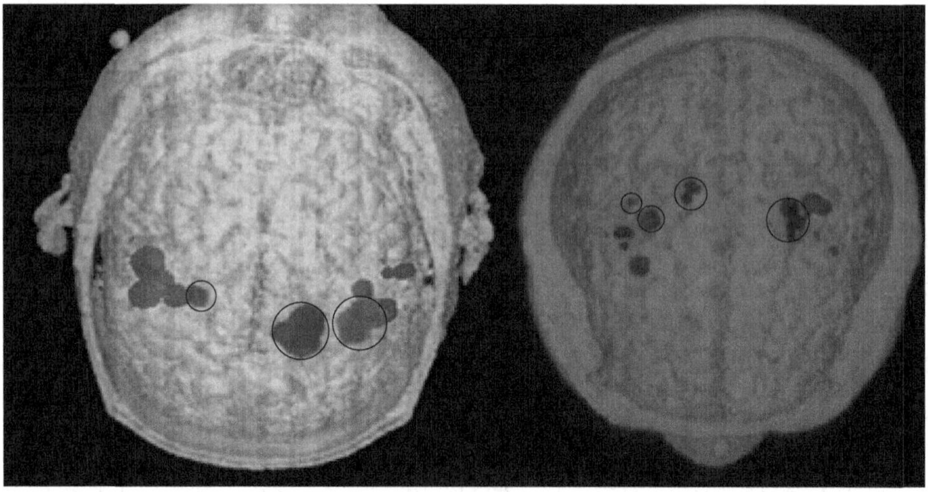

（a）　　　　（b）

图 7-6　幻肢患者的皮层躯体定位的映射分布变化（Ramachandran & Hirstein，1998）

注：（a）为 1 名在 11 岁时失去右臂的截肢患者的脑成像俯视图。右半球是正常的，并且脸区（圈外斑块）位于手区的外侧前方，而手区位于上臂区的外侧前方。相比之下，左半球显示了手区活动的消失，而脸区与上臂区侵入了手区。这些变化反映了截肢后感觉映射的重组。（b）显示的是 1 名 8 岁前右手肘部以下截肢的幻肢患者的脑成像俯视图。右半球的三个斑区分别对应左脸区、手区与上臂区。其皮层躯体定位的映射分布变化情况与前者极其相似

往在截肢前的几个月之内虽保持完整但却处于瘫痪状态。在这个过程中，大脑运动系统照常传达运动指令，但是顶叶中的感觉皮层却总是收到来自肌肉、皮肤、关节与视觉系统的消极反馈信号。这些信号表明手臂并没有运动。经过多次学习之后，负责运动指令神经元与负责感觉反馈的神经元之间的突触联结会变得越来越弱，最终使得患者产生一种“习得瘫痪”（learned paralysis）①。

3. 身体意象与身体图式：幻肢的神经病理现象学分析

现象学家 Merleau-Ponty 认为，幻肢既不能由纯粹的生理学解释加以说明，也不能由纯粹的心理学解释予以说明。在某些病例中，切断通向大脑的感觉传导神经的确能消除幻肢现象，这说明幻肢现象确实有生理学的基质。但是，在很多情况下，幻肢能够恢复病人的个人经历、回忆或愿望。例如，幻肢通常处在当真实肢体被截去时所占据的同一个位置上，甚至有患者声称他在幻肢中感觉出炸断其真实肢体的弹片。因此，“幻肢不是一种客观因果关系的简单结果，更不是一种我思活动”（梅洛-庞蒂，2005）。例如，有些幻肢患者会无视肢体的残缺，他像看重真实肢体一样看重幻肢，并试图用他的幻腿走路，即使摔跤也不气馁。此外，他还详细地描述幻腿的特点，比如，其特殊的运动技能。他会将幻腿当作真实的肢体是因为他同正常人一样（如走路时就不必对自己的身体有清晰的、明确的知觉），是因为他只需把幻腿当作一种“可受其支配”的能力，并认定其含糊地附在他的幻腿上就可以了。按照这种理解，幻肢之所以能够产生自由活动的现象，是因为幻肢患者的身体与正常人一样，并非仅仅是物理身体或躯体，而是现象学意义上活生生的身体（Wolfe，2016）。这种身体蕴含了“心智肢体”（mind-limb）。进一步的，幻肢的临床表现与成因可以在身体意象与身体图式这对概念中得到比较系统的阐释。

（1）身体意象的可塑性与习得的瘫痪幻肢的成因

身体意象是指一种“对自己身体的意识性觉察”（Gallagher，1986）。换言之，“身体意象是意识的一种自觉性内容，它包括附属于我们身体的知觉系统、态度和信念”（Gallagher，2001）。身体意象的概念和情感方面向我们传达了主体对自己身体的知觉。同时，主体关于自己身体的观念和态度会对我们理解自己以及理解他人身体的方式产生影响。在日常生活中，当我们反思自己的身体时，身体意象发挥了关键作用。这种作用通过如下三个方面在意识经验中得以显现：

① 大量研究证实，经验会通过强化与弱化负责联结神经元的突触来重塑大脑。这种重塑过程被认为是一种学习。例如，当大脑“看到”事件 B 总是跟随事件 A 出现时，代表事件 A 的神经元与代表事件 B 的神经元之间的突触联结就会增强。而如果事件 A 与事件 B 之间不再表现出任何明显的关系，那么代表事件 A 与代表事件 B 的神经元将停止它们之间的相互联结以反映这一新的事实。这就是著名的“赫布法则”。

知觉性、情绪性与概念性。例如，当我们取杯子时，如果我们想到了胳膊，我们思考的内容就其本身而言是对自己身体意象的一种反映。我们反思身体时意识中所呈现的内容就是我们身体意象的一部分——我们活动胳膊时它体验到的感觉（知觉性方面），我们看到自己的胳膊时产生的积极或消极情感（情绪性方面），或者我们对自己胳膊生理结构的了解（概念性方面）。当然，因为感觉通道之间彼此交织，所以身体意象的这三个方面仅仅是一种对个体身体经验的人为的理论性区分。

Ramachandran（1998）认为，身体意象是有活力的、内在构成的经验组合，是与我们身体在时间与空间中有关的内在意象和记忆。为了在任何时间都能创造与维系身体意象，大脑需要动用一系列的神经活动。虽然身体意象一直被认为是后天在与环境的交互作用中不断发展的，但很多研究者认为成年人的身体意象是相对稳定的，并且在我们的认知活动过程中发挥着重要作用。异常的身体意象往往与某些躯体障碍或神经精神疾病，如神经性厌食症、异己手综合征、假肢妄想症（somatoparaphrenia）以及身体整合意象障碍（body integrity image disorder，BIID）等有着某种程度的联系（Giummarra et al.，2008）。

然而，身体意象的可塑性也已经得到了大量证据的支持。其中，最具影响力的证据来自 Lackner 报告的“匹诺曹错觉”。在静止状态的肌肉上进行振动会使人产生一种错觉，即肌肉拉伸开了。例如，用80赫兹的振动作用在蒙上眼睛的被试手臂的肱三头肌上，会让被试感觉到自己的手臂从肘部延伸出去了。当被试将一个振动器置于其手臂的肱三头肌处，同时用那只手臂的手捏住他自己的鼻子时，就会产生匹诺曹错觉。被试会在感觉到自己的手臂延伸出去的同时感觉自己的鼻子也与之一起延伸出去了（Coslett，2013）。这是因为振动器在肱三头肌处刺激肌梭，它通常是由肌肉的拉伸刺激的，这会产生一种肌肉运动知觉的错觉，即手臂从脸上移开。但是，因为那只手的手指继续给捏着的鼻子以触觉感觉，被试就会感觉到他的鼻子离开了他的脸，从而令人惊讶地变长。该错觉证明了对手臂表面位置的操纵会影响个体对鼻子长短的感知。这需要一种对可塑且实时更新的身体进行表征。

身体意象的可塑性解释了瘫痪幻肢的成因。在临床上，这类幻肢往往还伴随恼人的幻肢疼。Ramachandran 等假设，这类幻肢患者的手臂往往在截肢前经受过一个真实瘫痪期，这种学习使得大脑产生的重新映射不仅改变了身体意象，而且由于其本身是一种病态的、异常的神经活动，会导致负责触觉的神经通路与负责痛觉的神经通路之间发生混乱。这符合来自临床观察的发现，例如，触摸许多幻臂患者的脸部或上肢会导致其出现强烈的幻肢痛。鉴于临床上幻肢痛往往是伴随“瘫痪的幻肢”出现的症状，患者会感觉到其幻肢处于一种扭曲的、极其痛苦的姿势，从而产生严重的幻肢痛。

（2）身体图式扭曲与幻肢症状中的本体感觉损伤

幻肢患者一般伴随着感觉丧失或忽视、感觉回馈缺失以及手臂共济失调（ataxia）等心理行为失常现象，这主要是由身体图式扭曲诱发的本体感觉损伤（proprioceptive impairment）造成的（Bundick & Spinella，2000；Kloesel et al.，2010）。身体图式是一种知觉-运动系统能力，它通过对身体姿势和身体运动的无意识调适，使得外部世界中许多有意义的部分被整合进我们的经验中。在日常情况下，人们比较容易注意到身体意象，而忽视身体图式，但是这种对身体图式的忽视恰恰表明了其存在的意义。身体图式的作用体现在它使得身体运动和姿势调适成为可能，而且身体图式的运作几乎是自动的、不需要意识的控制。梅洛-庞蒂在《知觉现象学》中就已经对身体图式有过生动的现象学描述。他指出，身体图式为我们身体各部分的位置及其关联提供了一种内隐知识。“如果我的手臂搁在桌子上，我不会想到说我的手臂在烟灰缸旁边，就像烟灰缸在电话机旁边。”（梅洛-庞蒂，2005）身体图式有时又被梅洛-庞蒂称为“处境的空间性”（situational spaciality）。他对此有过精彩的阐述，“如果我站在我的写字台前，用双手倚靠在写字台上，那么只有我的双手在用力，我的整个身体如同彗星的尾巴托在我的双手后面。这不是因为我不知道我的肩膀或腰部的位置，而是因为它们的位置包含在我的双手的位置中。可以说，我的整个姿态表现在我的双手对桌子的支撑中。如果我站着，手中紧握烟斗，那么我的手的位置不是根据我的手与我的前臂，我的前臂与我的胳膊，我的胳膊与我的躯干，我的躯干与地面形成的角度推断出来的。我以一种绝对能力指导我的烟斗的位置，并由此指导我的手的位置，我的身体的位置，就像在荒野中的原始人每时每刻都能一下子确定方位，根本不需要回忆和计算走过的路程和偏离出发点的角度”（梅洛-庞蒂，2005）。因此，身体图式的意义在于“我在一种共有中拥有我的整个身体。我通过身体图式得知我的每个肢体的位置，因为我的全部肢体都包含在我的身体图式中”（梅洛-庞蒂，2005）。于是，借助身体图式，我们也了解到我们的身体可能在进行哪些运动。按照梅洛-庞蒂的看法，幻肢与幻肢痛表达了一种对于缺损的拒斥，因为具身的自我无法通过碎片或失落的完整性来生活。作为“在世之在”的主体拒绝偏见，并借助否认来维护具身的完整性。身体图式的功能是“保持一个空虚的场域来安置主体的历史”（Wolfe，2016）。

处境的空间性意味着身体图式提供了与空间系统相关联的感觉输入的在线表征，空间系统允许我们使用相关的身体表面和近体空间（peripersonal space）来定位刺激。新近的神经病理学证据支持了这种现象学的主张。例如，研究者报告了一个罹患左侧颞-顶-枕联结梗塞的老妇人，她无法推断一种身体表面的表征。尽管她能够非常可靠地觉察到触觉刺激传递到了自己身体的某个位置，但是她无法在自己身体上定位该刺激。例如，当她连续两次触摸其身体并要求判断被触摸的身体部位是否相同时，她的表现并没有受到被触摸部位之间差异的影响（如大腿相对于前臂），而是完全受到被触摸的部位之间距离的影响。与之相比，正常的对照组被试显示出对身体部位之间差异的敏感性。对于上述患者来说，如果第一次触摸的是她的大腿，而第二次触摸的是她的前臂，较之连续两次都触摸她的大腿，她更有可能报告前一种情况下触摸的是同一部位。此外，令人惊诧的是，当她闭上双眼，并由实验者触摸其身体表面时，她在指认触摸定位时的表现竟然受到她进行测验时所处的房间大小与熟悉程度的显著影响。当施测环境是她自己那间狭小的、熟悉的卧室时，她的表现远远好于在一间宽敞且相对陌生的卧室中的表现。这些证据暗示了她可能使用到了相对保留下来的空间表征，从而代偿其身体表面表征的混乱（Coslett，2013）。

在当代认知科学背景下，现象学家 Gallagher（2001）指出："身体图式是一种自动的程序系统，能够持续控制姿态和动作——一种感觉-运动能力的系统以及无须知觉监控而得以运作的现状。"比如，当我们保持平衡、摆出姿势、坐在椅子上、转圈以及我们取咖啡杯时，身体图式确保我们的身体具有这种无意识自动能力。与之相对，在上述例子中，我对胳膊的想象反映了我的身体意象，但身体图式仍然在意识临界点之下运行，而且也不能达到临界点之上进入意识层面。因此，"身体图式是身体的无意识表现……在这种表现中，身体在其与环境的关系中获得了一种特定的组织或类型……身体动态地组织其自身空间，从而摆出某种姿态或把自己置于环境中"（Gallagher，1986）。认知神经科学对身体图式的深入探索发现，感觉运动皮层是身体图式系统的组成部分。身体图式源自躯体感觉、视觉、触觉与前庭觉输入，并经由顶叶皮层以及其他更多分布式的皮层网络中产生。顶叶皮层的功能是用以更新和整合和身体部分与位置的大小、长度以及关节运动等有关的真实与可预测的（传出副本）感觉反馈。当错误产生时，传出副本传达到前运动皮层以驱动对运动的校正。因此，身体图式的变化可能与顶叶皮层和前运动皮层一起发生（Nobuyuki，2016）。

三、基于神经病理现象学还原的幻肢痛镜像治疗

运动指令的输出与来自截肢部位的视觉反馈之间的失匹配是导致幻肢痛的根本原因（Ramachandran & Altschuler，2009；Ramachandran & Rogers-Ramachandran，1996）。上述假设得到一些患者的明确支持："只要我能移动我的幻肢，也许就能帮助我减弱幻肢痛。"（Ramachandran，2011）上述第一人称报告直接启发了

Ramachandran 治疗幻肢痛的设想。结合瘫痪的幻肢的习得过程，Ramachandran 假设，是否可以通过虚拟现实技术来制造视觉上的幻象，让患者“看到”其幻肢的存在以及真实活动，从而使负责运动指令的神经元与负责感觉反馈的神经元之间的突触联结重新增强。通过多次练习，患者也许能重新摆脱改变后的身体意象，将幻肢从扭曲的、异常的姿势中解放出来，最终有效地缓解其幻肢痛。

为此，Ramachandran 设计了一个极其巧妙的镜箱（mirror box）来实现这种虚拟现实。这种镜箱是一个普通的木箱或纸箱，正上方的一面敞开，里面垂直放置了一面2英尺[①]×2英尺的镜子。箱子的一个侧面开出两个入口，可以让幻臂患者的真实手臂与幻肢分别从这两个入口中伸进去。比如，真实手臂（右手）伸进右侧入口，幻臂（左手）伸进左侧入口。镜子放在中间，患者的真实手臂在镜子右侧，而幻肢在镜子左侧。随后，研究者要求患者一边看镜子里自己的真实手臂的反射，一边调整位置，直至这种反射在视觉上与幻臂的位置重合在一起。借助这种幻觉，患者的幻臂好像又复活了，他能同时看到两只手的幻象。如果他向双手传达做对称运动的运动指令（如指挥乐队或拍手），那么他就能获得他的手服从其运动指令的视觉印象（图7-7）（Ramachandran & Altschuler，2009）。

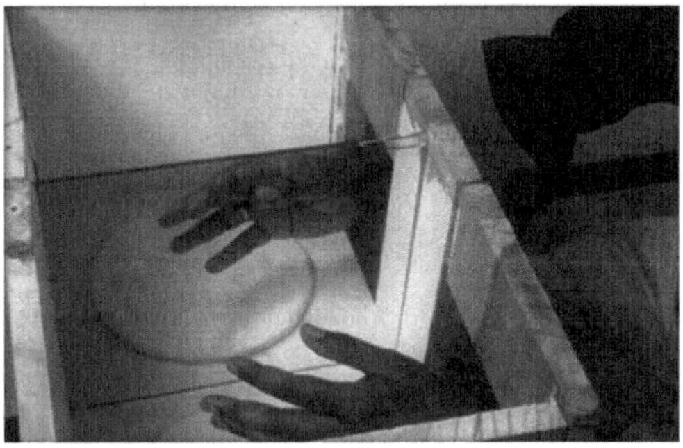

图 7-7　治疗幻肢痛的镜箱（Ramachandran & Hirstein，1998）

使用这种方法，Ramachandran 等对多位幻肢患者进行了治疗。其中，最为著名的案例来自对一位名为罗伯特•汤森（Robert Townsend）的幻肢患者的研究。该患者因癌症截掉了左臂肘部以上部分。在经历截肢手术7个月后，他出现了严重的幻肢痛。其典型症状是幻手不受控制地紧握拳头直至产生剧烈的痉挛痛。他描述道：“就像幻手的指甲深深嵌进幻手中，这种疼痛让人无法忍受。”他尝试用各种方法张开他的幻手以减轻上述疼痛感，但均没有任何效果。Ramachandran 等指导患者按照上述步骤将真实手与幻手同时放入镜箱内，并观察镜子中真实手的

① 1 英尺≈30.48 厘米。

位置，使其与幻手重合。然后，研究者要求患者的“双手”同时做对称动作。比如，真实手先紧握拳头，然后张开，同时观察幻手是否也会张开。研究结果显示，患者感觉到幻手真的张开了，随后，疼痛感也明显减轻并最终消失了。当然，几个小时后，这种幻肢痛又会再次出现。研究者让患者将镜箱带回家，每当出现这种幻肢痛时便进行练习，经过几个月的练习后，这种幻肢痛彻底消失了（Ramachandran & Blakeslee，1998）。

为了进一步证实幻肢痛源自运动指令的输出与来自截肢部位的视觉反馈之间的失匹配，Ramachandran 等在实验过程中要求被试在闭上双眼的情况下，“双手”执行同样的对称动作，结果发现，患者在这种情况下不会感觉到幻手张开，幻肢痛也不会减轻或消失。此外，为了排除安慰剂效应等干扰变量对研究的影响，他们还设置了对照情境，即在患者产生幻肢痛时，对其真实手臂进行电刺激，并提前告知患者这种方法可以消除幻肢痛。但研究证明，患者报告这种方法无效。这就证明视觉反馈与运动指令之间的匹配才是使瘫痪幻肢患者重新活动其幻肢并使其幻肢痛减轻的原因。这种治疗幻肢的方法也被称为“镜像疗法”（Lenggenhager，2014）。

镜像疗法或镜像视觉反馈之所以有效，其原因在于：当动作指令从初级运动皮层与辅助运动区传导到手部肌肉以执行握拳动作时，手部的肌肉、皮肤与关节以及视觉系统会有神经信号传达到顶叶，通知大脑握拳动作已经正确执行，无须再进一步用力，否则会产生痛觉。然而，截肢患者在失去手臂后丧失了这种反馈机制，顶叶无法判断握拳行为是否正确执行，只能继续传达运动指令，从而导致握拳动作继续加强并最终使得疼痛加剧。镜箱的作用是帮助幻肢患者重新获得一种视觉系统的反馈，这种反馈回路会部分代替手部的肌肉、皮肤与关节的反馈功能，通知顶叶握拳动作已经正确执行，从而终止运动指令。经过多次联系，患者最终会重新习得运动指令的输出与来自截肢部位的视觉反馈之间的匹配，从而使其习得的瘫痪发生逆转并减轻其疼痛感（Hommer et al.，2014）。

近年来，镜像疗法在治疗后天截肢患者的各个部位瘫痪幻肢及其引发的幻肢痛方面得到了广泛应用。大量研究显示，患者在接受此类训练后，患者的幻肢体验能够被纠正，随附的痛觉体验会得到缓解（Giummarra et al.，2010）[①]。甚至有研究发现，先天患有海豹肢畸形症（phocomelus）的患者也可以通过镜像视觉反馈训练逐渐获得完整的幻手指体验（McGeoch & Ramachandran，2012）[②]。镜像疗法的有效性的假设也得到了神经成像研究的证实。Brodie 等（2003）的研究发

① 已有研究显示，纯粹的运动想象（motor imagery）也可以起到类似的治疗效果。

② 这个案例再一次向我们显现了身体意象具有极强的可塑性。

现，当视觉与其他感觉信息（如触觉）之间出现冲突时，视觉信息具有主导性，因此，幻肢痛患者在经受镜像训练后减轻疼痛的机制是视觉反馈对大脑的皮层重组。Diers 等（2010）的研究选择14名单臂截肢患者（其中7名伴有幻肢痛症状，7名没有幻肢痛症状）作为实验组，9名健康被试作为控制组，使用 fMRI 技术对两组被试执行手臂镜像运动以及真实的执行运动时的大脑活动部位进行了扫描。实验结果发现：①三组被试在真实的执行运动与镜像运动时均激活了对侧的感觉运动区域；②幻肢痛的等级与镜像运动条件下对侧于镜子中所看到的手的初级躯体感觉皮层与初级运动皮层的激活程度之间呈显著负相关。首先，这项研究证实了在执行镜像运动时，大脑并不是对真实的物理刺激进行表征，而是对由该刺激产生的知觉进行表征。其次，该研究还证实了，那些在执行手臂镜像运动过程中初级躯体感觉皮层与初级运动皮层的激活程度高的幻肢组被试的幻肢痛程度相对较低。

我们期待，现象学家古尔维奇（A. Gurwitsch）的断言——“对心理行为的电生理学的方法与现象学分析可以互惠地证实彼此”（Yoshimi，2004）能早日实现，从而揭示幻肢体验的奥秘，并解除幻肢痛患者的疾苦。

第四节　我的身体是“我”的吗——异己手综合征

一、异己手综合征的临床表现

异己手综合征是一种神经系统失调性疾病，迄今为止，该病症并未得到一致与精确的定义（Rinehart et al.，2009）。一般而言，该术语被用来描述一系列复杂的临床行为症状，患者的手（往往是左手）会表现出无法控制的行为，并对这些行为产生极端的陌生感觉（Hertza et al.，2012）。德国著名神经病学家 Goldstein（1908）和 Akelaitis（1941）将癫痫症（epilepsy）患者被切断胼胝体之后的症状表现命名为“对抗性运用障碍”（diagonistic dyspraxia），这是对异己手综合征的最早描述。之后，Brion 和 Jedynak（1972）在一篇法语论文中创造性地使用了术语“*la main étrangère*”，并将其翻译成英语“陌生手现象”（strange hand sign），用于描述患者（经历了胼胝体切断手术）丧失视觉回馈能力且无法看到自己左手的现象（患者认为自己的左手就像被放在了背后一样）。然而，以英语为母语的研究者认为上述翻译有问题，他们倾向于将其译成“陌生人的手现象”（stranger's hand sign）。这种描述勾勒出患者的受累手（affected hand）具备了一种独特而孤立的意志，这进一步启发 Bogen（1985）将如下现象命名为“异己手”：患者感觉自己的手（通常是右利手患者的左手）是“陌生的”“异己的”，或者至少是不合作的。Doody 和 Jankovic（1992）对异己手行为的范围进行了总结，他们认为，这个范围包括诱导的、模仿的、有节奏的动作，无目标导向的（nongoal-directed）强握、摸索行为，以及受目标导向的（goal-directed）对工具的强迫操作，甚至包含了自我伤害行为。

随后，Aboitiz 等（2003）提出了异己手综合征的五种临床表现：①对抗性运用障碍症候群；②异己手；③任性手综合征；④多余手；⑤竞争性失用。Biran 和 Chatterjee（2004）将异己手综合征患者的行为表现进一步归纳为三类：①双手协调障碍，如手间冲突（intermanual conflict）、对抗行为（diagonistic behavior）或竞争性失用；②动作目的性障碍，如反常手（anarchic hand）[①]、丧失归属感（feeling of nonbelonging）的手部自发行为或磁性/排斥性失用；③受累肢体的主观反应障碍，如半球间自我反省（interhemispheric autocriticism）障碍或陌生人的手。也有研究者认为，并不能将异己手运动简单归为缺乏“自由意志”（free will），它按照自身的自由意志执行目的性动作并做出合理性决策，只是与失去联系的另一侧脑半球的自由意志相反而已。上述说法也印证了 Rinehart 等（2009）的经典评论：“对于‘异己手’这个术语的理解，可谓仁者见仁、智者见智。”

二、现象学精神病理学对异己手综合征的解释

近期，一些研究者尝试从现象学精神病理学与精神病理症状学（symptomatology）的角度来重新审视异己手综合征患者的行为表现与心理特征，以便更好地描述、界定这种特殊的神经精神疾病，并将之与其他相似的神经精神疾病加以区分（de Vignemont，2011）。首先，他们将由身体经验畸变而诱发的精神神经疾病称为自我具身性障碍（Giummarra et al.，2008）或离身性体验（experience of disembodiment）（de Vignemont，2011）。这些障碍包括五类不同的主观体验：不熟悉感（feeling of unfamiliarity）、非真实感（feeling of unreality）、无用感（feeling of uselessness）（de Vignemont，2011）、受干扰的拥有感（disturbed sense of

① 也有学者认为，反常手应该与异己手加以区分。前者是患者手部动作的执行具有复杂的目的导向，这些动作违背了患者本人的意志，并且无法随意抑制，而后者则让患者丧失了对自己手部的归属感（Marchetti & Sala，1998）。然而，按照当前异己手综合征的临床症状学标准，患者对自己手部的拥有感并不是完全丧失而是相对疏远。因此，大部分学者依然将反常手与异己手归为同一类神经精神疾病。

ownership）与丧失自主感（disruption in sense of agency）（Moore & Fletcher，2012）。

其中，受干扰的拥有感又可细分为三类：①患者感觉肢体是异己的，但他们仍然相信该肢体属于自己，如自我感丧失症（depersonalisation）与传入神经阻滞症；②患者感觉肢体是异己的，而且他们相信该肢体不再属于自己而属于别人或受别人控制，如躯体妄想症或躯体失认症、利用行为；③患者感觉肢体属于自己，但会体验到一种令人费解的肢体厌恶感并希望将其从自己身体上截除，如身体整合意象障碍或截肢癖。按照上述区分标准，异己手综合征患者的拥有感水平介于第一类与第二类之间，这主要表现在，患者丧失了与受累肢体目的性动作有关的自主感（如“我没有那么做……”），但仍表现出疏远的拥有感（如“虽然我知道这是自己的手”）（de Jong，2011；Goldberg & Goodwin，2010）。

其次，从启动方式上看，自我具身性障碍的发生过程大多是无意识的，但这些无意识状态又可分为三类：①主体处于无意识状态（uncouscious state）时产生的无意识行为；②主体受到刺激影响而产生的无意识行为，但主体并未觉察到这些刺激；③刺激影响主体的意识调节，却以主体并未觉察的方式启动行为（Morsella & Bargh，2011）。异己手行为的无意识状态介于第二类和第三类之间，即异己手综合征患者的受累手具备自发活动的能力，但患者对其动作没有觉知（awareness）或不具备意识意志（conscious will），也不能对这些动作加以控制（Sacco & Calabrese，2010）。然而，虽然异己手行为的产生是无意识的，但患者似乎又可以意识到这种行为，也常因“我的手被谁支配了”而感到窘迫，因此还是自知“怪异”的。

异己手行为的出现会影响个体的心理状态和自我认知。例如，Goldberg 和 Goodwin（2010）指出，异己手综合征可能会导致患者出现明显的心理障碍。因为患者要为一系列异己手动作承担责任而感到担心，也可能出现“自我批评”，从而解释异己手行为不是在其命令的支配下产生的。患者说，似乎有个调皮的孩子在自发活动而需要调教和纠正，而患者本人也感觉这些矛盾行为很可笑。一旦出现上述窘境，患者可能出现人格解体并把自己从受累手的无意识动作中抽离。他们通常将手的动作控制界定为一种外部的“异己”力量，或者为异己手赋予人格特征，以此作为一种能够摆脱这种困境的解释方式。当然，也有研究证明，患者的异己手行为与其心理健康状况之间并无必然联系。Simon 等（2008）借助磁共振成像（magnetic resonance imaging，MRI）扫描技术研究一位已出现异己手综合征的精神分裂症患者，证明该患者早年的神经发育受损可能致使精神分裂症和异己手综合征的同时发生，也验证了非优势手的异己状态与精神分裂症之间是相关关系，而非因果关系。

三、异己手综合征的类型

目前，异己手综合征研究领域的热点之一是应用神经科学的技术来界定其子类型。这些技术包括 MRI（石士奎等，2010；Aboitiz et al.，2003； Kim et al.，2010）、fMRI（Assal et al.，2007；Schaefer et al.，2010）、计算机断层成像（computed tomography，CT）、弥散加权成像（diffuse weighing imaging，DWI）（Lin et al.，2007）、磁共振血管造影（magnetic resonance angiography，MRA）（Yuan et al.，2011）、EEG（Bundick & Spinella，2000）以及 ERP（Verleger et al.，2011）等。

基于上述临床神经科学实验，一些研究者提出了各自关于异己手综合征的分类观点（李旭东，2005；钱伟东等，2010；della Sala et al.，1991；Kessler & Hathout，2009；Scepkowski & Cronin-Golomb，2003）。当前学术界普遍认同的分类标准是按照诱发异己手综合征的大脑病变位置，将其分为三大类：①前部型或额叶型（anterior or frontal form）；②胼胝体型（callosal form）；③后部型或感觉型（posterior or sensory form）。不过，近来也有关于混合型异己手综合征（mixed alien hand syndrome）的报道（Lin et al.，2007；Yuan et al.，2011）。与此同时，也有研究者尝试观察各种不同类型的异己手综合征患者的异己手与非异己手动作、异己手的不随意动作（involuntary movements）与随意动作（voluntary movements）所启动脑区的异同，从而研究各类异己手综合征患者脑区结构的病变（Assal et al.，2007；Schaefer et al.，2010）。

四、诱发异己手综合征的异己手运动的神经机制

1. 双重运动前系统理论

虽然诱发异己手运动的具体神经机制尚不清楚，但已有研究发现，异己手综合征往往出现在辅助运动区、前扣带回、胼胝体、前额叶皮层、后顶叶皮层、丘脑受损之后（Marey-Lopez et al.，2002；Biran et al.，2006；FitzGerald et al.，2007；Park et al.，2012）。Scepkowski 和 Cronin-Golomb（2003）指出，双重运动前系统理论在很大程度上能够解释胼胝体与内侧额叶受损导致的异己手征象。对于新近发现的后部型异己手综合征，该理论也给予了详细解释。该理论认为，位于大脑半球表层内侧且在初级运动区之前的辅助运动区向初级运动区两侧发散。双重运动前系统的其中之一是内侧系统（medial system），包括辅助运动区和扣带回，而扣带回是预期动作（anticipatory movements）产生的脑区。该系统主要负责监控有意识的、意向性的（intentional）运动。其中，辅助运动系统比扣带回或其他

脑区在运动计划与运动控制方面扮演着更重要的角色，该区域与异己手综合征之间发生着频繁的联系。神经解剖学上看，辅助运动区的内侧到初级运动皮层、前额叶运动皮层以及皮层下运动区之间存在着广泛的神经联结，对侧的辅助运动区之间也存在着交互联结（reciprocal connections）（Brainin et al.，2008）。与之相对的另一部分是外侧系统（lateral system），包括弓状运动前区（arcuate premotor area）。在运动过程中，外侧系统主要对来自环境中的刺激给予直接的反应，即产生反应性动作（reactive movements）（Roessler-Górecka & Seniów，2010）。内侧系统和外侧系统既彼此制约，又互相影响。当左侧或右侧辅助运动区受损时，外侧系统或反应性运动前系统不再具有抑制性，从而产生异己手综合征患者所出现的无意志动作。该理论断定，首先，额叶型异己手综合征是由辅助运动区受损导致的；其次，胼胝体损伤破坏了辅助运动区左侧与右侧之间的联系，也是引发胼胝体型异己手综合征的原因；最后，辅助运动区与直接受损的后部脑区之间的分离也可能导致异己手综合征的产生(Scepkowski & Cronin-Golomb, 2003; Brainin et al.，2008）。

双重运动前系统是异己手综合征的主导解释理论，对于患者的一般治疗也很有效（della Sala & Marchetti，2005）。正如解释大脑复杂疾病的众多理论一样，该理论也不能解释不同个体的多种行为变式。辅助运动区或胼胝体未受损的异己手综合征患者也证明了该理论确实存在一些问题。

2. 内外部驱动系统理论

Goldberg 和 Bloom（1990）首次提到了内外部驱动系统理论。该理论主张，异己肢体现象应归因于患者内部与外部驱动系统的分离，以及两系统对于内源性（endogenous）与外源性刺激（exogenous stimuli）的不平衡反应。近来，Goldberg 和 Goodwin（2010）对内外部驱动系统理论做了进一步阐述，他们认为，不同脑区能够控制不同的、有目的的肢体动作，但异己手综合征患者却未能对这些动作产生主动控制的意识性体验。换言之，患者肢体动作的真实执行过程与由对动作进行有意控制而引发内部感觉的过程之间发生了分离，或是其后一过程有所受损。

在正常情况下，对于任何动作的执行而言，其都涉及小脑、顶叶、运动前皮层、初级运动皮层和辅助运动区的联合活动（Ramachandran，2011）。前三者控制简单的活动，如动手指或眨眼。后两者控制相对复杂的动作，如挥手说再见或顺时针转动眼球。辅助运动区还负责将运动指令传达给初级运动皮层，再由该区通过脊椎传达到身体对侧的肌肉，产生挥手说再见的动作。与此同时，辅助运动区也会将打算做的动作的运动指令以传出复本的形式传达到顶叶与小脑以及运动前皮层。该传出复本随后被转化为一种关联发放（corollary discharge），它能够传送与命令性动作同时产生的自传入感觉回馈。躯体感觉皮质借助关联发放来区分自传入感觉与外传入感觉的差异，进而辨别自我生成的主动动作与外部生成的被动动作。随后，运动指令到达肌肉后，形成一个反馈回路（feedback loop）。肌肉、皮肤、关节与视觉系统会将指令正确完成的运动信号经过脊椎传输到小脑与顶叶。后两者监控打算做的动作与实际做的动作之间是否匹配，如果察觉到预期的与真实的动作感觉效果之间出现不匹配，运动前皮层负责为迅速矫正的运动调整做好准备（Giummarra et al.，2007）。

一般而言，上述过程会产生意识性感觉，即主体能够体验到自己的动作是由内部的主动自我发起并产生的。该过程能够区别“自传入感觉”（即自我发出的“主动”肢体动作所带来的运动感觉回馈）与“外传入感觉”（即外在激发的“被动”肢体动作所带来的运动感觉回馈）之间的差异。因此，异己手综合征可能是由传出复本或关联发放的产生过程或传输过程受损导致的（Goldberg & Goodwin，2010）。

3. 异己手运动的神经关联物

早先对于许多神经精神疾病的病理学机制的探索往往囿于这些疾病伴随的心理与行为本身的随机性，难以开展可控制、可重复的实验研究，而只能依赖于临床个案的证据以及基于这些证据的回溯性重释（Gallagher，2012）。双重动力前系统理论与内外部驱力理论对异己手综合征的解释也不例外。近期，有研究者开发出了一种名为“对抗表现”的实验范式，该范式可以确保患者的受累手异己运动出现的可控制性与可重复性。具体的做法是：通过对患者的受累手施加外源性的刺激（如轻微地推动患者的受累手以远离其身体），将诱发其出现异己手运动（朝着相反方向产生小幅度的运动），而对健康手施加该刺激则不会出现上述效应（Brainin et al.，2008）。

Schaefer 等（2010）针对一名由帕金森病诱发而同时患有皮质基底节变性[①]与异己手综合征的患者的异己手运动设计了两个 fMRI 实验。该患者的左手（受累手）部分保留了随意运动的功能。在实验1中，研究者借助“对抗表现”实验范式诱发患者出现异己手运动，与之对照的是以同样的范式刺激患者的健康手，同时记录其大脑活动。在实验2中，研究者根据患者受累手部分保留随意运动的功能，要求其执行伸展弯曲的随意运动，与之对照的是要求其用健康手执行相同运动。成像数据显示，在实验1中，相对于健康手，刺激受累手产生的不随意的异己手运动显著启动了右侧初级运动皮层、左侧运动前皮层、楔前叶（precuneus）（位于

① 一类慢性进展性神经变性疾病，临床表现为肌张力障碍、皮质性肌阵挛、皮质性感觉缺损、异己肢体现象（alien limb phenomenon，ALP）等。

顶叶皮层）、右侧额下回与小脑。在实验2中，相对于休息状态，随意的异己手运动启动了双侧初级运动皮层、辅助运动区、楔前叶、腹内侧前额叶皮层[①]与小脑。相对于休息状态，随意的健康手运动启动了左侧初级运动皮层、辅助运动区、左侧运动前皮层与小脑。

这个研究的意义在于借助实验设计与成像技术分离出了异己手运动的神经关联物，有效地整合并深化了内外部驱力理论与双重动力前系统理论对异己手综合征的解释。一方面，正如内外部驱力系统理论预测的，在由执行不随意的异己手运动而启动的诸多脑区中，初级运动皮层、运动前皮层与小脑同样参与到执行随意运动的过程中，并且进一步确认了楔前叶的活动并不仅仅与运动行为有关，而且与第一人称视角的采择（first person perspective taking）有关，即体验到一种自主性（agency）与自我的加工操作。因为该脑区在不随意的异己手运动过程中与随意的异己手运动过程中均有活动，所以其可能反映出患者对异己手的自主性的冲突感。例如，在实验1中，实验者借助“对抗表现”的实验范式诱发不随意的异己手运动，从而启动了患者的楔前叶，使其体验到自主性的冲突，而健康手的活动不会启动楔前叶，由此进一步支持了上述解释。另一方面，双重动力前系统理论的假设之一是辅助运动区与其他脑区的往返联结异常导致外侧系统丧失抑制性，从而诱发异己手征象，而实验2发现，额下回只有在个体执行不随意的异己手运动时才会被特异性地启动，这暗示该脑区在控制或抑制不随意的异己手运动中扮演重要角色。因此，这将为后续研究进一步考察额下回与辅助运动区之间的往返联结异常提供启示。此外，实验2还发现，随意的异己手运动（左手）启动了双侧的初级运动皮层，这很有可能是伴随皮质基底节变性的皮层重组（reorganization）的结果。

4. 神经-身体矩阵理论

神经矩阵理论（neuromatrix theory）最初是Melzack（1999，2001）用来解释疼痛感觉（尤其是幻肢痛）成因的一个假说。该理论认为，对身体与自我有意识的觉知与知觉主要是由大脑内部的活动模式或神经信号（neurosignatures）产生的。这种信号来自一种由躯体感觉系统、边缘系统与丘脑系统组成的特殊的、广泛的神经网络，即身体–自我神经矩阵（body-self neuromatrix）。从遗传学的角度来看，神经网络一般都是先天预设（predetermined）的，并且可以在个体毕生发展中通过各种感觉刺激的输入而得到修正。因此，疼痛知觉不是对躯体组织受损或发炎等刺激的直接反应，而是广泛分布式存在的一种信号的输出产物，外界刺激仅仅

① 研究者认为，由帕金森病引发的纹状体-前额叶皮层的神经回路的异常联结诱发了腹内侧前额叶皮层的活动。

起到“触发”与疼痛有关的神经矩阵的作用。这也决定了个体能够在缺少外界刺激的情况下感受到疼痛。例如，许多经历截肢手术的患者在康复后依旧会感觉到幻肢痛。异己手患者虽然丧失了受累肢体的自主感，但仍具有疏远的拥有感，而且异己手患者的这些体验事实上也是在没有外界刺激的情况下出现的。此外，神经矩阵会受到个体过去的经验、文化因素、情绪心境、感觉认知、压力调节、免疫系统的功能、实时感觉输入信号以及注意水平等因素的影响（Melzack，2001）。这也解释了异己手行为出现的某些诱因：①异己手运动是由附近物体的随机刺激引起的；②异己手行为在患者处于疲劳或焦虑状态下（如注意控制减弱时）会加剧，而非异己手行为并未出现上述情况（Giovannetti et al.，2005；Hidalgo-Borrajo et al.，2009）。因此，神经矩阵理论在某种程度上可以为异己手综合征的出现提供依据（Giummarra et al.，2007）。

另外一项研究发现，后部型患者除了有异己手的主观感觉之外，还伴随着感觉丧失或忽视、感觉回馈缺失以及手臂共济失调等心理行为失常现象，这主要是由身体图式扭曲和偏侧忽视（hemineglect）造成的（Bundick & Spinella，2000；Kloesel et al.，2010）。身体图式是身体的无意识表现，是身体在其与环境的关系中获得的一种特定的组织或类型，身体动态地组织其自身空间，从而摆出某种姿态或把自己置于环境中。身体图式更是一种自动的程序系统，能够持续控制姿态和动作——一种感觉-运动能力的系统以及无须知觉监控而得以运作的心理状态（Sørensen，2005）。此外，身体图式也是知觉-运动系统的一种功能，它通过对身体姿势和身体运动进行无意识的调适，使得世界中许多有意义的部分被整合到我们的经验中。当知觉的意识对象是身体以外的事物时，它不但继续发挥作用，而且达到最佳状态（何静，2009）。例如，身体图式功能的发挥使得我们走到一棵矮树下面时，不需要测量高度和尺寸就能够顺利地通过而不会碰头。对于皮层或皮层下后部结构功能紊乱的患者而言，他们可能会体验到感觉缺失、感觉忽视和感觉共济失调。感觉回馈机能的缺乏会使个体把手臂的不随意运动知觉为一种错误来源，这将与已有身体图式发生冲突，导致异己手征象的出现。更确切地说，当身体图式扭曲致使个体对身体的不随意动作产生疏远感时，就会出现动作失调（Newport & Preston，2011）。

受神经矩阵理论和身体图式理论的启发，Moseley 等（2011）进一步指出，大脑中有关多感觉（multisensory）和内平衡（homeostatic）的网络结构可能是产生“身体矩阵”（body matrix）的神经基础。身体矩阵是一种动态的神经表征过程，不仅延伸到身体表层以整合有关躯体定位（somatotopic）和近个体（peripersonal）的感觉信息，而且整合了以身体为中心的空间感觉信息（body-centred spatial sensory data）。所以，身体矩阵是以身体图式而非某个身体部位作为参照系的中心。例如，无论刺激究竟是左手产生的，还是放在身体左侧的右手产生的（刺激的感觉性质也无关紧要），身体之外左侧空间以及身体矩阵内部产生的刺激都被认为是“左侧”产生的。由此可见，身体矩阵有助于个体在内环境水平和心理水平上保持身体的完整性，并且能够适应身体在结构和方向上的变化。神经-身体矩阵理论也有助于解释异己手综合征的发病机制：患者之所以会在没有物理刺激的情况下出现异己动作或产生异己体验，可能是因为身体-自我神经矩阵的信号输出有误或者矩阵本身受到损伤，导致个体内环境系统与躯体定位出现混乱，从而诱发异己的心理体验。这也为现象学精神病理学解读自我具身性障碍、异己手综合征的行为表现提供了重要的神经科学证据。

五、异己手症候群的康复治疗

Goldberg 和 Goodwin（2010）指出，尽管目前还不存在对于异己手综合征的规范或根本治疗，但已有一些康复方法被实践证明是有效的。一位大脑前动脉梗塞的异己手综合征患者在接受4个月的康复治疗之后，其每天的异己手动作次数从10次减少到2次，这既达到了患者的特定治疗目标，也改善了其日常生活活动（activities of daily living，ADL）。其治疗过程主要包括视觉想象（visualisation）、转移对受累肢体的注意以及保持缓慢、稳定的活动（Pooyania et al.，2011）。对于脑半球单侧受损的患者而言，通常可以在观察期内看到其逐渐减小异己手行为的发生频率并逐步恢复对受累手的自主控制，主要是因为产生随意动作的双侧脑半球皮层的神经可塑性有助于建立动作执行过程与内部产生过程、有意记录过程之间的功能性连接。上述过程究竟如何发生至今还无定论，可能是由于患者大脑半球运动前皮层和皮层下结构中未受损成分的重新组织过程，而且，异己手同侧的未受累半球对于增加同侧动作突触的参与程度也与康复过程有关（Goldberg & Bloom，1990）。此外，鉴于异己手症状受到疲劳等注意因素的影响，Giovannetti 等（2005）建议改善患者的生活环境，减少环境中潜在的可产生疲劳与分心等的干扰因素，从而帮助患者预防异己手行为的出现。

在此基础上，一些研究者尝试采用多种行为训练方法来减弱异己手对正常手目的性动作的干扰力度。有两种方法主要针对额叶型患者：①把某物（如罐头或拐杖）放在患者的手能拿到的范围内，但其异己手却接触不到其他物体。患者的异己手一旦紧紧握住物体，通常就不会为了伸手抓住其他物体而松手丢下它。患者通过专心培训，能够学会自主地、有效地抵抗异己行为（Kikkert et al.，2006；Nicholas et al.，1998）。②考虑到额叶型患者的异己手行为通常由视觉输入激发产生，可以通过限制感觉回馈来抑制异己手行为的产生。例如，即刻“包裹”正在发生的异己手行为，即把异己手放到约束性的装置（如特制的软泡沫手部矫形器或者微波炉手套）内或让患者观察随意的节律性肢体运动（Brainin，2005）。受到双重动力前系统理论的启发，有一种方法是通过训练异己手执行特定的任务，如挪动异己手接触特定物体（如非常醒目的花瓶）来提高其对肢体的随意控制程度。这项训练可使患者受损脑半球中运动前系统得以重新组织，或促进完好半球对同侧（ipsilateral）肢体的控制得以加强。以上方法都旨在限制异己手接触目标的程度。另外，要求患者参与双手协调任务也可能增加同侧半球运动前系统的参与程度，因为双手协调行为需要两半球运动控制系统中其余完好成分之间的合作与协调（Rinehart et al.，2009）。

近来，也出现了对异己手综合征患者进行药物治疗的研究报告。Haq 等（2010）发现，一位脑疝女患者的身体右侧出现了异己手征象。这也是顶叶-枕叶-丘脑大面积受损导致异己手综合征的第一个案例。她最初接受氯硝西泮（clonazepam）注射，使得肢体的悬浮频率（levitation frequency）降低了73%。不过，患者把精神病的发作归咎于氯硝西泮的使用，所以停止使用该药物。之后，她又接受肉毒毒素（botulinum toxin）注射，手臂悬浮频率降低了84%。不过，研究者指出，尽管肉毒毒素比氯硝西泮对患者有更明显的效果，但却很难根据单一案例而对药物的疗效做出概括。由于患者动作频率的波动以及肌张力障碍的并存，开展定量研究很复杂，所以更严格的受试选取及实验设计将有助于研究的进一步开展。

此外，物理疗法也被设想用来治疗异己手综合征。已有研究发现，对躯体妄想症患者采取前庭冷热刺激可以暂时缓解症状的发作，具体做法是用冷水注入左侧外耳道，这种刺激会抑制左侧前庭功能，从而启动患者的右侧前庭皮层（如顶叶），使其重新体验到左侧肢体是他们自己的，并且该疗法的疗效具有多次可重复性（Suzuki et al.，2001）。Ramachandran 和 McGeoch（2007）发现，绝大部分的截肢癖患者希望自己左侧的肢体被截断，而产生这种令人疑惑的症状也是由右侧顶叶受损引起的。因此，他们建议前庭冷热刺激也可被用来治疗截肢癖。最近的研究进一步证实，产生身体部位拥有感的脑区与负责前庭觉加工的脑区具有重合性。右侧颞-顶联结与后侧脑岛在调节前庭刺激影响错觉性的手部拥有感（illusory hand ownership）方面扮演重要角色（Lopez et al.，2010）。因此，对于右侧顶叶受损导致的异己手综合征患者，也可尝试采取人工刺激外周前庭系统的方法，如前庭冷热刺激、前庭电刺激来治疗患者由肢体拥有感丧失所导致的症状（Lopez et al.，2010，2012）等。

六、异己手综合征研究前瞻

近年来，异己手综合征已经激发了神经科学家、精神病理学家、心理学家、生理学家以及医护人员的好奇心。然而，目前系统性地研究异己手综合征遇到了如下难题：①该综合征与其他神经疾病的关联较少，故大多研究只能依赖于案例访谈；②多数案例的无常性使得研究结论不具有很强的概括性；③与其同时发生的行为功能障碍（如偏瘫、动作忽视或单侧视觉忽视等）也可能妨碍对该症状的评估过程；④对于发生严重脑病变（如中风或肿瘤）的患者来说，开展针对异己手征象的研究还有很多常见限制。例如，伦理学限制（Biran & Chatterjee，2004；Scepkowski & Cronin-Golomb，2003）。这些特点使得研究者很难对不同患者使用同样的临床与神经心理学评估方法。当然，鉴于上述原因，关于异己手综合征的已有研究结果也多为描述性文献。因此，未来对于异己手综合征的研究需要在以下几个方面着手深化。

首先，建立异己手综合征的标准症状评估系统。Gasquoine（1993）曾建议，对于异己手综合征患者而言，一个完整的评估过程应该包括如下方面：①标准的双手动作测验和单手动作测验；②自我意识缺陷的指标；③Brion-Jedynak 的异己测验；④使用行为和抓握反射的测量；⑤神经心理学评估，尤其是额叶的功能评估；⑥对动作缺陷进行量化，对视觉和躯体感觉丧失进行评估；⑦失用症和其他胼胝体与非胼胝体分离的检测；⑧焦虑的标准状态测验。例如，为了搜集关于触觉和视觉刺激的抓握反射证据，除了评估患者受累肢体的动作外，还需要评估其对已抓物体的释放能力。当然，胼胝体失用与半球内部信息传输受损的情况也都应加以考虑。对于后部型异己手综合征，还需进行视野评估和受累肢体的躯体感觉测验，以及单侧无注意的评估，也有必要诱发并记录其把肢体从触觉与视觉刺激上撤离的倾向（Goldberg & Goodwin，2010）。此外，考虑到个人人格特征与异己手综合征发作之间的关系，未来研究中也可添加一项人格测验。总之，研究者今后要借助得到长足发展的脑成像技术、心理测验技术等多元工具来设计一个症状评估系统，以考察所有的异己手征象。

其次，重视第一人称方法（first person method）与第三人称方法（third person method）的交互约束（reciprocal constraints）。近年来，现象学描述、内省与叙述心理学等第一人称方法在认知神经科学与精神病理学领域呈现出复兴的迹象（Sass et al.，2011）。一些研究者甚至认为，对疼痛等带有强烈主观体验的知觉病理现象的研究不能完全借助脑成像等第三人称的神经科学方法，而应在关注患者的实时体验并进行精确记录的基础上实现“第一人称的神经科学”（first-person neuroscience）（Thacker & Moseley，2012）。相应的，Giummarra 等（2011）建议，在探索、记录与评估身体整合意象障碍等身体不协调症状或自我具身性障碍时，尤其需要重视采集患者主观言语报告中回馈的现象学体验（phenomenological experience）。这将有助于研究者区分异己手综合征与其他自我具身性障碍，以及有效地判定异己手综合征的具体类型。例如，基于异己手综合征患者的第一人称报告而精确区分的自主感与拥有感概念在界定异己手征象上具有里程碑式的意义。Goldberg 和 Goodwin（2010）进一步指出，为了完成异己手综合征的有效评估，不仅要仔细观察患者在各种自然情景中的肢体动作，而且要研究患者关于动作控制感的口头报告，同时需要记录患者的相关情感。这些第一人称的主观报告可以引导研究者以脑成像等第三人称方法考察异己手体验对应的脑结构、功能和动力学的变化，从而形成两种数据之间的交互约束。

具体而言，异己手综合征与其他自我具身性障碍在神经病理机制上的差异是否会外显地表现在自主感变化的不同层次上？我们建议，可以尝试开放性地搜集自我具身性障碍患者在症状发作后的“回溯性的言语报告”（retrospective verbal report），并使用现象学的还原（phenomenological reduction，PHR）方法将这些报告中涉及的自主感特征划分为五种现象类型：①丧失自主感（lack of sense of agency）；②严重减弱的自主感（heavily reduced sense of agency）；③矛盾的自主感（ambivalent sense of agency）；④轻微减弱的自主感（lightly reduced sense of agency）；⑤完整自主感（intact sense of agency）。异己手综合征的自主感特征应该集中在前三种类型上，而其他自我具身性障碍的自主感特征应该集中在后两种类型上。在上述现象学类型的引导下，研究者可以进一步采集与此对应的神经相关物或脑电动力学特征，从而丰富对异己手综合征的诊断，甚至有望为异己手症状的发作提供可靠的预测性指标。

最后，通过实验设计诱发正常受试的异己手体验来深化对异己手综合征病理机制的认识。虽然神经–身体矩阵的扭曲可能导致个体出现异常的身体知觉，但该理论与内外部驱动系统理论以及双重运动前系统理论一样默认了个体主要借助本体感觉实现对自己身体的感知。例如，通过皮肤、肌肉、骨骼与关节的信号来指示身体部分的相对位置。然而，近期的研究显示，利用视觉与触觉信息同样可以实现对身体的表征，从而确保个体产生自主感。相应的，借助计算机虚拟或行为实验设计也可以使正常受试产生有关自身身体表征的错觉。例如，Sørensen（2005）巧妙地设计了一项画线实验，通过镜子诱发的视觉输入与个体画线动作产生的行为效果之间的不一致错觉，使得受试产生一种对自己的手缺乏控制的异己手体验。Guterstam 等（2011）的研究则借助触觉上的橡胶手错觉范式成功诱使正常受试将完全处于外界的橡胶手误认为是自己的“第三只手”。最近，Schaefer 等（2013）

报告了一例异己手综合征患者的异己手行为与橡胶手错觉之间的交互作用会诱发更加强烈的异己手运动。这说明正常受试经由橡胶手错觉诱发的异己手体验与异己手综合征患者的异己手征象之间的确存在许多相似之处，在研究上可以互为借鉴。综上，Blanke（2012）的解释是，身体自我意识是在综合模糊的多感觉身体信号（multisensory bodily signals）的基础上实现的。这些感觉信号包括视觉、触觉、运动感觉、前庭觉与本体感觉等，主要来自颞顶联结区、前运动区、后顶叶皮层以及纹外皮层。因此，未来的研究可以考虑使用TMS等因果性技术来实现对这些脑区的虚拟损伤研究，以考察异己手体验产生的特异性神经机制，从而为开发有效的异己手综合征治疗方案提供启示。

第五节　基于自我错觉的最小自我：具身建构论的立场

正如社会认知心理学家Klein（2012）抱怨的那样："在心理学中恐怕没有哪一个术语比'自我'应用的更为广泛却又如此莫衷一是。"因为在日常体验中，我们是自身体验的拥有者和行动的发起者的感受是如此强烈，因而从Decartes开始至今的自我实体论（substance theory）的拥护者，对于一种单一、独立和实在的实体自我的论证与寻找几乎从未停止过。然而，神经科学从未在人脑中找到与自我相对应的脑结构，这导致有些研究者开始质疑自我的实在性，有的甚至认为所谓的实体自我无非是脑创造的一种错觉。自我的建构论者指出，当个体仔细观察自己的体验世界中那些被称为自我的概念及其相关应用时，其并不能发现任何固有的事物或独立的实体，能够发现的是相互联系的过程的集合。这些过程有些是身体的或生理的，有些是精神的或心理的，正是这个过程生成了一个"我"，并且在这个过程中，"我"和过程本身是等同的（Thompson，2014）。自我就是在这个过程中被建构起来的。这样一种能基于不断变化的身体状态在概念上指定自己为一个自我的系统被称为自我标明系统，而主张自我生成于这一系统中的观点则被称为自我的具身建构论立场。自我的具身建构论立场认为，自我涌现自一系列遗传的、心理的、社会的和文化的条件中，但自我既不能被还原为一串脱氧核糖核酸（deoxyribonucleic acid，DNA）代码、一种心理侧写或是一种社会和文化背景，也不能脱离这些因素而得以理解。自我的与众不同不是因为"你"拥有某种有别于他人的"形而上"的品质，而是在于"你"是从一系列独特的和不可重复的条件和过程中涌现出来的。因此，自我既不是一个事物或实体，也不是一种错觉，相反，它是一个过程，一个“我正在持续进行”的过程（张静，2017）。

为了应对为自我建立恰当的模型的挑战，诸多哲学家、心理学家和认知神经科学家不约而同地采用了寻找一个核心的或“最小的自我”（minimal self）的方式，“即便在所有自我的不必要的特征都被剥离之后，我们仍然拥有一种直觉，即存在一个基本的、直接的或原始的‘某物’，我们愿意将其称为‘自我’”（Gallagher，2000）。然而，在寻找这一最小自我的过程中，始终需要注意的一个问题便是如何避免陷入太过抽象的境地。“接地原则”被认为是一种比较好的办法，即要理解最原初的能够使自我感产生的主体，我们要重视身体本身（Gallese & Sinigaglia，2010）。因此，理解自我是如何建构的，首先必须要理解这种最小的自我是如何建构的，而要理解这种最小的自我的建构，就必然要重视基于身体的自我现象。

一、具身建构的视角

认知依赖于经验的种类，这些经验来自具有各种感知运动能力的身体，而这些个体的感知运动能力自身又内含在一个更广泛的生物、心理和文化的情境中。使用“具身”一词意在突出两点：一是关于心智嵌入身体；二是关于身体嵌入情境与社会。如果要考察二，必须先考察一。Damasio 也指出，身体是有意识心智的基础，没有身体就没有心智、没有意识、没有自我。“我”是具身化的存在，一个由躯体和脑构成的存在。要全面地理解人类心智和自我的问题，就需要一种生命的视角，一种身体的视角（转引自李恒威，董达，2015）。

但是，自我并不等同于身体，对自我的理解显然也不能通过简单地将其还原为身体实在来进行。自我产生于一个不断进行着的过程中，因此理解自我还需要一种建构论的视角。自我是一种过程的建构这一主张可以从生物学、心理学以及社会学等众多方面加以辩护。在所有这些方面中，身体自我是基础的，也是最小的自我形态。

具身建构论认为，最小的自我概念就是区别自我和非我。因为身体的自我觉知首先需要一种对自我和非我界线的标定，正是这种区分构成了基本的自我感和非我感的区分。通过对拥有感（“我”是那个正在做出某个动作或者经历某种体验的人的感觉）和自主感（“我”是导致某个动作产生的原因的感觉）本身及其不同类别和相关受损的研究来探讨最小的自我、自我和他者的区别，将是当前研究中卓有成效的路径。拥有感和自主感被认为是两类能够帮助个体有效识别身体自我的重要体验（Christoff et al.，2011）。身体拥有感赋予本体感官信号一种特殊的现象品质，它使得自我意识从根本上变得与众不同：“我”的身体和“我”

之间的关系与“我”的身体和其他人的身体之间的关系是不同的，与“我”和外部对象之间的关系也是不一样的。尽管构成个体身体的各成分会处于一个永不停息的建造和拆除的过程中，然而我们却有一种自我感，有着构成同一性的结构和功能的某种持续性，有着某种被称为人格的稳固的行为特质。身体拥有感的这种不变性正是个体将其视为最小的自我的核心成分并加以研究的主要原因。

除了拥有感，常识经验也表明，个体还会根据“我”是否能让身体的某个特定部位受“我”的控制来判定身体的归属，即自主感。较之拥有感，自主感因包含了更多的心理成分而更难界定。这里只关注自主感如何作为一种有助于人类进行自我识别的基本体验。大量的研究表明，自主感的判断在很大程度上依赖于预测结果和实际感官结果之间的一致和不一致程度。比较器模型认为，在动作产生的同时会产生相应的输出信号（efferent signal），而当动作被执行之后又会有再输入信号（re-afferent signal），两者之间的匹配会让个体产生相应的自主感，而不匹配则会造成自主感的降低甚至缺失（Franklin & Wolpert，2011）。这些输出副本机制可能就是心理上产生自主体验的基础。

本节试图以拥有感与自主感为考察对象，通过病理学层面上对最小的自我的解构以及实验诱发正常个体对最小的自我的建构等两方面的研究证据，来论证具身建构论的合理性。

二、最小自我的病理学研究

1. 拥有感的受损

躯体失认症和躯体妄想症是最为常见的也是被引用最多的拥有感受损的病例。两者的共同点是病人会产生一种对自己单侧四肢的非归属的感受和信念，即丧失对自己一侧身体的觉知。有别于躯体失认症，躯体妄想症还有一个典型的特征是，此类病人在否认自己的身体部分属于自己的同时往往会声称特定的身体部分是属于别人的，即认为自己的手臂是属于另一个人的，如家庭成员或自己的医生（Bottini et al.，2002）。这两种病依旧形象地展示了作为最小的自我的核心成分之一的拥有感受损的情况，同时它们的存在也提醒着个体在关于“我的腿是我的或者我腿上的感受是我的感受”这些曾经认为确认无疑的事情上，我们也会犯错。Wittgenstein（1980）曾指出，当我们以自我作为主体的方式使用第一人称代词时，我们不可能错误地将“我”指称于错误的对象。确实，通常对于“腿是自己的”这一问题，我们不会出错。然而，躯体妄想症提醒我们，要知道我们看到的腿实际上是自己的或者腿上的感受是自己的感受，脑必须以一种恰好正确的方式运作。

脑除了模拟它所栖息的身体的活动外，它的某些部分也会记录其他部分的脑在做什么。也就是说，某些神经回路会模拟和监控脑的其他部分的活动，而这个监控过程的中断则会导致自主感的缺失。近期研究显示，右半脑顶叶区域的损伤或突发性的梗塞都会造成这个过程的中断，导致患者感觉并相信该肢体是异己的（不再属于自己而属于别人）或受别人控制（Demiryürek et al.，2016）。

2. 自主感的缺失

最典型的自主感缺失当属异己手综合征，这种疾病通常被界定为一侧上肢无意愿的、不可控的但看似有目的的动作（陈巍等，2016）。异手症所涉及的临床表现有多种形式，概而言之，患者的手会表现出无法控制的行为（尽管这些动作以一种目的指向的和“有意为之”的方式而被执行），并且患者会对这些行为产生极端的陌生感（Hertza et al.，2012）。例如，这只任性的手会抓住门把手不放，或者拿起一支铅笔乱涂乱画。异己手的移动看似有意图，但是这种移动看上去的意图和病人自己的意图是矛盾的，即至少自主感的最低水平（即自主性感受）是没有发生的。因此，异己手综合征患者会认为上肢的活动是由它自己导致的，即它是一个有着自己意图的独立的自主体（如“我没有那么做……”），或者它是某个有着自己意图的独立自主体的一部分。然而，即便患者丧失了与目的性动作有关的自主感，但仍表现出疏远的拥有感（如“虽然我知道这是自己的手”）（陈巍，2016）。

拥有感和自主感失调的病理学案例一方面说明两类体验在生理和现象上的可分离性，使得研究者能够对这两类基本体验分别进行研究，另一方面也推动着研究者去思考个体视为理所当然的自我感到底是如何被呈现出来的。作为最小的自我的自我感的涌现需要有具身化的载体，并与大脑、环境之间进行互动建构，没有某一样或某一些事物可以直接等同于自我，自我出现在各个过程的相互作用之中，任何一个环节的紊乱都会导致自我感的异常或缺失。不过，虽然病理学案例通过解构的方式能够让研究者更好地理解自我的具身建构，但是这样的研究数量有限，而且所得结论也不能被直接推论至正常个体身上。就此而言，新的研究方式的引入不可或缺（Ionta et al.，2011）。

三、最小的自我的错觉研究

1. 橡胶手错觉

在自我问题的探索中，最为杰出的错觉研究无疑是橡胶手错觉。它是一种个体将人造的橡胶手感受为自己真实身体一部分的知觉体验。因为能有效地在正常被试身上引发并检验拥有感体验，橡胶手错觉被认为是自我相关问题研究中一种具有重大突破的实验方法（Suzuki et al.，2013）。

在最初的实验中，主试在被试面前放置一只人造的橡胶手，并将一块挡板置于被试的真手和橡胶手之间，同时刷橡胶手和相对应的真手就能够使被试产生橡胶手仿佛成为自己身体一部分的感受（Botvinick & Cohen，1998）。随后的大量研究揭示影响错觉产生的首要原因是视触两类感官输入的同步性，600 ms 以上的时间间隔几乎无法让被试产生错觉。空间一致性和特征一致性也被认为会对错觉产生和错觉强度造成影响。当真手与橡胶手之间的距离超过27.5 cm 时，错觉强度会显著下降，并且，如果用与人手毫无相似之处的木块来代替橡胶手，错觉也会消失（Guterstam et al.，2011）。

随着橡胶手错觉研究方法在相关领域内的广泛应用，越来越多相似的范式随之出现。与传统橡胶手错觉相似度最高且目前又广受欢迎，并且几乎可以被视为传统橡胶手错觉的等价范式的是基于虚拟现实技术的虚拟手错觉（Ma & Hommel，2015；Zhang & Hommel，2015）。除此以外，还存在虚拟脸错觉（Tajadura-Jiménez et al.，2012）、全身错觉（Petkova et al.，2011a，2011b）以及虚拟声音错觉（Zheng et al.，2011）。所有这些范式的原理都是以同步的视触刺激为基础，同时根据各自研究的需要叠加其他因素，使得正常的健康被试对实际上不属于自己身体一部分的外部对象产生拥有感或自主感。

最初的橡胶手错觉实验对拥有感和自主感的衡量主要是基于问卷，随后本体感觉偏移以及皮肤电导反应也作为辅助测量手段出现在研究中，以消解大家对于问卷缺乏客观性的质疑（Riemer et al.，2013；Zhang et al.，2015）。随着神经成像技术的发展，越来越多的研究开始对拥有感的相关脑机制进行探索。

2. 橡胶手错觉中的拥有感

Tsakiris 等在橡胶手错觉实验中，在同步的视觉-触觉刺激呈现之后的350 ms 这一时间点上，通过将 TMS 作用于右侧颞顶联合区，结果发现，同步的视触刺激不再会引发拥有感错觉（Tsakiris et al.，2010）。这一结果说明，右侧颞顶联合皮层在拥有感的形成过程中不可或缺。此外，基于 fMRI 对橡胶手错觉过程中的相关脑区进行的研究发现，在产生错觉时，大脑两侧的腹侧前运动皮层、顶内沟、后顶叶、顶下小叶等区域均会产生激活（Brozzoli et al.，2011；Ehrsson et al.，2007；Gentile et al.，2013；Limanowski & Blankenburg，2015；Makin et al.，2008）。后顶叶的主要作用是整合与橡胶手有关的多感官信息。这一整合在橡胶手错觉体验发生之前开始，说明后顶叶所涉及的过程可能是消解视觉刺激和触觉刺激之间的冲突，其结果就是对视觉和触觉坐标系的再校准。由于顶下小叶主要是处理与身体轮廓的知觉判断有关的信息，因此顶下小叶在橡胶手错觉中的作用主要表现为对身体部分的空间关系的表征。此外，Tsakiris 等通过 PET 所进行的研究发现，脑岛的激活和不同条件之间的本体感觉偏移之间存在着正相关（Tsakiris et al.，2007），说明脑岛在拥有感的主观体验中可能起着重要的作用。脑岛能接受躯体生理状态的信息，然后产生主观体验。因此，脑岛和错觉过程中明显的本体感觉偏移有关不仅为本体感觉偏移作为拥有感错觉的指标提供了佐证，同时也说明拥有感的产生可能会进一步影响更高级的情感和认知加工。

基于橡胶手错觉的这些神经成像研究的结果说明，上述拥有感所涉及的这些脑区共同形成了一个联合网络，将当前刺激与个体自己独特的身体特征相联系，而稳定、统一的自我感则是在这一作用过程中被建构起来的（Tsakiris，2010）。最新的一些行为与神经电生理实验也证实了上述猜想。例如，张静和陈巍（2016）通过将虚拟手呈现于不同的空间参照系来考察被试在不同情境下拥有感体验的程度。实验结果表明，一方面，无论是同步性还是距离，都会对虚拟手错觉中的拥有感产生影响；另一方面，不同的距离参照系对同一位置的拥有感体验的影响差异显著，即知觉到的拥有感会受环境信息的影响，错觉程度的大小与相对位置而非绝对位置关系更为密切。这一发现与单模态的匹配理论认为拥有感错觉依赖于预先存在的稳定的身体意象的假设相悖，相反，这一结果表明，身体表征很有可能是基于一种较为宽泛的整合标准，因而具有相当大的可塑性，说明自主体对自身身体的表征更有可能是一种概率性的联合具身建构过程。

来自脑卒中患者身体拥有感的神经电生理学证据显示，相比于正常被试，脑卒中患者接受刺激的手的皮肤电反应、皮肤温度与肌肉活动都显著地降低了，而他们却报告体验到了更强烈的身体拥有感。因此，脑卒中患者与正常被试在拥有感上的具身化差异可能是由增强身体图式的可塑性，以及位于本体感觉之上的视觉输入这样一种病理性优势驱动的。通过抑制交感神经系统的反射活动以及前运动皮层参与身体图式的重构，可以促进神经生理反应的差异。这些结果可以证明，脑损伤促进了身体模式的可塑性，而前运动皮层在这种机制中扮演主要作用（Llorens et al.，2017）。

3. 橡胶手错觉中的自主感

大量的研究表明，自主感的判断在很大程度上依赖于预测结果和实际感官结果之间的一致程度（Vosgerau & Newen，2007；Sidarus et al.，2017）。预测结果和实际结果之间的一致性将会导致自主感的产生，而不一致则说明动作可能是由另一个自主体导致的。因此，很多研究者都通过操纵动作的反馈（视觉反馈或听觉反馈）来控制自主感（Haggard & Chambon，2012；Moore & Obhi，2012）。空间偏差也被发现会对自主感产生影响。例如，当光标和控制杆的移动在空间上被扭曲之后，自主感程度的降低便会被观察到（Farrer et al.，2008）。对自主感空间、时间规则的研究发现，自主感存在的阈值在时间上会延时0—150 ms，而在空间上则会偏移15°—20°（Jeannerod，2003）。超出这些范围之后，被试便会开始将反馈判断为和他们的预期是不一样的，即不会再认为是自己的动作引起的反馈。

基于脑成像技术所发现的明确和自主感有关的脑区主要包括后顶叶、小脑、辅助运动皮层、颞顶联结与角回（David et al.，2008；Beck，2017；Kühn et al.，2013）。后顶叶是重要的联合皮层区域，不仅在感觉与运动整合方面起着重要作用，同时也参与多种认知功能。后顶叶在橡胶手错觉实验产生自主感的过程中出现激活也说明，对于自主感而言，感官和运动信号之间一致性的评估对自主感的产生至关重要。小脑在感官反馈的加工中也有作用，被认为是运动控制的内部模型的基础（Manto et al.，2012）。对小脑受损的病人的研究发现，当要求执行的任务与内部预测控制有关时，他们便无法很好地完成任务（Synofzik et al.，2008）。这说明小脑不仅使得个体能够不断更新内部表征从而更好地适应外界的变化，还能够帮助其对自我和他者所引发的刺激进行区别从而给出更恰当的反应。辅助运动皮层在对自我所产生的移动的觉知和执行中会产生激活。例如，主导一个移动和仅仅是跟随或者观察一个移动相比，只有前者才会涉及辅助运动皮层的参与，并且它不仅在移动的执行过程中非常关键，而且在准备阶段和发起阶段也很重要（Haggard，2008）。颞顶联结会对意外的外在感觉事件产生反应，即在缺少自主感的状态下，它的激活或许反映的并非自主性的归因过程，而是对这一加工的可能结果的反映（例如，判断这一认知事件是否由外在诱发的）（Haggard，2017）。

除此之外，可能与自主感相关，但作用并不是那么明确的区域还有颞上沟后部、脑岛以及基底神经节（David，2011）。它们分别在社会知觉和情感认知中发挥重要作用，和主观体验有着密切的联系，并与顶叶皮层和小脑相连，在运动控制中发挥着重要作用。因此，与拥有感的研究结论一致，自主感的产生也不能被归因为某个单一脑功能区的作用，也不能全盘否定自我的实体性基础而认为它就是一种“有用的错觉”，相反，自我应该是在这些脑区的相互作用过程中被具身建构而涌现出来的。

这样一种具身建构的思想同样也有来自行为实验的支持。张静等通过研究拥有感和自主感对焦虑的影响来探讨上述问题：拥有感和自主感的可塑性；不同拥有感和自主感状态对焦虑水平的影响；任务类型在拥有感和自主感影响焦虑水平过程中的作用。研究结果表明，一方面，拥有感与自主感是彼此相对独立的，在一定条件下，两者是可以进行双向分离的；另一方面，拥有感与自主感之间也是存在交互作用的，自主感能够促进拥有感，但拥有感并不能促进自主感。此外，根据上述实验结果，研究者还可以超越拥有感和自主感作为最小的自我核心成分的作用，进一步对最小的自我和叙事的自我之间的关系进行一些探讨：不同的拥有感和自主感体验以及不同的任务类型都会对最终所测量的焦虑水平产生不一样的影响，这说明最小的自我和叙事的自我之间应该同时存在自下而上的影响和自上而下的影响，并且最小的自我和叙事的自我之间很有可能是通过情感这一关键构成要素而产生更进一步的联系的（Zhang & Hommel，2015）。

不同的条件能够引发被试不同的身体拥有感和自主感体验（Kalckert & Ehrsson，2014）。这意味着自我和非我之间的界限可能并不是那么一成不变的，至少在某些条件下可以改变。橡胶手错觉及其变式中所揭示出来的自我表征和自我识别的可塑性直接动摇了自我是一个单一的固定不变的实体的观念，并暗示了这样一种可能性：自我是在我们与外界交互作用的过程中，以脑的某些结构的活动为基础，基于一定的原则和规范建构起来的。当然，仅凭目前橡胶手错觉所开展的研究就得出这样的结论还为时过早，但是通过描述拥有感和自主感是如何可塑的这一方式，橡胶手错觉及其变式的研究展现了稳定而统一的自我感是如何在主客体互动的过程中动态形成的。

自我涉及横向的、复杂的心理内容和纵向的、多层的发展阶段，而通常研究一个复杂事物的最好方式就是从考察它的最简形式开始。因此，理解自我的出发点是最小的自我。通过对拥有感和自主感所构成的最小限度的有意识自我在病理学中的解构和错觉研究中的建构，可以论证一种自我的具身建构论。未来的研究可以从如下三个方面入手推进相关的探讨，并检验其合理性。

首先，就成分建构而言，最小的自我是由拥有感和自主感两个部分构成的。一方面，这两部分相互独立，表现为可以在一定条件下彼此分开。例如，在个体没有主动发出行为的意愿时，如果身体发生了移动，其会根据拥有感和自主感之间的这种不一致快速地寻找原因并做出恰当的反应。如果仅仅是朋友开玩笑推了一下，他可能会一笑置之，但如果是有人骑自行车不小心撞到的，他可能会快速地躲开以避免更坏的结果发生。另一方面，这两部分又彼此密切联系且相互影响。正是由于拥有感和自主感之间的交互作用，才保证了我们能够以恰当的方式对某些刺激进行反应。为什么个体不能给自己挠痒痒的问题或许是一个很好的例子。当我们自己挠自己的时候，拥有感和自主感是一致的，而当别人挠我们的时候，拥有感依旧存在但自主感是不存在的。当两者之间不匹配时有所反应是满足个体的适应性需求的，而当两者之间匹配时做出反应则是会令人诧异的。因此，未来对自我建构的探索可以通过对最小的自我的两种成分是如何建构的进行研究。

其次，就结构建构而言，在拥有感紊乱和自主感缺失的病理性研究中也可以看到拥有感或者自主感的失调会表现出不同的程度。也就是说，即便是拥有感或自主感发生了紊乱，也不是全或无的形式。可见，拥有感和自主感内部确实存在着不同的层级。有学者指出，拥有感和自主感应该各自包含前反思的层面、判断的层面和元认知的层面（Synofzik et al.，2008）。那么，每种基本感受的内部层级之间是如何相互影响并最终导致自我感呈现的呢？近期，预测编码模型（predictive coding model）对感官加工层级结构的解释或许可以适用于对拥有感和自主感的考察。根据所加工信息的类型，可以将拥有感和自主感每个层级上处理的内容分为自上而下的信息和自下而上的信息，前者反映的是关于事件的感官结果的预测，而后者反映的则是感官事件的影响。自上而下层级最上面的是加工感官输入抽象表征的多感官区域，并且会有两类不同的神经元分别处理这两类不同的信息，表征单元（representational units）负责加工关于即将到来的感官输入的概率表征，而错误单元（error units）则是在预期的感官事件和实际的感官事件不符时对预测错误进行编码（Clark，2013；Friston，2005）。然而，概率表征如何影响自上而下的预期，从而消解自下而上的预测错误，最终使得自我以稳定、统一的方式呈现呢？其中，身体意象与身体图式是稳定的还是可塑的？研究者对这些问题仍然存在争议，还有待澄清（张静和陈巍，2016；Armel & Ramachandran，2003；Llorens et al.，2017）。

最后，就过程建构而言，Apps 和 Tsakiris（2014）认为，对自我的表征和识别是一个将身体的单模态特征与来自其他感官系统的关于身体的信息进行概率性联合的过程。脑就是在不断地消解震惊和更新可能性表征的过程中建构起一个自我，并将其以稳定和统一的自我感的形式呈现于每个人的有意识的体验之中的。近期，自由能量原理认为，自我组织的有机体有一种抵制失调的自然倾向，即面对永远不断变化的环境，他们会尽可能保持自身原本的状态和形式（Friston，2010）。有机体通过避免和感官状态关联的震惊来达到保持稳定的目的，而这反过来又会导致一种外部世界对它们而言需要是高度可预测的状态。因此，长远而言，脑为了减少震惊的出现，就必须“学会”如何构建一个更好的模型来预测感官输入的结果，以期与实际的感官事件之间尽可能保持一致。对于自我而言也是如此，个体要在不断变化的环境中保持一种稳定的自我感，同样需要构建一个良好的能够对感官输入进行较好预测的自我模型，并且这一模型在预测错误发生时也要能够进行更新。这种解释是否能令人信服，仍然需要得到更多实验室证据的检验。

第八章　具身化的社会认知

每一种行为都有着其特定的表达或呈现方式。这种表达的内容来自行动个体的中枢神经系统的相似表达。中枢神经系统的表达反过来对应个体的“体验”，后者由相似的方式表达。因此，观察者心中的知觉，如果其构成也包含了施动者的心理活动，那么它（在行为上）必然拥有相似的表达方式。于是，施动者A和观察者B的体验之间应该彼此相似。

——Kurt Koffka，1924

第一节　当前认知科学中他心直通理论之谱系

一、何谓他心直通理论

在著名的“斯坦福哲学百科全书”网站上，有关“他心问题”（other minds problem）词条的开篇写道，“这是一个哲学上的神圣问题，即便它在今天已经不再时髦”（Hyslop，2013）。然而，上述论调或许针对的只是伴随语言哲学式微而衰落的怀疑论意义上的他心问题。在过去的半个世纪中，他心问题已经走出笛卡儿的阴影，既不再单纯被视为一个认识论问题（即我们如何证明除了我们自己的心理状态外还存在着他人的心理状态这样一种信念），也不再被单纯看成是一个概念问题（即除了我们自己的心理状态，我们能够形成有关心理状态的概念是何以可能的）。相反，它已经成为心智哲学与认知科学哲学中一个关乎理解他人并与之进行有效互动的实效论问题，以至于20世纪八九十年代，有关读心的理论论和模拟论之争曾在哲学与心理学中盛极一时。

近年来，伴随以具身认知为代表的第二代认知科学的蓬勃发展，认知科学哲学内部有关理解他心的解释模型、认知与神经机制以及争论重新引发了哲学家、心理学家、人工智能专家与神经科学家的研究热情。无疑，他心问题作为认识论的基础，匿身于读心（分析取向的心智哲学论域）、社会认知（实验科学取向的心理学论域）、交互主体性（经典或自然化现象学论域）等诸多具有“家族相似性”的论题、概念与实体理论之中。

其中，一个极具叛逆意味的理论群作为新兴的势力正在迅速崛起。这一理论群旨在挑战理论论和模拟论作为“读心城堡中唯有的两个游戏”（Zahavi，2011），进而批判乃至颠覆两者在哲学上共同的认识论预设。它们试图追问：通达他心必然是“间接”（indirect）的吗？自我与他人、内部与外部、可观察的行为与不可观察的心理状态之间是否存在不可逾越的鸿沟？除了反思形式的命题态度，他心体验是否还存在其他形式（如前反思的心理内容）？理解他心只能是一种理性的“思维”（理论推理或模拟）活动，还是存在其他直通他心的途径（如知觉活动）？这些途径与理性思维活动之间又存在何种关系？来自脑与神经科学的经验证据是否可以支持上述设想？我们将这一进路统称为“他心直通理论”。

二、他心直通理论的多种路径及其诸版本

为了更好地梳理并对当前认知科学哲学内部各个他心直通理论进行分类，从而给予一种谱系学的关照，笔者将按照丹尼特（D. Dennett）框定的解释的个人水平与亚个人水平，以及其在认识论上体现的哲学倾向（欧陆现象学与英美分析哲学传统），来考察他心直通理论诸版本的立场、内涵与证据。个体水平关注个体及其行为，并可以使用意向性词汇进行表述（例如，某人正在感觉到疼痛）。与之相对，亚个人水平主要处理在一个认知系统中认知与神经机制所发挥的各种功能，并可以用非意向性的词汇进行表述（如C神经纤维被激活）。上述两个维度相互交叉，衍生出四条既相对独立又互惠支撑的他心直通理论路径，在四条路径中，代表性学者的位置如图8-1所示[①]。

1. 个体水平上他心直通理论的现象学进路

现象学家 Zahavi（2011）指出，有关理解他心的新兴备择选择中的一种指导性观念是“否认我们与作为一个有心灵的生物进行交往时唯一的问题就是将隐藏的心理状态归因给他人。相反，这个观念主张我们需要严肃地对待心理生活的具

---

① 按照图 8-1 的标注，支持他心直通理论的各个版本的代表性学者立场可以得到清晰呈现。箭头指向方向代表着支持某一维度立场的强度。囿于篇幅，部分学者的学术观点在本书中无法得到具体展开和论述，但读者可以通过相关文献按图索骥以获得足够的信息。

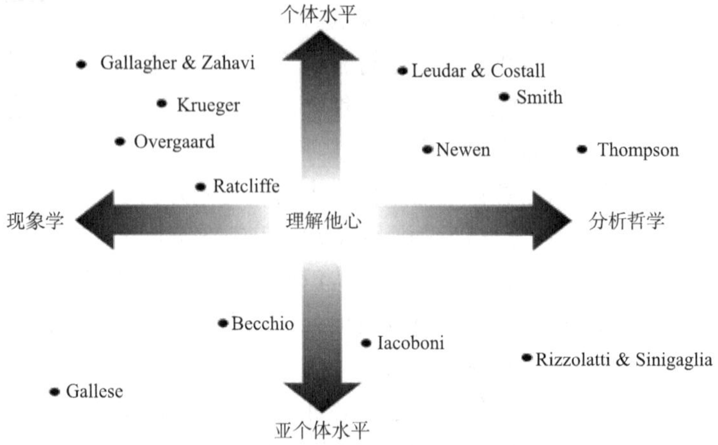

图 8-1 当前认知科学哲学中他心直通理论的四条路径

身的和环境嵌入的本质，并承认一种更直接的通达他人心灵的途径，该途径先于其他任何想象的投射（imaginative projection）或理论化的推理，且比后两者来的更为基本”。这种通达他人心灵的方式被称为直接社会知觉（direct social perception，DSP）。

他心的直接知觉取向支持者认为的DSP是指,我们可以直接知觉到心理状态。例如，我们在母亲耷拉的肩膀、紧锁的眉头以及低声的呻吟中看见了她的悲伤；我们从侄女爽朗的笑声与雀跃的姿态中看见了她的欢乐；我们从朋友打开冰箱门并伸手去取酒瓶的动作中看见了他想要喝啤酒的愿望。在这些例子中，情绪和愿望并没有隐匿于行为背后，它们实在地体现在行为之中。当看到这些行为时，我们就直接看到了心理状态，无须任何推理性的沉思。总之，我们可以从行动中看见心灵。

然而，值得关注的是，DSP 并非一个全新的论题。在哲学史上，诸多现象学家都对类似的理论版本进行过论证与辩护。胡塞尔首先强调了 DSP 在现象学生活世界中得以成立的本体论基础，“对我而言，在我们体验到他人的有效性中，已经包括了他人体验的共同有效性（co-validity）。通过这种共同有效性，他人成为一种面向我的存在。他人的活的身体不仅仅是我可以直接感知到的物理身体，而且是一个活生生的身体，已经包含了知觉的共同接受。在这种共同接受中，他人拥有他的活的身体就像我所感知到的同样的身体一般。相似的，他将周遭世界感知为是物质的，就像我体验到的周遭世界一般。连同他人体验到的生活，我无法在脱离他人所体验到的共同设定（co-positing）的情况下去设定他人”（Zahavi，2015）。对于 DSP 发生的形式，我们在知觉上遭遇到的他人是“活生生的体验……完全无须沉思，甚至无须任何基于印象或想象描述的意识就可以把握”（Husserl，2006）。

Scheler 的态度更为明确。他认为，围绕他心的所有困难几乎都是人为设置的，进而发展出了一套“他心的知觉理论”。该理论可以被视为 DSP 的典范性现象学陈述。Scheler 坚持认为，“我们必然相信自己可以从他人的笑声中直接熟识他的愉悦，从他人的泪水中熟识他的悲伤，从他人的脸红中熟识他的羞愧，从他人伸出的双手中熟识他的乞求，从他人温柔的目光中熟识他的爱，从他人咬牙切齿的表情中熟识他的愤怒，从他人紧握的拳头中熟识他感到的威胁，从他人的话音中熟识他的想法。如果有人对我说这并非是‘知觉’，因为知觉只能是感官感觉的复合物，而在这里肯定不存在对他心的感知，也不存在任何源自他心的刺激，我请求他抛开如此可疑的理论而转向关注现象学事实上来”（Scheler，1954）。

梅洛-庞蒂在《知觉现象学》中进一步探讨了 DSP 发生的现象学机制问题。他说道：“我从他人的行为中，从他的脸或者手中感知到他人的悲痛或愤怒，而无须求助于任何有关痛苦与愤怒的‘内部’体验，因为悲痛和愤怒是一个未曾分割成身体和意识的世界之中共有的变化。这些变化适用于他人的行为，在他人现象身体中是可见的，就像这些变化在我自己的行为中向我所呈现的那样。”（Merleau-Ponty，1963）

因此，按照现象学家的理解，所有支持他心间接通达理论的支持者在认识论上预设了一种“相当值得怀疑的二分，即内部与外部、体验与行为之间的二分”（Zahavi，2011）。在一个被感知的身体与一个进行判断的心灵之间做出二元的切分，这无疑陷入了笛卡儿设置的陷阱。事实上，当我们看见一个苹果的时候，严格意义上说，我们仅仅看见了苹果面向我们的那个部分，而它的背面仍然隐匿于我们的视线之外。然而，即便如此，我们在视觉意识上仍然会将它体验成一个三维的对象。按照现象学的术语，苹果隐匿的那部分会在知觉上伴随它朝向我们的部分“并现”（co-present）在我们面前。落实到他心问题上，与之类似，尽管我们只是看见某人的行为，但是与这些行为相对应的心理状态总是在体验上并现的。例如，即便我们只是在视觉上看到了他的蹙眉，他人的痛苦还是会在视觉上向我们并现。

在更具普遍意义的社会互动中，人们或许会担心他人与之相像与否，判断他人可靠与否，或是否有吸引力。人们会对他人是否真诚或虚伪、他人是否由贪婪或慷慨所驱使，以及他人的举动是有意图的还是偶然的产生怀疑。然而，我们一开始几乎不会对他人是否具有心灵产生怀疑。正如格式塔心理学家与现象学家 Gurwitsch（1979）理解的那样，“在日常生活中，我们从未面对这样一种选择：即我们是否应该将我们在街道上或会谈中遇到的人们视为一个真实的人抑或仅仅是一个机器人……这种根深蒂固的确定性远远超过了我们在一个具备充分证据的科学假设中所拥有的自信”。

在个体发生学上，一些现象学家认为，个体这种区分“有心灵”（或者更为严格意义上的“有生命”）与“无心灵”对象的能力在生命早期就已经初露端倪，并以“原初交互主体性”的形态存在于新生婴儿中。在此基础上，现象学家Gallagher（2004）提出了互动理论。该理论认为，原初交互主体性是一种前反思、前语言的人际互动形态。原初交互主体性的缺陷会导致儿童产生自闭症等发展性人际互动障碍。

2. 个体水平上他心直通理论的分析哲学进路

与此同时，有关直通他心的理论并非仅仅继承现象学的传统或遗产，在分析哲学史上，类似的观点与理论形态也并不罕见。维特根斯坦（L. Wittgenstein）曾在《哲学心理学评论》中曾有过这样的表述：“我们看见了情绪——相对于什么呢？——我们并没有看见某人脸部的变化并以此推断出他正感觉到欢乐、悲伤或烦恼。我们把他的脸描述成悲伤的、容光焕发的、烦恼的，我们甚至无法对这些特征给予另一种描述——有人可能会说，悲伤就表现在他的脸上。”甚至，在理解情绪与行为关系上，维特根斯坦与Scheler之间存在着惊人的相似，“人们可以说‘我从他脸上看出了胆怯，但无论如何，胆怯不只是以联想方式外在地和这张脸联系在一起，恐惧活生生地呈现在面目表情中。这些表情发生任何些许改变，我们就会说相应的恐惧的改变’”（Wittgenstein，1980）。

不难发现，维特根斯坦与现象学家一样，拒绝接受在心灵与行为之间存在着本体论鸿沟的预设。在维特根斯坦之后，Austin（1979）、Smith（2005）、Thompson（2008）等分析哲学家也分别提出过类似的理论版本。当然，这些分析哲学家不会使用并现来解释上述直通他心的现象何以可能，而是转向支持一种“构成解释”（constitutive account），即心灵可以在体验与行为中被等价且并不是模棱两可的实例化。许多公开的行为，诸如微笑、皱眉、摇晃拳头、掰手指数数、伸手拿水杯等，均允许我们直通他心。毋庸置疑，许多心理状态可以具体地体现在我们看见的表达行为（expressive behavior）中。并不是行为背后隐藏着心理状态，而是行为本身就构成了心理状态。身体表达的构成意义在于特定的身体行为是心灵的表达，在这种表达中，它们实际上构成了某些心理现象的合适组成部分。因此，看见这些行为就是看见了他人心灵的一部分——外部公开可见的那部分——而不是把这些外部行为简单地看成是某些内部心理状态活动的因果产物。

因此，根据构成解释，心灵应该被视为一个混合实体，是由内在的（神经与生理）和外在的（行为与环境）部分与过程构成的一个整体（Krueger，2018）。虽然我们无法看见他人混合的心灵的所有构成部分，但这并不会影响我们可以直接知觉到其外部实现的部分。在此意义上，分析哲学进路的他心直通理论与现象学进路殊途同归。上述立场在朴素行动理论中得到了最为有力的表述。该理论认为，打算做出一种行动的意图是指向那个行动过程中存在的形式或构成部分（Thompson，2008）。例如，假设老李想制作一个煎饼果子。我们是通过他在做的过程中显现出来的内容来推测其行动的。老李敲碎鸡蛋，因为他正在做煎饼果子（即他正处于做煎饼果子的过程之中）。对老李的行动的分析无须推理他的心理状态。事实上，所有的分析都需要一种关于老李正在做什么及其行为所指向的目的的解释。将老李的行动意图归因为制作煎饼果子就是主张他现在正在做什么，正在敲碎鸡蛋就是为了做煎饼果子。的确，敲碎鸡蛋的行动表明老李正在做煎饼果子，这是因为敲碎鸡蛋本身就是制作煎饼果子过程的组成部分。因此，理解一个意向性动作只是一个有关目的指向性（goal-directedness）的问题，即知觉到当下正在发生什么并预测接下来的行动将会是什么。朴素行动理论认为，所有关于行动的解释都可以被朴素地加以阐释，无须对诸如想要和打算等心理状态的推理。朴素行动解释是奠基性的，而复杂行动解释是多余的，也不可能成为动作解释的基本形式。

因此，朴素行动理论显然是站在了传统行动理论观的对立面。后者认为，意图是一种心理状态，如一种信念或者某种先前的态度（Davidson，2001）[①]，因此，解释一个目标他人的意向性行动需要推理那些产生并引导行动的信念和先前态度。朴素行动理论则否认这一点。

当然，关于“构成”的概念仍然可以区分出较强与较弱的意义。在较强的意义上，构成意味着“相等于”或“等价于”。例如，小张的愤怒就等同于他的咬牙切齿与紧握拳头等。这种解释显然多少有点接近行为主义的哲学诉求。但是，当前分析哲学取向的他心直通理论无须接受这种较强意义上的构成解释在认识论承诺上带来的被动，而是可以转向接受一种较弱意义上的构成解释。按照这种解释，“构成”意味着“成为一部分”（Krueger，2018）。打个比方，窗户是房子正当的构成部分，但是房子并不完全由它的窗户构成。类似的，我们通过看见他人外在公开面向我们的部分从而看见他人的情绪，就像通过看见房子的窗户看见房子一样。这种较弱意义上的构成观并不会导致行为主义。因此，尽管某类表达行为及其动态形式构成了某些心理状态的外在“窗户”，该观点也并不会认为我们可以知觉到所有相关的心理现象。某些心理状态（如情绪）是结构性的复合物——它们是混合的，是由内在成分与外在成分通过功能整合构成的。

① Davidson 在对异态一元论（anomalous monism）的辩护中论证了这种主张。

3. 亚个体水平上直通他心理论的现象学进路

与个体水平上的他心直通理论遥相呼应，且声势日隆的是亚个体水平上的他心直通理论。点燃这一理论热情的是近年来自神经科学领域的重要研究发现——镜像神经元。20世纪90年代中期，由意大利帕尔马大学神经科学学家 Rizzolatti 领导的团队借助单细胞记录法[①]，在豚尾猴大脑腹侧前运动皮层（premotor cortex，PMC）的 F5区和 PF 区发现了一类特殊的多通道神经元。它们不仅在猴子执行一个目标导向动作时被激活（如猴子用力抓住一个苹果），而且当猴子被动观察一个由其他个体执行的相似动作时也会被激活。镜像神经元凭借这种特征去匹配观察到的和所执行的动作，同时去编码“我的行动”和“你的行动”（Rizzolatti & Fogassi，2014）。随后，借助 fMRI 和 TMS 等非侵入性认知神经科学技术，众多研究团队相继发现，人类大脑的顶下小叶的喙部、中央前回的下部以及额下回的后部等脑区具有镜像属性。这些区域也被称为镜像神经元系统。其中，前脑岛会在个体观察他人恶心表情时发生与主体自己产生恶心情绪时同样的激活，这意味着人类镜像神经元系统还参与了共情等社会认知加工（Gallese，2016）。

在镜像神经元发现的早期，帕尔马团队中的神经生理学家 Gallese 就对使用胡塞尔与梅洛–庞蒂的现象学框架来解释镜像神经元的功能抱有浓烈的兴趣。结合现象学的传统与神经科学事实，他提出了 ES 论。Gallese 赞同梅洛–庞蒂在《知觉现象学》中为“身体”在主体与世界和他人照面时赋予的地位，“我们身体的运动体验并非认识的一个特例：它向我们提供进入世界的和进入物体的方式，一种应该被当作原始或最初的实践知”（Merleau-Ponty，2012）。ES 是指主要利用（但不局限于）运动系统的内在功能组织来实现对他人的“体验式理解”。ES 并不限于动作领域，也囊括情绪与感觉等交互主体性的诸多方面。这样一种机制之所以是“具身的”，是因为它使用了大脑中一个预先存在的身体模型。这里的身体不是物理上的“躯体”，而是胡塞尔意义上的“身体”。所有呈现镜像属性的脑区对我们与世界的互动进行了建模。这种互动模型——即实践知——不仅与引导我们自身行为的任务高度相关，也与我们理解他人行为密不可分。所谓“模拟”是指，当我们观察到一个动作时，我们的运动系统就会被激活，就像我们自己执行那个观察到的相似动作一样。我们将观察到的动作理解为意向性的、有心灵驱动的，这精确地取决于观察到的主体与观察者之间的联系。当然，这种模拟与传统读心领域内的模拟论不同，前者是自动化的、无意识的与前语言的（prelinguistic），作为社会认知的核心机制，它在存在形态上比任何形式的对他人命题态度的外显

① 单细胞记录法（single-cell recordings）技术一般需要神经科学家侵入性地打开研究对象的颅骨，并在其相应的脑区安插电极以记录个别神经元的活动。

归因都要基本与普遍，在发生学上则比后者更为古老与原初（Gallese，2005）。

通过 ES 这种实践知，我们将他人的行为作为一种意图体验，在他人的所做所感和我们的所做所感之间形成一种等价关系。我们不仅“看到”一个动作、一种情绪或一种感觉，伴随观察到的社会刺激的感觉描述，观察者会同时产生与上述动作、情绪和感觉有关的身体状态的内部表征，就好像他们亲自做了相似的动作或体验到相似的情绪和感觉（Gallese，2005）。需要说明的是，在日常生活中，他人的行为经常被部分地掩蔽在我们的视线之外。例如，看见有人打开车门入座后点火启动，我们通常无法完整地看见整个动作序列及动作对象（拿钥匙的手被方向盘挡住），但是这并不影响我们很好地理解并预测他人的行为意图。近期的手部抓握动力学实验证实了这一点。Becchio 等（2018）发现，作为观察者的被试可以迅速、精细地识别出被掩蔽的抓握对象。早在动作执行者做出抓握动作开始的80 ms 内，被试就可以准确地预测出这一动作是抓握小的物体还是大的物体。研究者认为，被试可以从动作的运动学信息中提取出足够多的线索来理解动作意图，而镜像神经元系统对于动作运动学传递的意图信息是极其敏感的（Ansuini et al., 2016）。“‘视线之外’（out of sight）并不意味着‘心灵之外’（out of mind）。”（Gallese，2005）通过 ES，动作执行中的“空缺”可以被有效填补。

因此，在生活世界的真实互动中，我们不仅是在心理上客观地认为第三人称对我们来说意味着什么，还将他们体验为身体自我。与我们如何将自身体验为自己身体和行动的拥有者和执行者类似，当面对他人的表达性行为、反应和倾向时，我们同时也体验了他们的目标导向和意图特征（intentional character），就像我们将自身体验为“我们的”行动的执行者、“我们的”情绪、感情与感受的主体一样。因此，ES 是确保我们能够直接统握他人的主要知识来源。

4. 亚个体水平上他心直通理论的分析哲学进路

同样是受镜像神经元研究的启发，神经科学家 Iacoboni 与 Rizzolatti 以及哲学家 Sinigaglia 等则沿着另外一条分析哲学进路发展出了与 ES 类似的他心直通理论——直接匹配假说（direct-matching hypothesis，DMH）。与此同时，Gallese 也从分析哲学的角度将 DMH 与 ES 合并成为他心紧缩解释（deflationary account）。

早在20世纪90年代中期，在被动观察和主动执行目标导向的动作过程中，镜像神经元的放电规律就对动作感知和理解的理论描述产生了强烈的影响，并挑战了以往的视觉假说。一系列实验发现，只要猴子拥有足够多的关于动作执行者意图的暗示信息，即使动作执行的目标对于猴子的视觉系统来说是隐蔽的（如使用挡板遮住花生），其镜像神经元也会被激活。并且，伴随着指向目标动作的声音（如剥花生的动作发出的声音），也能够导致特定的镜像神经元产生激活，即使该过程中对于猴子来说并没有视觉信息的呈现（Rizzolatti & Craighero，2004）。这些结果都有力地暗示，镜像神经元的激活表征了动作的概念，而不仅仅是由视觉上看到或执行动作导致的反应。

根据 DMH，灵长类动物只有在将其视觉表征映射到相应的内部运动表征上时才能理解动作。换句话说，动作的感知和理解不是抽象过程的结果，仅仅依赖于视觉表现。相反，观察者的运动系统积极地参与了这一过程，镜像神经元的作用是表征并可能根据其运动目标再现动作的。这意味着动作的感知和动作的产生不是两个独立的认知过程，两者是紧密耦合的。

基于上述实验发现，Iacoboni 提出了一个大胆假设，该假设认为，我们对于动作的感知觉表征是与我们脑中相应动作的运动表征直接匹配的。这种匹配发生于运动神经元存在的脑区，这些运动神经元除了在我们执行某一运动时被激活，在我们观察到这个特定的动作时也会产生强烈的激活（Iacoboni et al.，1999）。关于 DMH，有两点值得特别说明。其一，"直接"意味着动作的视觉信息无须经过其他机制的转换或中介作用就被投射到运动皮层。其中，并不排除其他认知机制参与到感知觉物体或动作的过程中。该假设仅仅强调动作的感知觉表征与执行动作的表征之间的无中介性。其二，"匹配"的结果是使得我们完成动作理解这一认知过程，由于在这期间没有其他中介机制来"翻译"感知觉的表征，因此直接匹配实现的前提是感知觉信息与运动信息在亚个人水平上是对应着的。这种对应既可以是动作运动学信息等加工过程或细节，也可以是动作的目的或结果（Rizzolatti & Sinigaglia，2010）。

大量来自现有神经成像技术的证据表明，DMH 预设的观察–执行匹配系统存在于人脑中，且这些系统在观察运动的过程中被激活。TMS 实验也显示，观察他人的动作会引起观察者运动系统的共振激活，并且，TMS 实验中的运动诱发电位（motor evoked potential，MEP）会受个体观察他人运动的影响，但在个体观看无生命物体的运动时不会发生变化。TMS 中 MEP 的改变对于观察者用于执行所观察动作的肌肉来说是特异化的，这就说明运动共振不是运动系统中激活水平的一般变化（Rizzolatti & Craighero，2004）。EEG 和 MEG 研究也显示了观察动作会诱发观察者感觉运动皮层内部 μ 波和 β 波节律的改变，且这种改变和在动作执行过程中出现的变化很相似。MEG/EEG 在动作观察过程中的改变并没有显示它们是由观察者运动系统外周的、隐性的变化造成的，这就意味着这些变化是由更为纯粹的动作表征水平（而不是动作执行水平）上的大脑皮层激活导致的（Rizzolatti & Craighero，2004）。

来自临床神经病理学以及 TMS 虚拟损伤的研究进一步为 DMH 的合理性提供了特殊的经验证据。如果观察–执行匹配系统出现运行异常，或使用 TMS 技术抑制观察–执行匹配系统的活动，那么就会影响人们对面部表情的识别与理解。例如，临床上，贝尔麻痹（Bell's palsy）患者或通过注射肉毒毒素美容的个体会因为面部表情的暂时瘫痪而出现识别或理解他人表情的能力下降的现象（Krueger，2018）。Korb 等（2015）使用 TMS 对女性被试的右侧前运动皮层与躯体感觉皮层的活动进行抑制，发现被试对面部表情的自发模仿行为会减少，并且其在知觉面部表情的变化上出现滞后。这说明，在情绪知觉过程中，对观察–匹配系统功能的干扰会减弱观察者对面部表情变化的敏感性（Korb et al.，2015）。

基于上述证据，Gallese 和 Caruana 深入批判了认知科学中一直以来将感知觉系统与运动系统二元对立的认识（Gallese & Caruana，2016）。以情绪状态为例，这种二元对立产生了两种理论取向：一种是达尔文的取向，该取向认为，情绪反应紧随情绪体验产生（愤怒的体验引起咬牙切齿与握拳的行为）；另一种是詹姆斯的取向，该取向认为，情绪反应产生了情绪体验（咬牙切齿与握拳的行为引发了愤怒的体验）。延伸到表情识别与理解上，ST 将其视为一个多级串联加工过程：首先，主体的表情被感知者运动系统模拟；其次，来自运动系统的反馈诱发了其他参与情绪体验的脑区中的神经网络活动，从而引起感知者产生相应的体验；最后，感知者使用这种第一人称体验来推测或投射主体具有的那些不可观察的情绪状态。

在亚个人水平上，情绪体验与表达的神经基础之间的二元论，使得我们无法直通他心的立场变得合理。然而，直接匹配假说反驳了这种不可靠的二元论。人脑中存在的观察–执行匹配系统从亚个人水平上支持了杜威当年对达尔文与詹姆斯情绪理论的质疑：主体是情绪体验的核心特征，情绪的行为表达是某些情绪在本体论意义上的组成部分。有关他心的知识应该被视为直接的、紧缩的知识（Gallese & Caruana，2016）。

三、他心直通理论的问题

总体上，他心直通理论挑战了当前心智哲学与认知科学哲学中有关心理状态隐匿性的主导假设。这一假设可被称为“不可观察性原则”（unobservability principle，UP）。根据 UP，我们无法看见心理状态，这是因为心理状态在本体论层面上是颅内（intracranial）现象（Krueger，2018）。除了我们自己，心理状态对于其他任何人而言都是无法从知觉上进入的。因为我们无法直接知觉到他心，我们就不得不接受下面两个假设：①普遍性假设（supposition of universality，SoU）。我们对理论的依赖（或者我们对模拟或某些理论和模拟相结合的依赖）是近乎普遍的，在理解他心上，常识心理学的方式在我们的日常生活中是无处不在的。

②迂回假设（supposition of detour，SoD）。在他人直接可以观察的行为与他人内部不可观察的心理状态之间存在着一条鸿沟，我们只能依靠推理、模拟或其他间接、迂回的方式才能跨越它。

然而，近期他心直通理论各个版本所提出的系列主张在认知科学哲学内部掀起了不小的波澜。一些传统他心间接通达理论的拥护者相继提出了严厉的质疑。具体而言，这些质疑主要可以被概括为如下几类。

首先，部分–整体质疑（part-whole objection）。这种质疑反对的是心灵的构成解释，即将心灵视为一个内在与外在混合实体的观点。McNeill（2012）认为，即便我们承认某些心理状态是可见行为的组成部分，并从中得以呈现，这一事实并不足以支持我们“真的”看见了他人的心理状态。举例而言，我们可能会看到一些树木，这些树木可能是森林的一部分。然而，仅仅因为我们看到一些可以构成森林的树木，并不能由此推出我们看到了森林。类似的，我们可以通过老李眉头紧蹙看到他愤怒的一部分，但实际上不是看到他真正“完整的”愤怒。

其次，通达不对称质疑（asymmetry of access objection）。这一质疑源自我们观察到的自我体验与他人体验之间存在一种明显的不对称。当我们体验到一种情绪时，我们会即时感受到它，并且直接认出这种体验是属于我们自己的。然而，对于他人的体验，我们缺少一种第一人称的通达。换言之，“我们从未获得任何有关他人处于何种心理状态的直接知识。这种明显的不对称产生了他心的认识论问题”（Hyslop，2013）。显然，不管何种形态的他心直通理论都刻意回避乃至忽视了这种不对称。因此，他心直通理论及其主张是高度可疑的。

再次，看似–真实质疑（seem-actually objection）。这种质疑主要攻击的是个人水平上的他心直通理论。以视觉加工为例，按照马尔提出的视觉计算理论，视觉加工是由视网膜细胞上的光传导过程，以及从视网膜输入到对远距离刺激可用的三维表征的算法转换过程等一系列复杂计算过程完成的。这一过程涉及了对光亮的觉察、光的强度、物体表面的反射系数、物体的形状和朝向以及它们在视野中的连续变化。然而，大多数情况下，如此复杂的加工过程在个体水平上却是快速、便捷、没有痕迹的。这些特征似乎都符合个体水平上对“直接”的刻画。然而，假设我们以此将“看见”这一动作视为直接的，进而质疑视觉计算理论，这显然是不具有说服力的（Spaulding，2010）。这种反思同样适用于理解他心。社会互动现象上的便捷性、瞬时性本身并不能否认 UP 以及衍生出的 SoU 与 SoD。因此，DSP 与 NAT 告诉我们的只是理解他心看似是快速的、实效的直接理解。但是，当前理解他心研究中所存在的疑问并不是关于看似的，而是关于真正普遍互动行为的结构和亚个人水平的过程。

最后，必要–充分质疑（necessary-sufficient objection）。这类质疑主要聚焦于

亚个人水平上的他心直通理论。例如，对镜像神经元与动作意图理解关系的拷问。一方面，镜像神经元活动对于实现动作理解功能的充分性存在很大的争论。脑成像研究显示，人们在观察生活中的各类动作时不仅需要镜像神经元的参与，还需要其他的社会脑区（social brain）来共同对观察到的动作进行认知解码。例如，理解一些在特定情境下的动作需要在进化上更为高级的前额叶皮层的参与（Brass et al.，2007）。另一方面，镜像神经元对于实现动作理解功能的必要性也存在很大的争论。对出生时没有上肢的个体的研究表明，动作识别可以在没有相关效应器的运动表征的情况下进行（Vannuscorps & Caramazza，2016）。一些中风患者可以在镜像神经元脑区受损的情况下识别动作（Tarhan et al.，2015）。尽管对以往研究结果的元分析表明，上述中风患者在动作识别方面确实存在障碍（Urgesi et al.，2014）。这表明镜像神经元的活动对于动作理解功能的贡献可能不是直接的，甚至无法明确镜像神经元在动作理解中是否扮演因果角色。

面对这些质疑，他心直通理论的支持者究竟是以妥协的姿态承诺“我们并不考虑DSP（以此为代表）应该成为理解他心的主要取向，而是在意它是否可以成为TT和ST的辅助备择取向”（Krueger，2018）？还是以一种更为激进与强硬的方式回应“亲爱的华生，这是最基本的判断”[①]（Ansuini et al.，2015），仍然将遗留下广阔而开放的辩护空间以待哲学家与神经科学家联手开拓。

第二节　“看见”意图：从镜像神经元到具身模拟

在当代认知科学哲学的视域中，笼罩在笛卡儿遗留的他心问题之上的怀疑论色彩渐次消退。今天，绝大多数认知科学哲学家与心理学家已经很少追问：“在我心之外，是否还存在着他心？”他们更喜欢追问：“我们如何认识、理解并预测他心（诸如意图、愿望与信念等）？通向他心的具体机制、方式或途径有哪些？它们之间的关系又如何？”20世纪80年代以来，后者构成了所谓的“读心”主题，并且与心理学、认知神经科学中的社会认知领域建立起了广泛而又深入的联系。然而，有趣的是，无论读心主题在方法论上如何被武装上最前沿、炫酷的脑成像手段，在认识论上，它仍然停留在16世纪笛卡儿理智主义的古典立场，即不管我

① 近期，行为与神经科学家Becchio等（2018）以一系列精致的行为与脑成像实验验证了ES的合理性，并尝试建构一个更加激进的他心紧缩版本。在文章结尾处，他们以福尔摩斯对助手华生常用的调侃向他心间接通达理论支持者宣战，认为他心直通理论在经验证据上是足够有力的。

们采取何种方式，通向他心只能被视为“间接”的。因此，基于心智化的推理加工（inferential processes）依然是解释读心现象的最佳备择方案，而接受这一认识论立场的主流读心模型有两个：TT 和 ST。TT 认为，在环境输入、心理状态与行为输出间的合法关系在我们的心智中是以一种基于逻辑规则与因果关系的理论形态被真实表征的。相反，ST 质疑了这种常识心理学法则对他人心理状态表征的必要性，并认为我们是借助“模拟±投射”的策略来理解他心，即产生假装或想象的心理状态（如果我们在他人所处情境中），并将其作为一种真实的心理状态输入给他人。然而，经常被忽视的是，拒绝常识心理学法则在读心中的必要地位，并不导致 ST 去否认某种推理形式在理解他心上的作用。ST 赋予某种特殊形式的推理在心理状态归因上以关键作用。例如，Jack 看到 Meye 伸手去开冰箱门的行为时，会通过想象与假装产生一系列关于引起 Meye 可观察行为的心理状态的假设，随后他会将模拟路径投射出去以检验这些假设各自的合理性，最后将出现那些心理状态最合理的假设归因给对方。因此，事实上，TT 与 ST 都接受了一个潜在的“通达问题”：通达他心的问题的核心要义超越了对他人身体的知觉（Gangopadhyay & Miyahara，2015）。

最近，以现象学家 Gallagher 和 Zahavi，以及神经科学家 Gallese 为代表的学者质疑了上述立场。他们认为，人际互动本身应该被理解成现象学意义上的“交互主体性”问题，而不是“读心”问题。以知觉到他人脸上的表情为例，在某些情况下，社会理解并不涉及通达问题。首先，身体表达模糊了心理状态与单纯的身体行为之间的界限。其次，社会理解并不必然是一种“思维”活动，它有时仅仅是一种知觉活动。因此，理解他心不是像理智主义所预设的“心智思考另一个心智”，而是应该被视为“具身心智知觉另一个具身心智”（Gangopadhyay & Miyahara，2015）。

因此，“在新兴的替代性选择中的一个指导性观念是：否认我们与一个有心智的他人进行交往时唯一的问题是将隐藏的心理状态归因给他。相反，我们需要严肃地对待心理生活的具身和环境嵌入本质，并承认一种更直接的通达他人心智的途径，该途径先于其他任何想象的投射或理论化的推理，且比后两者来的更为基本。我们用直接社会知觉”（Zahavi，2011）。当然，这样说并非否认在某些时候他人很难被直接理解，而是决意否认将他人完全识别为一个具有心智的存在是一项极具挑战的任务，同时否认在可观察的行为与不可观察的心理状态之间存在着鸿沟。其中，Gallese 等建构的 ES 理论可被视为 DSP 的代表性模型，但也引发了激烈的争议（Catmur，2015；Gangopadhyay & Miyahara，2015）。

一、ES 的现象学内涵与经验论据

20世纪90年代初期，意大利神经科学家 Rizzolatti 和 Gallese 等相继在恒河猴的腹侧前运动皮层的 F5区、PF 区和顶下小叶中发现了一类神奇的神经元。它们在个体执行目标导向动作（例如，捡起一颗葡萄干放入自己的嘴中）与观察同类个体执行相似动作时（例如，观察其他猴子或人捡起葡萄干放入嘴中）都会被激活，就像在个体大脑中存在着一面映射其他个体活动的镜子，故而被形象地命名为“镜像神经元”（Rizzolatti & Craighero，2004）。进一步地，在猴的顶下小叶中又发现了另一类“逻辑相关镜像神经元”。它们不会被正在观察的这一动作（如看到抓握动作）激活，而是被紧接着观察到的动作之后发生的动作（如放到嘴边）激活。研究者据此推断镜像神经元还可以精确地区分动作的目的，并对其进行预测编码（Fogassi et al.，2005）。后续大量脑成像研究显示，人类大脑中也存在着一个由顶下小叶、额下回等脑区组成的镜像神经元系统，而且该系统的功能比猴脑镜像神经元系统更为复杂与丰富，在人类的模拟、共情、意图共鸣与语言理解过程中扮演重要角色（Molenberghs et al.，2012）。

基于这些脑成像研究的发现，Gallese（2005）提出了一个将镜像神经元及其系统与现象学相结合来解释 DSP 的理论框架——ES。该理论认为，在人类以及那些非人灵长类动物的大脑中均已形成了一套基本的功能性机制，它赋予我们经验性地洞察他人社会行为的能力。镜像神经元的研究证据表明，对他人心智的识别和理解可以直接发生在神经层面。自身执行的行为与被感知的他人行为之间所共享的神经元映射启动了这两种认知事件的“等价”过程，并且使得这些信息同样被用于预测他人行为的结果。这种由镜像神经元的激活所巩固的等价确保了对自我的行为和他人的行为的预测都成为模拟的过程。换言之，感知一个行为等价于在大脑内部模拟该行为。这使得观察者能够使用他人的资源，通过采用对运动模拟的直接的、自动化的、前反思的加工方式来理解与识别他人行为。

那么，ES 的产生具有何种意义？Gallese 和 Sinigaglia（2011）认为，该机制在个体与种系发生学上具有重要的进化意义，可以确保灵长类动物更为有效地适应外界环境，从而大大节省了大脑在沟通自我与他人上的进化资源。具身模仿论认同并强调对心智模拟的核心概念进行再利用，并假设镜像神经元主要执行心智模拟，因为用于一个目的的大脑区域和认知资源通常会为了另一个目的而得到再利用。例如，顶-额镜像网络皮层网络一般服务于表征和完成一个单一的运动目标（如抓握某物）或者一个层次性的运动目标（如抓握起某物并放到嘴里或将其放置到一个特殊的位置上），也有可能服务于将某个运动目标或运动意图归因于他人，这同样适用于情绪和感觉。在前脑岛内部，相同的神经集群是恶心的主观体验的典型神经基础，但它们在将恶心体验归因于他人时也同样会被激活（Gallese & Sinigaglia，2011）。

具体而言，所谓“具身”是指，首先，我们的身体是现象学意义的身体，它是我们“离线地”通达他人经验的场所。胡塞尔认为，我们并不是借助可见性而看到每一样东西，而是将其视为一个触觉对象，就像某些直接与我们活动的身体相联系的那样，“我的身体作为一种内在状态、一种意志的结构、一种感受维度而被给予我，但它也作为一种视觉和触觉上显现出的外部状态而被给予。活生生的身体之内在性与身体之外在性之间有何关联？在触碰某人自己的身体和其他东西——无论那是一个无生命的事物还是另一个人的身体——之间所具有的重大区别恰在于它暗示出一种‘双重感觉’（double-sensation）。它呈现给我们的是一种两可的假设，手起到了两种作用，触碰或者被触碰”（扎哈维，2008）。上述现象学的洞见在视触觉的镜像机制（visuotactile mirroring mechanism）研究中得到初步验证。Ebisch 等（2008）在一项 fMRI 研究中邀请被试直接体验触觉或观看其他个体对非生命的或有生命的触觉体验的视频。实验者用隐藏的风扇来吹拂棕榈树叶触碰被试手臂以产生非生命的触觉体验，让他人的手触摸被试手臂以产生有生命的触觉体验。研究发现，直接的触觉体验与观察他人的触觉体验激活了双侧次级躯体感觉运动皮层、左侧顶下小叶等皮层，但左侧初级躯体感觉皮层的激活程度在对有生命的触觉体验条件下显著高于在对非生命的触觉体验条件下的激活程度。

这与胡塞尔在同感问题上的态度相一致。胡塞尔将同感理解为一种特殊和直接的经验性体验，它令正在经历同感的自我能够经验他人的意识（Husserl，1973b）。他曾论述到，“同感并不是一种需要中介的经验——他人被经验为在他肉体之外的心理物理的附加物，相反，这是一种对他人的直接经验”（Husserl, 1952）。胡塞尔还说：“同感令他人能够显现给我——知觉地显现（Husserl，1973a）——并且在同感之中，他人是以原初的方式向我显现的；因为我所见的并不是一种符号，也并不仅仅是类比，而是他人。”（Husserl，1973b）沿着这一思路，胡塞尔谈到在同感之中，他人是以“为我”的方式给予“我”的，这又怎么能被看作是一种直觉的形式呢（Husserl，1973a）？当我们和他人交谈的时候，当我们亲眼看到另一个人的时候，就存在某种直接的联系——一种对人际关系的直接经验。我们“看见”的是另一个人，而不仅仅是身体（Husserl，1952）。事实上，在谈到异己主体性的时候，胡塞尔写道，“认为这种同感表现的原初形式是推论的而非经验的就有点违背常识了。因为每一种关于其他主体的假设都已经预设了对这个主体的‘知觉’是异己的，而同感正是这样一种知觉”（Husserl，1973b）。

其次，我们在理解他心过程中使用了以镜像神经元系统为枢纽的一个相似大脑–身体系统（brain-body system）。这种身体模型类似于 Merleau-Ponty 的身体图式或胡塞尔的躯体。在 Umiltà 等（2001）的实验中，猴子在掩蔽条件下观察他人执行的动作时（例如，伸手抓取一个放置在挡板后的苹果），其镜像神经元依然被激活，这很好地印证了胡塞尔的上述观点。Gallese（2005）形象地将这种动作理解的现象学特征称为“‘视线之外’并不意味着‘心智之外’”。这一发现有效地质疑了理智主义在理解他心上所预设的通达问题。为了强调同感的知觉性或直觉性特征，胡塞尔将同感中的显现（presentation）和共现（appresentation）直接的交互类型与我们在对一般物体进行感知过程中的呈现和共现的混合进行比较。在我们感知一个物体的时候，如一张沙发，这个对象并不是以一种完整的方式，而往往是以一种不完全的方式给予我们的（以某种有限的形象或者片段）。因此，这从来就不是一个直觉上给予的并且包括前面、后面、下面和里面的整个的沙发，甚至不是一种最完整的知觉。尽管如此，我们的知觉对象正是那个沙发而不是那个在视觉中出现的影像。因此，我们的直觉意识具有这样的特点，为了理解对象本身，我们不断地超越这个直觉上给予的形象，即直觉为我们提供了一个完整的对象意识，尽管只有被感知对象的部分是被直觉性给予的（Husserl，1973c）。胡塞尔关于为什么说我们所看到的要比所给予的多，为什么知觉还包含了不在场的显现的解释众人皆知。他论证说，我们关于对象当下形象的直觉性意识还伴随着对视域中缺失轮廓的意向性意识。简言之，显现形象的意义取决于它与对象缺失形象之间的关系，并且如果我们的觉知局限于知觉上的给予，那么将不存在对物体的知觉性觉知（perceptual awareness），“不恰当出现的对象判断是共现的，但是它们并不是‘导致感觉敏感的’，并不是通过那些可感觉的东西，如通过感觉材料得到显现的。很显然，他们是共现的，否则我们眼前将不存在任何对象，甚至是（物体的）一个面，因为事实上只有通过物体这才能成为一个面”（Husserl，1973a）。事实上，在知觉中，没有哪样东西是纯粹地和充分地被感知的（Husserl，1959）。Merleau-Ponty 的知觉现象学进一步解释，我们的身体不是依据可见性来理解动作的执行，而是通过将其视为一个被“触摸的”对象来加以知觉。在这种情况下，动作执行中的“空缺”可以被有效地填补。

所谓“模拟”是指，我们使用了一个同型的表征形式。我们将他人的动作映射到我们自己的运动表征之上。Keysers（2011）认为，我们能从看见的对象中获得意义，是通过将其与我们自身的动作联系在了一起：“一旦我能通过我自己有这样做的能力把看到某人抓起一块巧克力与把它放到嘴里联系在一起，我就不会再将这个动作视为一种抽象的印象、脱离意义的存在。”这里的“表征”不同于传统认知科学的计算表征定义，而是一种运动表征，后者是一类由我们与世界的互动所产生的内容，它是前理论、前反思与非推理化的。例如，Wicker 等（2003）的研究考察了第一人称视角和第三人称视角对特定情绪的体验是否被一个共享的神经表征所映射。研究者通过让正常被试吸入令人恶心的气味产生情绪体验，以及观察剪辑视频中他人通过面部表情动态地表现出吸入恶心气味时产生相同的情绪体验，同时使用 fMRI 技术对被试在经验恶心现象时的大脑活动进行扫描。实验结果显示，看到他人的恶心表情和自己对恶心的主观体验都激活了左侧前脑岛中相同的脑区。根据之前的研究结论，前脑岛接收来自嗅觉、味觉结构以及颞上沟腹侧前部等区域的联合信息。

这意味着镜像神经元允许我们“借助我们自己的‘运动知识’（motor knowledge）来理解他人的动作，这种知识使得我们可以即时地将一种意向性的意义归因到他人的运动中”（Rizzolatti & Sinigaglia，2007）。这种运动知识也是 Merleau-Ponty 意义上的“实践知”。实践知是指我们身体的运动体验不是认识的一个特例，它向我们提供了通达世界和他人的方式，“动作的沟通或理解是通过我的意向和他人的动作、我的动作和在他人行为中显现的意向的相关关系实现的。所发生的一切像是他人的意向寓于我的身体中，或我的意向寓于他人的身体中”（梅洛-庞蒂，2005）。因此，这种社会互动模型不仅与由我们自己的行为所引导的任务高度相关，也与我们解释、编码与理解他人的行为密不可分。

结合上述两个方面，ES 试图在实体理论上兑现 DSP 的认识论承诺，即在现象学交互主体性立场上审视理智主义的读心观，不难发现，其是高度可疑的。社会理解并非 TT 或 ST 所预设的是一个多阶段的加工。第一个阶段是知觉到无意义的行为，而最后一个阶段是基于理性的对心理意义的归因。在绝大多数情况下，我们很难整齐划一地将社会理解分为心理方面和行为方面（诸如微笑、握手、拥抱以及悠闲地漫步等场景）。因此，通达问题在社会理解过程中并不总是存在，也不占据关键位置。

二、困扰 ES 的五大问题

不过，ES 仍然存在许多亟待直面的问题。当前，已有一大批基于传统理智主义立场的哲学家、心理学家与神经科学家对此进行了系统、严肃的质疑与批判，试图为这种直通他心的路径安装上“刹车”系统，大致包括如下五个方面。

第一，相似的大脑–身体系统并非社会互动的必要条件。按照 ES 的观点，身体的相似性是确保我们理解他人的行为与心理状态的前提，这意味着如果自我与他人在身体上存在显著的差异，我们就很难理解他人的行为与心理状态。然而，虽然我们并不存在尾巴，也无法利用身体的相似性直接对由该部位所做出的动作进行模拟，但是我们依旧可以理解狗向主人摇尾巴所表达的社会意图。Buccino 等（2004）的实验要求人类被试观察人的默读与狗的吠叫，同时使用 fMRI 技术扫描其镜像神经元系统的活动情况。结果发现，在观察人的默读条件下，被试的镜像神经元系统被激活了，而在观察狗的吠叫条件下，其镜像神经元系统没有被激活。这说明，如果一种动作属于观察者本身运动系统所具有的功能，则其相应运动皮层会被激活，而如果一种动作不属于其运动系统所具有的功能，则观察者的运动系统不会被激活。然而，即便被试的镜像神经元系统没有对狗吠产生反应，被试依旧可以理解狗吠这一行为所表达的基本意图。近期，Ramsey 和 Hamilton（2010）的 fMRI 研究甚至发现，人类可以理解非生命的物体（如一个三角形）所表达的运动意图。在观看一个三角形的有目的导向的运动时，被试的左侧顶内沟后部的激活程度与观察有生命的生物的有目的导向运动时的激活程度并不存在显著差异。这意味着理解他人意图并不完全依赖于 ES 设定的相似大脑–身体系统，否则我们就无法理解卡通电影中各角色的社会行为。

第二，自身运动能力并非理解动作意图的必要条件。按照 ES 假设，我们是以自我为参照从而自动化地实现对他人心理状态的理解的。比如，个体体验与表达情绪的能力是其表征并识别他人所具有的相似情绪的前提，例如，听者能够无意识地模拟语言表述者的舌部肌肉的运动是其理解对方语言表述的前提。然而，上述假设和许多临床神经病理学上的病例相矛盾，并不是所有动作产生有障碍的患者的动作识别也存在缺陷。例如，一些诸如失用症等脑损伤（例如，运动皮层中负责该动作的脑区被损毁）的患者通常无法自己去执行某些动作，但是他们却可以较好地理解其他人做这些动作（Negri et al.，2007）。又如，默比乌斯综合征患者的脸部天生瘫痪，这使得他们自出生后就无法做出任何面部表情，但是他们依旧具有迅速识别并理解他人面部表情的能力（Calder，2000）。这表明，理解他人动作或表情的能力并不依赖于自己产生相应行为的能力。此外，Fan 等（2010）的 EEG 研究发现，自闭症患者与正常被试在观察手部动作时均出现显著的 μ 波抑制，只是自闭症组无法模仿观察到的动作。因此，研究者认为，自闭症患者的镜像神经元活动正常，可能只是其功能受到抑制。这些现象都是 ES 无法解释的。

第三，镜像神经元经典实验的解释并非不可兼容于心智化。Nishitani 等（2004）的 MEG 研究发现，人类被试在观察他人动作的过程中，颞上沟会先于顶叶皮层被激活，随后是额下回，最后激活的才是运动皮层。鉴于颞上沟并没有运动反应属性，这种时间激活顺序说明动作首先是以一种非模仿的方式呈现在大脑中的，随后这种表征才会被映射到观察者的运动系统中，并被作为信息传递到顶叶和额下回。这与 ES 的预设完全相悖，即对动作意图的推理促进了动作模拟随后实现动作理解，而不是动作模拟直接促成意图理解。事实上，颞上沟恰恰是心智化推理脑区的重要组成部分（Catmur，2015）。此外，Umiltà（2001）等通过对比豚尾猴观察实验者抓取物品的动作时的镜像神经元反应模式，发现镜像神经元的激活与最终手和物品的接触部分是否可见无关，但与物品是否呈现有关，从而说明镜像神经元系统的活动并非针对的是动作的视觉刺激本身，而是针对动作的目的。对此，Saxe（2005）提出了一个有趣的质疑：如果在实验者未知而猴子已知物品已不在原处的情况下沿用 Umiltà 的范式——先让猴子观察实验者抓取物品的动作，并记录其神经元放电情况，随后设置挡板，实验者重复相同的动作——那么，其镜像神经元会如何反应？上述实验假设会产生一种逻辑上的矛盾：如果猴子的镜像神经元的激活模式依旧，说明其在对实验者进行模拟，而模拟的结果则会导致错误的理解。这与猴子已经知道没有物品存在的事实矛盾。如果猴子的镜像神经元的激活模式改变，那么意味着猴子出现了与实验者不一样的认知。这说明猴子是根据自己的知识（或至少不是完全依赖于 ES）在理解问题，这种知识恰恰来源于心智化的推理。

在逻辑相关镜像神经元的研究上，Fogassi 等（2005）曾发现，当恒河猴在观察运动属性上极其相似的行为（如“抓来吃”与“抓来放”）时，猴脑顶下小叶的喙部中的镜像神经元会分别做出倾向性的放电反应。研究者借此推测，这些神经元编码了与动作相关的目的（吃或者放到容器里），而不是编码看到的抓握动作。这种解释曾被视为支持 ES 的一个有力证据。然而，该研究的重要特征在于有两个因素有助于猴子区分“抓来吃”与“抓来放”：抓握的物体是否是食物以及在目前知觉到的动作情境中是否存在一个容器。精确抓取这个同样的运动动作，在有塑料杯（“抓取食物放在杯子里”）和没有塑料杯（“抓取食物去吃”）的情况下会诱发不同的镜像神经元反应。这很有可能是因为塑料杯扮演了一个调节两个不同的联想操作的情境线索，而不是提供了关于执行者意图的线索。换言之，镜像神经元的不同活动是由两个不同联想操作情境直接诱发的，与理解动作意图无关（Catmur，2015）。

第四，ES 并非在刺激贫乏而是在刺激丰富情境中产生的。Cook 等（2014）认为，ES 将镜像机制的活动视为“刺激贫乏”的，即如果当一个特定的行为被计划好，那么运动的后果就是可以预测的。这意味着在计划执行一个给定的行为时，个体可以预测其结果。因此，对于社会情境中表现的或者看到的习惯动作而言，何种动作最常出现在其他动作之后的统计能够限制推理与预测的优先路径，比如，“拿起杯子”这一动作之后最有可能紧接的动作是“喝水”。然而，现有的证据认为，镜像神经元的活动是在“刺激丰富”的情境中产生的。框架在这种情境中，按照贝叶斯推理编码，大脑的活动应被视为一个概率推理系统，它以层级化的方式被组织起来，不断产生自上而下的预测，并将其与实际的输入进行比较。该系统的目的是将预测和实际输入之间的差异，也被称为“预测错误”最小化。如果预测错误很小，就无须修正产生预测的模型；如果预测错误大到无法预测产生输入的原因，那么就要修正该模型。在此意义上，这个系统并不关心对输入的编码本身，只有产生错误信号的不可预测的输入才会导致大脑更新其模型（de Bruin & Strijbos，2015）。借助这种贝叶斯推理模型，可以将逻辑相关镜像神经元的工作模式描绘成一个预测编码模型（predictive coding model）。该模型旨在理解或者推测他人动作意图时被激活的途径。它主要是通过在各级皮层中广泛重复的交互处理作用从而达到减少推测错误的目的的。在这个模型中，每一层的神经元都需要通过发生模型来处理来自前一层神经元的信号，并且产生对它的意图推测。这个意图推测通过与前一层神经元的逆向联结回传给前一层，在比较了前一层新的动作呈递和原本的意图推测后，如果新的动作和旧的意图推测不一致，那么将会产生“预测错误”且上传给产生意图推测的那一层，并让其改变原本的推测，改变好的推测又回传给下一层，与新的动作呈递做比较。这样往返检测，直到把推测错误最小化（Kinler et al.，2007）。这意味着虽然观察到他人的抓取动作可以激活自身的镜像神经元系统去理解动作的目标，但这个抓取动作的结果是什么并不是由动作本身决定的，而是完全取决于非运动的情境（如抓起杯子喝水、清理或闻香味）。因此，正常情况下，我们必须先推理处于情境之中的动作目标，然后才能如 ES 设想地去激活相应的动作链，从而理解动作目标。换言之，推论式推理即便不能完全取代也至少先于 ES。

刺激丰富说也得到了其他实验证据的支持。例如，如果向被试呈现嵌入到惯用语中的动词（如“kick the bucket”），则其相应的运动系统不会被激活（Raposo et al.，2009）；如果向被试呈现那些具有特定动作与颜色联系的词汇（如“拳击手套”）并要求其将注意力集中到词汇颜色上时，则其运动系统的激活程度相对较低（van Dam et al.，2012）。这说明 ES 的流畅性依赖于其加工的背景，而这种背景信息可以借助基于符号、命题网络构成的概念表征系统加以解释。这说明 ES 无法脱离心智化推理而发生。

第五，镜像神经元是联想学习而非自然选择的产物。作为一种自动化的、前理论与前反思的交互主体性实现方式，ES 曾被视为自然选择或适应的进化产物，并特异于有生命刺激的社会互动。对此，一些学者指出，如果这种古老而有效的方式确系一种基因适应，那么这些进化结构应该可以预测镜像神经元的发展对那些妨碍其适应功能的环境扰动具有抵御或“免疫”能力，而不应被短期的学习所改变（Cook et al.，2014）。

然而，当前已有大量研究显示，镜像神经元或镜像机制无法抵御对无生命刺激的编码，任何关于声音、色彩和形状的刺激都能在相对短期的感觉运动训练之后诱导出具有镜像属性的 MEP、fMRI 和行为效应。例如，Press 等（2007）对被试进行了大约50分钟的感觉运动训练：当看到机器钳子打开时，他们就张开自己的手；当看到机器钳子闭合时，他们就握拢自己的手，如此反复。在这项训练开展之前，钳子运动诱发的自动化模仿比人类手部运动要少，但训练后的24小时，钳子运动所诱发的自动模仿效应和手部运动诱发的效应一样强烈，甚至是被试只要接受持续、稳定的短期感觉运动训练，其镜像神经元就能对任何刺激产生反应。Petroni 等（2010）的 EMG 实验将颜色线索与食指和小指的运动联结起来，从而赋予被试以感觉运动经验。研究发现，单独观察颜色线索就会让之前相应联结在一起的手指肌肉产生更强烈的 MEP 变化。最近，Press 等（2012）对被试进行感觉运动训练，将他们所学习到的不同几何形状与执行特定的动作联结起来。随后，研究者发现，当被试观察到一个特定的几何图形时，执行与之匹配的那个动作的血氧水平依赖反应会被抑制，但是其他与几何形状相匹配的动作则不会被抑制。这意味着感觉运动经验会在运动皮层中产生感觉运动反应。

上述一系列证据促使越来越多的研究者认为，镜像神经元的首要匹配特征不是一种特殊遗传倾向的产物，而是领域一般性的联想学习的产物。联想学习是一类与产生巴甫洛夫式条件反射现象和工具性条件反射（instrumental conditioning）现象相同的学习，它广泛存在于脊椎动物和无脊椎动物中。如果镜像神经元或镜像机制是由感觉运动联想学习塑造的，那么它们的这些活动特征就恰恰反映了联想学习的灵活性（Cook et al.，2014）。这也暗示了伴随社会复杂程度的增加，ES 所预设的自动化的模拟并不总是有利于生物体的生存适应。例如，人类在执行“石头-剪子-布”等策略性游戏时，由镜像神经元系统所启动的 ES 至多产生平局，而注意力、动机与过往经验都可以帮助被试对这种自动化模拟进行调控，从而在此类游戏中占得先机（Cook et al.，2012）。

ES 能否有效回应上述问题关乎 DSP 框架是否能够取代心智化框架，进而为理解他心夯实一个“联姻”神经科学与现象学的基础。

第三节　重解动作理解的“戈尔迪之结”

在著名心理学科普作家 Jarrett（2014）出版的著作《大脑的重大迷思》（*Great Myths of the Brain*）中，有关镜像神经元功能的研究已经沦为第25位的迷思。迷思背后，镜像神经元这一认知科学的“新宠”及其衍生的功能假设正在社会认知神经科学、认知科学哲学与心智哲学领域内掀起一场激烈且旷日持久的争论。最近，素有该领域“喉舌”之誉的意大利帕尔马大学团队在回顾与展望镜像神经元研究时指出，“为什么镜像神经元的概念对诸多与认知相关的学科具有如此广泛的影响？或许可以归结为两个原因。第一个原因是镜像神经元的发现将我们如何理解他人的问题推到了神经科学的前沿；第二个原因是作为一种基本的运动神经元，镜像神经元为解决运动系统参与理解他人动作与意图提供了意想不到的解决途径”（Ferrari & Rizzolatti，2014）。其中，“动作理解”构成了镜像神经元最初被赋予的两大基本功能之一（另一项功能是模仿），也是迄今有关镜像神经元功能最保守的假设与证据链最强健的领域之一（Caramazza et al.，2014；Rizzolatti & Sinigaglia，2010）。

然而，这一领域正在面临严峻的双重挑战，来自哲学思辨的拷问与科学证据的质疑日益激增（Reddy & Uithol，2016；Spaulding，2013）。不同学科及具有不同知识结构的研究者纷纷介入，使得动作理解就如同古希腊神话“戈尔迪之结”（Gordian knot）一样变得绞缠难分，千头万绪。明晰动作理解的定义及其背后的哲学基础，厘清动作理解与镜像神经元活动的关系，为动作理解提供一个多层次的理论模型，将有助于我们拨开笼罩在动作理解研究上的重重迷雾，进而对镜像神经元的科学祛魅产生奠基性的影响。

一、动作理解的迷思

1. 动作理解的定义及其解释理论

镜像神经元是一种不仅在动作执行时被激活，而且在知觉到同种属的生物体或实验人员做出相似动作时也会产生激活的神经元。目前，关于镜像神经元在猴脑中的分布以及人脑镜像神经元系统的组成的争论仍在持续（Bonini，2016）。“镜像”的核心意义在于神经元对观察和执行相似动作时都会产生激活反应。在由此衍生的镜像神经元的功能假设上，最具代表性的主张之一是其参与了“动作理解”（Rizzolatti & Sinigaglia，2010）。帕尔马大学的 Rizzolatti 等（1996）最早使用该术语来描述镜像神经元的功能。然而，“动作理解”这一术语的精确含义在认知科学、实验心理学与神经科学中远未达成共识。它可以指代一系列不同的心理过程或同源功能，如“动作知觉”（将生物体的行为知觉成一个动作），“动作识别”（辨别出一个动作的目标），“动作选择”（Catmur，2014）。甚至，按照 Cook 等（2014）的考证，该术语先前从未被用于动物或人类认知的研究中。

在帕尔马团队的不同成员及其各自发表的不同文献中，动作理解也有着不同的含义。按照 Rizzolatti 和 Sinigaglia（2010）的观点，动作理解的狭义神经科学定义就是指将几个“运动”识别为一个动作的能力。例如，如果我们能将朋友朝向苹果移动手臂的运动识别为“抓取”苹果，并将这种运动与其他运动区分开来，同时使用这一信息去组织后续的合适动作，那么就可以说我们“理解”了朋友的“动作”。这种定义显然是将“理解”与“识别”画上了等号。在大量文献中，这两个术语往往被交替使用（Steinhorst & Funke，2014）。不过，这种“理解”仅仅是镜像神经元被动作所携带的视觉信息激活产生的假象吗？显然，帕尔马团队否认了这种解释。一系列经典实验显示，只要豚尾猴拥有足够多的关于动作执行者意图的暗示信息，即使在动作目标对于豚尾猴的视觉系统来说是隐蔽的时候，这些神经元也会被激活，并且，伴随着指向目标动作的声音也能够导致特定的镜像神经元的激活，纵然在该过程中并未给豚尾猴呈现任何的视觉信息（Ferrari & Rizzolatti，2014）。这些实验结果倾向于支持镜像神经元的激活表征了动作的概念，而不仅仅是由看到或执行动作所导致的反应。

对此，Rizzolatti 和 Sinigaglia（2010）明确强调，较之单纯的动作视觉加工，镜像神经元活动涉及动作的“意义”，并产生一种“更丰富的理解”或是“来自内部的理解”。上述表述具有丰富的内涵。首先，“理解”一词指向了完成某种社会互动过程，而这仅仅是由猴脑或人脑中一类神经元的激活放电所实现的。这是因为一个指向目标的动作总是相应地与某种代表这一目标的高阶心理状态（如信念、愿望与意图）关联在一起。例如，“伸手抓向一个苹果放到嘴里吃”必然涉及“想要吃苹果并相信那里有一个苹果”。在传统的认知心理学观念中，动作与它们所指向的目标之间的关系基本上是不依赖于作为动作执行的运动加工与表征的（Gallese & Sinigaglia，2014）。

其次，按照这种观念，所谓“来自内部的”的理解是指，重新使用观察者自身的运动指令系统来捕捉观察动作的目标或运动可能性，就像我们自己执行这个动作一样（Rizzolatti & Sinigaglia，2015）。这种理解并非像传统视觉假说认为的那样“是来自外部的”，即完全依靠视觉（有时也伴随语义）信息加工机制来完成。根据后者，描述场景的一系列元素是通过视觉分析从简单到复杂建立起来的，之后再与观察者的概念系统结合，从而达到理解他人动作的意图。因此，用于理解像用手抓取物体之类的生物动作的概念与神经系统和用于理解像门被风吹开之类的非生物动作之间在理论上几乎没有差异。

最后，这种“来自内部”的动作理解以“运动共振”的方式将观察者与被观察者的动作直接匹配起来（Rizzolatti & Sinigaglia，2010），并构成了狭义的具身模拟（广义的具身模拟还包括情绪与感觉）（Gallese & Cuccio，2015）。在哲学认识论上，这一立场带有强烈的现象学预设。举例来说，假设小明想要做一个鸡蛋灌饼，我们是通过他在做这件事的过程中所显现出来的内容来推测其动作目标的。敲碎鸡蛋、摊开面饼、涂上酱料的行动表明小明正在做一个鸡蛋灌饼，这是因为这些过程本身就是“制作鸡蛋灌饼”的组成部分。因此，理解动作意图只是理解动作目标指向性的问题，即知觉到当下正在发生什么并预测接下来的行动将会是什么。Gallese（2007）将这样一种哲学立场称为“紧缩解释”。

2. 镜像神经元与动作理解的关系

自从镜像神经元被发现并与动作理解绑定在一起之后，虽然有关两者之间的关系在文献中被反复提及，但这种关系的精确形态却一直没有得到清晰的厘定。不过，从更为广义的社会认知角度上，已有学者对此做出了开创性的工作。心智哲学家 Spaulding（2013）在社会认知上有效地区分了镜像神经元角色的构成性解释（constitutive interpretations）与因果性解释（causal interpretations），并将后者类比于实现关系（realization relation）。也就是说，当我们说神经事件 λ 构成了认知事件 ζ 时，就像是在说 C 神经纤维的放电实现了疼痛。如果事件 λ 构成了事件 ζ，那么在最小限度内，λ 在形而上学上对于 ζ 是充分的。在此意义上，构成关系与因果关系之间形成了鲜明的对比。当我们说事件 λ 产生了事件 ζ，就是说 λ 引起了 ζ。因此，研究者必须回答镜像神经元活动是引起还是构成了动作理解？前者是一个经验上可检验的假设，该假设认为存在一种与众不同的行为能力——“动作理解”，它是由镜像神经元活动产生的。相比之下，后者强调，本质上，镜像神经元在动作观察过程中的激活就是一种“动作理解”的形式，这种形式无须进一步的结果以获得“动作理解”的资格。这种主张并不取决于经验评价。显然，Gallese 等提出的紧缩解释正是旨在预设镜像神经元激活与动作理解之间的构成关系。然而，如果紧缩解释的支持者认为镜像反应的存在（就如同激活动作执行者所使用的相同运动程序）本身就是一种意图理解——借助看到他人的动作激活自身的运动程序就等同于理解他人的意图——那么，这种主张可能陷入“循环论证”（circularity）或“乞题”（begging the question）的困境，“如果镜像神经元的反应被定义成构成了意图理解，那么询问这些反应是不是意图理解的基础就是不可能的”（Catmur，2015）。

当然，大多数研究者更倾向于认为镜像神经元的活动因果性地产生了动作理解。然而，遗憾的是，关于镜像神经元的已有文献中却很少将因果关系的三种不同类型区分开来。第一类是必然原因：λ 对于产生 ζ 是必要的；第二类是充分原因：λ 对于产生 ζ 是充分的；第三类是附带原因（contributory cause）：λ 对于产生 ζ 是既非必要也非充分的，但是的确它有助于产生 ζ。联系到镜像神经元活动与动作理解的关系，这三种类型仍然适用。

首先，能否将镜像神经元的活动视为产生动作理解的必要条件？按照具身模拟的设想，“利用我们自己的运动皮层中的动作知识去推测他人与动作有关的意图”（Rizzolatti & Sinigaglia，2007）。然而，这一机制常常与临床神经病理学上的一些病例相矛盾。例如，以失用症（即运动皮层中负责该动作执行的脑区被损毁）为代表的一些脑损伤的病人常常无法自己去执行某些动作，但是他们却可以较好地去理解其他人执行这些动作的意图。这表明即使自己运动皮层中缺少对某个动作的表征，但这并不会直接妨碍病人对该动作进行准确的理解（Hickok，2009）。这些临床案例暗示动作的理解可能不需要自身运动皮层中的动作信息，运动能力也并不总能预测“动作理解”。此外，在脑外伤患者以及 TMS 功能性损坏脑区的实验中，作为镜像神经元系统核心区域的额下回的受损程度和动作理解功能的受损程度没有呈显著相关关系（Hickok，2009）。来自神经病理学的临床脑电与成像研究显示，镜像神经元系统更有可能参与了动作知觉（包括动作侦测、对观察到的动作进行区分）、动作识别（如给观察到的动作命名）以及对象–动作匹配等（Cook et al.，2014）。这不仅提醒研究者重新审视“动作理解”这一概念的含糊性，而且严肃地挑战了将镜像神经元的活动视为动作理解的必要条件的看法。

其次，能否将镜像神经元的活动视为动作理解的充分条件？一系列实验研究表明，镜像神经元对于在社会背景下的动作理解有很大的局限性（Caramazza et al.，2014）。脑成像研究显示，人们在观察生活中的各类动作时不仅需要镜像神经元的参与，还需要其他的社会脑区来共同对观察到的动作进行认知解码。例如，相同的动作在不同身份的人身上有不同的动作意图（厨师伸手拿刀表明要切东西，而歹徒拿同样的刀则表明要伤害人），而对这些社会动作意图的理解所需的脑区远远大于镜像神经元所在的脑区（Ramsey & Hamilton，2010）。一些在特定条件下的动作理解则需要进化上更为高级的内侧前额叶皮层的参与。例如，Brass 等（2007）的 fMRI 实验通过让被试观察合理情境（行动者的双手都拿满了物品，用膝盖打开照明开关）、相对不合理情境（行动者的双手拿着一个小且轻的物品，用膝盖打开照明开关）与完全不合理情境（行动者空着手，用膝盖打开照明开关）中的动作执行，发现被试颞上沟与内侧前额叶皮层的活动会根据归因行动者动作意图的困难程度而产生变化。相比之下，镜像神经元的活动在相对不合理情境与完全不合理情境下的活动没有差异。研究者认为，在执行涉及动作刺激的心智任务期间，镜像区域的活动有可能是由这些任务中含有的动作观察成分引起的。对意向性的动作理解是由颞上沟与内侧前额叶皮层所调控的，而这两个脑区同属于推理性（inferential）的心智化系统。

因此，目前学术界比较倾向于达成一致的观点是将镜像神经元视为动作理解的附带原因，即它的确参与了理解他人动作意图的解码，但主要是在与其他社会脑区的共同合作下完成的。这些社会脑区通过解码重要的社会信号，从而更准确地引导镜像神经元定位个体自身动作皮层中相关的动作表征。

3. 动作理解的多层次模型

紧缩解释的支持者认为，关于镜像神经元感受域属性的检验显示，它们可以编码“目标”（Rizzolatti & Sinigaglia，2010）。“目标”一词有很多解释，最为普遍的定义主要包括两种：一种是对象导向的动作（object-directed actions）；另一种是高阶的动作意图（high-level action intentions）。

对镜像神经元感受域属性的早期报道发现，手势动作（如在目标缺失的情况下模拟精确的紧握动作）和不及物动作（如咂嘴）无法诱发猴脑镜像神经元的反应。相反，当豚尾猴观察对象导向的动作时，其镜像神经元却出现了强烈的反应。这种活动模式增加了这样一种可能性：就某种意义上，镜像神经元对“目标”的编码就是指它们只对目标导向的动作产生反应（Cook et al.，2014）。

然而，这种目标导向的动作所直接指向的目标与意图之间存在着精确对应关系吗？答案是否定的。相同的直接目标可以与许多意图相兼容（例如，某人打开灯可能是为了看得更清楚一些，也有可能是为了吓跑一个闯入者），相同的意图也可以与许多不同的直接目标（例如，某人为了实现吓跑一个闯入者的意图，可以做出开灯、发出巨大的响声或报警的行为）相兼容。紧缩解释所遭遇的困境是：即便镜像神经元可以构成对直接目标动作的理解（例如，开灯），在直接目标与意图之间仍然存在一条鸿沟，两者之间并不存在着直接联系。因此，即使镜像可以构成一种目标理解，研究者也难以看到镜像如何成为意图理解的基础，后者远比单纯的直接目标理解要宽泛且复杂得多（Spaulding，2013）。

在此基础上，Casartelli 和 Molteni（2014）认为，有必要将以往文献中有关动作理解的概念按照类型分成运动、运动动作与运动动作链。“运动”是在缺少一个具体目标的情况下关节和身体部位的移动，既可以在日常活动中被观察到（至少一半运动是无意义的），也可以在被电或磁刺激运动区域时被观察到。“运动动作”是直接指向一个物体或身体，并且潜在地引起互动，运动动作编码了具体的物体或其他与近端目标的直接互动（例如，抓起薯条或投掷标枪）。来自非人灵长类动物的早期与近期实验证据显示，运动动作是在单一神经元水平上被编码的（Rizzolatti et al.，1996）。“运动动作链”则是朝向远端目标的一系列运动链（例如，伸手去取薯条，抓住它并放到嘴里）。目前没有证据显示，运动动作链可以在单一神经元水平上进行编码。然而，来自人类和非人灵长类动物研究的证据指出，运动系统的链状组织实现了远端的目标（Ansuini et al.，2015）。在某种意义上，这种远端的目标才可以被视为动作意图。

低阶的直接匹配机制提供了一种身体部位移动的运动表征，这种运动表征是内在无意义的，但却在各种镜像过程中发挥作用。例如，灵长类及某些哺乳动物打哈欠传染等运动感染或新生儿吐舌头或咂嘴等运动自动模仿。然而，这种运动镜像却更类似于一种探索性反应或反射行为，而不是观察相同动作的执行所产生的效应，也没有直接的证据记录到镜像神经元的活动。已有研究发现，闪烁的光线、欢快的音乐等一系列唤起刺激都能诱发新生儿吐舌头这一动作（Cook et al.，2014）。

运动动作可以被分解成几个更基本的环节：对运动动作的检索、对运动动作具体序列的建构，以及最终的精细加工。这些基本环节至少部分地受到顶额镜像神经元（parieto-frontal mirror neuron，PFMN）网络的调节。理解观察到的运动动作（例如，抓起一支钢笔或扔一个苹果）无须关注特殊的效应器（例如，生物性的效应器或者工具；右手或者左手）或精细运动过程（例如，精确抓握或者全手抓握）。在理解这种运动动作类型中，近端目标（proximal goal）本身是重要的，但实现近端目标的精确机制却是次要的（Casartelli & Molteni，2014）。这也解释了"严格一致的镜像神经元"与"宽泛一致的镜像神经元"的存在。前者会在个体观察和执行相同动作（如精确抓取某物）时产生激活，并对观察动作的低水平特征具有敏感性（如抓取方式、效应器的使用、运动方向、视角、与观察者的接近程度）；后者则会在个体执行某一动作（如精确地抓取某物）和观察某个大致相似但并不完全相同的动作（如用力抓取、精确抓取或用嘴巴抓取）时产生激活。宽泛一致的镜像神经元对多重相关动作产生反应，而与动作的执行方式无关。这反映了视觉系统与运动系统的层级化组织是由编码相对低阶的表征（例如，描述特殊"精确度"和"力度"的抓取）和相对高阶的表征（例如，描述一般的"抓取"）的不同集群组成的。

相比之下，运动动作链中涉及一个更抽象的动作概念。观察者会通过模仿一个运动动作的序列来复制其远端目标（distal goal）（Casartelli & Molteni，2014）。也就是说，一个远端目标（例如，拿起杯子喝水）是由一连串简单的运动动作（例如，伸手去抓杯子，端起杯子拿到嘴边等）所编码的。与运动动作不同，运动动作链的目标是远端目标。因此，在运动动作链中，近端目标是无关效应器的，而远端目标独立于参与其中的一系列具体运动动作。明确这一点在日常生活中具有潜在的功能价值。例如，如果你在赶赴一个重要的典礼时迟到了，并且双手拎着沉重的行李箱，你的（远端）目标是赶到八楼，那么你将会寻找一种方式来按电梯的按钮（即近端目标）。至于你是使用手还是肘部按按钮，是使用右手还是左手来按按钮，或者将行李箱放到地上再按按钮，又或者将所有的行李都拎在一只手上而用另一只手按按钮将是无关紧要的。这也解释了当观察和执行不同运动动作链时逻辑相关镜像神经元的活动特征。它们的活动与知觉线索（如饼干屑与脏桌布）以及颞上沟与规范性神经元（这类神经元会在个体观察某个物体以及在该物体上施加某一动作时产生激活）的活动结合起来，使得人们可以识别、预测一个目标导向动作。这种解释或预测的确涉及意图理解，但它只是为推理动作意图提供了间接的信息。实际上，逻辑相关镜像神经元能在不同的意图、观察以及执行条件下，对不同目标导向的动作产生不同的反应，这正是挑战了紧缩解释的要义：镜像神经元对动作意图的理解是通过激活引导观察者与实施者行为的相同“目标”实现的。

二、动作理解与镜像神经元关系研究的前瞻

在古希腊神话中，“戈尔迪之结”的最终命运不是被巧手解开，而是被伟大的亚历山大大帝挥剑劈成两半。然而，“动作理解”所面临的诸多问题却恐难以一蹴而就。一种最为保守也是获得最多认同的模式是接受动作理解的双加工机制。事实上，几乎在直接匹配假说、具身模拟理论以及更为激进的紧缩解释提出的同时，帕尔马团队就已经潜在地接受了双加工理论。在 Buccino 等（2004）的经典 fMRI 实验中，对属于人类被试运动指令系统中的动作（如咬）的观察，无论该动作是由人还是由猴或狗来执行的，都激活了被试的镜像神经元系统。在观察不属于人类运动指令系统的动作（如吠）时，被试的镜像神经元系统没有活动，但却并不影响被试对该动作的理解。对此，Rizzolatti 和 Sinigaglia（2015）接受了批评者的建议：“理解（后一类）动作需要视觉区域激活后的推理过程。”

当然，诚如著名心理学家波林（1981）在一个多世纪前对 Külpe 二重心理学的批判：“为了解决心理学是否研究内容或意动的问题而仅仅说我们可以兼收并蓄，这是极端的折中主义的懒汉办法。”对待动作理解的双加工理论也应作如是观。质疑的目的是有效地厘清动作理解的“戈尔迪之结”的头绪，直面而不是回避质疑则是重解这一“死结”的起点。最近，一向以“帕尔马团队挑战者”面目出现的认知神经科学家 Catmur（2015）为对手支招，如果一个镜像反应表明观察者运动程序的活动与动作执行者运动程序的活动的一致性是直接理解他人意图的充要条件，则必须满足如下四个条件：①看到一个动作仅仅激活观察者的一个相匹配的运动程序；②这种运动程序必须与观察者自身意图之间形成一对一的映射；③在观察者和动作执行者身上，这种从运动程序到意图的映射必须是相同的；④在激活运动程序时，相关的意图必须在脱离更高水平推理加工参与的情况下自

动化的激活。

Becchio 带领的团队所开展的一系列研究以强硬的假设与实验设计证明了条件②与条件③。至少在有限的运动动作上，根据不同意图执行的动作所产生的视觉动力学模式是不同的。换言之，“为了吓跑一个闯入者”与“为了捡起地上的笔”而伸手指向开关开灯，这样包含不同意图的动作在视觉动力学上是不可能相同的。更为重要的是，这种有差异的视觉动力学不仅在所有的动作执行者身上具有一致性，而且观察者对于包含不同意图动作（例如，指向相同目标物体的竞争/合作动作）所呈现的视觉运动学特征极为敏感。由视觉运动学所传递的意图信息可以激活额下回和腹侧前运动皮层等镜像神经元系统（Ansuini et al.，2015）。然而，宽泛一致的镜像神经元的活动对运动动作链近端目标本身（而不是实现机制）的表征，以及逻辑相关镜像神经元的活动对运动动作链远端目标的表征却并不能够满足条件①。同样，目前也尚未有直接的研究证据可以满足条件④。可以断言，上述种种围绕动作理解与镜像神经元的争论还将持续下去。就动作理解的紧缩解释以及镜像神经元的科学祛魅而言，无论是支持者还是反对者，心理学家郭任远（1933）给予科学研究的忠告依然适用：“怀疑是信仰的开端，选择与批评才是坚定信仰的方法。”

第四节　社会互动的黏合剂：变色龙效应

“看到台球被抛出去，剑刺向物体的时候，观察者的手臂就会向台球抛出的方向和剑刺的方向轻微运动；没有受过教育的解说者，当向别人叙述故事的时候，会产生与故事内容相一致的动作；聚精会神阅读战争场景的读者，在他们阅读的时候，他们的肌肉会产生一种紧张的感觉。”早在19世纪中期，德国心理学家 Lotze（1852）就注意到在日常的人际互动中随处可见的无意识模仿现象。更为神奇的是，这种经由无意识启动的“见样学样”还会引发观察者与被观察者之间的“感同身受”。对此，美国心理学家 James 有过如下描述，“某天，一个绅士开门的时候，不小心压到了他孩子的手指头。当看到他孩子的手指头流血的时候，他感到自己的手指头也出现了强烈的疼痛感，并且这种疼痛的感觉伴随了他三天的时间”（James，1890）。

20世纪六七十年代，随着认知心理学的发展，变色龙效应作为一种普遍的无意识模仿现象，越来越受到心理学家的关注。在过去的研究中，心理学家发现，刻板印象、态度、情感、认知、行为等不仅能够被相互作用者模仿，而且这种模仿行为的发生是无意识的（Dijksterhuis et al.，2005；Greenwald & Banaji，1995）。例如，Kendon（1970）发现，在与团体中的其他成员相互作用的过程中，不仅被试的面部表情与团体成员保持相互的同律性（interactional synchrony），而且其胳膊和腿的动作也能够与其他人保持同律性。Suedfeldt 等（1971）的研究发现，当记者模仿采访对象时，采访对象对他们提出的问题的回答比例会高于那些没有被模仿的采访对象的回答比例。Provine（1986，1992）在人际相互交往的过程中发现，相互交往者的行为中存在行为感染（behavioral contagion）现象。在 Bargh 等（1996）的研究中，用句子启动关于老年人的刻板印象，尽管启动没有涉及与缓慢相关的字词，但是与那些没有被启动的被试相比较而言，被启动的被试在离开实验室的时候，走路的速度变得更加缓慢，参与者并没有意识到自己的走路速度变慢。这表明先前的启动影响了被试随后的行为表现，但是个体对此完全是无意识的。另外一系列的研究也发现，相互作用者之间能够产生各种各样的无意识模仿，例如，个体能够无意识地模仿相互作用者之间的姿势（Berger & Hadley，1975；LaFrance，1982）、动作（Bavelas et al.，1987，1988；Chartrand & Bargh，1999）、面部表情（Blairy et al.，1999；Dimberg，1988；Dimberg et al.，2000；Hatfield et al.，1994；Meltzoff & Moore，1977；Vaughan & Lanzetta，1981）、语音（Cappella & Panalp，1981；Giles & Powesland，1975；Giles & Smith，1979；Webb，1969，1970）。这些研究都表明，在相互作用的过程中，个体都会无意识地模仿与他们相互作用的对象。在社会生活中，无意识模仿现象是无处不在的，心理学家将那些无意识模仿他人（包括交际中）的姿势、特殊习惯、面部表情和其他行为方式的现象叫作变色龙效应。

变色龙效应作为一种普遍存在的无意识模仿现象，正是在关于无意识模仿的研究浪潮之下被提出来的。Chartrand 和 Bargh（1999）第一次用一系列严谨的实验证明了变色龙效应的存在。在他们的实验中，研究者让被试和两个不同的实验助手先后在一起描述照片，在他们描述照片的过程中，实验助手会表现出某种特殊的动作（如摸脸、晃脚）。结果发现，在描述照片的过程中，被试会表现出与实验助手相同的动作，即当被试和晃脚的实验助手在一起描述照片时，被试表现出晃脚的动作而不是摸脸的动作；当与摸脸的实验助手在一起描述照片时，被试表现出摸脸动作而不是晃脚的动作。实验结束后对被试进行调查，问他们是否感觉到实验中的另外一个被试的行为是奇怪的，或者他们是否意识到自己在模仿另外一个被试，结果发现，没有一个被试认为实验助手的行为是奇怪的，他们也没有意识到自己模仿了实验助手。这个结果表明，人们会在无意识之中模仿那些与他们相互作用人的动作行为，就像变色龙一样，根据不同的环境来变换他们身体的颜色，来达到与环境相适应。

近年来，越来越多的研究证明了这种变色龙效应的存在。例如，在吴圭世（2006）的研究中，他让被试和实验助手在一起完成高中语文成语测试，实验助手在测试过程中按压10次原子笔或者不按压原子笔，结果发现，当被试与按压原子笔的实验助手在一起测试时，被试会表现出与实验助手相同的按压原子笔的动作，并且被试对他们的按压行为是完全无意识的。Judith 和 Katie（2011）的实验也证明了，在面对面的谈话中，人们倾向于模仿对方的言语表达方式。这些实验研究都表明了在相互作用的过程中，人们会无意识地模仿彼此的行为，即发生了变色龙效应。

一、变色龙效应的心理机制

从上面的研究中，我们可以发现，变色龙效应是一种真实存在的社会现象。那么，产生变色龙效应的原因是什么呢？研究者从不同的角度对此进行了研究，因此产生了不同的解释理论。其中主要的解释理论有感知-行为联系理论、归属感理论、图式驱动理论。

1. 感知-行为联系理论

感知-行为联系是指，个体仅仅在知觉到环境线索时，就会自动地激活与这些感知相联系的行为的心理表征，这些激活的心理表征就会自动地影响后面的行为活动。在 Bargh 等（1996）的研究中，实验者首先让被试用与无礼（如粗鲁的、不优雅的、讨厌的）和礼貌（如尊敬的、优雅的、体贴的）相关的单词来填充句子，然后让被试参加一个正在进行的谈话活动（在正常情况下，谈话要持续10分钟），并观察被试在活动中的行为表现，结果发现，在随后的谈话活动中，“无礼”条件下启动的被试中，有67%的被试会打断正在进行的谈话，而“礼貌”条件下启动的被试中，有84%的被试都会静静地等待直到谈话自动结束。这表明，被试由于知觉到所填单词的信息，所以在后面的谈话任务中才表现出了与前面启动相一致的行为。因此，他们提出了行为的发生是由感知-行为联系导致的。

在变色龙效应中，相互作用者能够在无意识中感知到对方的动作、姿势、面部表情等，从而激活个体记忆与此相似的心理表征，这些激活的心理表征就会影响个体随后的行为活动，使个体表现出与相互作用的对象相同的行为，即发生了变色龙效应。Chartrand 和 Bargh（1999）首次提出了变色龙效应是由感知-行为联系引起的。为了证明这个假设，在实验中，他们让实验助手表现出特殊的行为（如晃脚、摸脸），然后让被试分别与两个实验助手单独在一起完成照片描述的任务。

在照片描述任务中，两个实验助手总是表现出不同的动作和面部表情，例如，当实验助手1表现出晃脚和做出微笑的表情时，实验助手2就表现出摸脸和做出中性的表情；实验助手1表现出摸脸和做出中性的表情时，实验助手2就表现出晃脚和做出微笑的表情，总之，实验助手1和实验助手2的动作和表情总是不同的。结果发现，当被试与实验助手在一起描述照片时，他们总是会表现出与实验助手相同的行为，比如，当与摸脸的实验助手在一起描述照片时，他们就会表现出摸脸的动作；当与晃脚的实验助手在一起描述照片时，他们就会晃动他们的脚，但是实验助手的表情不影响被试对实验助手动作行为的模仿。最后用问卷询问被试，他们有没有注意到实验助手的动作或者感觉到实验助手是值得怀疑的，结果发现，没有一个被试对此产生怀疑，这说明在实验中，被试能无意识地感知到实验助手的特殊行为表现，后者激活了被试大脑中相同的行为表征，这种表征的激活能够使个体从记忆库中提取出与助手相同的行为，然后用与助手相同的外显行为表现出来，由此，变色龙效应就发生了。因此，Chartrand 和 Bargh 等（1999）认为，变色龙效应是由感知-行为联系引起的。

2. 归属感理论

无意识行为模仿尽管被认为是由感知-行为联系引起的，但是其他的因素也能够影响这种行为的发生。例如，有研究发现，喜欢和亲密感能够使相互作用者之间的无意识模仿行为发生的比例更高（Bavelas et al., 1986）。根据这些研究，Lakin 和 Chartrand（2003）认为，归属动机能够增加无意识行为模仿，并用此来解释变色龙效应。所谓的归属动机是指，当人们想要被某个团体认同、成为这个团体中的一员时，他们就会按照团体内成员的行为来做出某种行为，从而增强团体内成员对自己的认同，增强自己与团体外成员的区别。模仿能够使个体表现出与团体相似的行为方式，增加团体内成员对自己的认同，从而使自己能够更好地被想要归属的那个团体接纳。因此，那些具有强的归属动机的个体就会更多地模仿那些相互作用者，从而使自己被相互作用者接纳。

如果个体具有归属动机，那么其在相互作用的过程中是否能够提高人们的无意识行为模仿呢？Lakin 和 Chartrand（2003）的研究对此进行了回答。他们在实验中启动被试对于某个团体的归属感，然后在随后的活动中观察被试对实验助手表现出的特定行为加以模仿的数量。在实验1中，研究者用与 Bargh 等（1996）的研究中相同的句子填充方法来启动被试的归属动机，然后形成了三种实验条件，即无意识的启动归属目标、外显的启动归属目标、没有归属目标，然后观看日常的办公室任务录像，在录像中，表演者在完成整理办公室日常文书任务的同时表现出一定数量的摸脸的动作。结果发现，归属目标启动的被试（不论这个归属目标是用外显方法还是内隐方法启动的）与那些没有归属目标启动的被试相比较，会表现出更多与表演者相同的摸脸行为，这个结果表明，不管归属目标是如何被激活的，它都能够使被试增加对相互作用者行为的模仿。实验2用与实验1相同的方法启动被试的归属动机，从而形成了有归属动机（内隐的归属动机）、没有归属动机两种实验条件，然后让被试进行两个采访任务：第一个是在线采访任务；第二个是面对面的采访任务。在线采访任务中，被采访者用友好或者不友好的方式对被试的问题进行回答，从而使被试的归属目标得到实现或者没有实现，然后在接下来的面对面的采访任务中，被采访者保持中性行为，同时他们在采访中晃动他们的脚。结果发现，如果被试在第一个采访任务中的归属需求没有被实现，那么在第二个采访任务中，他们会更多地模仿被采访者的晃脚动作，最后的问卷调查发现，被试对他们的这种模仿采访对象的晃脚行为完全是无意识的。这个研究说明，当个体具有强烈的归属需求的时候，他们通过模仿那些与他们相互作用者的动作和行为，来增强相互作用者对他们的认可，降低被排斥的概率。因此说，变色龙效应是由个体的归属动机导致的。

3. 图式驱动理论

无意识的行为模仿是一个复杂的社会协调一致的过程，它的发生不仅需要许多身体动作的协调一致，而且模仿的出现与否也取决于社会环境和动机。尽管有复杂的物理和社会因素的参与，但是在不同情景中，人们仍然没有意识到模仿的发生，这说明模仿的规则已经深深地扎根在个人的知识体系中，形成了一种内隐图式，这种内隐图式推动了模仿行为的发生。因此，Dalton 等（2010）用内隐图式理论来解释变色龙效应的发生。他们认为，如果无意识的行为模仿是被内隐图式驱动的，当被试和实验助手之间的相互作用符合正常的社会行为标准时，这种模仿作用就会被自动激活，并保存下来大量的自我管理资源，在需要自我管理资源的任务中，他们的行为表现相对于那些已经消耗了大量自我管理资源的被试来说会更好。

为了证实这个假设，他们设计了4个严谨的实验。在实验1中，被试和同龄的实验助手在一起描述照片，他们被实验助手模仿或者不被模仿，随后测量他们在甜品品尝（抵制甜品的诱惑要消耗资源）任务中消耗甜品的数量，结果发现，没有被同龄实验助手模仿的被试的甜品消耗量显著高于那些被同龄实验助手模仿的被试。在实验2中，被试与同民族或者不同民族的实验助手在一起描述照片，并且他们被实验助手模仿或者不被模仿，然后测量他们在 Stroop 启动实验中的干扰反应时，结果发现，没有被同民族的实验助手模仿的被试和被不同民族的实验助手模仿的被试的 Stroop 干扰反应时，显著长于那些被同民族的实验助手模仿的被试和没有被不同民族的实验助手模仿的被试的反应时。在实验3中，被试被随机分配为领导或者工人，然后他们与实验助手（工人或者领导）一起完成照片描述任务，同时他们被实验助手模仿或者不被模仿，然后也测量他们在Stroop启动实验中的干扰反应时，结果发现，作为领导的实验助手模仿工人的被试和作为工人的实验助手不模仿领导的被试的Stroop干扰反应时，显著长于那些作为领导的实验助手不模仿工人的被试和作为工人的实验助手模仿领导的被试反应时。在实验4中，被试和实验助手在一起完成照片描述任务，同时被试需完成信号检测任务，与此同时，实验助手模仿被试或者不模仿被试，然后观察被试在信号检测任务中的辨别力指数，结果发现，与没有被实验助手模仿的被试相比较，被实验助手模仿的被试辨别力指数更大。在这4个实验中，用相同的问卷对被试进行调查，结果显示，被试对于实验助手对他们行为的模仿都是无意识的，并且也没有对实验产生任何的怀疑，这表明了这个过程是无意识发生的。在实验中，当被试和实验助手之间的模仿符合正常的社会规范（如同民族的模仿、工人模仿领导）时，由于这种行为的规范已经扎根于个体的知识体系中，个体能够自动调动这个内隐图式来进行行为模仿，因此不需要消耗自我管理资源，在随后的资源需求任务中就有更多的资源可以利用了，就会使后面的行为表现更好，从而证明了变色龙效应的发生是由内隐图式引起的。

二、影响变色龙效应的因素

变色龙效应作为一种普遍的社会现象，通过各种各样的形式无意识地出现在相互作用者之间，并且它的发生对彼此之间的相互作用会产生有利影响。接下来就探讨一下个体内部因素、社会因素对变色龙效应的影响，随后进一步关注变色龙效应对自我、他人和彼此之间关系形成的影响。

1. 变色龙效应发生的影响因素

（1）个体内部因素

人是作为一个独立的个体而存在的，每个人都有自己的认知、态度、情感，这些内在因素是自我区分于他人的重要依据。个体的行为受到这些个体内部因素的影响，变色龙效应是在人与人之间发生的，那么它就不可避免地会受到个体内部因素的影响。van Baaren等（2003b）用严谨的实验来研究自我建构对变色龙效应的影响。在他们的实验中，用语言作业来内隐地启动被试的自我建构，从而形成了三种实验条件，即独立我的自我建构（independent self-construal）、互依我的自我建构（interdependent self-construal）、控制条件（既不是独立我也不是互依我），然后让被试和实验助手在一起完成翻译任务，在翻译过程中，实验助手表现出摸脸或者晃脚和玩笔动作，结果发现，与控制组和互依我的被试相比较，被启动为独立我的被试会更少地表现出与实验助手相同的摸脸或者玩笔的动作。这个研究表明，个体的自我建构能够调节变色龙效应。

Cheng 和 Chartrand（2003）研究自我监控对行为模仿的影响。在他们的研究1中，实验助手为同龄人（本科生、研究生、高中生），被试为高自我监控者和低自我监控者。结果发现，相较于与研究生和高中生的实验助手的互动，高自我监控者在与同龄人的实验助手的互动中会表现出更多的行为模仿，而低自我监控者在三种情景中的行为模仿没有差异。他们的研究2探讨了当双方的地位不同时的情景，使用2（高或者低自我监控）×2（实验助手为上位者或者下位者）的实验设计，结果发现，相较于处于上位时，高自我监控者处于下位时会有更多的行为模仿；而低自我监控者在这两种角色之间不存在显著差异。这个结果说明了个体的自我监控能力能够影响变色龙效应。

van Baaren 等（2006）通过实验研究情绪对变色龙效应的影响。在实验1中，首先用情绪评定量表来评定被试的情绪状态，然后让被试观看有关办公室日常工作的录像，表演者在完成文书工作的同时表现出摸脸的动作，然后观察被试在观看过程中的摸脸次数，结果发现，与消极情绪状态下的被试相比，积极情绪状体下的被试会表现出更多的摸脸行为，即产生了对表演者的模仿。在实验2中，通过电视片段来启动被试的情绪，从而使一组被试处在积极情绪状态中，另一组处在消极情绪状态中，然后让被试和实验助手在一起完成音乐评定任务，在评定的同时，实验助手表现出玩笔或者不玩笔的动作，并记录被试的玩笔行为，结果发现，积极情绪状态下的被试比消极情绪状态下的被试表现出更多的玩笔动作，这说明了情绪能够调节变色龙效应的发生。

（2）社会因素

尽管变色龙效应受到个体内部因素的影响，但是它作为一种社会行为，也必然会受到社会因素的影响。接下来我们将从社会情景因素和社会文化因素这两个方面探讨社会因素对变色龙效应的影响。

一是社会情景因素。

社会情景既包含简单的社会情景，也包含复杂的社会情景，不同的情景会有不同的变色龙效应的发生，首先探讨简单的社会情景对变色龙效应的影响。例如，在现实的酒吧环境中，被试会模仿相互作用者消耗酒水的数量和种类（Quigley & Collins，1999）；在虚拟的酒吧环境中，当环境允许个体吸烟的时候，如果实验助手吸烟，被试也会表现出与实验助手相同的吸烟行为，同时他们所吸烟的数量和种类也会与实验助手相似（Harakeh et al.，2007），这些研究都说明了环境线索能够促使相互作用者之间互相模仿。在 Andreas 等（2011）的研究中，被试被随机分配到不同的行为一致性和不同的消耗甜品强度条件下，即一致性条件（所有助手都吃甜品）、轻微不一致条件（1/4的助手不吃甜品）、显著不一致条件（1/2的助手不吃甜品）下，以及高强度条件（吃五次甜品）、中等强度条件（吃三次甜品）、低强度条件（吃一次甜品）。结果发现，被试所吃甜品的数量和实验条件保持高度的一致，即在高强度条件下，被试会模仿实验助手，吃更多次数的甜品，而在低强度条件下，被试会吃更少次数的甜品；在一致性条件下，被试也会吃更多的甜品，但是在不一致的条件下，被试会吃更少的甜品。在接下来的实验中，他们还发现，当实验助手的数量分别为1、4、8、12、16个的时候，被试模仿实验助手消耗甜品的数量并没有随着助手人数的增多而增加，而是呈现出了倒 U 形的趋势，即在8个人的时候，被试模仿实验助手消耗甜品的数量最多。

不仅简单的社会情能够影响变色龙效应的发生，复杂的社会情景也能够影响变色龙效应的发生。例如，Johnston（2002）在复杂的社会情景中研究变色龙效应，他的实验主要是探讨参与者是否会模仿污名化的团体成员的行为。污名化的成员为肥胖者或者脸上有胎记者，当实验助手为污名化的成员时，比较参与者和实验助手吃东西的分量，结果发现，参与者只有在实验助手的身份与污名化团体的行为有关系（肥胖与吃相联系）时才会有模仿现象，即使参与者本身不是肥胖者，但实验助手是肥胖者，与其污名化团体的行为连接也会影响到被试的行为（吃得更少）。研究者认为，被试模仿肥胖实验助手的行为相较于非肥胖实验助手的行为产生了抑制效应，即吃得更加少了。被试对实验助手的行为在不同的条件下会产生不同的模仿效应，甚至某些社会条件还抑制了被试对实验助手行为的模仿，由此表明，社会环境因素能够影响变色龙效应的发生。

二是社会文化因素。

人是在一定的社会文化背景中成长起来的，社会文化以它自己独特的方式来影响人，因而不同的群体形成了不同的认知风格，这些认知风格影响着生活在其中的人的行为方式，变色龙效应作为一种普遍的社会现象，不可避免地也要打上社会文化的烙印。例如，van Baaren 等（2006）的研究也发现，美国被试和日本被试在行为模仿上存在着显著差异，与美国被试相比较，日本被试不论实验助手是日本人还是美国人，在与他们的相互作用过程中，都会更多地去模仿实验助手的行为。Dalton 等（2010）的研究也发现，与没有被同民族的实验助手模仿的被试和被不同民族的实验助手模仿的被试相比较，被同民族的实验助手模仿的被试在随后的 Stroop 干扰任务中表现得更好。这些实验都表明，社会文化是调节变色龙效应发生的一个重要因素。

2. 变色龙效应的应用

对变色龙效应的研究对于我们的社会生活有什么作用呢？Jessica 等（2003）认为，变色龙效应是作为一种社会的黏合剂（social glue）而存在的，它在人类社会的历史发展过程起着重要作用，在这一过程中，个体为了生存和发展需要过着群居的生活，在群居生活中，个体是否能够被群体接受，对于个人的生存和发展来说是极其重要的，当个体不被群体所接受时，个体的生存就会受到威胁，所以个体与群体中其他人的关系就变得至关重要。而行为模仿作为一种增进人际关系的技巧和方法，就被人们广泛地接受和应用，从而促进了个人的生存和发展。随着人类的进化和发展，变色龙效应就作为一种社会的黏合剂，从而促进了社会关系的融洽与和谐。接下来，我们将从变色龙效应对自我、对他人和相互关系的影响来介绍其效用。

首先，变色龙效应可以形成有利于自我的局面。van Baaren 等（2003a）的研究发现：在餐馆环境中，当服务生去重复顾客的菜单的时候，他们会得到更多的小费。Bailenson 和 Yee（2005）的研究发现，在说服情境中，如果实验助手模仿被试的头部运动4 秒，实验助手所说的话更加具有说服力，被试会更多地遵从实验助手的建议。Jeremy 和 Nick（2007）首先用机器人来启动握手行为，然后让被试完成后续任务，结果发现，那些被机器人模仿了他们的握手行为的被试，在随后的有关租赁谈判任务中，谈判的结果对被试来说更加有利。Maddux 等（2006）在人员招聘和商业谈判的背景下研究变色龙效应，结果发现，当变色龙效应发生的时候，结果对那些模仿的个体更加有利，即在人员招聘中，与那些没有模仿面试者的应聘者相比，模仿了的应聘者更加可能得到这份工作；在商业谈判中，相对于那些没有模仿的买家，模仿了的买家就会得到卖家提供的更多信息，并且能够使卖家的价格降低，以自己所期望的价格成功地完成这次交易。Celine 等（2011）在销售环境中的研究表明，当售货员模仿被试在买卖活动中的言语和非言语行为时，71.1%的顾客会去购买模仿他们的售货员所推荐的产品，并且那些顾客也认为那些模仿他们的售货员比其他的售货员具有更高的销售能力。

其次，变色龙效应可以形成有利于他人的局面。研究发现，当被试被实验助手模仿后，如果实验助手请求被试为慈善机构捐款，与那些没有被实验助手模仿的被试相比较，有更多的被模仿的被试会向慈善机构捐款，并且他们也会捐助更多的钱（Ashton-James et al.，2007；van Baaren et al.，2004a）。Chartrand 和 Bargh（1999）的研究发现，被试和彼此不认识的实验助手一起描述照片，在描述照片的过程中，实验助手会模仿或者不模仿被试，然后让被试去评价他们的实验助手，结果发现，被试更加喜欢那些模仿他们的实验助手。van Baaren 等（2004a）的研究结果表明，模仿不仅会使被试对模仿者表现出助人行为，而且被试对其他人的助人行为也会增加。Mariëlle 和 Fieke（2011）的研究发现，在选举活动中，被实验助手模仿的被试中，有84.56%的被试会选举左翼政党（亲社会政党），而没有被模仿的被试中，只有62.07%的被试会选举左翼政党；在模仿的条件下，62.50%的被试最开始是支持右翼政党，但是当他们被实验助手模仿后，他们会转变到支持左翼政党的队伍中来，而没有被模仿的被试中只有30%的被试发生了同样的态度转变。

最后，变色龙效应有利于形成良好的人际关系。在 Chartrand 等（1999）的研究中，被试和实验助手在一起完成照片描述的任务，结果发现，如果实验助手模仿了被试，被试就会认为他们与模仿他们的实验助手在这个过程中形成的关系更加和谐与融洽。van Baaren 等（2004a）的研究同样发现，与没有被模仿的被试相比较，那些被模仿的被试认为，模仿者和自己之间的相互关系更加亲密。在约会情景中，Guéguen（2007）的研究发现，如果女性实验助手模仿了男性被试的言语或者非言语行为，男性被试认为他们和助手的相互关系比那些没有模仿他们的实验助手之间的关系更加融洽，并且他们也希望与模仿他们的实验助手进行进一步的交往。Maddux 等（2006）在商业谈判中的研究发现，当买家模仿卖家的时候，卖家就会更加信任买家，从而向买家暴露出更多的关于自我的内在信息，从而使买卖的结果达到互利共赢的局面。Maurits 等（2011）通过对人机对话的研究发现，在人机对话过程中，有82%被机器人模仿的被试愿意坚持与机器人谈话10分钟，认为机器人是聪明的和友好的，并且表示如果机器人是真正的人，他们愿意同机器人做朋友。但是，他们还发现，他们中存在一种性别差异现象，即女性被试受到模仿的影响大于男性被试。因此，变色龙效应有助于相互作用者之间建立和谐与融洽的相互关系。

变色龙效应是在相互作用的过程中形成的，不仅能够产生有利于交往双方的良好结果，而且有利于彼此之间良好的相互关系的形成，从而有利于形成一个皆大欢喜的局面。

三、总结与未来的展望

对变色龙效应的研究为研究无意识的行为模仿提供了一条新的道路。虽然众多的学者关注变色龙效应，但是对变色龙效应的研究还处于初级阶段，存在以下一些问题和争议，这些问题和争议的解决，将会促进对变色龙效应认识的深化。

首先，变色龙效应的性别差异的研究。尽管先前的一系列研究发现，在变色龙效应上，不存在显著的性别差异（Chartrand & Bargh，1999；Cheng & Chartrand，

2003），但是目前的一些研究却发现，变色龙效应是存在性别差异的，例如，Jeremy和Nick（2007）的研究发现，人机之间握手的行为模仿对男性被试的影响比女性被试大。但是，Maurits等（2011）通过对人机之间模仿的研究发现，变色龙效应对女性被试的影响更大些。Geertjan 等（2011）关于年轻人在饮酒行为模仿上的研究发现，男性被试比女性被试会表现出更多的模仿行为。变色龙效应在性别上是否真的存在差异？这些差异是仅仅发生在人机相互作用之间的变色龙效应中，还是也存在于真实的人与人相互作用的过程中呢？这些还有待于未来进一步研究的探讨。

其次，变色龙效应的神经机制的研究。大脑是生命的中枢，是行为发生背后的神经机制，任何行为的发生都能够在大脑中找到特定的控制中心，变色龙效应也不例外，它应该也是由特定的大脑区域控制的，但是目前我们对变色龙效应的解释还停留在行为研究层面，将来需要进一步探讨变色龙效应发生的神经机制。随着心理神经科学研究的不断发展，特别是20世纪90年代中期，意大利帕尔马大学神经科学家Rizzolatti等（1996）在研究猴脑的运动皮层时发现，恒河猴的腹侧运动皮层的F5区存在一些神奇的神经元。这些神经元不仅在猴子执行与目标相关的手（如抓取物体时）、嘴部动作时被激活了，而且在观察到其他个体（猴或人）执行相似动作时也被激活了，就像一面镜子将他人的动作映射到自己的大脑中。因此，研究者称之为“镜像神经元”。随着研究的深入，研究者利用PET、fMRI等技术发现，人类大脑左前额叶皮层的布罗卡区、腹外侧运动前皮层、顶下小叶、额下回、脑岛等区域同样存在着这些能将观察动作和执行动作匹配起来的具有镜像属性的神经元（Fogassi et al.，2005；Rizzolatti & Craighero，2004；Rizzolatti et al.，2001）。虽然已有研究指出，镜像神经元的发现为从神经机制上解释变色龙效应提供了绝佳的前提，但是目前还缺少变色龙效应与镜像神经元之间存在关系的直接证据。因此，将来的研究可以探索当变色龙效应发生的时候，镜像神经元的活动情况如何，哪个区域中的镜像神经元在活动，从而确定变色龙效应的神经机制。

再次，变色龙效应的生态学效度的研究。当前关于变色龙效应的研究都是在实验室中进行的，变色龙效应作为一种普遍的社会相互作用现象，我们应该注重关于它的外部效度的研究和应用，特别是在变色龙效应的应用中，在实验室中产生的各种作用是否能够在现实生活中产生同样的效应呢？Andreas等（2011）在火车上的研究发现，当被试看到别人购买饼干时，自己也会模仿别人购买饼干的行为，从而增加了火车上饼干的消费量。Celine 等（2011）在真实情景的数码商店中的研究也发现，当售货员模仿顾客的时候，顾客认为他们与售货员的相互交往关系更加融洽，也更愿意去购买售货员所推荐的商品。这些研究结果说明了变色龙效应具有良好的生态学效度，关于生态学效度的研究目前仅仅限定在销售的情景中，在其他的现实情景中，如真实的人际交往情景中，变色龙效应会如何呢？这还需要进一步的研究和探索。

最后，变色龙效应发生的中介问题的研究。变色龙效应是通过相互之间的行为模仿产生了良好的效果呢，还是由于变色龙效应导致了被试情绪、认知的改变，通过这些中介机制来产生了良好的结果呢？一些研究认为，模仿改变了被试内在的价值体系，从而产生了良好的效应，例如，模仿改变了个体的行为倾向，使个体感觉到跟别人有更多的联系，会更多地关注别人，根据他人来定位自己（Ashton-James et al.，2007；Stel et al.，2008；van Baaren et al.，2004b），从而使被试表现出更多的亲社会行为。Bourgeois 和 Hess（2008）的研究发现，如果被试对相互作用者持有消极的态度，那么他们就会更少地模仿相互作用者的行为。但是另外一些研究认为，模仿直接导致了良好的行为结果，例如，Stel 等（2008）的研究发现，模仿能够影响被试的亲社会行为，但是这种作用不是由模仿改变了被试的情绪引起的。Mariëlle 和 Fieke（2011）的研究也表明，模仿影响了被试的亲社会行为——选举，但是这种选举行为的发生不是由模仿改变了被试的情绪产生的。因此，变色龙效应中是否有中介变量的影响？对这个问题还需要进一步的研究和探讨。

第五节　镜像神经元是联想学习的副产品？

灵长类动物的生活具有高度社会性。在社会认知中，灵长类动物（包括人类）如何依靠他人的外显行为理解他人的意图、感受和其他心理活动，成为长期困扰哲学家和心理学家的一个未解之谜，也被称为“他心问题”。历史上还存在诸如理论论、理性论、模拟论等多种理论试图解释我们如何实现理解他心，这些理论为对他心问题的进一步研究铺垫了大量的论证与思辨（Goldman，2013）。20世纪末，Rizzolatti 团队在豚尾猕猴的运动皮层中意外发现了镜像神经元，为这场争论带来了重要的实证证据（Gallese et al.，1996；Rizzolatti et al.，1996），并引发了学界持久、广泛、激烈的讨论。Ramchandran 更是断言，这些神经元对心理学的重要意义就如当年生物学中发现了 DNA 一样。这些特殊的神经元不仅能够在个体执行某一动作时被激活，也能够在个体观察同一动作或相似动作时被激活。这一激活方式暗示，我们在知觉和执行某种动作时可能在脑功能上存在重合，这挑战了传统的认知科学，即我们的大脑在感知觉（输入）和反应、行动（输出）之间依靠抽象表征进行计算。运动皮层在观察他人动作时被激活支持了“具身”的认知观，即我们的认知活动与我们在世界中所占据的空间以及与周围环境互动的方式紧密相连，我们在使用自己的运动表征来理解其他个体的动作。

目前大量关于镜像神经元系统的研究显示，其激活模式和程度具有可塑性（Aglioti et al.，2008；Ferrari et al.，2005）。观察者是否在过去执行过被观察到的动作，以及这种执行经验是否丰富，均能影响镜像神经元系统在观察中的激活程度与模式。镜像神经元系统具有可塑性这一特征引发了该领域内最为激烈的一场争辩。一方是基因假说（genetic hypothesis），这些研究者认为，镜像神经元之所以在观察某一动作时会产生激活，是因为我们的大脑在使用我们的运动系统去理解观察到的动作，镜像神经元是一类被进化选择而保留下来的用以识别/理解动作的神经元（Ferrari et al.，2013；Rizzolatti & Craighero，2004），并且镜像神经元正是我们得以识别、理解和模仿他人动作的神经机制（Iacoboni，2009a）。另一方是联想假说（associative hypothesis），这些研究者认为，镜像神经元并不属于一个特异性的系统，而是个体通过感觉运动学习形成的一种神经激活模式，即镜像神经元并不是被进化所选择出来的一类用以识别/理解动作的神经元（Cook et al.，2014；Heyes，2010）。

一、联想序列学习

在联想学习的支持者中，Heyes（2001）等主张的联想序列学习理论被视为目前镜像神经元领域最为完整、最为细致的联想假说理论。

Heyes 的团队及其支持者提供的大量实证证据显示，来自行为层面的自动化模仿和来自神经层面的镜像神经元的激活模式均可以被短期的感觉运动训练所增强（Press et al.，2007）、消除（Cook et al.，2012）、逆转（Catmur et al.，2011）、制造（Press et al.，2012）。这些研究主要基于一种刺激–反应程序（S-R procedure）进行，即被试学习在一个刺激物出现的同时执行某个动作，之后在单独呈现这一刺激物的时候就能引起执行该动作时的外显行为或神经活动。例如，Press 等（2007）在一个实验中首先对被试进行了大约50分钟的感觉运动训练：当看到机器钳子打开时，他们就张开自己的手；当看到机器钳子闭合时，他们就握拢自己的手，如此反复训练。在这项训练开展之前，钳子运动所诱发的自动化模仿少，但训练后的24小时，钳子运动所诱发的自动模仿效应和手部诱发的效应一样强烈。在另一个实验中，研究人员首先证实了被试在观看食指的动作时，运动输出通路中控制食指的部分产生了激活。接下来让被试接受一段训练，让被试习得对食指的动作产生运动小拇指的反应。在后一阶段实验中被试依然观察食指动作的情况下，本应对食指的动作出现较大激活的运动输出通路的激活消失了，反而是控制小拇指的运动输出通路被激活了（Catmur et al.，2007）。因为镜像神经元的激活非常容易受到经验的改变，并且引起镜像神经元激活的刺激物甚至不需要是动作（Landmann et al.，2011；Press et al.，2012），所以镜像神经元系统并不是由于识别/理解动作这一功能被进化选择保留的。联想序列学习理论试图将镜像神经元与识别/理解动作的关系从发生学的角度彻底割裂开，并证明任意的感觉运动匹配均能够形成镜像机制。

1. 联想序列学习的理论主张

在感觉运动学习过程当中，联想序列学习理论认为，个体通过垂直连接（vertical association）解决了“对应难题”，即在模仿中如何将所观察到的动作的各部分与自己执行动作的对应部分进行匹配。例如，当婴儿张开嘴时，他更有可能看到其他人也张开嘴。这一经验反复出现，婴儿就在张嘴的运动表征和知觉表征之间形成了垂直连接，之后再次观察到张嘴的动作时，婴儿张嘴的运动表征也会被激活，从而产生了在执行某一动作和观察某一动作时均产生激活的神经元。在垂直连接的形成中，运动经验与知觉经验的相依性非常重要，即其中之一的发生在多大程度上能被另一个预测。因为在一个运动表征被执行后，从时间上看，环境中会有多个事件与这一动作一同发生，即与运动表征在相邻性上较为密切的知觉刺激有很多，仅仅依靠两者之间的相邻性，不足以解释感觉运动学习。垂直连接的形成既需要相邻性，也需要相依性（Heyes，2016）。

除去自己张开嘴，在接下来也观察到他人张开嘴这一类型的经验（被他人模仿）之外，个体在感觉运动学习中的知觉经验还来自可以被自己直接知觉的动作（perceptually transparent movement），例如，个体在执行伸出手臂这一动作时，在视野中也出现了伸出手臂这一动作。还有一些经验来自不可直接知觉的动作（perceptually opaque movement），如耸肩或某种面部表情，这类动作的知觉表征来自镜像观察，以及在协同活动（体育、舞蹈）中得到反馈或受到强化（Catmur，2013）。

由于强调视觉经验与运动经验之间的连接，联想序列学习预测单独的运动经验的增加不足以解释对相应动作理解程度的增加。例如，当婴儿行走时，其不能观察到自己的行走动作，之后在观察他人走路时，其感觉运动区域的激活程度比能观察到自己动作的婴儿要低（Klerk et al.，2015）。因此，在感觉运动学习中，视觉通道或其他感觉通道的反馈是不可或缺的。

同时，因为在垂直连接中需要有一个可执行的运动表征，所以完全新异的动作是无法模仿的。这里所说的完全新异是指这样的动作本身不包含在被试之前执行过的动作之中。例如，如果个体过去使用过自己的右大拇指去分别触摸其右手掌的另外四个指头，但是他现在学习了一个新的顺序去完成这一个动作（无名指—食指—中指—小指），那么这个新顺序的动作不是完全新异的动作。如果个体过去从未用其右食指触摸过右小指，他现在执行了这个动作，这才是完全新异的动作（Heyes，2016）。

最后，根据联想序列学习的主张，镜像神经元的出现基于一种类似于经典条件反射或操作性条件反射的机制。这种机制较为低级，因此我们应该能够在多种物种的脑中观察到镜像机制，其并不局限于灵长类动物的脑中（Cooper et al.，2013）。

2. 对基因假说证据的重新解读

在明确了联想序列学习的具体主张之后，我们接下来从行为层面、神经科学层面和理论建构层面分别通过联想序列学习的理论视角重新解读过去镜像神经元领域中的代表性研究。

镜像神经元的支持者认为，通过镜像神经元系统理解他人的动作，需要观察者自身掌握这种运动能力（具有相应的运动表征）。该主张在行为领域的一个体现是，镜像神经元的激活使预测性注视得以出现（Elsner et al.，2013）。研究人员使用4—10个月的婴儿作为被试，首先测试了被试抓握物体的能力，发现几乎所有4个月大的婴儿都无法进行有目标的抓握动作，但是绝大多数的6个月、8个月、10个月的婴儿能完成这一动作，并且抓握能力随着年龄的增长而显著提高。紧接着让被试观察有目标的抓握动作，以及用手背触摸目标物体和用机械杠触碰物体（这两种均是无目标动作）。研究发现，婴儿通过预测性注视预测目标的能力受到自身掌握抓握动作熟练程度的影响，并且一旦自己掌握了有目标的动作，其对有目标的动作的预测能力强于无目标的动作（Kanakogi & Itakura，2011）。镜像神经元通过对动作表征的熟悉程度，对此类证据进行解释。但联想序列学习同样能对此结果做出解释，因为婴儿一旦习得了动作，自己经常能通过自我观察或镜子反射观察到相应的动作，但在现实生活中很少观察到无目标的动作，因此当抓握动作出现时，婴儿能对有目标的动作做出更好的预测。

镜像神经元系统的支持者还主张镜像神经元对动作的意图，而不是动作的运动学信息更为敏感。例如，研究人员训练猕猴使用两种钳子夹取物体，一种钳子需要被试用力握住才能夹住物体，另一种钳子则在被试握住后适当松开才能夹住物体。操作两种钳子夹取物体的动作过程明显是不同的，但是这两个动作的意图都是夹取物体。实验表明，两种动作所引发的镜像神经元系统的活动是非常相似的（Umiltà et al.，2008）。联想序列学习理论认为，这些激活的神经元反映了对动作最终阶段知觉信息的编码，无论如何操作钳子，使用钳子的运动表征与夹取食物的知觉表征有着高度的相依性和相邻性。在以上实验的准备阶段，被试正是通过感觉运动学习建立了两者之间的垂直连接，从而在正式的实验阶段执行两种动作的过程中激活了同一区域的神经元。

在 Caggiano 等（2011）的研究中，研究人员让被试在三种角度下观察抓香蕉的动作。研究发现了一些独立于视角（view-independent）的镜像神经元，无论被试从哪个角度观察，这些神经元对同一意图的动作均能产生同样的反应。但是实验同样发现，在被记录的镜像神经元中，大约有3/4的镜像神经元能够对不同角度的动作产生不同的反应（Caggiano et al.，2009）。研究人员结合此类证据发展出一个符合镜像神经元理论的动作识别模型，并解释了这一研究结果。在第一阶段中，大脑利用对特定角度的物体或者手部产生反应的特征检测器（shape detector）对动作的部分进行识别，之后随着处理层级的提高，特征的复杂程度逐渐增加，依赖于视角的程度逐渐降低。在这一阶段中，大脑完成了对物体形状的加工，并将手部的动作知觉为一系列在时间上连续的“快照”。在第二阶段中，大脑利用物体和手部的相对位置信息对动作的轨迹进行了加工，并且利用物体的形状获得了与物体互动的动允性。在第三阶段中，随着动作的进行，大脑整合了物体的可供性以及手部与物体的相对位置，对于动作是不是目标导向的进行了判断。然而，值得注意的是，至此大脑所使用的知觉信息均停留在视觉所提供的二维信息层面，因此在这一阶段被成功识别为目标导向动作的知觉信息依旧是特定视角的动作，而只有在之后更高层级的加工中才成为独立于视角的动作表征。因此，这一模型调和了我们能够独立于视角表征动作，同时多数镜像神经元依然对观察动作的角度敏感这一矛盾（Fleischer et al.，2013）。不过，联想序列学习理论认为，对不同视角的动作产生不同的反应仅仅是因为不同的知觉经验被编码进了垂直连接当中。因此，根据“奥卡姆剃刀”的原则，使用联想序列学习来解释依赖视角的镜像神经元则更为简单、直观。

二、来自基因假说的回应

联想序列学习这一理论模型能够解释大部分的镜像神经元系统的实验结果，但是该理论仅仅突出了经验能够塑造镜像神经元系统的激活，并没有直接排除基因在其发生学层面的基础作用。如果动作理解在大脑中是一个特异性的系统，研究者可以大胆假设这个系统将如同语言、情绪、记忆等系统一样，具有高度的可塑性。据此，主张镜像神经元是一种被进化选择保留下来的特殊神经元并不需要同时否认它们具有可塑性，一个具有高度可塑性的特异性系统有利于该系统更好地执行原本的功能，并且在进化论中，被选择下来的系统也不一定仅限服务于曾经被选择的功能（Gould，1991）。据此，镜像神经元可以被经验塑造并对多种在进化过程中不曾出现的刺激物产生反应，如工具、撕纸片和塑料的声音。

综上所述，我们认为，作为一个体系完整的理论，基因假说和联想序列学习理论均能够对大部分证据做出足够“好”的解释。在对社会性信息的偏好中提到的几类研究并不适用于区分联想假说和基因假说。未来研究中，以下几方面的证据对于判决两者的争论有重要意义，并且目前证据显示出基因在镜像神经元的产生中起着一定的作用。

1. 镜像神经元系统的演化

联想序列学习理论认为，镜像神经元的形成基于一种低级连接机制，因此能够在多种物种中被观察到。根据基因假说的理论主张，镜像神经元可能存在于所有具有社会性的物种中，即在生存中需要与其他个体合作、协调或竞争。目前，除了有大量证据显示，在人类、黑猩猩、猕猴、狨猴等多种灵长类动物脑中存在镜像神经元系统之外（Tramacere et al.，2016），也有证据显示，在使用鸣叫进行交流的鸣禽中也存在镜像神经元系统（Mooney，2014）。Hecht 和 Parr（2015）在比较了猕猴、黑猩猩和人类的镜像神经元系统后发现，猕猴和黑猩猩的镜像神经元系统中，在观察动作时，额叶区域的激活均强于顶叶区域；人类的镜像神经元系统中，在观察动作时，额叶和顶叶均有较强的激活。其中，猕猴的镜像神经元系统对非及物动作几乎不反应，黑猩猩和人类的镜像神经元系统对非及物动作均能产生反应。镜像神经元的激活模式与行为层面的证据出现了高度的相关性：猕猴几乎不能模仿动作；黑猩猩具有一定的模仿能力，但更多时候往往只模仿动作的结果；人类则可以在无论对方的动作是否具有目标性的情况下，均能够顺畅地模仿整个动作。个体镜像神经元系统的激活模式与物种所属的社会生态位体现出高度的一致性（Hecht & Parr，2015）。三个物种在镜像神经元系统的构造和功能上的区别成为它们之间具有不同复杂程度的社会生活的潜在基因基础。

2. 对社会性信息的偏好

在鸣禽中，辨别并回应自己种类的鸣叫对于个体能否存活并繁殖后代是至关重要的。在最近的一个研究中，研究人员在两种鸣禽的鸟巢之间替换了正在孵化的鸟蛋，让每种幼鸟都由另一种鸣禽完成孵化。在幼鸟出生后，它们在听到自己种类的鸣叫时依然出现更多的乞求食物的叫声（Wheatcroft & Qvarnström，2017）。该研究很好地控制了幼鸟在孵化时期和出生后的早期经验，并显示基因在鸣禽发展过程中具有基础作用。

在其他灵长类中，咂嘴是一种具有社会意义的动作，而吐舌是一种不具有社会意义的动作。研究人员让幼猴分别在具有社会性交互的环境（母亲养育）和非社会性交互（护士养育）的环境中成长，发现幼猴与母亲的早期互动经验能够影响个体模仿咂嘴的频率并在观察咂嘴时产生强烈的镜像神经元系统活动，而幼猴在观察吐舌动作时的反应以及模仿频率则几乎不受成长环境经验的影响（Vanderwert et al.，2015）。该研究显示，社会性信号（咂嘴）对于幼猴来说是一种更有意义的刺激物。为了进一步探究基因在其中所起的作用，研究人员进一步比较了社会性信息的传递中是否具有个体的差异性。在解读社会性信息时，对方眼部区域的活动是非常重要的（Jones & Klin，2013）。研究人员先测量了出生1周之内幼猴模仿咂嘴和吐舌的频率，并在间隔1—3周后使用眼动技术记录幼猴的注视行为。研究发现，那些在出生前1周较多地模仿了咂嘴这一动作的幼猴，在之后观察面孔时更多注视眼部区域，而被试早期模仿吐舌的频率则与它之后是否会注视对方的眼睛并没有相关（Paukner et al.，2014）。因此，幼猴对社会性刺激和非社会性刺激的反应是不同的，并且早期在这些方面所体现出的差异可能会影响个体之后在多种社会性活动中的表现。对社会性信息的偏好暗示基因在其中有一个预先的作用，即一些连接比另一些连接更容易形成，并且存在个体差异。联想序列学习的理论主张无法解释为何与社会性刺激关联的镜像神经元活动更为强烈，也忽略了个体在社会性情境中学习速度的差异。

3. 幼体的主动探索

除去对自己种类的鸣叫与面部所传递出的社会性信息的偏好，人类个体在多种知觉对象中更偏好模仿自己的对象（Paukner et al.，2005，2011），并且会对着模仿自己的对象进行验证（Meltzoff，1990）。仅仅从联想序列学习所强调的时间的相依性上不足以解释为何婴儿会偏爱关注与自己动作一致的那一方（Meltzoff，2007），婴儿的选择明显受到动作一致性的影响，而辨别他人的动作是否与自己一致需要个体预先知道自己在执行什么种类的动作。在另一个研究中，实验人员让婴儿观察一个成年人按压一个按键，但是在观察他人的动作之前自己先做一个动作，这个动作可能是按压按键或抓取一个小玩具。研究发现，当婴儿执行的动作与观察的动作一致时，代表镜像神经元活动的脑中部的 μ 波变化要强于不一致（自己抓取玩具，但观察到的却是按键）时的情况（Saby et al.，2012）。这种类似相互模仿的情境引发了较强的神经活动，暗示婴儿并不仅仅在知觉对象和执行表征之间产生了垂直连接，因为在对方动作与自己一致和不一致两种情况下，被试观察到的知觉对象是同样的，并没有知觉线索用以区分两者，但在观察中产生的脑部活动却是不同的。

这些研究显示，婴儿对世界的反应并不能够通过简单的垂直连接解释，婴儿在知觉周围世界时，也不仅仅是在被动地观察着周围发生了什么、在几种刺激物之间进行选择，而是对周围发生的行为进行探索，将环境中发生的事件与自己联系起来。而联想学习所使用的实验范式限制了个体在较为自然状态下的反应，并有可能改变了原有的镜像神经元活动。

在 Heyes 等（2005）的实验中，被试执行动作总是在特定的视觉刺激之后，也就是说，动作仅仅是对视觉刺激的反应。但在日常的生活中，我们通过自己的动作与周围的人和物互动，在这个过程中，我们能够从动作所产生的结果中获得经验，动作发生在结果所对应的知觉对象之前。例如，当我们将篮球投出去后，我们才得到视觉反馈以确定自己的投篮是否入筐，而不是有一个信号指示我们该何时、怎样投篮。在今后研究中，更为合适的范式是让视觉刺激成为动作的结果，而不是一种指示动作的标记（Shaw & Czekóová，2013）。例如，在经过联想序列学习理论所使用的刺激-反应程序训练后，被试做出与镜像反应相容的和不相容的动作的反应时都缩短了（Heyes et al.，2005）。联想序列学习的理论主张不能解释为何相容的反应在过去经验中已经被塑造过无数次，但在实验中仅仅数百次的感觉运动学习之后依然能够发生明显的变化（Shaw & Czekóová，2013）。

综上所述，联想序列学习理论虽然能够解释大量的关于镜像神经元的研究，但是这种解释依然存在着诸多问题。

首先，并没有证据直接否定基因在镜像神经元系统产生当中所起的作用。目前除了联想序列学习理论外，其他几种理论均同时接受基因的基础作用和感觉运动学习对镜像神经元系统的塑造与影响（Ferrari et al.，2013；Giudice et al.，2009；Keysers & Gazzola，2014），如何将这些理论所提供的证据融合在一个更为一致的理论框架下，将是未来的一个重要工作。为了实现这一整合，除了在基因层面进行更为微观的研究之外，使用诸如表观遗传学等全新的理论框架消解先天与后天在概念上的二分对立也是必要的。此外，另一个亟待解决的问题是将动作按照对经验的依赖程度进行划分：一些动作相对来说更依赖经验与文化背景，如使用筷子或刀叉；另一些动作则在物种内基本上是共通的，如挠痒和表情。不同种类的动作对镜像神经元系统可塑性产生的影响是否存在差异，将是未来研究的一个重要主题。

其次，个体对多种知觉刺激的偏好并不一致，这种偏好无法仅仅依靠相邻性和相依性得到解释。考虑到具有镜像神经元系统的物种所处的社会生态位，在镜像神经元系统的发展中，极可能有着一种促进社会聚合的演化压力塑造着基因的预先倾向（Wang，2012）。而一旦考虑到基因在其中可能所起的作用，个体差异将成为镜像神经元发展的一个重要主题。例如，婴儿早期模仿行为的差异是否受个体不同气质的影响；婴儿早期的模仿能力能否预测今后个体在社会认知中多个领域的表现（Simpson et al.，2015）。在个体差异的问题上，自闭症谱系障碍导致个体在社交能力上表现出的缺陷与镜像神经元的关系得到了广泛的关注。但是存在“社交”基因或脑区这一假设在物种之间具有更为深远的影响，镜像神经元系统的存在为澄清人类为何能够进行社会的复杂分工、合作并传承文化提供了一种可能的生物机制，并为人类大脑如何在进化轨迹上区别于其他猿类提供了一个具体的切入点。

最后，联想序列学习理论所提供的证据中，被试均是被动、程序化地执行实验者所安排的行为。在这一过程中，被试很有可能从理解他人的状态中抽离了出来，所记录到的镜像神经元区域的激活也是由其他机制调控的结果。我们在社会活动中并不仅仅是旁观地坐在那里分析他人的行为（Reddy & Uithol，2016）。在理解他人的过程中，我们与他人处于一种“对话”的互动关系中，不仅我们的行为会影响他人的行为，他人的行为也会对我们接下来的反应产生影响，在这一系列的互动中，各个参与者之间形成了闭环。大量的证据显示，被试是否参与到情境中，能够影响到大脑激活的区域（Schilbach et al.，2013）。为了更贴近理解他心在日常经验中发生的情形，未来的研究需要使用第二人称的交互式实验设计，让被试“卷入”社会互动情境中。这意味着研究者在设计实验时，不再是隔着“玻璃”观察对方的反应，而是应该参与并成为实验刺激的一部分。为了更具“生态”地重现日常互动，应该增加单次实验的时长，记录到的反应也应该尽可能更为多样。这将对脑成像技术提出新的要求，对行为指标的量化也将更为复杂。

正如 DNA 的发现并没有成为生物学的终点，反而催生出探索基因和环境如何产生复杂交互关系的表观遗传学，如果诚如 Ramchandran 所言，将镜像神经元视为心理学的“DNA”，那么对其基因基础如何影响其产生、发展与演化的探讨，仍将是一个极具意义和生命力的主题。

第四篇

04

基于具身认知理论的实验研究

宇宙就是一座黑暗森林，每个文明都是带枪的猎人，像幽灵般潜行于林间，轻轻拨开挡路的树枝，竭力不让脚步发出一点儿声音，连呼吸都必须小心翼翼：他必须小心，因为林中到处都有与他一样潜行的猎人，如果他发现了别的生命，能做的只有一件事：开枪消灭之。在这片森林中，他人就是地狱，就是永恒的威胁，任何暴露自己存在的生命都将很快被消灭，这就是宇宙文明的图景。

——刘慈欣，《三体Ⅱ黑暗森林》

第九章　道德概念的黑白隐喻表征及其对道德认知的影响

第一节　黑白分明：道德概念的隐喻表征

隐喻是指一个认知域中的概念被系统地用于对另外一个认知域中的概念进行表达。在很长一段时间内，以客观主义为代表的西方哲学界都将隐喻看作一种简单的修辞手法、一种语言的副产品。然而，现代认知理论的出现使研究者开始从认知机制角度对隐喻现象进行分析（叶浩生，2013）。Lakoff 和 Johnson（1980）最早指出，隐喻反映了人类认知演化与发展的过程和思维的基本方式，并具有表征概念意义的认知功效，这种观点被称为概念隐喻理论。随后发展的一些理论，如 Boroditsky（2000）提出的隐喻结构理论、Gallese 和 Lakoff（2005）提出的神经再开发理论以及 Williams 等（2009）提出的架构理论等都进一步丰富了概念隐喻理论的框架。

根据概念隐喻理论，隐喻的本质是人们利用熟悉、具体的经验去构造陌生、抽象的概念。Lakoff 和 Johnson（1980）将隐喻定义为“用一种事物来理解和体验另一种事物”。我们的主要隐喻系统首先植根于我们的直接物理和社会经验。所有基本的感觉运动概念都是字面上的，因为它们直接从与环境的物理交互中抽象出来。维度、方位、大小等经验形成了字面概念体系，构成了隐喻概念的基础。这些主要的隐喻自然地、自动地、无意识地出现在日常经验中，然后被组合成复杂的隐喻。隐喻作为抽象概念和具体经验之间的关联而存在，而言语隐喻仅仅是潜在概念隐喻的表层表现，这一主张在将抽象概念映射到直接物理经验的隐喻中最为明显。例如，从婴儿期开始，亲密的体验既与身体的亲近有关，也与身体温暖等感觉相关。这种经验丰富的关联可以通过比喻表达出来，比如，“我和我妹妹很亲密”和“我们的关系非常融洽”，反之亦然，比如，“她最近看起来有点疏远”和“我开始感觉到我们的关系有些冷淡了”。同样，愤怒和性唤醒等强烈情绪的生理后果是心率加快和皮肤毛细血管扩张等，随之而来的是皮肤发红和发热。这些经验丰富的关联构成了隐喻表达的基础，比如，“他有过一段炙手可热的职业生涯”。上述过程的结果体现在语言层面是概念隐喻映射，即人们利用具体概念表达抽象概念；而体现在认知层面则是具体概念图式与抽象概念的自然表征关系，即与身体图式相关的感知觉系统会与抽象概念表征建立联结（Landau et al.，2010）。

在各种文化中，黑白颜色概念与道德概念都具有特定的隐喻联系。例如，在圣经中，上帝被誉为“世界之光”，撒旦则被称为“黑暗之王”；在古兰经中，真主阿拉等于光明，恶魔伊普利斯则等于黑暗；在印度文化中，光明象征真诚，黑暗则象征欺骗；在古希腊和古罗马文化中，白色代表纯洁、善良，黑色则代表罪恶、不公正（Adams & Osgood，1973）。在语言表达中，这种隐喻意义也较为常见。在英语中，白色往往被引申为公平、公正、纯洁、诚实，如 They treated us white（他们公平地对待我们）、white person（纯洁的人）、white handed（诚实清白）；而黑色则被用来表示邪恶、狡诈、自私，如 black man（恶人）、black deeds（恶行）、black mail（敲诈勒索）。在汉语中，当社会非常不公正时，人们形容那是“最黑暗的年代”，相反的情况则被称为“最光明的年代”；欺骗顾客的商家，人们称之为“黑心商贩”，而没有劣迹的人则被赞誉为“白玉无瑕”。

这些例子说明，在概念隐喻层面上，人们会将白与道德概念相关联，而将黑与不道德概念相关联。根据概念隐喻理论的主要观点，黑白颜色概念与道德概念的隐喻联结应存在心理现实性。当前，国内外已积累了一些关于黑白或明暗隐喻的实证研究。然而，这些研究主要关注的是情感效价概念的隐喻表征（周静，2012；Meier et al.，2004，2007；Song et al.，2012），而较少有实验涉及道德领域。目前仅有两篇关于道德概念黑白表征的研究，Sherman 和 Clore（2009）曾使用 Stroop 实验范式证明，在颜色判断任务中，当词汇呈现色为白色时，词汇越具有道德意义，被试的反应越快；而当词汇呈现色为黑色时，词汇越具有不道德意义，被试的反应越快。Banerjee 等（2012）所进行的研究则证明，回忆道德相关事件会影响到人们对环境亮度的知觉，相比回忆道德事件，被试回忆不道德事件后会将实验环境判断为更黑暗。然而，这两项研究都只是证明道德认知会对视知觉判断产生影响，根据概念隐喻理论，如果白色与道德概念、黑色与不道德概念的心理表征具有一致性，那么黑白颜色知觉会对道德概念加工产生干扰，这一假设目前还缺乏实证支持。

基于以上分析，本章提出研究假设1：黑白颜色概念与道德概念的隐喻联结具有心理现实性，在概念加工任务中，黑白颜色知觉会对道德概念加工产生影响。

另外，当前关于黑白颜色隐喻的研究主要都是采用词色 Stroop 实验范式，通过反应时或选择比例数据，证明在词汇加工任务中黑色或白色与特定的词汇意义具有一致的心理表征，如白色更符合积极情绪效价，黑色更符合消极情绪效价（Meier et al.，2004）。这种研究模式较为简单而不够深入，仅仅将隐喻干扰效应限制在词语水平上进行探讨。根据概念隐喻理论，隐喻表征是人们实现抽象思维的重要方式，因此与抽象范畴具有隐喻关联的知觉因素会对人们的认知判断过程产生影响。社会心理学和概念隐喻研究领域的大量实验已证明了这一假设，例如，Ackerman 等（2010）的研究发现，当人们对一些社会问题进行评价时，手拿重写字板的被试会比拿轻写字板的被试更倾向于判断这些问题十分重要，并认为政府应该为解决这些问题投入更多资金。再如，Ijzerman 和 Semin（2009）的实验证明，在关系评价任务中，手握冷饮料的被试会比手握热饮料的被试认为他人与自己的关系更为冷漠、疏远。也就是说，在一定任务条件下，知觉感受可以对抽象的认知判断产生同化作用。王锃和鲁忠义（2013）将这种类型的隐喻一致性效应称为认知偏移效应。那么，是否在颜色知觉与道德判断间具有同类型的效应，即当人们对特定事件或行为进行道德判断时，呈现黑色的颜色刺激干扰会导致判断结果偏向于“坏”，而呈现白色的颜色刺激干扰会导致判断结果偏向于“好”？当前还未有实证研究对此问题进行探索。

基于以上分析，本章提出研究假设2：在道德判断任务中，即时的黑白颜色刺激知觉会对道德判断过程产生影响，导致判断结果出现认知偏移效应。

黑白色是一种平面的视知觉，黑白色范畴表现在三维世界中是黑暗-光明的亮度范畴，在日常语言中也可以发现，人们有时会用黑白颜色概念表达亮度范畴，如“黑夜”“白天”。从视觉体验来说，可以认为黑-白颜色范畴与黑暗-光明的亮度范畴是相对应的。如果颜色刺激可以对道德判断产生干扰，环境亮度是否也具有同样的作用？环境心理学研究领域的部分研究曾关注环境亮度与人行为倾向的联系（Blöbaum & Hunecke，2005；Hanyu，2010；Johansson et al.，2011），但尚未有研究关注亮度知觉对道德认知的影响。

此外，根据概念隐喻理论，概念隐喻映射并非无端形成，而是由人们与外界互动中积累的情境经验塑造而成的，例如，人们会使用“大小”范畴表征抽象的权力范畴，这可能源自生命早期，婴幼儿通过与成年人的互动感受到体积与控制力的关系，当他们逐渐习得权力概念时，就会形成以大小范畴理解权力强弱的心智隐喻。那么，“白好黑坏”的隐喻表征是如何由经验塑造而成的？关于亮度知觉的情境经验可以为此提供解释，人们在黑暗的环境中会感到焦虑、恐慌，而在光明的环境中则会感到安全、舒适；黑暗具有隐匿的特性，而光明则具有去隐匿化的特性（Zhong et al.，2010）。因此，在这些经验的作用下，人们可能将关于黑暗与光明的亮度知觉与道德因素产生关联，同时，当将这种关联迁移投射到颜色范畴时，就产生了“白好黑坏”的道德隐喻。如果这一解释成立，道德概念黑白隐喻表征中也应包含亮度范畴，明暗亮度知觉与道德认知间的隐喻干扰效应同黑白颜色知觉与道德认知间的隐喻干扰效应应具备共通性。

基于以上分析，本章提出研究假设3：在特定情境中，环境亮度会对道德认知判断产生影响。

通过分析和假设可以看出，关于道德概念黑白隐喻表征的研究还较少，且研究不够全面深入。本章对道德概念的黑白隐喻表征进行系统研究，主要通过三个实验对上述假设进行一一验证。实验1包括两个分实验，分别使用不同的实验范式探讨道德词的呈现色是否会影响被试对道德词的选择或判断；实验2则验证背景颜色线索是否会影响被试对道德故事的评判；实验3在前两个实验的基础上进行横向扩展，探讨在一定的情境中，环境亮度的差异是否会造成被试对道德相关问题的认知判断差异，并根据实验结果讨论塑造道德概念黑白隐喻表征的因素。

第二节　实验 1a：词语翻译匹配范式下道德词的呈现色对道德词判断的影响

一、实验目的与假设

本实验探讨在语词层面上，道德概念的黑白色表征是否具有心理现实性。实验范式借鉴并改编自 Lakens 等（2011）在验证权力概念的垂直空间隐喻时使用的词语翻译匹配范式。按照本章的研究假设，“白好黑坏”的隐喻联结存在于自然的心理表征层面，因此在翻译选择任务中，被试会倾向于将道德词与白色备选词相匹配，将不道德词与黑色备选词相匹配。

二、研究方法

1. 被试

32名在校大学生作为实验被试，男生有14人，女生有18人，年龄为18—23岁，平均年龄为20.3 ± 1.1岁。所有被试均为右利手，视力或者矫正视力正常，无阅读障碍，色觉正常，且均不熟悉希腊文。

2. 实验材料及其评定

实验材料包括三类词：道德词、不道德词和中性词。这些词均为双字词，每类词各20个。道德词包括公正、仁爱、无私等，不道德词包括狡诈、恶毒、贪婪等，中性词包括结束、变化、冷却等。选择实验材料时对词汇的频率进行了控制，根据《现代汉语频率词典》，这些词汇都是高频使用词汇。

30名不参加正式实验的大学生对实验材料进行了评定，按照词汇的道德效价从“非常不道德”到“非常道德”进行了9点等级评分，1=“非常不道德”，9=“非常道德”。道德词的得分 M=7.69，SD=0.57，显著大于均值5，$t(29)=25.85$，$p<0.001$；不道德词的得分 M=2.62，SD=0.47，显著小于均值5，$t(29)=-27.63$，$p<0.001$；中性词的得分 M=5.10，SD=0.71，与均值5相比，差异不显著，$t(29)=-0.77$，$p=0.448$。这表明实验材料中词汇的选择是合乎人们经验的，符合实验的要求。

3. 实验设计与实验程序

采用单因素被试内实验设计。自变量为翻译词（中文词汇）类型，分为三个水平：道德词、不道德词和中性词。因变量是在翻译选择任务中，被试针对三种类型翻译词选择黑色词或白色词的比例。

采用E-Prime软件编制实验程序。实验材料全部处理成分辨率为550像素×300像素的图片（图9-1），图片的上方会呈现一个黄色中文词，下方则呈现两个左右水平对称的希腊文单词，一个单词为黑色，灰度值为100%；另一个单词为白色，灰度值为0%。两个单词的字形有所不同，图片背景颜色是灰度值为50%的灰色，所有字词的字号均为小一号。实验共包括60个试次，60个翻译词包括20个道德词、20个不道德词和20个中性词，对黑色希腊词与白色希腊词在屏幕左右呈现的顺序进行了平衡。

图9-1　实验1a所呈现的图片举例

进入实验后，通过实验指导语，被试得知屏幕上会呈现一个中文词与两个希腊文单词，实验任务是根据字形猜测哪一个希腊文单词是中文词的对应翻译。实验开始后，首先在屏幕中央呈现一个注视线索“+”，呈现时间为300 ms，之后呈现词汇翻译选择页面，被试需要按键选择他认为正确的翻译，选择左边的希腊词按“F”键，选择右边的希腊词按“J”键，按键反应后自动进入下一个试次，60个试次材料按照随机顺序呈现一遍。计算机自动记录被试的按键选择。

实验完成后，被试还需完成1个检查问题，问题要求被试回答是否认为自己在词汇翻译选择过程中受到了备选词颜色的影响，被试对此问题进行5点评分，1代表“完全没有影响”，5代表“影响很强烈”。

三、实验结果与分析

对被试关于检查问题的回答进行分析发现，32名被试中，有2名被试认为自己的翻译选择在一定程度上受到了备选词颜色的影响，删除这2名被试的数据，其余被试均认为自己完全没有受到词汇颜色的影响（5点评分中分别选择了“1”）。计算被试针对不同类型翻译词选择白色和黑色备选词的频次，并将频次数据转化为百分比，描述性统计结果如表9-1所示。

表 9-1　被试词汇选择百分比统计结果（$M\pm SD$）　　单位：%

备用词颜色	道德词	不道德词	中性词
白色	60.2 ± 4.4	34.7 ± 6.5	53.2 ± 8.7
黑色	39.8 ± 4.4	65.3 ± 6.5	46.8 ± 8.7

以翻译词类型（道德词、不道德词、中性词）为自变量，以被试选择白色备选词的百分比为因变量进行重复测量方差分析。分析结果发现，翻译词类型的主效应显著，$F(1，29)=15.55$，$p<0.001$，$\eta_p^2=0.35$。单样本 t 检验显示，当翻译词为道德词时，被试选择白色备选词作为正确翻译的比例显著高于随机选择的比例（50%），$t(29)=5.91$，$p<0.001$；由于被试选择白色备选词的比例与选择黑色备选词的比例之和为100%，因此被试选择黑色备选词作为正确翻译的比例显著低于随机选择的比例。而当翻译词为不道德词时，被试选择白色备选词作为正确翻译的比例显著低于随机选择的比例，$t(29)=12.81$，$p<0.001$，因此被试选择黑色备选词作为正确翻译的比例显著高于随机选择的比例。当翻译词为中性词时，被试选择白色备选词作为正确翻译的比例与随机选择的比例无显著差异，$t(29)=1.45$，$p=0.159$，因此被试选择黑色备选词作为正确翻译的比例与随机选

择的比例也无显著差异。

四、讨论

实验1a采用选择法，要求被试为道德词、不道德词和中性词选择正确的对应翻译，实验结果显示，在被试的判断选择中出现了翻译词类型与备选词颜色的交互作用：当呈现的词是道德词时，被试倾向于选择白色备选词为对应的正确翻译；当呈现的词是不道德词时，被试倾向于选择黑色备选词为对应的正确翻译；当呈现的词是中性词时，被试对不同颜色备选词的选择比例不存在差异。这说明，被试倾向于将白色词与道德概念、黑色词与不道德概念相关联。此外，由于实验指导语要求被试根据词形做出选择，因此备选词颜色是任务无关刺激，而通过对检查问题的分析发现，被试并不认为自己的选择判断受到了词汇颜色的影响。这说明，“白好黑坏”的联结倾向是无意识的，从而证明黑白颜色范畴与道德范畴的隐喻联结不仅仅存在于语言层面，还存在于认知层面，道德词与白色的心理表征具有一致性，不道德词与黑色的心理表征具有一致性。

第三节　实验1b：词性判断任务中道德词的呈现色对道德词判断的影响

一、实验目的与假设

本实验的目的与实验1a相同，只是使用不同的实验范式——词性判断任务，对实验1a的假设进行再次验证。如果白色与道德概念具有共同的心理表征，黑色与不道德概念具有共同的心理表征，那么在词性判断任务中应出现词色Stroop效应，即当道德词与跟其隐喻表征一致的颜色呈现时，判断任务应被易化，反应时更短；相反，如果不一致，那么判断任务应被抑制，反应时更长。

二、实验方法

1. 被试

30名在校大学生作为实验被试，男生有12人，女生有18人，年龄为19—22岁，平均年龄为20.5 ± 0.8岁。所有被试均为右利手，视力或者矫正视力正常，无阅读障碍，色觉正常。

2. 实验材料及其评定

实验材料包括20个道德词与20个非道德词，词汇的选择同实验1a。

3. 实验设计与实验程序

采用2×2被试内实验设计。第一个自变量为词汇类型，分为道德词与不道德词两个水平；第二个自变量为词汇颜色，分为白色与黑色两个水平。

采用E-Prime软件编制实验程序，实验材料全部处理成分辨率为550像素 × 300像素的图片。目标词呈现在图片中央，字体为黑体小一号字，颜色为黑色或白色，黑色的灰度值为100%，白色的灰度值为0%，图片的背景颜色是灰度值为50%的灰色。20个道德词与20个不道德词都以黑白两种颜色各呈现一次，共包括80个试次。

根据实验指导语，被试被要求对呈现的目标词尽快做出词性判断，判断为道德词就按“J”键，判断为不道德词就按“F”键，按键任务在被试间进行了平衡。实验开始后，首先在屏幕中央呈现一个注视线索“+”，呈现时间为500 ms，之后呈现一个目标词，被试迅速按键做出判断，之后目标词消失，注视线索出现，进入下一个试次。如果被试在2000 ms 内没有做出反应，目标词自动消失，计算机将当前判断计为错误反应，80个试次按照完全随机顺序呈现。正式实验前，有5个试次进行练习。计算机自动记录反应时与准确率。

三、实验结果与分析

共有30名被试参加了实验 1b。剔除按键反应错误的数据和辨别反应时在平均数3个标准差之外的极端数据，据此删除了4.71%的数据。将剩余的所有数据录入SPSS 软件，对被试判断反应时的描述性统计结果如表9-2所示。

以被试词性判断的反应时为因变量，以词汇类型（道德词、不道德词）和词汇颜色（白色、黑色）为自变量进行2×2重复测量方差分析，结果显示，词汇颜色的主效应边缘显著，$F(1, 29)=3.14$，$p=0.087$，$\eta_p^2=0.10$，被试对白色词判断的反应时（619 ± 102 ms）小于对黑色词判断的反应时（633 ± 103 ms）；词汇类型的主效应显著，$F(1, 29)=8.67$，$p=0.006$，$\eta_p^2=0.23$，被试对道德词的判断反应时（607 ± 101 ms）要短于对不道德词的判断反应时（645 ± 100 ms）；词汇类型与词汇颜色的交互作用显著，$F(1, 29)=10.44$，$p=0.003$，$\eta_p^2=0.27$。

表 9-2 被试词性判断的反应时统计结果（$M \pm SD$） 单位：ms

词汇颜色	道德词	不道德词
白色	584 ± 90	653 ± 102
黑色	629 ± 108	637 ± 101

进一步分析发现，道德词的判断反应时在词汇颜色水平上差异显著，$t(29)=3.01$，$p=0.005$，被试对白色道德词的判断反应时显著短于对黑色道德词的判断反应时。不道德词的判断反应时在词汇颜色水平上的差异边缘显著，$t(29)=1.81$，$p=0.081$，被试对白色不道德词的判断反应时要长于对黑色不道德词的判断反应时。

四、讨论

实验1b 采用词汇分类法，要求被试迅速判断呈现词的性质。实验结果显示，整体上，被试对道德词的判断反应时要短于对不道德词的判断反应时，这同以往研究结论是相符合的，大量研究证明，在词性判断任务中，被试对具有积极意义词汇的判断要快于对具有消极意义词汇的判断（王锃和鲁忠义，2013；Meier et al.，2004；Meier & Robinson，2004）。这种效应可能源自个体对词汇的加工存在负性偏向，具体来说，就是个体对负性信息的注意和加工需要耗费更多的注意资源和时间，由于个体的注意在负性刺激上会停留更长时间，因此在本实验中，被试对不道德词的判断反应时会长于对道德词的判断反应时。

更为重要的是，实验结果显示，词汇类型和词汇颜色具有显著的交互作用。被试对白色道德词的判断反应时显著短于对黑色道德词的判断反应时，而被试对黑色不道德词的判断反应时也要短于对白色不道德词的判断反应时。在本实验中，词汇颜色属于与词性和实验任务无关的刺激特征，但在词性判断任务中，词汇的颜色会对判断反应产生影响。也就是说，在词性判断任务中，当词色表征一致时会产生易化效应，反应时更短；当词色表征不一致时会产生干扰效应，反应时更长。

综合来看，实验1a 和实验1b 采用两种不同的实验范式，探讨了同一个问题——道德概念是否具有黑白隐喻表征。两个实验的结果具有一致性，验证了实验最初的假设：当道德词以白色呈现时，更符合被试关于道德概念的心理表征；而当不道德词以黑色呈现时，更符合被试关于不道德概念的心理表征。

然而，两个实验仅仅是在词汇水平上证明了“白好黑坏”的隐喻联结具有心理现实性。根据概念隐喻理论，隐喻表征是人们实现抽象思维的重要方式，“白好黑坏”这种隐喻联结的存在对人们实际的与道德因素相关的认知活动是否会产生影响？在心理学研究领域，道德判断问题是经久不衰的研究热点。西方心理学继承了其哲学母体中休谟与康德的“情与理之争”，道德判断研究大都集中在认知或情感层面。然而，近年来，随着具身认知研究思潮的兴起，学者开始关注道德判断中的感知觉因素，社会心理学和概念隐喻理论研究领域的大量实验证明，洁净感、嗅觉刺激等知觉因素会对人们的道德认知产生干扰（Schnall et al.，2008；Zhong et al.，2010）。那么，黑白颜色刺激作为一种知觉因素，是否也可以对复杂的道德判断过程产生作用？实验2将对此问题进行探讨。

第四节　实验 2：黑白颜色知觉对道德判断的影响

一、实验目的与假设

探讨人们的道德判断是否会受到黑白颜色知觉的影响。在本实验中，要求被试对所呈现的道德故事中主人公的行为进行道德评判，不同组别的被试所阅读的故事将呈现在白色或黑色的背景之上。如果白、黑颜色刺激对道德认知具有干扰作用，那么不同的颜色知觉可以促进与隐喻映射方向一致的道德判断，白色的视觉线索会导致被试对行为的评判向道德一侧偏移，黑色的视觉线索会导致被试对行为的评判向不道德一侧偏移。

二、实验方法

1. 被试

52名在校大学生作为实验被试，男生有28人，女生有24人，年龄为19—22岁，平均年龄为21.1 ± 1.2岁。所有被试视力或者矫正视力正常，无阅读障碍，色觉正常。

2. 实验材料及其评定

实验材料包括在道德判断研究中经常使用的两类材料：不道德故事和道德两难故事。每类故事各8个。材料的选取参考并改编了一些与道德判断有关的实证研究中使用过的材料（Greene et al.，2001；Schnall et al.，2008；Zhong et al.，2010）。

30名不参加正式实验的大学生对实验材料进行了评定，根据对故事中主人公的行为是否容易做出道德评判进行7点等级评分，1=“做出判断非常容易”，7=“做出判断非常困难”。8个不道德故事得分 M=1.74，SD=0.49，显著小于均值4，

t（29）=−27.60，p<0.001；8个道德两难故事得分 M=5.79，SD=0.47，显著大于均值4，t（29）=20.97，p<0.001。这表明，被试认为对不道德故事进行道德评判比较容易，对道德两难故事进行道德评判比较困难，实验材料的选取是合乎人们经验的。实验材料举例如下。

一条街道上有很多火锅店，其中一家火锅店的老板听说，有一种叫“飘香剂”的添加剂可以让汤底更加颜色鲜艳、香味四溢，但这种添加剂中，有些化学成分可能会致癌。为了招揽顾客，老板在明知对人身体有害的情况下还是在火锅汤底中使用了这种非法添加剂（不道德故事）。

一名女大学生在考研时考取了理想中的学校，然而家境贫寒，无力支付学费，由于大学时已欠下了大量的助学贷款，她也无法再继续向银行贷款。这时，一个国外色情电影制作公司向她提出邀请，如果她愿意出演一部色情片，可以得到一大笔钱。由于这些色情片主要是在国外以 DVD 的形式发行，因此，不会有人发现这件事。最终，女学生为了赚得上学开支，同意了拍摄色情片（道德两难故事）。

3. 实验设计与实验程序

采用2×2混合实验设计。第一个自变量为实验条件，分为白色线索组与黑色线索组，每组各26名被试，是被试间因素。第二个自变量为故事类型，分为不道德故事与道德两难故事，是被试内因素。

采用 E-Prime 软件编制实验程序。实验材料全部处理成分辨率为950像素×650像素的图片（图9-2），图片中心位置有一个14 cm×7 cm 的方框，方框内呈现道德故事及评判内容，字体大小为四号，字体颜色是灰度值为50%的灰色，方框外的图片底色也是灰度值为50%的灰色。实验材料共两套：第一套材料方框内的背景色是灰度值为0%的白色；第二套材料方框内的背景色是灰度值为100%的黑色。26名白色线索组被试完成第一套材料，26名黑色线索组被试完成第二套材料。每

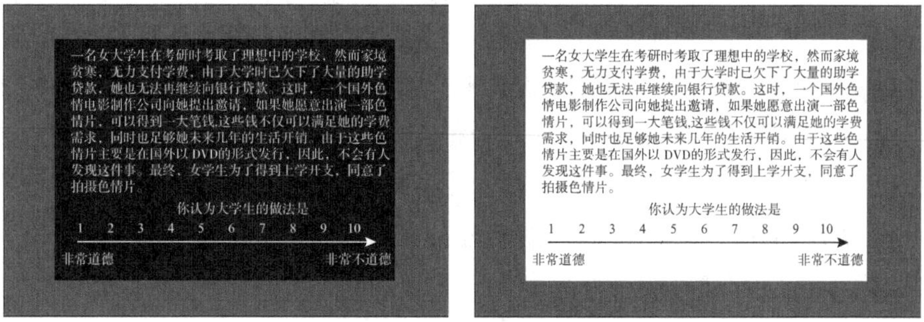

图 9-2　实验 2 所呈现的图片举例

注：左图为黑色线索组，右图为白色线索组

套材料都包括16张图片，其中8张呈现不道德故事，8张呈现道德两难故事。两套图片中，除方框内背景色不同外，其余均完全相同。

进入实验后，通过实验指导语，被试得知在接下来的实验中屏幕上会呈现一系列故事，被试的任务是按照自己的想法对这些故事中主人公的行为进行道德评判，评判的方式是10点计分，其中1表示“非常道德”，10表示“非常不道德”，分值越大，表示被试认为行为越不正确，分值越小，表示被试认为行为越正确。键盘上有10个贴数字标签的键位分别表示1—10，在每一次评判时，被试均需按键盘上对应的键位以表示自己的评判结果，按键反应后自动翻页，计算机自动记录被试的按键反应，所有图片以完全随机顺序呈现。两组被试各完成与自己组别相对应的一套实验材料。

三、实验结果与分析

所有被试都是按照指导语要求完成了实验，因此所有数据都是有效数据。将数据录入 SPSS 统计软件，计算不同组别被试对不道德故事和道德两难故事的不道德评分均值，描述性统计结果如表9-3所示。

表 9-3 不同组被试对不同类型故事道德评判得分（$M \pm SD$）

实验条件	不道德故事	道德两难故事
白色线索组	7.85 ± 0.66	6.00 ± 0.83
黑色线索组	7.99 ± 0.57	6.51 ± 0.67

以实验组别（白色线索组、黑色线索组）为组间自变量，以故事类型（不道德故事、道德两难故事）为组内自变量，以被试的不道德评分均值为因变量进行2×2重复测量方差分析。数据分析结果显示，实验组别的主效应边缘显著，$F(1, 50) = 3.78$，$p=0.058$，$\eta_p^2=0.07$，黑色线索组被试对故事的不道德效价评分（7.93 ± 0.56）高于白色线索组被试对故事的不道德效价评分（6.93 ± 0.66）；故事类型的主效应显著，$F(1, 50)=366.35$，$p<0.001$，$\eta_p^2=0.88$，被试对不道德故事的不道德效价评分（7.93 ± 0.61）显著高于对道德两难故事的不道德效价评分（6.25 ± 0.79）；实验组别与故事类型的交互作用显著，$F(1, 50)=4.46$，$p=0.04$，$\eta_p^2=0.08$，两组被试对不同类型道德故事的不道德评分存在差异。

由于交互作用显著，分别以组别为自变量，以被试对不道德故事和道德两难故事的不道德评分为因变量进行独立样本 t 检验。结果显示，被试对不道德故事评分的组间差异不显著，$t(50)=0.86$，$p=0.395$；而被试对道德两难故事评分的组间差异显著，$t(50)=2.46$，$p=0.017$，黑色线索组被试对道德两难故事的不道德评分显著高于白色线索组被试的评分。

四、讨论

实验2中，要求被试对所呈现的道德故事中主人公的行为进行道德评判，不同组别的被试所阅读的故事呈现在不同颜色的背景之上（黑色、白色），实验材料分为不道德故事与道德两难故事两类。实验结果显示，故事类型的主效应显著，被试对不道德故事的不道德评分均值显著高于对道德两难故事的评分均值。这是因为，道德两难困境中的行为选择从某种角度看具有一定的合理性，因此，道德两难故事中的行为选择在某些被试看来并不是错误的，因而相比于典型的不道德故事，被试对道德两难故事中主人公行为的不道德效价评分要更低，这说明实验材料的选取是合乎人们经验的、合理的。

更为重要的是，在本实验中，不同颜色线索组被试对道德两难故事的道德判断评分存在显著差异。白色线索组被试对道德两难故事的不道德评分显著低于黑色线索组被试对道德两难故事的不道德评分。这验证了实验假设：黑白颜色知觉可以对道德判断产生影响。在本实验中，当被试对道德两难故事进行加工判断时，黑白颜色线索会对被试的道德认知判断产生同化作用。同样的道德两难行为，呈现在白色背景上时会看起来更“好”，呈现在黑色背景上时会看起来更“坏”。不同的颜色线索导致被试对道德两难故事的认知评判分别向与隐喻映射一致的方向偏移，从而降低或提高了被试对两难故事的不道德评分，产生了道德评判的组间差异。因此，实验2进一步证明了道德概念与黑白颜色概念的隐喻联结存在心理现实性，在一定的实验任务条件下，被试会无意识地在黑白颜色范畴与抽象的道德范畴间建立联结关系，并对实际的认知活动产生影响。

另外，在本实验中，不同组别被试对不道德故事的评分不存在组间差异。之所以出现这一现象，可能是由于实验材料中的不道德故事涉及的都是常见的不道德行为，如报复、歧视、欺骗等，而对这些事件或行为，被试在日常生活中已经形成了非常稳定的态度，因此，对此类行为的道德评判很难受到其他因素的影响。而相比于不道德故事，道德两难故事中的行为选择则具有一定的合理性，这些行为从某种角度看似乎是道德的，但从另一角度看似乎是不道德的。因此，被试很难对道德两难故事做出非常确定的善恶评判。在这种情况下，与隐喻映射相关的知觉刺激因素可能更容易对道德判断过程产生影响。此外，由于本实验中的因变量是被试对故事的不道德效价的评分，为了便于统计分析，实验材料中没有包含典型的美德故事。然而，从判断难度和认知复杂程度来看，典型的美德故事和不道德故事属于同一类别，因此，研究推测，在同样的实验任务中，黑白颜色知觉可能也不会对关于美德故事的道德判断产生影响。

实验2考察了黑白颜色刺激对人道德判断的影响，黑白颜色范畴表现在三维世界中是黑暗–明亮的明亮度范畴，而黑白颜色范畴与道德范畴的隐喻映射关系可能正是由人们关于“光明”与“黑暗”的知觉及认知经验塑造而成的。因此，道德概念黑白隐喻表征中也应包含亮度范畴。环境亮度是否也可以对道德判断过程产生干扰作用？实验3将对此假设进行验证。

第五节　实验3：环境亮度对道德相关问题的认知判断差异

一、实验目的与假设

探讨环境亮度是否会造成个体对道德相关问题的认知判断差异。在本实验中，通过一定的实验情境设置，被试先进行与实验真正目的无关的测试，之后得知自己与一位不会见面的合作者共同分配一定数量的实验酬劳。被试需要评估如果由合作者决定各自获得酬劳的分配比例，那么自己是否有可能受到不公正对待，以及预测自己获得奖金的数额。实验假设，如果环境亮度会对个体的道德认知判断产生影响，那么在个体思考道德相关问题（合作者是否会公正地对待自己）时，黑暗视知觉体验会引发被试出现更多的负性道德特质联想。因此，相比于明亮环境，在黑暗环境中的被试会更倾向于认为酬劳分配中的合作者会不道德（不公正）地对待自己，并预期自己获得的奖金会更低。

二、实验方法

1. 被试

68名在校大学生作为实验被试，男生有40人，女生有28人，年龄为20—24岁，平均年龄为21.4 ± 1.3岁。所有被试视力或者矫正视力正常，无阅读障碍，色觉正常。

2. 实验设计与实验程序

本实验采用2×2混合实验设计。第一个自变量为实验条件，是被试间因素，分为两个水平：明亮环境，黑暗环境。使用专业测光仪对实验室的亮度进行测定控制，其中，黑暗环境情况下，实验室的中心处亮度小于30勒；而明亮环境情况下，实验室的中心处亮度大于500勒。不同组别被试在不同的亮度环境下完成实验，明环境组与暗环境组各包括一半被试。第二个自变量为假定的酬劳分配方式，是被试内因素，分为两个水平：合作者分配，按成绩分配。

每名被试在实验室内单独完成实验，进入实验室后先进行1分钟的明适应或暗适应，之后开始正式实验。实验程序使用 E-Prime 软件编制，实验在电脑上进行操作，对于所有实验任务及问题，被试都只需要做出按键选择，键盘上有15个贴数字标签的键位分别表示1—15，数字标签使用荧光贴纸制作而成，从而保证了暗环境组的被试可以准确地进行按键反应。实验的第一步要求被试完成一套图形推理测试。测试包括30个题目，每个题目有3—6个答案选项，测试题目均通过网络搜集得到。指导语要求被试观察屏幕上呈现的一系列图形，根据观察所得规律尽快从备选项中选择合适的答案，并按键盘上对应的数字键位表示自己选择的选项，每次按键完成后会自动翻页进入下一题目，直到30个题目全部完成为止，30个题目以完全随机的顺序呈现。

测试任务完成后，屏幕上会呈现一段关于实验的说明，通过说明，被试得知这次测试是一次选拔性测试，成绩较好的被试可以参加下一次有较高报酬的实验，因此需要对被试的测试成绩进行评估。被试刚刚测试的数据会被在线传输到另一个房间的电脑上，在那个房间里，有一名实验合作者会记录和检查被试的测试答案，并根据测试正确率计分规则计算出被试的测试成绩。根据实验规则，被试和这名合作者不能见面，但他们一共会获得15元的酬劳，由于每名被试的答题状况都不一样，因此合作者计分时的工作量也不一致，每对合作者与被试的酬劳分配比例也不一致。被试阅读完说明后，按任意键翻页，之后会依次出现两种关于实验酬劳分配方式的说明，每个说明后面跟随两个问题，被试需要在阅读完酬劳分配说明后回答相应问题。

一种酬劳分配方式是按照测试成绩进行固定比例分配，由于当测试题目的正确率较高、耗费时间较短时，计分的合作者更容易对分数进行核算，工作量相对较少，在这种情况下，答题者可获得较高比例的酬劳，而合作者获得的酬劳比例就会相对低；相反，如果测试成绩较差，那么答题者获得酬劳的比例就会较低，而合作者获得的酬劳比例就会较高。此分配方式下的两个问题分别是：①你认为自己的测试成绩与平均水平相比会有何差异？请按数字键1—7进行评估，1表示

“成绩非常差”，7表示“成绩非常好”。数字越大，表示你认为自己的成绩越好。②你认为如果按照测试成绩进行酬劳分配的话，你会获得多少酬劳？请按数字键1—15中的对应键表示自己的评估。

另一种酬劳分配方式是由计分的合作者自行决定分配比例，合作者决定酬劳分配比例后告之实验主试，主试将相应的酬劳发放给答题者。此分配方式下的两个问题分别是：①你认为，如果由合作者自行决定酬劳分配比例，你是否有可能在酬劳分配中受到不公正对待？请按数字键1—7进行评估，1表示“完全不会”，7表示“一定会”。数字越大，表示你认为自己受到不公正对待的可能性越高。②你认为如果完全由合作的计分者自行决定酬劳分配比例，你会获得多少酬劳？请按数字键1—15中的对应键表示自己的评估。

被试依次按键回答两种情境下这4个问题，之后实验任务结束，被试离开实验室，并在实验室外回答检查问题，检查问题要求被试以1—7点评分指出实验室环境是否让他们产生了厌恶感，是否让他们产生了恐惧感以及是否让他们产生了焦虑感，1代表“完全没有”，7代表“非常强烈”。之后，实验者询问被试是否按要求完成了实验任务，并向被试解释实验的真实情况，然后支付给被试一定的酬劳。

三、实验结果与分析

有4名被试在实验中对实验任务产生了误解，没有按照规定要求完成任务。删除这4名被试的数据，将其余64名被试的数据录入 SPSS 统计软件，其中明环境组被试数为33人，暗环境组被试数为31人。计算每名被试在推理测试题目中的得分，答对一题计1分，答错计0分，明环境组被试推理测试得分 M=16.91，SD=4.34，暗环境组被试推理测试得分 M=17.39，SD=4.53。独立样本 t 检验显示，不同亮度环境组被试在测试中成绩的组间差异不显著，$t(62)=0.43$，$p=0.668$。

计算不同组别被试针对不同酬劳分配方式所产生的预期酬劳均值，描述性统计结果如表9-4所示。以实验条件（明环境组，暗环境组）为组间自变量，以酬劳分配方式（按成绩分配，合作者分配）为组内自变量，以被试的预期酬劳均值为因变量进行2×2重复测量方差分析。数据分析结果显示，实验条件的主效应不显著，$F(1, 62)=0.79$，$p=0.186$，$\eta_p^2=0.03$；酬劳分配方式的主效应显著，$F(1, 62)=56.36$，$p<0.001$，$\eta_p^2=0.47$，相比于假设由计分的合作者决定酬劳分配（8.25 ± 1.81），假设按测试成绩决定酬劳分配时，被试会对自己的酬劳所得有更高的预期（9.48 ± 1.63）。两因素间的交互作用显著，$F(1, 62)=5.73$，$p=0.019$，$\eta_p^2=0.09$。进

一步分析显示，当假设按测试成绩决定酬劳分配时，不同实验条件组被试对酬劳预期的组间差异不显著，$t(62)=0.31$，$p=0.762$。而当假设由计分的合作者决定酬劳分配时，不同实验条件组被试对酬劳预期的组间差异显著，$t(62)=2.09$，$p=0.040$，暗环境组被试对自己所获得酬劳的预期会低于明环境组被试的预期。

表 9-4 被试的预期酬劳（$M\pm SD$） 单位：元

实验条件	按成绩分配	合作者分配
明环境	9.55 ± 1.48	8.70 ± 1.65
暗环境	9.42 ± 1.80	7.77 ± 1.86

计算不同组别被试对成绩评估和受不公正对待可能性评估的均值，描述性统计结果如表9-5所示。当假设按测试成绩决定酬劳分配时，不同亮度环境组被试对自己成绩水平评估的组间差异不显著，$t(62)=0.67$，$p=0.505$。回归分析显示，被试的实际成绩可以显著预测被试的主观预测成绩，$\beta=0.65$，$t=6.81$，$p<0.001$，而被试对成绩的评估则可以显著预测预期酬劳，$\beta=0.63$，$t=6.31$，$p<0.001$。将被试在推理测试中的实际成绩与主观评估成绩的数据进行标准化 Z 分数转换，计算标准化转换后这两组数据的差值，明环境组被试主观评估成绩与实际成绩之间的差值 $M=0.13$，$SD=0.77$，暗环境组被试主观评估成绩与实际成绩之间的差值 $M=-0.14$，$SD=0.88$。独立样本 t 检验显示，不同亮度环境组被试关于主观评估成绩与实际成绩间的差值的组间差异不显著，$t(62)=1.34$，$p=0.189$。

表 9-5 被试对成绩评估和受不公正对待可能性评估（$M\pm SD$）

实验条件	成绩	受不公正对待可能性
明环境	5.30 ± 1.16	4.24 ± 1.20
暗环境	5.10 ± 1.30	5.00 ± 1.34

当假设由计分的合作者决定酬劳分配时，不同亮度环境组被试对自己受到不公正对待可能性的评估的组间差异显著，$t(62)=2.38$，$p=0.021$，暗环境组被试比明环境组被试更倾向于认为自己在酬劳分配中会受到不公正的对待。回归分析显示，被试对自我受到不公正对待可能性的评估可以显著预测预期酬劳，$\beta=-0.51$，$t=-4.41$，$p<0.001$。使用一次检验法进行回归分析显示，当同时将实验条件变量和受到不公正对待可能性评估作为自变量，将预期酬劳作为因变量进行回归分析时，只有受到不公正对待可能性评估可以预测预期酬劳，$\beta=-0.47$，$t=-4.11$，$p<0.001$，

而实验条件变量对预期酬劳的作用则不再显著，β=−0.12，t=−1.06，p=0.295。这表明，受到不公正对待可能性评估的完全中介效应显著，即实验条件和预期酬劳之间受到不公正对待可能性评估的完全中介作用的影响。

另外，计算被试对三个关于情绪检查问题回答的评分，以实验环境变量为自变量，分别以被试对这三个问题的评分为因变量进行独立样本 t 检验。结果显示，不同实验环境组被试关于这三个检查问题的回答评分均值无显著组间差异，$t(62)_{恐惧}$=0.43，p=0.663；$t(62)_{厌恶}$ =1.05，p=0.299；$t(62)_{焦虑}$=0.47，p=0.639，这说明不同实验环境并没有对被试的恐惧感、厌恶感和焦虑感等情绪造成影响。协方差分析发现，当将被试自我评估的恐惧感、厌恶感及焦虑感指数作为协变量进行控制后，不同实验环境组被试关于受到不公正对待可能性评估的组间差异依然显著，$F(1,59)$=5.95，p=0.018，η_p^2=0.09。

四、讨论

实验3创造了一种实验情境，在此情境中，被试会认为自己与另外一名合作者共同分配一定数量的酬劳。酬劳分配方式有按照被试测试成绩决定分配或由合作者自行决定分配两种方式。实验结果显示，当假设由计分的合作者决定分配比例时，在黑暗环境中完成实验的被试会比在明亮环境中完成实验的被试对酬劳有更低的预期；而当假设按测试成绩决定酬劳分配时，不同组别被试对酬劳的预期不存在显著的组间差异。这说明，当酬劳分配方式涉及道德问题，即他人是否会公正地对待自己时，实验环境亮度差异会对酬劳预期产生影响，而当酬劳分配与道德因素无关时，环境亮度差异则不会对酬劳预期产生影响。

此外，当假设由计分的合作者决定酬劳分配时，被试对自己受不公正对待可能性的评估存在显著的组间差异，回归分析显示，在实验条件变量对酬劳预期的作用中，受到不公正对待可能性评估的完全中介作用显著，受到不公正对待可能性评估可以显著预测预期酬劳。这进一步说明，当酬劳分配问题与道德因素相关时，被试在认知判断的过程中会受到环境亮度的影响，暗环境组被试比明环境组被试更倾向于认为自己在酬劳分配中会受到不道德（不公正）的对待，从而预期自己得到的酬劳也较少。

除隐喻一致性效应外，存在其他的替代假设可以对被试的评估差异进行解释。一种可能性是黑暗环境可以增强人们自我知觉的匿名感（anonymity），而在匿名的情况下，人们做出自利行为的代价较小，因此，在黑暗实验条件下的被试可能有更强的自私自利性，从而更直接地表达出对他人的不信任及对自己经济受损的担忧。如果这一可能性成立，那么在假定按测试成绩决定分配的情况下，暗环境组被试为了得到更多的酬劳而更倾向于高估自己的成绩，并预期可获得更多的酬劳。另一种可能性则是黑暗环境引发了被试的消极思维，如果这一可能性成立，那么在假定按测试成绩决定分配的情况下，暗环境组被试则应该会对自己的成绩有更消极的评估，并预期获得的酬劳更少。但结果显示，当假设按测试成绩决定酬劳分配时，不同实验条件组被试对测试成绩的预测并无显著差异，此外，被试在实验初始阶段的推理测试成绩的组间差异不显著，而关于被试对自己成绩的主观评估与真实成绩间差值的组间差异也不显著，这说明被试的推理测试任务成绩及对自己成绩的评估都没有受到明暗环境的影响，也就是说，实验条件变量并没有影响被试对其他与道德无关问题的认知判断，这就排除了上述两种可能性，从而证明，暗环境组被试之所以会比明环境组被试更倾向于认为自己在酬劳分配中可能遭受不公正对待，不是因为黑暗环境通过增强匿名感提高了被试的自私自利性，也不是因为黑暗环境引发了被试的消极思维，而是由于亮度环境与道德认知间具有特定的影响关系。

由于情绪是影响人们道德判断的一个重要因素，因此，本实验通过检查问题要求被试以评分方式指出实验环境是否使他们感到恐惧、厌恶和焦虑，结果显示，不同实验环境组被试在关于情绪检查问题上的评分无显著差异，这表明同明亮环境中的被试相比，黑暗环境中的被试在实验过程中并没有更强的负性情绪感受。以往的心理学研究显示，黑暗会增加人们的焦虑感等负性情绪（Grillon et al., 1997），而本实验中则没有出现这一效应，一种可能性是实验室是一个狭小、封闭的环境，在计算机屏幕光源的影响下，实验环境并非完全黑暗的，且实验持续时间不长，因此这种设置没有引起被试强烈的负性情绪感受。这就排除了环境差异引发被试不同的情绪感受、从而造成被试的认知判断差异这一可能性。

综合来看，实验结果证明了实验3的假设：不仅平面的黑白颜色知觉会对道德概念加工或道德判断产生影响，在较为真实的情境中，关于亮度的视知觉也会影响个体的道德认知判断过程。在本实验中，当被试思考的问题涉及道德领域时，关于亮度的知觉体验对被试的认知判断过程产生了与隐喻映射方向一致的影响，黑暗的视觉刺激可能会引发被试对负性道德特质产生更强烈的联想，导致被试倾向于判断他人会不公正地对待自己，从而进一步造成被试对酬劳预期的差异。

第六节 综合讨论

颜色是人类认知世界的重要领域。人对颜色的认知首先来自颜色知觉，颜色知觉又来自物理刺激和视觉器官的生理激活的支持。由于具有相同的视觉神经生理构造，人们对光谱的感受也大致相同，因此，在不同语言和文化背景下，人们形成的颜色概念具有很高的一致性。其中，黑白颜色概念是颜色概念领域中较为特殊的一对。Berlin 和 Kay（1969）在对多种语言中的颜色词进行大规模调查后发现，当一种语言中只有2个颜色词时，常会是黑与白，也就是说，黑色与白色是人类出现最早、最基本的颜色概念。在人们的日常生活中，黑白颜色概念相较于其他颜色被赋予了更多的文化内涵和象征意义。在日常语言表达中，常常存在“白好黑坏”的隐喻表达方式。

概念隐喻理论认为，隐喻不仅是一种语言修辞手段，还反映了人类认知的重要特征：人类的抽象概念系统是以感知觉经验和具体概念为基础发展形成的，认知主体会以具体概念表征和理解抽象概念。因此，根据概念隐喻理论，黑白颜色范畴与道德范畴的隐喻联结不仅是一种语言现象，同时也具有一定的心理现实性。本章的系列实验在两个不同层面上对此问题进行了递进式的实证探讨。

一、道德概念的黑白隐喻表征及其塑造因素

在隐喻表征层面上，本章的系列实验首先验证了道德概念黑白隐喻表征的心理现实性，进而探讨了影响这一机制的主要因素。实验1首先以词汇为实验材料，在词汇水平上验证黑白颜色范畴与道德概念间是否具有表征关系，其中两个实验分别借鉴和改编了概念隐喻研究中常用的两种实验范式。实验1a 使用词语翻译匹配实验范式发现，被试倾向于判断白色希腊文词汇具有道德意义，同时倾向于判断黑色希腊文词汇具有不道德意义。实验1b 使用词性判断实验范式发现，当道德词呈现色为白色、不道德词呈现色为黑色时，被试对词性判断的反应更快，而当道德词呈现色为黑色、不道德词呈现色为白色时，被试对词性判断的反应更慢。本章研究认为，正是由于白色更符合人们关于道德词汇的心理表征，而黑色更符合人们关于不道德词汇的心理表征，因此，被试在道德词汇选择或判断任务中才会表现出“白好黑坏”的词色匹配倾向。在以上两个实验的基础上，本书将关于

道德概念黑白隐喻表征的研究扩展到道德判断层面。结果显示，在计算机屏幕上呈现道德两难故事时，背景的黑白颜色差异会造成被试对两难故事道德评判产生差异。因此，实验2在更高水平上、更复杂的实验任务模式下证明了道德概念与黑白颜色概念的隐喻联结存在心理现实性。

实验3则进一步对“白好黑坏”心理表征关系形成的原因进行了探讨。根据概念隐喻理论，隐喻映射的形成是基于人们的具身性经验的（Lakoff & Johnson，1999）。并存理论和社会共价关系理论认为，在一些具体情景中，当两种体验并存时，已经存在的、较容易理解的具体概念会与抽象的、较难理解的概念产生映射和架构关系，这一过程既可能发生在进化中，也可能发生在个体发育时期，其结果则是人们会用具体的范畴去表征和理解抽象的范畴（Fiske，2004）。Casasanto和 Bottini（2014）提出的等级心智隐喻理论也认为，所有的隐喻映射都是基于早期情境经验形成的，语言、文化等因素只能加强特定隐喻联结的强度，但情境经验是塑造隐喻表征的基础。以温度感受范畴与人际情感范畴的隐喻联结为例，人们常会使用温度感受概念来表达人际情感概念，如“热情”“冷淡”。由于个体在婴儿期被抚育者环抱时会产生温暖的温度体验和愉快的情感体验，在这种情境经验的作用下，当幼儿逐渐习得亲密等基本的人际情感概念时，其便会形成以温度体验范畴理解人际情感范畴的隐喻表征关系（Ijzerman et al.，2013）。

具体到黑白颜色范畴与道德范畴的隐喻映射，从情境经验的角度考虑，关于黑白颜色的知觉经验与道德认知间似乎并不具有并存的经验关系。然而，平面的黑白颜色表现在三维世界中是亮度范畴，人们关于环境亮度则具备一些特定的情境经验，因此，道德概念黑白隐喻表征的形成可能同人们关于明暗亮度范畴的特定经验感受有关。在明亮环境中，人们的视野更好，更容易察觉到潜藏的威胁，遇到危险时也更容易逃脱，因此，明亮与安全、舒适的感受是联系在一起的，而黑暗与威胁、恐惧的感受是联系在一起的，这是人们在进化作用下产生的感知倾向（Haans et al.，2012）。另外，在明亮环境下，人们的行为是完全公开的、可以被直接观察的，因此，明亮在一定程度上具有约束与规范人们行为的作用；相反，在黑暗环境下，人们的行为不易被观察，对他人不利的行为可以更好地得到隐匿，因此，黑暗可以减弱规则对人行为的制约，引发人们的自私自利倾向（Chiou & Cheng，2013；Zhong et al.，2010）。从这一方面来看，明亮体验与道德经验具有一定的关联性，而黑暗体验则与不道德经验具有一定的关联性。可能正是在关于“黑暗”与“明亮”情境经验的基础上，人们形成了以视觉感受范畴表征道德范畴的隐喻，而当这种关系投射到颜色范畴时，就演化出了道德概念的黑白隐喻表征。

尽管目前尚无法对这种解释进行直接验证，然而本章的实验3显示，在一个具体的情境中，环境亮度会影响人们对社会关系中自我受到不公正对待可能性的评估，且这种影响方式与黑白颜色知觉对道德判断的隐喻一致性效应具有共通性，即相比于明亮，关于黑暗的视觉体验更容易诱发或导致人们产生负性的道德认知判断。也就是说，在认知层面上，人们会对明亮与道德具有更强的联结倾向，而对黑暗与不道德具有更强的联结倾向。该结果为证明“人们关于亮度范畴的情境经验塑造了道德概念的黑白隐喻表征”这一假设提供了重要基础。

此外，值得注意的是，尽管本章证明了道德认知与黑白颜色知觉间存在相互干扰效应，并指出黑白颜色范畴与道德范畴的隐喻联结存在心理现实性，但这并不意味着黑白颜色范畴是道德范畴表征中必不可少的一部分。根据概念隐喻理论，从认知发展的角度看，黑白颜色范畴是建构和表征抽象道德范畴的一种结构性工具，通过将视觉体验图式架构映射到抽象的道德范畴，道德概念的意义得以延伸和扩展，但“白好黑坏”的隐喻化理解方式并不是道德认知的一个必要成分。例如，在本章的实验2中，黑白颜色线索并没有影响被试对不道德故事的认知判断，这说明，不是在所有情况下，黑白视知觉都会对道德认知产生影响，黑白颜色范畴并不是表征或理解道德范畴必不可少的一部分。

二、黑白（明暗）视知觉对道德认知的影响

从社会心理认知研究的层面看，本章的系列实验主要探讨了不同的刺激因素（平面的黑白颜色、环境中的明暗亮度）对不同类型道德认知判断任务的影响。实验1首先以词汇为实验材料，证明了人们存在“白好黑坏”的联结倾向。实验2在此基础上探讨了这种联结倾向是否会对人们的道德判断过程产生影响，发现在计算机屏幕上呈现道德两难故事时，背景颜色差异可以造成被试对两难故事道德评判的差异，相比于呈现在白色背景上，当将道德两难故事呈现在黑色背景上时，被试会在道德评判任务中将故事中人物的行为判断为更加不道德的。也就是说，在复杂的道德评判任务中，对“白”或“黑”颜色刺激的知觉会导致被试的道德判断向“好”或“坏”的一侧偏移，从而产生认知偏向效应。

此外，在实验2的道德评判任务中，不同颜色线索组被试只对道德两难故事的道德评判存在差异，而对不道德故事的道德评判不存在差异。之所以出现这一结果，一种可能性是相比于典型的不道德故事，道德两难故事涉及更多抽象、复杂的道德原则，被试可能无法确定道德两难故事中的行为是否是正确、合理的，在这种情况下，道德判断过程更容易受到颜色刺激知觉的干扰。实际上，在很多关于知觉刺激影响抽象认知判断的实证研究中，被试的认知判断过程中都存在类似的“不确定性”。例如，Williams 和 Bargh（2008）的研究曾证明，在实验中，触

摸热咖啡杯的被试会倾向于将实验工作人员判断为热情的，而触摸冷咖啡杯的被试倾向于将实验工作人员判断为冷淡的。在这一实验中，被试在实验前对工作人员没有任何了解，因此实际上很难确定工作人员的性格，在这种情况下，温度刺激体验影响了被试对他人性格的判断。再如，Slepian 等（2011）的研究证明，在性别判断任务中，当被试手捏硬球时，其更倾向于将中性面孔判断为男性，当手捏软球时，其更倾向于将中性面孔判断为女性。在这一实验中，由于实验材料为中性面孔，因此被试也无法准确判定面孔性别，在这种情况下，对“强硬”与“柔软”的触觉体验影响到了其对性别的分类判断。因此，可能存在一种假设，即当个体的认知判断过程中产生一定的“不确定性”时，与隐喻映射一致的知觉刺激更容易对认知判断过程产生干扰作用。今后关于概念隐喻理论的实证研究可以进一步对这一假设推论进行探讨和验证。

实验1与实验2的研究结论对于解释社会行为研究中所发现的一些与颜色有关的效应具有借鉴意义。例如，研究发现，在竞技体育比赛中，队服的颜色与球队的犯规数据具有一定的相关性。Frank 和 Gilovich（1988）对美国曲棍球联赛十几个赛季的数据进行分析发现，穿黑衣的球队会更多地遭受侵犯、犯规处罚，他们的研究还证明，对于极具争议的犯规动作，犯规队员身穿黑色球衣时会比其身穿白色球衣更容易被认为是恶意犯规。Webster 等（2012）通过对美国大联盟近25个赛季的比赛数据进行分析发现，球队队员在穿黑色球衣时，会比他们穿其他颜色的球衣更多遭受处罚；而球队队员在穿白色球衣时，会比他们穿其他颜色的球衣更少遭受处罚。根据本章研究结论，之所以存在这种效应，可能是由于白色与道德具有一致的心理表征，而黑色与不道德具有一致的心理表征，当涉及一些争议动作时，球衣的颜色会对裁判的判断产生隐喻偏向性影响，裁判会无意识地将黑色与不道德的恶意犯规联系在一起，因而造成了队服颜色与遭判罚频次间的相关。再如，大量关于种族偏见的研究显示，个体的肤色会对印象判断产生影响，甚至在某一特定的族群中，相比于皮肤较白净的个体，皮肤颜色更黑的个体也会面对更多的歧视（Maddox，2004），这种关于肤色的歧视可能在一定程度上同黑白颜色范畴与道德认知间的隐喻联结有关，本章研究结论为解释和探讨肤色歧视现象提供了一种新的视角。

另外，本章的实验3将黑白颜色知觉对道德认知的影响扩展到环境层面，探讨了关于明暗亮度的视知觉是否会对道德认知判断产生影响。事实上，当前在社会心理学研究领域已经积累了一些关于环境亮度会影响人们道德行为的实证研究，例如，Welsh 和 Farrington（2012）对大量统计数据进行元分析发现，合适的街道亮度与低犯罪率具有相关性，也就是说，明亮的环境可以降低不道德行为。Chiou 和 Cheng（2013）的实验证明，在光明的环境下，人们会更积极地参与亲社会行为，更愿意进行慈善捐助。Zhong 等（2010）的研究则证明，黑暗环境可以引发人们的匿名感，进而导致人们在数字游戏中为了领取更多的奖励而谎报成绩，或在虚拟的奖金分配任务中给自己分配更多的奖金。与此类研究相比，本章实验3的最大不同之处在于证明了亮度知觉会对道德认知判断过程产生直接影响。实验3设定了一个具体情境，而情境中的评估问题也是与道德因素相关的具体问题。实验结果证明，相比于明亮环境，黑暗环境中的被试会更倾向于认为酬劳分配中的合作者会不公正地对待自己，并预测合作者会给自己分配更少的酬劳，且这种差异与情绪因素无关，也并非因为黑暗环境引发了被试的消极思维或自私倾向。实验3表明，当人们面临一个涉及道德范畴的具体问题时，黑暗环境可能比明亮环境更容易引发人们对负性道德特质的联想，也就是说，人们会将对外在环境亮度的知觉体验投射到对道德相关问题的认知加工上，从而影响了对他人行为的判断。

实验3一方面丰富了社会心理学中关于知觉因素影响道德认知的研究，另一方面，对于其他与隐喻相关的心理学研究也具有一定的启发意义。实验3表明，个体在环境中实际的视觉感受可以对道德认知过程产生影响，基于此效应可以假设：由于无意识隐喻联结倾向的作用，在一定情形下，人们对情境的知觉感受可以对抽象的认知加工过程产生干扰。例如，Zanolie 等（2012）的实验证明，权力概念具有空间表征性，在屏幕上呈现高权力词时，人们的空间注意力会向上转移，而在屏幕上呈现低权力词时，人们的空间注意力会向下转移。据此推测，实际的高低空间感受也可以对人们的权力感知产生影响，如当站在高处时，人们可能会有更强的掌控感；站在低处时，人们可能会更高估站在高处人的权力与地位。

第七节　结论、局限与展望

本章研究探讨了道德概念的黑白隐喻表征问题，通过行为实验得到以下结论。

1）黑白颜色概念与道德概念的隐喻联结存在心理现实性，人们会使用黑白颜色范畴表征和理解抽象的道德范畴。

2）在词汇加工任务中，词汇呈现颜色会影响人们对道德词汇的选择或判断，白色更符合人们关于道德词的心理表征，黑色更符合人们关于不道德词的心理表征。

3）在道德判断任务中，即时的黑白颜色刺激干扰会影响人们的判断过程，导致人们的道德判断结果产生与隐喻映射方向一致的偏移。

4）环境亮度会影响人们对道德相关问题的认知判断，同明亮环境相比，在黑暗环境中，人们更倾向于认为他人会不公正地对待自己。

虽然本章研究结果具有一定的启发性，但也存在一些不足之处。例如，本章实验3表明，环境亮度会影响被试对道德相关问题的认知判断，但没有进一步探讨是否存在中介变量可以解释这种实验效应。再如，实验3排除了环境亮度引发负性情绪进而影响道德认知的可能性，但只测查了被试的厌恶、焦虑及恐惧情绪，可能还有其他的相关情绪有待测查，或测查方式不当。此外，本章只是对道德概念颜色隐喻表征的一个初步研究，尚有很多问题需要在今后的研究中进行进一步探讨。

首先，本章的三个实验体现的都是黑白视知觉与道德认知间存在隐喻一致性效应。隐喻一致性效应指知觉体验能够促进与隐喻映射方向一致的概念加工，以同化的方式影响个体的认知判断或行为，反映了知觉体验与抽象思维间的互进关系。除隐喻一致性效应外，知觉干扰对认知判断的影响还可以以隐喻补偿效应的方式存在，隐喻补偿性效应与隐喻一致性效应相反，指抽象认知会引发补偿性效应，导致个体产生与隐喻映射方向相反的行为或判断，反映了知觉体验与抽象思维间的修复关系（丁毅等，2013）。例如，Zhong 和 Leonardelli（2008）的研究发现，通过心境诱发范式引起被试的孤独感后，被试会对热的食物有更高的评价，即内心经历“寒冷”会增加个体对外在物理温暖的需要。按照这一逻辑框架，如果道德认知与黑白色知觉或亮度知觉间存在隐喻补偿性效应，那么人们在经历不道德情绪体验后可能会更偏爱白色的物品，更喜欢光明的环境。然而，任俊与高肖肖（2013）的研究发现，人们在做出不道德行为后可能会有掩盖行为倾向，而相比于白色与光明的环境，黑色与黑暗的环境具有更强的掩盖意义，因此不道德情绪体验也可能会加强人们对黑色或黑暗环境的偏爱与需求。到底黑白颜色刺激或亮度环境对人们的道德感受具有怎样的心理补偿机制？补偿机制在不同的情况下又是如何发挥作用的？未来的研究可以对这些问题进行探索。

其次，本章的系列实验证明道德概念与白色具有心理现实性联结，不道德概念与黑色具有心理现实性联结，但“白与好”与“黑与坏”两者的联结强度是否是完全一致的？在关于情感效价概念颜色隐喻的研究中，Lakens 等（2012）采用词汇翻译匹配任务范式发现，当同时给被试呈现由黑色或者白色文字与积极词汇或者消极词汇组成的词对时，被试更容易将积极词汇与白色备选词相匹配，将消极词汇与黑色备选词相匹配。但如果当备选词只以白色呈现时，颜色和词意一致性匹配效应消失；当备选词只以黑色呈现时，颜色和词意的一致性匹配效应则还存在。该结果表明，在人们的概念系统中，用黑色表征消极意义是稳定的，但用白色来表征积极意义则依赖于同时存在的共同关系或任务规则。其他一些研究也发现，在行为实验中，黑色与消极意义的一致性效应往往要大于白色与积极意义的一致性效应（Lakens et al.，2013）。那么，在道德概念领域中，“白与好”“黑与坏”概念隐喻的联结强度是否也是不同的？本章的实证研究没有涉及这一问题，今后的研究可以对这一可能性进行澄清与验证。

第十章　具身认知策略对幼儿阅读理解能力的影响：索引假说的检验

第一节　具身阅读的索引假说

许多研究表明，儿童早期的阅读活动能够预测其未来的阅读能力（Alharbi，2015；Kung，2012；Leckie，2013），早期阅读是幼儿接触书面语言的开端，良好的阅读能力不仅有助于其今后学业的发展，也有利于其非智力品质的发展（张文芳，2016）。理解是阅读的主要目的（Elish-Piper，2010），也是阅读的五项重要技能之一（Alonzo et al.，2009），阅读理解是幼儿在早期读写能力发展过程中必备的一项核心经验（李林慧，2015）。儿童阅读理解能力的发展是一个复杂、长期的过程（Cunningham & Stanovich，1997；Kintsch & Rawson，2005）。

阅读理解通常可分为宏观与微观两种视角。宏观的阅读理解是读者联结本身的已有知识，形成情境模式的理解；微观的阅读理解指对字词与文本表层意义的理解（Kintsch，1994）。Pressley（2000）将阅读理解分为字的理解与文章的理解两个层次，前者强调字词的解码和数量，属于较低层次的理解，后者强调句子、段落之间以及整篇文章的理解，属于较高层次的理解，读者不但要具备充分的字词知识，也要有足够的背景知识和阅读策略。

根据阅读材料与读者在阅读过程中扮演的角色，存在三种阅读理解的模式："由下而上"（阅读材料是阅读理解的主角）、"由上而下"（读者是阅读理解的主角）以及"交互作用"（阅读理解是前两种模式同时发生交互作用的过程）模式（黄春霏，2011）。

本章采用宏观的阅读理解定义，重视文本辨识与读者预测意义两个历程同时发生的交互作用，认为幼儿的阅读理解是指幼儿借助与阅读材料之间的交互作用，主动寻求或建构意义的过程，由狭义的理解和记忆两个部分组成。狭义的理解指的是对学习内容的有效加工与处理，记忆指的是对文本信息的回忆、恢复与提取。

从认知心理学视角加以审视，学龄前儿童的阅读从本质上来讲是一种认知活动。近年来，伴随第二代认知科学倡导的“具身认知”运动的蓬勃发展，身体与认知之间的紧密联系得到了充分的检验（Glenberg，2008）。具身认知理论认为，认知活动是人的身体跟外在的世界互动时所产生的现象。认知的特质来自身体的本质，身体从婴儿时期就开始与环境互动并产生意义，从而开始建构，意义是基于身体的经验（Johnson，2008）。因此，如果阅读理解是具身化的，那么阅读过程必须强调个体在真实情景中的体验与感知，尤其是对于读者本身、阅读材料（文本）和环境等之间关系的澄清就显得尤为重要（Wilson & Gibbs，2007）。受具身认知研究的影响，认知心理学家 Glenberg 等提出了语言理解的索引假说，该假说旨在为语言如何变得有意义提供一种具身化的解释。索引假说认为，符号语言需要通过模拟句子内容而变得有意义，这种模拟需要通过以下三个步骤来完成：索引、提取动允性和整合（Glenberg et al.，2004）。

首先，对句中的词汇短语与环境中的物体或感知到的象征符号做出索引（映射）。索引是将一个象征符号（例如，一个说出来或者写下来的单词）与它实际代表的具体实物进行配对。其次，从索引物体中提取动允性，由物体得出某种承受性。例如，一张椅子能够承受一个人坐在上面却不能承受一头大象，同样是一张椅子，其能够承受一个小孩躲在下面而不是一个成人。承受性依赖于身体的形态与能力，它涉及知觉系统的参与，因此对知觉系统的控制会影响承受性进而影响语言理解。最后，根据语法对动允性进行整合，通过相互协调产生一种一致的模拟，提供知觉者某种行动的可能（Marley et al.，2007）。因此，索引、提取动允性和整合的过程为语言所表达内容的抽象语言符号（词汇和语法）提供了一个基础。以“Art flicked the snake off the porch using the chair”为例，索引过程将词语（art、snake、porch、chair）映射为环境中的对象或者知觉符号，然后由物体得出动允性，会把“Art”索引为一个男性，把“the chair”索引为可能是一把门廊里的椅子，最后根据语法进行整合，完成对整个句子的理解，即“一个名为 Art 的男人用椅子把蛇从门廊上挥出去”（徐慧艳和陈巍，2018）。

根据索引假说，语言理解中一个重要的要素就是将字或词索引到与之相关的物体上，或是与它们相对应的知觉符号上。例如，年幼儿童第一次学习口述语言时，它的上下文必须是可以被高度索引的，父母必须很频繁地说出和指出物体。将文字“索引”或“映照”到文字所代表的物件上这个过程完成得越好，就越容易完成语言理解。Glenberg 发现，在理解文本的上下文时，那些与文本相关联的活动会增强索引的过程，从而产生正面的认知结果，这是一种可以增强儿童阅读理解的策略。例如，在文本呈现中实际操作与文本有关的玩具物体来模拟文本里所描述的动作时，就能正确地操作物体并且更好地实现上下文索引，使得获取意义变得容易。并且，在阅读活动中，不论是提供实际操作还是想象操作的结果，个体都显著地对文本内容有较好的理解与记忆，这样的研究发现为索引假说提供了强有力的支持（Glenberg et al.，2004；Glenberg & Kaschak，2002）。有研究发现，运用适当的文本具体陈述策略有助于3—7年级印第安小学生的理解与记忆，其中操作及视觉情境下的小学生相对于自由学习情境的学生在统计上有更好的回忆表现，表明具身认知策略对美洲印第安儿童的听力理解有益（Marley et al.，2007）。黄春霏探讨了运用具身认知理解所建构的阅读教学策略对5—6岁幼儿阅读理解的影响，发现具身认知组在阅读理解测验的整体层面、理解层面以及记忆层面都显著高于口语理解组（黄春霏，2011）。

然而，也有少数的一些研究发现，与运用动作策略学习的儿童相比，通过教材学习的儿童表现出同样甚至更好的成绩（McNeil & Jarvin，2007）。一些学者认为，具身阅读策略在局限于特定领域时可能有助于语言理解。涉及运动模拟的语句，如“小红抓住了球”，对于“抓”这个动作，用具身的方式进行模拟确实有利于个体对该句子的理解。但是，这不能解释无数与身体或环境没有明显关系的其他词的影响，纯粹的抽象语言对语言具身研究构成挑战。例如，“我们很容易在电影中认出那些熟悉的演员”是一个很正常的句子，但没有提供明显的运动模拟，那么索引假说的解释在理解这个句子上就没有多大用处（Goldinger et al.，2016）。一项针对3—5岁学前儿童的研究结果表明，与单纯聆听的学前儿童相比，采用动作策略的学前儿童的确能够回忆起故事中的更多行动，这种效应在本身记忆力更好的学前儿童中更加明显，但是在非动作故事内容的记忆中没有显著差异（Biazak et al.，2010）。

因此，为了检验索引假说的合理性，进而为具身认知策略对于儿童阅读理解的意义提供科学证据，本章研究设计了一个3（策略）×3（年龄）实验任务。实验中采用的阅读理解策略分别为基于动作的具身认知策略、基于图像的视觉线索策略和基于语音符号的口语理解策略，其中，具身认知策略为实验组，视觉线索策略和口语理解策略为对照组。本章的具体研究假设如下：①具身认知组在阅读理解的整体层面得分会高于视觉线索组和口语理解组；②具身认知组在阅读的理解层面得分会高于视觉线索组和口语理解组；③具身认知组在阅读的记忆层面得分会高于视觉线索组和口语理解组。

第二节 研究方法

一、被试

本章研究选取浙江省绍兴市两所公立一级幼儿园的63名幼儿为研究对象，其中，4—5岁组（48—59个月）、5—6岁组（60—71个月）、6—7岁组（72—83个月）幼儿各21名。经幼儿所在班级的教师确认，所选幼儿的智力、听力正常，口语表达能力较好。实验前，通过与幼儿教师、家长沟通，确认所选幼儿没有听过《麻雀换新家》这个故事。

二、实验设计与实验材料

实验采用黄春霏的研究材料，为3（策略：具身认知策略，视觉线索策略，口语理解策略）×3（年龄：4—5岁，5—6岁，6—7岁）被试间实验设计。为测量幼儿的阅读理解能力，采用黄春霏编写的幼儿阅读理解与记忆测验题，理解测验有9道题，记忆测验有13道题，混合呈现于所有题目中。本章研究中所采用的《麻雀换新家》这个故事取材自世一文化出版的品格培养成长绘本系列之一，在图文比例上，图多字少，基本内容讲述的是麻雀在巨人头上做窝的故事，故事背景、任务、情节等主要结构完整。在故事中，作者以麻雀夫妇为主角，将巨人的头发当成现成的鸟窝，把高耸、滑溜的鼻子当成滑梯来玩耍，用一种比拟的游戏方式引导幼儿认识五官。在实验前，对部分不参与实验的同质幼儿进行预实验，发现这个故事非常适合学前儿童阅读。

三、实验程序

为控制现场口述时的不可控因素（如施测者的音量、语速等）对幼儿阅读效果的影响，实验采用录音的形式呈现文本故事，在每句话的末尾处均停顿3—4 s，以供幼儿思考或操作与故事相关的内容。录音全程在设备齐全的录音棚内进行，由一名播音水平较高的学前教育专业大学生来录，以保证录音的品质以及故事讲述的能力。实验采用个别施测，为避免幼儿受环境因素的干扰，实验地点安排在幼儿园内安静的活动室，如阅览室、美工室、教师办公室等。主试是来自某高校学前教育专业的18名本科生，在实验前接受了为期一天的培训，为避免“主试效应”，他们完全不知道实验目的。主试在实验所选取的两所幼儿园都有见习，与幼儿有过至少一个学期的接触，在经过培训之后，分别将其安排到不同的幼儿园进行测试。为了降低幼儿的陌生感与压力感，安排主试的原则是尽量安排他们到自己熟悉的幼儿班级里。在实验开始时，主试采用统一的指导语一对一地对幼儿说：“小朋友，老师现在给你听一个有趣的故事，听完回答问题就会有奖励，好吗？”在录音播放完毕以后，主试所使用的引导思考的用语一致，即“你可以想一想刚才听到了一个什么故事，然后回答问题，好吗？”

将63名幼儿按照不同年龄段随机分配至具身认知、视觉线索与口语理解三组不同的故事文本呈现情境中。具身认知策略组一边听故事文本，一边实际操作与故事内容相关的玩具，玩具是与故事角色相对应的仿真模型，如巨人、麻雀、各种植物、场景事物等。视觉线索策略组一边听故事文本，一边观察主试展示与文本段落相匹配的图片，图片采用的是绘本中去掉文字部分的插图。口语理解策略组幼儿单纯聆听故事文本。等到故事播放完毕，不允许受试幼儿再接触文本及其相关物件，并进行5分钟不相干的小活动（拼图游戏）以阻断其短期记忆。整个过程中，有趣的故事本身是保持幼儿参与兴趣的主要原因，另外，在答题结束后也会给予幼儿奖励。

四、数据收集整理与分析

幼儿在不同的条件下聆听故事之后回答22道测试题，答对一题记1分，答错记0分。首先，从整体层面上计算幼儿的得分平均分。其次，将文本22道题分为理解题（9道）和记忆题（13道）两部分，分别从理解和记忆两个层面对幼儿的阅读成绩进行分析。采用 SPSS20.0对所得数据进行统计处理。

第三节　研究结果与分析

一、阅读的整体成绩

以幼儿阅读的整体成绩为结果变量，三种策略下幼儿整体阅读成绩的统计结果见图10-1。方差分析表明，在阅读的整体成绩上，年龄的主效应显著，$F(2, 60)=6.262$，$p<0.01$，$\eta_p^2=0.188$。进一步的多重比较发现，三个年龄段幼儿阅读理解的整体成绩得分由高到低分别为6—7岁>5—6岁>4—5岁，其中6—7岁组的成绩显著高于4—5岁组（$p<0.01$），5—6岁组的成绩显著高于4—5岁组（$p<0.05$），但是6—7岁组和5—6岁组的成绩差异并不显著（$p>0.05$），5—6岁可能是一个转折期。策略的主效应显著，$F(2, 60)=5.683$，$p<0.01$，$\eta_p^2=0.174$。进一步的多重比较发现，三种策略下幼儿阅读理解能力的整体成绩得分由高到低分别为视觉线索组>具身认知组>口语理解组，其中具身认知组的成绩显著高于口语理解组（$p<0.05$），视觉线索组的成绩显著高于口语理解组（$p<0.01$），但是具身认知组和视觉线索组的成绩差异并不显著（$p>0.05$）。年龄和策略的交互作用显著，$F(4, 58)=3.039$，$p<0.05$，$\eta_p^2=0.184$。简单效应分析表明，4—5岁幼儿具身认知组整体成绩显著高于口语理解组，具身认知组成绩高于视觉线索组，但是差异不显著，视觉线索组成绩高于口语理解组，但是差异不显著。5—6岁和6—7岁幼儿在三种策略下的整体成绩得分由高到低都表现为视觉线索组>具身认知组>口语理解组，两两之间差异均不显著。

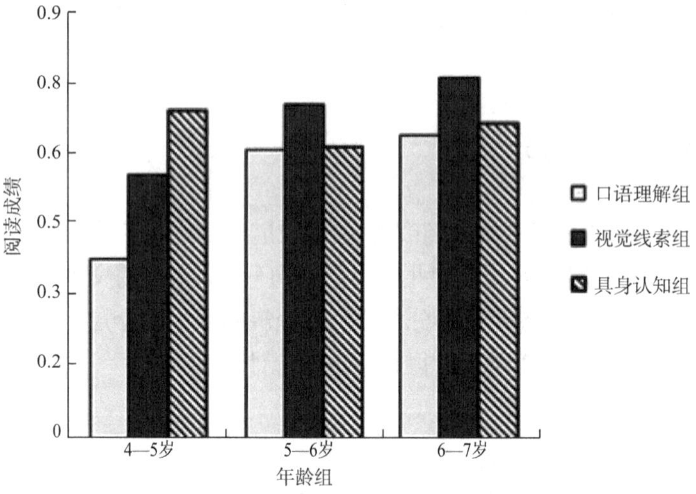

图 10-1　三种策略下幼儿阅读的整体成绩

二、阅读的理解层面

以幼儿阅读的理解题成绩为结果变量，三种策略下幼儿阅读成绩的统计结果见图10-2。方差分析表明，在阅读的理解题成绩上，年龄的主效应显著，F（2，

60）= 46.697，p<0.001，η_p^2=0.634。进一步的多重比较发现，三个年龄段幼儿阅读理解题的成绩得分由高到低分别为6—7岁>5—6岁>4—5岁，其中6—7岁组的成绩显著高于4—5岁组（p<0.001），5—6岁组的成绩显著高于4—5岁组（p<0.001），但是6—7岁组和5—6岁组的成绩差异并不显著（p>0.05），5—6岁可能是一个转折期。策略的主效应显著，F（2，60）= 4.903，p<0.05，η_p^2=0.154。进一步的多重比较发现，三种策略下幼儿阅读的理解题成绩得分由高到低分别为具身认知组>视觉线索组>口语理解组，其中具身认知组的成绩显著高于口语理解组（p<0.01），视觉线索组与口语理解组的成绩差异并不显著（p>0.05），具身认知组和视觉线索组的成绩差异并不显著（p>0.05）。年龄和策略的交互作用不显著，F（4，58）= 2.347，p>0.05，η_p^2=0.148。

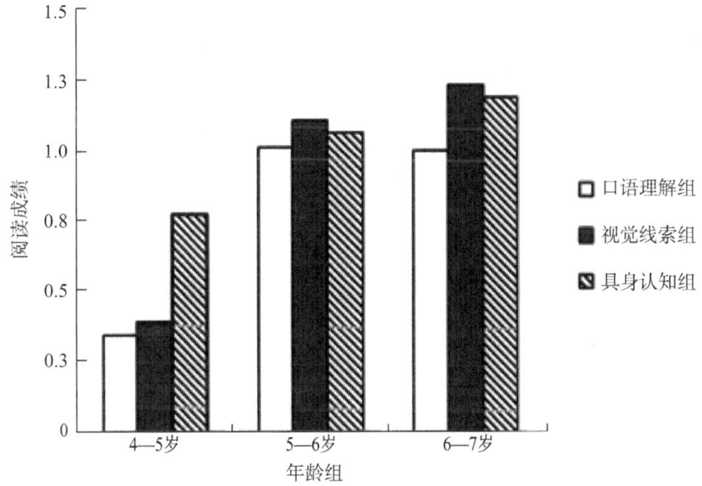

图 10-2　三种策略下幼儿阅读的理解题成绩

三、阅读的记忆层面

以幼儿阅读的记忆题成绩为结果变量，三种策略下幼儿阅读成绩的统计结果见图10-3。方差分析表明，在阅读的记忆题成绩上，年龄的主效应显著，F（2，60）= 42.785，p<0.001，η_p^2= 0.613。进一步的多重比较发现，三个年龄段幼儿阅读记忆题的成绩得分由高到低分别为6—7岁>5—6岁>4—5岁，其中6—7岁组的成绩显著高于4—5岁组（p<0.001），5—6岁组的成绩显著高于4—5岁组（p<0.001），但是6—7岁组和5—6岁组的成绩差异并不显著（p>0.05），5—6岁可能是一个转折期。策略的主效应显著，$F(2, 60)=6.467$，$p<0.01$，$\eta_p^2=0.193$。进一步的多重比较发现，三种策略下幼儿阅读的记忆题成绩得分由高到低分别为视觉线索组>具身认知组>口语理解组，其中视觉线索组的成绩显著高于具身认知组（$p<0.05$），同时也显著高于口语理解组（$p<0.01$），但是具身认知组与口语理解组的成绩差异并不显著（$p>0.05$）。年龄和策略的交互作用不显著，$F(4, 58)=0.760$，$p>0.05$，$\eta_p^2=0.053$。

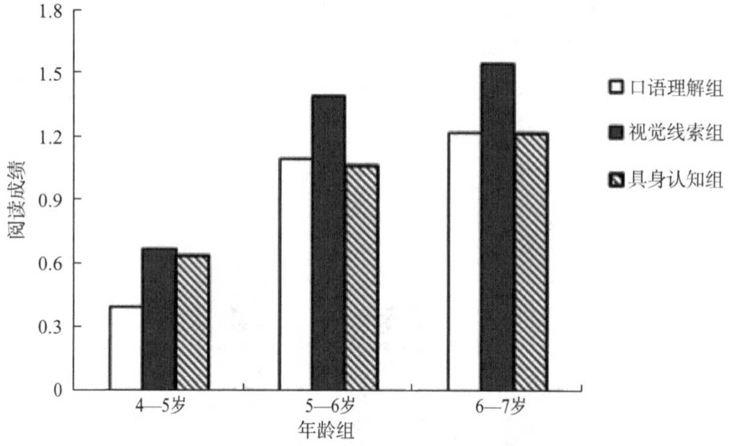

图 10-3　三种策略下幼儿阅读的记忆题成绩

第四节　讨　　论

本章研究结果发现，三种策略对幼儿阅读的整体成绩影响表现为视觉线索的效果最好，具身认知次之，口语理解最差；视觉线索和具身认知策略都显著地优于口语理解策略，但是视觉线索和具身认知两种策略之间的差异并不显著。具身认知策略对于4—5岁幼儿的表现效果最好，视觉线索策略对于5—6岁和6—7岁幼儿的表现效果较好。

三种策略对幼儿阅读的理解层面成绩的影响表现为具身认知的效果最好，视觉线索次之，口语理解最差。三种策略对幼儿阅读的记忆层面成绩的影响表现为视觉线索的效果最好，具身认知次之，口语理解最差。

下面对本章研究的主要结果进行讨论。

一、幼儿阅读理解能力的年龄特征

幼儿的阅读成绩在整体表现、理解层面与记忆层面均随年龄的增长而发展。6—7岁>5—6岁>4—5岁，其中6—7岁组的成绩显著高于4—5岁组，5—6岁组的成绩显著高于4—5岁组，但是6—7岁组和5—6岁组的成绩差异并不显著，5—6岁可能是阅读理解能力发展的一个转折期。有研究指出，3—6岁可能是儿童对图画故事书阅读理解能力大发展的重要时期，儿童在图画形象和事件行动上的理解能力在这一阶段持续快速发展，在角色状态上的理解能力在3—5岁有较大提高，5—6岁进步较缓（李林慧，2011）。也有学者认为，4岁半—5岁半是幼儿的阅读敏感期，所谓“敏感期”是指为达到特定情感或特征提供内在指导的一种发展规律，幼儿的阅读敏感期表现为对阅读活动持特别喜爱和积极的阅读态度（Miranda，2015）。因此，6岁以前幼儿的阅读理解能力提高迅速，4—5岁组与5—6岁组的成绩差异显著，而6岁以后，尽管幼儿阅读理解能力也在提高，但是与5—6岁组的阅读成绩相比差异不显著。

二、具身认知策略对幼儿阅读理解能力的影响

1. 具身认知策略在4—5岁年龄层面表现出一定的优势

实验结果显示，4—5岁采用具身认知策略的幼儿阅读的整体成绩显著高于采用口语理解策略的幼儿，同时也高于采用视觉线索策略的幼儿，但是两者之间的差异不显著，视觉线索组的成绩高于口语理解组，但是两者之间的差异也不显著。5—6岁和6—7岁幼儿得分由高到低都是视觉线索组>具身认知组>口语理解组，但是两两间差异均不显著。由此可知，采用具身认知策略的幼儿的整体阅读成绩在4—5岁年龄层面上表现出一定的优势，这种优势主要是同传统的口语理解策略相比较而得出来的。

有研究指出，阅读是读者与文本之间的互动，需要读者将自己的阅读目的、生活经验与文本中符号表征的意义相联系（李林慧，2015）。幼儿年龄越小，生活经验越缺乏，因此越需要通过实际操作物体来加强索引，这与他们的注意、想象和思维的发展有关。首先，学前儿童的注意水平低，以无意注意为主，有意注意随着年龄增长而不断发展，但是始终没有确切的发展时间表（Dye & Bavelier，2010）。相比于其他两个年龄段，实际操作物体的具身认知策略对于提高4—5岁幼儿注意力的稳定性和持续性的帮助更大，取得的效果也相对较好。其次，想象是影响儿童阅读理解成绩的重要因素之一。幼儿挖掘想象力的能力不是有意识的

脑力锻炼，而是日常思维的延伸，拓展了儿童与思想进行深入交流的空间（Miranda，2015）。幼儿的年龄越小，想象能力越差，就越需要通过具身的方式来学习。年龄小的幼儿常常依赖于外界环境的刺激及实际行动，需要借助外在的一些提示来帮助其想象，而年龄大的幼儿则可以根据阅读文本内容展开天马行空的想象，从而促进对文本的意义表征。最后，从思维发展的过程看，皮亚杰将儿童思维发展划分为四个阶段，学前儿童在前运算时期开始使用表象和语言描述外界事物（吴福元，1982）。但是，思维根植于各种操作的动作或运动，即使是处于前运算时期的幼儿的思维仍然依赖知觉活动的帮助（Vonèche，2007）。知觉动作在其中的作用一直存在，但是随着幼儿能够借助头脑中的表象进行思维，动作的作用就越来越小。因此，年龄小的幼儿更加需要采用实际操作的方式学习。当然，关于"年龄越小的婴幼儿越适合采用具身认知的阅读策略"这个猜测，还有待进一步实验的设计和验证。例如，有研究认为，3岁以下儿童通常不能够有效地认识到之前的实物操作动作是为了表征即将要学习的某个概念，这样就产生了双重表征假说（DeLoache，2000）。儿童在面临两种表征（具体的和抽象的）时可能会经历额外的认知压力，或者无法意识到具体表征指向一个真实世界（DeLoache，2004）。

2. 具身认知策略在阅读的理解层面表现出一定的优势

实验结果发现，在理解层面上，具身认知组的成绩显著高于口语理解组，同时也高于视觉线索组的成绩，但是两者之间的差异不显著，视觉线索组与口语理解组之间的差异也不显著，这与黄春霏的研究结论是一致的。由此结果推论，在阅读过程中，运用实物操作策略提升阅读理解层面成绩的效果会显著高于单纯聆听的口语理解策略的效果。具身认知的阅读策略通过操作物体、模拟动作，可以促进索引并且加快意义提取。Glenberg 等的研究对象是1—2年级学生，年龄为6—8岁，得出的结果为，采用具身认知策略儿童的阅读成绩在理解和记忆方面都显著高于重复阅读。重复阅读组的儿童一遍又一遍地阅读文本，直至其花费的时间与具身认知阅读组的时间一样多（Glenberg et al.，2004）。在理解层面，本章研究与 Glenberg 等的研究都显示出具身认知策略的一定优势。

三、视觉线索策略在记忆层面表现出显著优势

实验结果显示，视觉线索组幼儿的阅读成绩在记忆层面显著地高于具身认知组和口语理解组幼儿。黄春霏针对5—6岁幼儿的研究显示，在记忆层面，具身认知组的成绩显著高于口语理解组，视觉线索组的成绩显著高于口语理解组，但是

具身认知组与视觉线索组之间没有显著差异（黄春霏，2011）。从这两个研究中都可以看出，视觉线索是一种有效策略，在记忆层面比单纯聆听的口语理解策略具有显著的优势。视觉上的图文给予幼儿形象、色彩、画面、文字等各个方面的感知，并且这种感知在一定程度上是有效的。与黄春霏的研究结果不同的是，本章实验中，视觉线索组成绩在记忆层面显著地高于具身认知组，这可能有多方面的原因。首先，作为视觉刺激的阅读材料完整地呈现了文本中所有生动有趣、形象鲜明的角色，这些信息更容易被幼儿识记。相比之下，具身认知的方式并不能将所有文本信息都呈现出来，它更多地倾向于模拟某些主要角色及其动作。其次，这可能与当前国内幼儿园的阅读教学方式和家庭阅读指导有关。幼儿长期以来更加习惯采用与视觉线索相关的策略来进行阅读，而在本章实验中第一次接触到的这些玩具反而成为一些事物信息的干扰物，使得儿童过分关注玩具本身的使用而忽略了故事内容或者不能完全记住所有内容。

已有研究表明，儿童早期阅读理解能力的发展实质上是一个多元模式意义建构的过程，学前儿童通过文字建构意义的能力更多地借助口语理解、图画视觉理解的互动以及动作模拟发展起来（李林慧，2015）。儿童在年幼时就已经开始探索周围环境中的符号系统，多元模式是年幼儿童交流不同意义的核心方式（Lancaster，2012）。提升幼儿阅读理解能力的策略包括操作式的具身认知策略、看图式的视觉线索策略和听觉上的口语理解策略。本章研究发现，具身认知策略在4—5岁幼儿阅读的理解层面表现出一定的优势，视觉线索策略在阅读的记忆层面表现出显著优势，而传统的口语理解策略的效果最差。根据 Levin 的总结，不同的策略可以分别促进理解或记忆，有的策略甚至可以通过促进理解来促进记忆，不同的策略为不同的认知目的服务（图10-4）（Levin，1986）。这对于教师和家长科学地指导幼儿阅读并且提高幼儿的阅读理解能力具有一定启示。

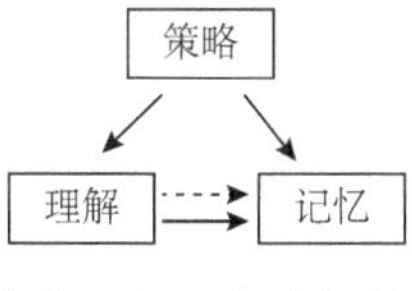

图 10-4　阅读策略、理解与记忆三者之间的关系图（Levin，1986）

首先，阅读策略具有幼儿年龄的适宜性。年龄越小的幼儿越适合采用实际操作物体的方式进行早期阅读，例如，玩具图书比较适合年龄小的婴幼儿。但是，也要注意实物玩具的数量及其与阅读文本内容之间的匹配性，玩具刺激过多或者与文本内容相关性不大反而有可能造成干扰，从而降低幼儿的阅读理解水平。因此，最好为低年龄段幼儿提供有限数量并且与阅读文本高度匹配的实物玩具，随着幼儿年龄的不断增加，实物操作次数可以逐渐减少。其次，阅读策略的选择要考虑幼儿的阅读目标。具身认知策略在阅读的理解层面表现出一定优势，视觉线索策略在阅读的记忆层面表现出显著优势，表明不同的阅读策略适合不同的阅读目标。幼儿教师和家长不能拘泥于寻找某一种“最好”的阅读策略，而应该根据具体情况具体分析。例如，哪种策略最适合用于短时间内记住尽可能全面的信息？哪种策略最适合用于解析文本的深层次含义？哪种策略最适合用于改进幼儿对词汇、用法、语法等的掌握？在幼儿的阅读理解研究领域，根据不同的目标采取不同的策略应该是未来研究的一个重要内容。

第十一章　虚拟手错觉中同步性和距离参照系对身体拥有感的影响

自我就像是镜中的对象。镜像的存在依赖于镜子，镜子是镜像的基础，但镜像并不等同于镜子，也不是由构成镜子的质料所构成。正如镜像的存在依赖于观察者，但它并不是主观的错觉。自我也是如此，尽管依赖于心智，同样也不是主观的错觉。然而，自我所表现出来的方式却涉及错觉。不是我们之前所谈论的不存在自我或者自我的表现只是一种错觉，而是自我表现得好像是一个独立的存在是一种错觉，正如镜像表现得像是真的存在于镜子中是一种错觉。

——Thompson，2014

第一节　拥有感体验："自下而上"抑或"自上而下"

在当前认知科学的实验范式中，身体意象是由一系列与身体有关的知觉、态度及信念所构成的。作为意识层面上对"我"的身体应该是"如何"的一种表征，它所表征的是主体对自己身体大小、形状以及与众不同的特点所感知到的形式（例如，从监视器视频中认出"我自己"）（de Vignemont，2010；Gallagher，2005；Gallagher & Meltzoff，1996）。身体意象的确依赖于一类更为精细的具身体验——"拥有感"，即"我"是那个拥有身体的某个部分或正在经历某种体验的人的感觉（de Vignemont，2011；Maister et al.，2015）。

虽然身体意象一直被认为是后天在与环境的交互作用中不断发展的（de Vignemont，2010；Gallagher，2005），但很多研究者认为，成年人的身体意象是相对稳定的，并且在我们的认知活动过程中发挥着重要作用。异常的身体意象往往与某些躯体障碍或神经精神疾病有着某种程度的联系，如神经性厌食症、异己手综合征、躯体妄想症以及身体整合意象障碍等（Ramachandran et al.，2009；Tsay et al., 2015）。来自后天截肢病人对幻肢上产生的触觉（包括痛觉与痒觉等）的临床报告进一步确认了成人身体意象所具有的稳定性（Ramachandran et al., 1996）。然而，随后相关领域中的大量实验证据显示，后天截肢病人在接受诸如运动想象、镜像视觉反馈训练等之后，幻肢体验能够被纠正，随附的痛觉体验也会得到缓解（Giummarra et al., 2010）。甚至有研究发现，先天患有海豹肢畸形症，也可以通过镜像视觉反馈训练逐渐获得完整的幻手指体验（McGeoch & Ramachandran, 2012）。这些研究不仅质疑了身体意象的稳定性，甚至对身体意象是否存在提出了科学挑战。身体意象究竟是稳定的、不变的，还是可塑的？如果它具有可塑性，那么它的变化是否会影响拥有感？对这些问题的讨论与检验引发了新一轮的热议。其中，橡胶手错觉研究范式在该主题的研究上扮演了重要的角色（Carruthers, 2013；Farmer et al., 2012；Guterstam et al., 2013）。类似的错觉同样存在于将橡胶手替换为他人的脸时（Tsakiris, 2008）、将橡胶手替换为人的整个身体时（Petkova et al., 2011a, 2011b），以及在虚拟环境中呈现橡胶手时（Sanchez-Vives et al., 2010）。

围绕橡胶手错觉所展开的一系列研究表明，时间一致性、空间一致性以及特征一致性是影响错觉产生的主要因素。时间一致性是指必须尽可能让两把刷子同时刷被试可见的橡胶手和不可见的真手（Shimada et al., 2009）；空间一致性是指橡胶手与被试的真手所放置的位置要尽可能接近，超过一定距离后，错觉程度会显著下降甚至消失（Lloyd, 2007）；特征一致性则是指橡胶手所呈现的样子与被试真手之间的差异不能过大（Guterstam et al., 2011；Tsakiris & Haggard, 2005）。研究者认为，之所以会出现这些现象，是因为同步的多感官刺激会导致自我–他者的融合（Paladino et al., 2010），以至于中央神经系统将外部对象（即橡胶手）归类为身体的一部分（Haans et al., 2012），而之所以空间原则和特征原则特别重要，则是因为身体意象在其中起到重要作用（Davies et al., 2013；Suzuki et al., 2013）。具体而言，时间一致性所代表的是自下而上的加工机制对身体拥有感的影响，即输入反馈总是让虚拟手和被试的真手保持同步会让人更容易产生错觉，反之更不容易。与之相对，空间一致性和特征一致性则表明了自上而下的加工机制的影响，即对于“我的手应该是怎么样的”（如形态与尺寸）或“我的手通常在什么位置”（如不能位于解剖学上不可能的位置），被试有着较为稳定的内部表征。当外界输入与之相匹配时，个体更容易对虚拟手产生拥有感错觉体验，反之更不容易（张静和李恒威，2016）。视觉–触觉输入与被试原有的身体意象越接近，越容易让人产生更强、更稳定的错觉（Hohwy & Paton, 2010）。也就是说，外部对象要想被表征为身体的一部分，必须尽可能与原有的身体意象保持一定的相似性，因此，我们在对自我进行识别和表征时所采取的是基于稳定的身体意象的一种自上而下的策略似乎顺理成章。

然而，并不是所有研究都与此一致。除了同步性之外，均有研究结果不支持空间一致性与特征一致性的假设。已有研究发现，只要同步性存在，即便真手和橡胶手之间的距离增加至远大于之前研究所给出的27.5 cm，拥有感错觉依旧存在（Zopf et al., 2011）。对于真假手之间距离的影响，Armel 和 Ramachandran（2003）的研究甚至发现，当橡胶手被移至距离被试真手3英尺（约91 cm）的位置时，拥有感错觉仍能产生。他们的研究还发现，即便是不放置橡胶手，面对光秃秃的桌面，被试仍报告说他们能感到触觉是位于桌面上的，并且在被试真手和桌面上都贴有创可贴的情况下，当撕掉桌面上的创可贴的时候，在被试的皮肤电导反应上能监测到其情绪变化，可见，这种情况下，被试仍会产生对桌面的拥有感。此外，Ma 和 Hommel（2015）基于虚拟手错觉范式的研究也表明，被试会对虚拟气球和木块产生拥有感。据此，他们指出，身体意象是可变的，人脑在识别并纠正感官输入方面具有惊人的能力。甚至有研究发现，即使研究者用刷子在被试身体的不同部位刷过，而被试透过显示器中看到的仅仅是刷子在空气中的相应部位同步划过，只要触觉和视觉体验之间保持同步性，其就会对根本不存在任何物体的空间产生强烈的身体拥有感错觉（Guterstam et al., 2015）。这些实验证据暗示了个体拥有感的产生并不需要依赖于预先存在的身体意象。在经历几分钟同步的视触刺激后，个体便能产生对橡胶手的拥有感。这与 Ramachandran 等（1996）基于幻肢病人开展的研究所得出的理论假设相一致：身体意象只是一种幻觉，是大脑为了统一和方便而建构出来的。因此，较之基于身体意象的自上而下的解释机制，或许基于贝叶斯逻辑的自下而上的匹配过程更适合。

综上可见，当前关于橡胶手错觉的研究结果或者肯定了身体意象作为一种稳定的内部表征而在拥有感体验中所发挥的作用，或者发现了影响拥有感体验的因素似乎并不是那么稳定，暗示着身体意象存在可塑性。近期，Friston 等基于贝叶斯推理提出并论证的脑的自由能量原理，或称最小震惊原理（minimal surprise principle）（Friston，2010；Friston et al.，2015；Friston & Stephan，2007）为整合上述两种加工机制提供了新的视角。该理论认为，生物自主体的大脑是一个热力学系统，自由能量类似于“熵能”（entropy energy）。其工作原理遵从贝叶斯预测的最优化，从而以一种尽可能减少对环境的预测错误（prediction errors）的方式保持热力学平衡。自由能量总是流向这一目标，从而迫使自主体通过作用于环境改变输入，或通过更新内部表征对输入信息的评估来减少来自环境意外事件的不确定性并避免出现震惊。据此，橡胶手错觉与视错觉、幻肢现象一样都是脑为了保持热力学平衡而更新的内部表征（Brown et al., 2013；de Ridder et al., 2014）。身体意象既具有一定的先验内部表征形态，又具有相当程度的可塑性。

为了考察空间一致性与时间一致性的交互作用及其对身体拥有感的影响，进而检验身体意象的可塑性，我们试图通过改变知觉体验的环境来加以研究。情境参照系的引入是其中的一种做法。例如，Costantini 和 Haggard（2007）发现，改变人手的位置使其与橡胶手的位置不一致对拥有感的影响很小，但改变橡胶手的位置使其与真手位置不一致却会大幅度降低被试的拥有感体验程度，因此他们认为，只要两只手上的刺激在以手为中心的空间参照系中保持一致，个体就会产生拥有感错觉。值得一提的是，除了橡胶手错觉作为当前对身体拥有感进行研究的主要范式外，虚拟手错觉作为橡胶手错觉的一个虚拟现实的版本，在同类研究中已有严谨的理论设想、技术支持与操作实例（Ma & Hommel，2013；Zhang & Hommel，2015）。在虚拟手错觉实验中，被试可以通过移动自己的手来控制电脑呈现的虚拟手的运动，当虚拟手的运动和真手运动同步时，被试会报告感受到了一种强烈的对虚拟手的拥有感。相较于橡胶手错觉对视触同步性的高度依赖，虚拟手错觉中预期状态和实际状态反馈之间的一致性至关重要。众多虚拟手错觉的研究表明，作为橡胶手错觉的变式，虚拟手错觉与橡胶手错觉的发生机制类似（尽管并非完全一致），能够产生与橡胶手错觉类似的效果，且在同步性等变量的控制上更为精确。此外，基于两者所开展的研究也具有一定的可比性，这使得虚拟手错觉成为当前广受青睐的用以研究拥有感错觉体验的范式之一（Christ & Reiner，2014；Ma & Hommel，2013）。

我们以虚拟手错觉为研究手段，以空间一致性为切入点，在实验1中以同步性和绝对距离为自变量，分别考察自上而下的身体意象和自下而上的刺激匹配对拥有感体验的影响。尽管以往关于橡胶手错觉的研究已对同步性和距离因素的影响进行了探讨，但是大量关于橡胶手错觉的研究结果表明，不同实验设置条件下可能会出现结果偏差，因此，我们有必要在虚拟手设置中对同步性和距离的影响进行检验，同时也为实验2中参照系的影响提供一个可供比较的水平。在实验2中引入距离参照系，即相对距离，设置“先近后远”和“先远后近”两种条件探究其对拥有感体验的影响。基于以往的相关研究，我们发现，尽管大部分情况下拥有感错觉程度都会随着真假手之间的绝对距离的增加而减少，即受绝对距离的影响，但是也存在一些例外（Armel & Ramachandran，2003；Zopf et al.，2010）。一方面，实验设置的不同版本可能会导致一些偏差，但另一方面，这些发现也说明，可能还存在空间相对参照系的影响。本章研究通过2个实验，试图解决以下两个问题：①自上而下的身体意象与自下而上的刺激匹配何者对拥有感体验更重要？②知觉环境，即距离参照系是否会影响同一位置对虚拟手拥有感体验，即相对位置的影响是否大于绝对位置的影响？最终通过对这两个问题的研究，来揭示虚拟手错觉中身体意象的可变性。

第二节 实验1：同步性和虚拟手位置对拥有感的影响

一、实验目的和假设

实验1在虚拟环境中，模拟经典橡胶手错觉，分别以虚拟手距离被试的绝对距离以及真手和虚拟手之间的同步性为自变量，考察其对拥有感错觉程度的影响。基于以往研究，错觉的产生与否受真手和虚拟手之间的相似程度（包括距离远近）以及两者运动同步性的影响（Ehrsson，2012；Lloyd，2007）。前者代表的影响为自上而下的影响，而后者代表的影响则是自下而上的影响。如果较之不同步的情况，真假手之间的距离越近，个体越能产生拥有感错觉，说明自上而下的身体意象在影响知觉体验；如果在视觉–触觉刺激同步时，拥有感错觉更强烈，意味着自下而上的匹配同样不可或缺。

二、研究方法

1. 被试

128名荷兰莱顿大学（Leiden University）的在校国际学生自愿参加本节实验。所有被试之前均未参加或听说过橡胶手/虚拟手错觉的研究。所有被试均为右利手，且裸眼视力或矫正视力正常。本节研究经学校相关心理研究道德委员会（Psychology Research Ethics Committee，PREC）的审批通过。书面的实验告知书会在实验开始之前呈现给被试，在获得被试口头及书面签字确认后正式进入实验阶段。实验结束后，被试可自行选择获得实验学分或现金作为报酬。

2. 实验设备及材料

本节实验在虚拟实验室中进行，实验设备包括方位追踪仪、数据手套以及投影仪。实验控制程序通过虚拟现实软件编写。被试戴上数据手套及方位追踪仪之后，与其真手有关的信息会被实时传至后台控制程序，通过实验程序所设定的同步或者不同步的刺激也能够通过数据手套作用在被试的真手上。虚拟手呈现在被试面前的投影仪上，根据程序设定出现在不同的位置（近或远）。

采用拥有感问卷来评估被试的错觉体验程度。实验中，我们所采用的问题是根据以往橡胶手错觉和虚拟手错觉研究中的相关问题改编而成的（Botvinick & Cohen，1998；Kalckert & Ehrsson，2014；Ma & Hommel，2013；Zhang & Hommel，2015）。因被试为来自不同国家的留学生，故实验中所采用的问卷为英文版。其中问题1—5为拥有感体验问题，即问题本身即可反映拥有感的不同程度。问题6—9为拥有感控制问题，这些问题与拥有感体验问题类似，但并不会受自变量的影响而在不同条件下有显著差异。问卷采用利克特量表法进行计分，所有问题都含有从0（非常不同意）到6（非常同意）7个等级。最终的拥有感得分为问题1—5的平均分，而问题6—9则用于检验实验设置是否能有效地影响因变量。

3. 实验设计和程序

实验为2×2被试间设计。两个自变量分别是视觉刺激和触觉刺激的同步性（包含同步、不同步两个水平），以及真手和虚拟手之间的距离（包含近、远两个水平）。每个被试被随机分配至4个序列的其中之一进行实验。

实验正式开始之前，主试为被试的右手戴上数据手套与方位追踪仪，并引导被试在正对着投影仪的椅子上坐下。被试前方的桌子上有一个特制的黑色箱子用于遮挡被试的视线，以保证被试在实验过程中无法看到自己戴着手套的右手。实验过程中，被试需将戴着数据手套和方位追踪仪的右手掌心朝上放置于特制的黑箱子内的特定位置，并尽量保持静止不动（图11-1A）。

实验中，屏幕上的虚拟手可能位于被试视线的正前方，真手与虚拟手的中指位于同一切面上（近）；也可能位于距离被试真手正前方44 cm 的位置（远）（图11-1B）。实验过程中，被试会看到一个小球在被试的掌心上下跳动，在视触同步的条件下，当小球触及虚拟手时，被试的真手上也会同时产生振动触觉；在

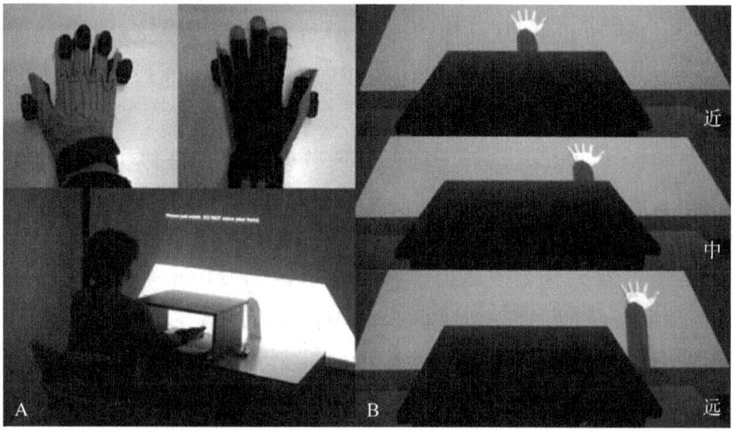

图 11-1 实验设备及条件设置效果

视触不同步的条件下，振动触觉在小球跳至最高点时而不是在小球碰到虚拟手时会产生。整个视触体验的呈现时间为96 s，其中小球从最高点下落到掌心和从掌心回升到最高点的时间各为4 s。同步或不同步条件下，每次振动触觉的持续时间均为1 s。最终的4个序列分别是：虚拟手出现在被试正前方，视觉刺激和触觉刺激同步；虚拟手出现在被试正前方，视觉刺激和触觉刺激不同步；虚拟手出现在距离被试很远的位置，视觉刺激和触觉刺激同步；虚拟手出现在距离被试很远的位置，视觉刺激和触觉刺激不同步。实验过程如图11-2所示。

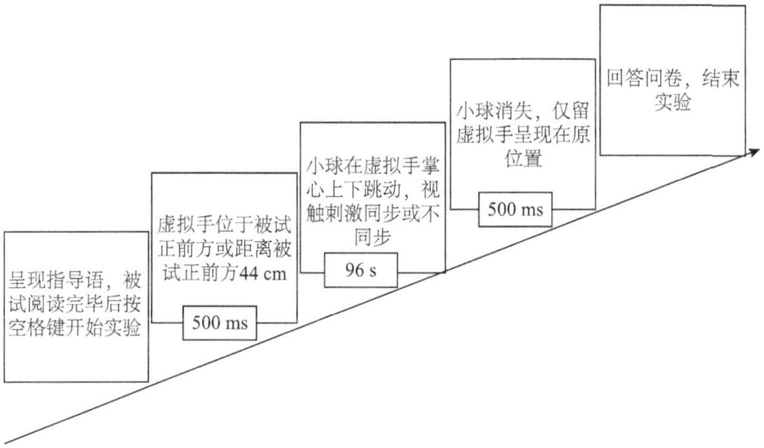

图 11-2　实验 1 流程图

三、实验结果

使用 SPSS19.0对实验结果进行2 × 2方差分析，结果如图11-3所示。同步性的主效应显著，$F(1,\ 127) = 57.91$，$p< 0.001$，$\eta_p^2 = 0.55$，说明，无论虚拟手呈现在哪个位置，被试在同步（$M = 3.13$，$SD = 1.32$）与不同步（$M = 1.58$，$SD = 1.04$）条件下所体验到的对虚拟手的拥有感程度有显著差异。距离的主效应显著，$F(1,\ 127) = 5.49$，$p = 0.021$，$\eta_p^2 = 0.17$，虚拟手与真手之间距离的远（$M = 2.12$，$SD = 1.36$）与近（$M = 2.59$，$SD = 1.45$）也会对拥有感错觉产生不同影响，但较之同步性的影响，距离所产生的影响程度要小很多。此外，同步性和距离之间的交互作用也显著，$F(1,\ 127) = 4.79$，$p = 0.030$，$\eta_p^2 = 0.39$，同步性在虚拟手位于被试面前时对拥有感错觉的影响要显著大于在虚拟手离被试很远时对拥有感错觉的影响。进一步的简单效应分析显示，在虚拟手离被试很近的情况下，同步性对拥有感错觉的影响差异显著，$F(1,\ 63) = 58.36$，$p < 0.001$，$\eta_p^2 = 0.69$，并且在虚拟

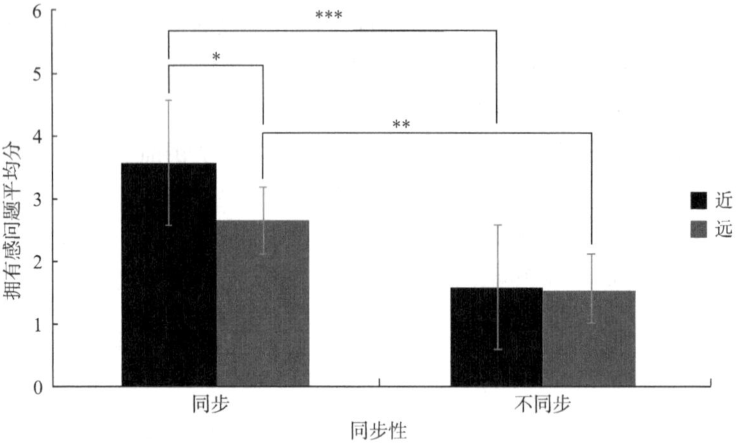

图 11-3　实验 1 拥有感问题得分情况

注：误差线为标准误。*表示 $p< 0.05$，**表示 $p < 0.01$，***表示 $p < 0.001$，全书同

手离被试很远的时候，同步性对拥有感的影响依旧显著，$F(1, 63) = 12.48$，$p = 0.001$，$\eta_p^2 = 0.41$。此外，在视触刺激同步的情况下，虚拟手离被试的远近对拥有感错觉的影响差异显著，$F(1, 63) = 8.77$，$p = 0.004$，$\eta_p^2 = 0.35$，但在视触刺激不同步的情况下，距离的影响并无显著差异，$F(1, 63) = 0.01$，$p = 0.906$。

对问卷中拥有感控制问题（问题6—9）的分析显示，无论是距离、同步性的主效应抑或是两者的交互作用，对拥有感控制的影响都不显著。这一结果同样与以往研究结果一致。拥有感控制问题是指与知觉到的拥有感有关的过程或现象，且问题本身在表述上与拥有感问题类似，但它们并不与拥有感体验直接相联系。控制问题在不同处理条件下的得分差异不显著，表明问卷中所选用的拥有感问题是有效的，即不同处理条件影响的只是被试的拥有感体验，而非其他。

四、讨论

实验1的结果证实了我们的假设，即同步性和真假手之间的距离均会对最终的拥有感体验产生不同的影响。无论距离远近，当视触刺激同步出现时，被试都会对投影上的虚拟手产生较之视触刺激不同步时更强的拥有感，并且，无论同步与否，当虚拟手出现在离被试较近的位置时，被试也会对虚拟手产生较之较远情况下更强的拥有感。

首先，本节实验结果与以往主张自上而下的加工会影响拥有感错觉产生的研究在某些方面得到的结论是一致的，在绝对条件下，无论是自上而下的身体表征还是自下而上的同步刺激，都会对最终的拥有感错觉产生决定性的影响，即证实了时间一致性和空间一致性的影响。空间一致性是否可以成为影响橡胶手错觉产生的必要条件并不像时间一致性的影响那样广受认可，事实上，对空间一致性的影响一直以来都存在较大的争议。即便暂且不去深究到底是实验设置不一致还是因变量不统一等原因造成不同研究结果之间的出入，但是实验1的结果至少能够表明，这一实验设置与身体意象支持者的实验设置之间存在相似性与可比性。

其次，尽管绝对距离与同步性对拥有感的影响的差异显著，但较之同步性的影响，绝对距离的影响仍然有所不同。同步性的影响要大于绝对距离的影响。无论虚拟手与被试之间的绝对距离是远还是近，同步的视触刺激条件总是要比不同步的视触刺激条件产生更强的拥有感；但绝对距离的影响只有在视触刺激同步的情况下才有显著差异，即当视触刺激同步时，较之远处的虚拟手，近处的虚拟手会让被试体验到更强的拥有感；但当视触刺激不同步时，无论远近，被试所体验到的拥有感程度都会比较弱。换言之，即使虚拟手距离被试很远，只要同步的视触刺激存在，被试也不会体验到特别强烈的虚拟手不属于身体一部分的感觉，但是如果同步的视触刺激很小，即便虚拟手出现在眼前，被试也无法体验到较强的拥有感。这一结果和已有的基于橡胶手错觉的研究结果一致（Kalckert & Ehrsson, 2014），同时也符合 Tsakiris（2010）所提出的理论解释，即拥有感知觉的其中一个评判标准就是作为当前感官输入和身体相关的相对参照系之间进行比较的结果。实验2的主要目的就是考察不同距离参照系情况下，被试对出现在同一位置虚拟手的拥有感体验。

第三节　实验 2：不同参照条件下，同一个位置的虚拟手在不同同步情况下的拥有感错觉

一、实验目的和假设

实验1不仅证实了绝对距离和同步性对拥有感错觉体验的影响，同时也说明了我们的实验设置能够很好地重现经典橡胶手错觉并与之具有可比性。但正如前文所述，为了探索身体意象存在可变的可能性，实验2中，我们需要引入相对距离，即研究不同知觉环境下的拥有感体验。实验2仍在与实验1相同的虚拟环境中以模

拟经典橡胶手错觉的方式进行，但引入了以往研究不曾使用过的距离参照系作为变量，考察同步性和距离参照系对拥有感错觉程度的影响。我们分别选择实验1中的两个位置作为近、远两个位置，测定被试对位于这两个位置中点的虚拟手的拥有感。实验1中，我们以绝对距离考察身体意象对拥有感体验自上而下的影响，结果表明，与正常身体意象越接近的条件越容易引发拥有感错觉。实验2中，我们在不同的顺序条件下考察被试对相对位置虚拟手的拥有感体验。如果在虚拟手先出现在近处再出现在中点位置与先出现在远处再出现在中点位置这两种条件下的拥有感体验不一样，说明即便身体意象依旧存在，它在影响知觉体验过程中的作用也是可变的。

二、研究方法

1. 被试

与实验1相同，实验2的被试也是128名莱顿大学的在校学生，他们均为自愿参加实验，实验结束后，被试可自行选择获得实验学分或现金作为报酬。所有被试筛选条件均与实验1相同。实验开始前向被试呈现实验告知书，在获得被试口头及书面签字认可后进入正式实验。

2. 实验设备及材料

所用设备与拥有感错觉评估方式同实验1。

3. 实验设计和程序

实验为2×2被试间设计。两个自变量分别是视觉刺激和触觉刺激的同步性（包含同步、不同步两个水平），以及距离参照系（包含先近后中、先远后中两个水平）。实验包含4个不同的序列，每个被试被随机分配至其中之一序列进行实验。

实验正式开始之前，主试为被试的右手戴上数据手套与方位追踪仪，并引导被试在正对着投影仪的椅子上坐下。被试前方的桌子上有一个特制的黑色箱子用于遮挡被试的视线，以保证被试在实验过程中无法看到自己戴着手套的右手。实验过程中，被试需将戴着数据手套和方位追踪仪的右手掌心朝上放置于特制的黑箱子内的特定位置，并尽量保持静止不动。

实验中，屏幕上的虚拟手可能先位于被试的视线正前方（近），也可能先位于距离被试真手正前方44 cm 的位置（远），随后虚拟手会出近、远位置的中点，即距离被试真手正前方22 cm 的位置（中）。视触同步性的控制方式与实验1相同，最终的4个序列分别是：虚拟手出现的位置先近后中，视觉刺激和触觉刺激同步；

虚拟手出现的位置先近后中，视觉刺激和触觉刺激不同步；虚拟手出现的位置先远后中，视觉刺激和触觉刺激同步；虚拟手出现的位置先远后中，视觉刺激和触觉刺激不同步。实验过程如图11-4所示。

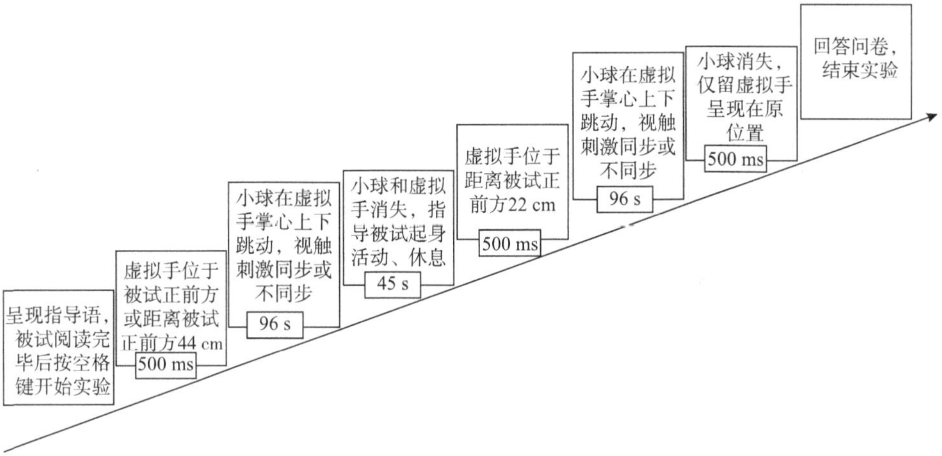

图 11-4 实验 2 流程图

三、实验结果

使用 SPSS19.0对实验结果进行2×2方差分析，结果如图11-5所示。同步性的主效应显著，$F(1，127) = 48.06$，$p < 0.001$，$\eta_p^2 = 0.51$，说明无论虚拟手是先近后中呈现还是先远后中呈现，被试在同步（$M = 3.16$，$SD - 1.28$）与不同步（$M - 1.71$，$SD = 1.19$）条件下所体验到的对虚拟手的拥有感程度有显著差异。距离参照系的主效应显著，$F(1，127) = 11.35$，$p = 0.001$，$\eta_p^2 = 0.25$，虚拟手以先近后中（$M = 2.08$，$SD = 1.32$）与先远后中（$M = 2.79$，$SD = 1.46$）两种不同方式呈现时，也会对拥有感错觉产生不同影响，但较之同步性的影响，距离参照系所产生的影响程度要相对小一些。但是，同步性和距离参照系两个变量之间的交互作用并不显著，$F(1，127) = 2.29$，$p = 0.133$。进一步的简单效应分析显示，在虚拟手以先近后中的方式呈现时，同步性对拥有感错觉的影响差异显著，$F(1，63) = 14.26$，$p < 0.001$，$\eta_p^2 = 0.43$，并且当虚拟手以先远后中的方式呈现时，同步性对拥有感的影响差异也显著，$F(1，63) = 36.77$，$p < 0.001$，$\eta_p^2 = 0.60$。此外，在视触刺激同步的情况下，先近后中和先远后中的呈现顺序对拥有感错觉的影响差异显著，$F(1，63) = 11.87$，$p = 0.001$，$\eta_p^2 = 0.40$，但在视触刺激不同步的条件下，不同呈现顺序对拥有感错觉的影响差异并不显著，$F(1,63) = 1.73$，$p = 0.193$。

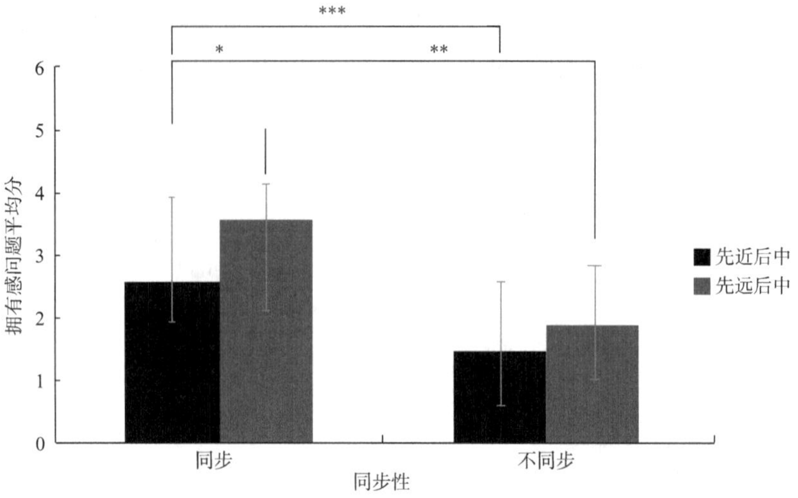

图 11-5　实验 2 拥有感问题得分情况

四、讨论

从实验2的结果可以发现，无论距离参照系如何变化，同步性的影响依旧存在，视触同步条件下的拥有感要显著高于视触不同步条件下的拥有感。并且，和实验1中的得分情况类似，较之传统橡胶手错觉的研究，虚拟手错觉所产生的拥有感体现在问卷评分上要相对较低。除此以外，实验2中更有价值的发现是，即便是对于同一个位置（中）上的虚拟手，被试也会因为其呈现顺序的不同而产生显著的不同程度的拥有感体验。

实验1中，通过改变虚拟手呈现在屏幕上的绝对位置，发现随着虚拟手与被试之间的距离增加，拥有感体验会下降，且在近、远两种情况下的差异显著。实验2最终考察的是当虚拟手位于实验1中近、远两个位置中点的位置时被试的拥有感体验。如果正如实验1所揭示的，不同位置的虚拟手会对拥有感产生影响，并且这种影响是因为身体意象以一种自上而下的方式在发挥作用，那么实验2中同一个绝对位置上的拥有感程度应该是相同或至少是相似的。然而，在实验2中可以看到，尽管考察的是同一个位置上的虚拟手错觉的程度，但是由于不同的呈现顺序，即距离参照系的存在会让个体对同一绝对位置的虚拟手产生不同的拥有感体验。近、中两个位置的比较让中点位置似乎离被试更远，而远、中两个位置的比较则让中点位置似乎离被试更近。尽管我们不能据此认定身体意象不存在，但至少可以猜测或许身体意象确实并不是那么稳定，因此，当外界信息发生改变时，身体意象便会发生改变，从而影响个体对身体拥有感的体验。

第四节　综合讨论

作为一种能够让正常被试对非自己身体的一部分产生拥有感的实验范式，橡胶手/虚拟手错觉使得我们对身体意象、自我表征和拥有感等问题进行实证检验成为可能。经典橡胶手/虚拟手错觉研究发现的空间一致性和特征一致性等影响错觉产生与否的制约因素，被认为是稳定的、预先存在的身体意象在自我表征过程中发挥作用的证据。然而，随着越来越多的研究揭示出在某些条件下，不仅位于解剖学上不可能位置的橡胶手会被感受为自己身体的一部分，甚至虚拟的气球、木块甚至不存在任何物体的空间等也能被感受为自己身体的一部分，身体意象作为一种稳定不变的存在开始受到质疑。最为极端的主张是 Armel 和 Ramachandran（2003）所提出的“身体意象只是一种幻觉，它是大脑为了统一和方便而建构出来的”。本章研究的主要目的是在虚拟环境中重现橡胶手错觉来探讨身体意象是否稳定以及是否存在，并主要通过考察以下三方面的内容来试图回答上述问题。

一、同步性对身体拥有感的影响

本章的两个实验均显示同步性对身体拥有感的重要性，无论虚拟手位于何处，不管其出现的顺序如何，视触刺激同步下对虚拟手的拥有感都要显著高于视触刺激不同步下的拥有感。这与以往众多的橡胶手/虚拟手错觉研究中所得到的时间一致性原则也是吻合的（Ehrsson，2012；Tsakiris et al.，2010）。进一步的简单效应分析发现，同步性对拥有感的影响不仅在虚拟手离被试近的情况下差异显著，而且即便当虚拟手离被试很远的时候，同步性对拥有感的影响依然存在显著差异。此外，在实验2中先近后远和先远后近的条件下，同步性对拥有感体验的影响也显著。并且，较之另一个变量（绝对距离或相对距离），同步性对身体拥有感的影响程度也要更大。本章实验中所发现的同步性对身体拥有感的影响也从另一个角度为自下而上的加工方式影响错觉的产生（Tsakiris et al.，2010）提供了佐证。这些结果再次证实，同步性是橡胶手/虚拟手错觉产生的一个必要条件。但同步性的影响是否像贝叶斯逻辑所主张的那样，只要存在同步的视觉刺激和触觉刺激，知觉学习机制便会发生作用，即同步的视触刺激或同步的视觉运动刺激是身体拥有感错觉产生的充分条件？绝对位置对身体拥有感的影响似乎更支持自上而下的加工起主导作用这一取向。

二、绝对位置对身体拥有感的影响

通过分别考察虚拟手位于被试正前方和距离被试很远的屏幕上这两种情况下的身体拥有感体验发现，无论是否同步，被试对两种情况下的虚拟手所产生的拥有感程度在统计学上均是有显著差异的，即对于越远的虚拟手，个体越不容易产生拥有感。但是因为较之绝对位置的影响，同步性的影响更强，如果不对是否同步进行区分，无论是近处的虚拟手还是远处的虚拟手，被试对其拥有感的体验都是负值。只有在视触刺激同步且虚拟手位于被试面前的情况，才能让人产生相对较强的拥有感。同步性和绝对位置的交互作用显著，在视触同步的情况下，被试对位于不同绝对位置的虚拟手所产生的拥有感体验有较大的差异，而在视触不同步的情况下，被试对位于不同绝对位置的虚拟手所产生的拥有感体验几乎没有差别，即当视觉上的接触刺激和手上所感受到的触觉刺激之间有较大的时间间隔时，无论虚拟手的绝对位置如何，被试均不会产生拥有感。可见，本章研究在绝对位置对身体拥有感的影响上所发现的不同位置的显著差异的主效应主要是来源于同步情况下的差异。以往研究在谈论这些影响橡胶手/虚拟手错觉产生的因素时往往喜欢分开讨论，但是从本章研究结果中可以看到，无论是同步性还是绝对位置，都不是孤立地发生作用。这也就引出了下一个需要探讨的问题，既然这些因素对拥有感的影响同时还受其他因素的影响，那么，如果这些因素本身受到影响，也可能会影响身体拥有感。

三、相对位置对身体拥有感的影响

同步性和绝对位置分别作为自下而上和自上而下的代表性影响因素，实验1所揭示出的其对身体拥有感的影响显而易见，同时也说明了身体意象是存在的，或者至少存在某种类似于身体意象的东西以自上而下的方式影响自我表征。然而，我们依然好奇的是身体意象是否可变的问题。为了研究影响橡胶手/虚拟手错觉产生的因素本身受到影响时会对拥有感产生什么样的影响，同时也为了更好地回答身体意象是否可变的问题，本章研究通过引入距离参照系，从虚拟手的相对位置出发来考察其对身体拥有感的影响。较之绝对位置上的拥有感体验情况，在视触刺激同步的情况下，先近后中的呈现方式会降低被试的拥有感体验，而先远后中的呈现方式则会增强被试的拥有感体验。这一发现与身体拥有感是受稳定的身体意象以一种自上而下的方式进行调节的假设并不一致。距离参照系的引入改变了我们体验身体拥有感的环境，尽管被试在两种条件下都是对中间位置的虚拟手的拥有感进行判断，但是在先近后中的条件下，较之先前位于近处的虚拟手，中间位置的虚拟手远离了被试，以近处的身体意象为标准，中间位置的虚拟手变得更不像自己的手；而在先远后中的条件下，较之先前位于远处的虚拟手，中间位置的虚拟手靠近了被试，以远处的身体意象为标准，中间位置的虚拟手会变得更像自己的手。当然，这里有一个预设前提，即身体意象在一定范围内是可变的。因为如果只存在一种并且是稳定的身体意象总是以一种自上而下的方式影响自我表征，那么无论呈现虚拟手的环境信息如何变化，被试对于同一个位置的虚拟手的拥有感体验应该都是一致的。

值得注意的是，按照自由能量原理或最小震惊原理的解释，这种身体意象的可塑性不仅不会导致“自我”的瓦解或混乱，还是维系“自我”的重要保障。受到自上而下与自下而上加工的交互作用，自由能量将得以流动与重新组织。身体意象的表征作用和感官系统输入信息之间的联合会产生一个动态的评价过程。大脑会根据新的信息输入不断地进行评估，即什么是最可能属于“我”的。为了保证以最优的方式处理问题，大脑必须“学会”构建一个良好的稳定模型来预测感官输入的结果（Apps & Tsakiris，2014）。这种建构以避免震惊或震惊最小化为最终目的。身体意象在个体的日常体验以及实验1的条件下便发挥着类似作用，帮助其快速判断一个对象是否属于自己身体的一部分。在视触刺激同步情况下，距离身体越远的虚拟手会越处于解剖学上不可能的位置，个体将会产生越弱的拥有感。然而，动态的评价过程意味着大脑会根据新的信息输入不断更新表征，因此相应的自我表征便应该是可变的，身体意象也不可能一直以稳定不变的形式存在。在实验2中，距离参照系的引入所产生的相对位置意味着环境信息的改变。这一改变所引起的大脑重新评估便使得身体意象也发生了一定程度的改变（被试对于中间位置虚拟手的拥有感会受到距离参照系的影响而产生变化）。这种变化的目的是维系自我并避免震惊（Friston & Stephan，2007；Friston et al.，2015）。

四、本章研究的理论与实践意义

伴随具身认知运动的不断推进，研究者越来越不满于从实验或理论上关注“身体如何因果性地影响认知活动”以及“身体是理解认知的必要条件”等主题（Glenberg et al.，2013）。一种融合第一人称与第三人称视角的具身主体（embodied subject）体验或“具身感”成为新的热点（Carruthers，2015）。身体拥有感是具身感的主要表现形式之一，也是对身体意象进行操作化的主要科学指标。

按照以往研究的理论假设，表征和识别身体意象（或产生更为广泛的“具身感”）是一个将身体对单模态特征与来自其他感官系统的多模态信息进行整合的过程，这种整合至少包含两种加工模式：自下而上的时间一致性加工机制与自上而下的空间一致性（或特征一致性）加工机制。然而，绝大多数研究仍然选择分别考察这两种加工机制，并引发了诸多的争论。本章研究通过引入距离参照系与同步性，同时考察了上述两种加工模式对身体拥有感的影响方式及其交互作用，进而初步确认了身体意象的可塑性。这也从实验层面上支持了 Tsakiris（2010）提出的理论构想：身体拥有感是当前的感官输入和身体的内部模型之间交互作用的产物。个体最终体验到的身体拥有感是自上而下的内部表征和自下而上的多感官整合之间比较的结果，两种加工方式缺一不可。按照 Brown 等（2013）基于自由能量原则或最小震惊原则的解释，行动与知觉的耦合产生了贝叶斯意义上最优的适应性行为。它以预测错误的最小化形式存在，即我们要么通过知觉来改变预测以解释感觉输入，要么积极地改变感觉输入以满足我们的预测。因此，身体意象可能既不像 Ramachandran 等（1996）认为的那样是一种可以随意塑造的幻觉，也不是绝对稳定、一成不变的内部表征，而是具有一定的可塑性。身体意象的这种存在方式可以满足预测错误的最小化，从而避免震惊。当然，身体意象究竟在何种程度上是可塑的？有关身体意象的先验内部表征是否存在“刚性”的边界不容塑造？这些都有待后续研究予以检验。

在实践上，身体意象的可塑性可以部分解释临床上神经性厌食症或神经性暴食症（bulimia nervosa）等自我具身性障碍类精神疾病的发病机制（Giummarra et al.，2008）。根据美国精神障碍诊断与统计手册第五版的诊断标准，身体意象扭曲（body image distortion）通常被认为是神经性厌食症或神经性暴食症的关键症状（Kostopoulou et al.，2013；Phillipou et al.，2016）。当前，对于神经性厌食症或神经性暴食症的治疗，无论是药物治疗还是心理治疗，都往往只能在患者发病乃至病情较严重后进行干预，而在其症状出现之前进行预测或者早期诊断的方法尚不多见。鉴于身体意象容易受不同的社会因素和心理因素的影响，这种对身体意象的敏感性有可能导致神经性厌食症或神经性暴食症的易感性。目前已有研究证实，女性神经性厌食症患者比正常女性更容易产生橡胶手错觉（Keizer et al.，2014）；女性神经性暴食症患者比正常女性与男性个体更容易产生异己手错觉（Sørensen，2005）。因此，未来可以将对虚拟手错觉产生的拥有感的易感性作为罹患神经性厌食症或神经性暴食症等饮食障碍的一项临床诊断指标，从而为更好地筛查出易感人群并进行提前干预提供更具操作性的启示。

第五节　结　　论

1）无论是同步性还是绝对位置，都会对虚拟手错觉中的拥有感产生影响，但同步性对拥有感的影响要大于绝对位置对拥有感的影响，即视触刺激的影响要大于身体意象的影响。同步性对拥有感的影响在虚拟手位于近、远两处的情况下都存在，而绝对位置对拥有感的影响则主要源于视触刺激的同步性。

2）不同的距离参照系对同一位置的拥有感体验的影响差异显著，先近后远的呈现方式会减弱错觉，而先远后近的呈现方式则会加强错觉。相对位置对身体拥有感的影响与我们之前假设身体意象以一种稳定的内部表征的方式影响知觉体验的情形并不一致，我们至少可以认为，外界一些因素会改变它在身体拥有感体验过程中的影响。

第五篇

05

余音：具身认知的未来

一种活跃繁茂的理论不回避对它的破例，而是要研究它们，因为对进一步发展的刺激从来都是来自矛盾，而不是来自确证。

——Max Planck，1981

第十二章 一个怀疑论者眼中的具身认知

具身认知运动挑战了传统认知心理学预设的“经典三明治”（classical sandwich）模型，“心智的经典三明治概念普遍存在于心智哲学与心智的实证科学中，它将知觉当作物理世界进入心智的输入，将动作当作心智通往物理世界的输出，而认知是两者的中间过程”（Hurley，2008）。

虽然“具身认知正在横扫这个星球”（Adams，2010），但该取向在解释心智或认知现象上的缺陷也正在加速暴露。按照具身认知的主张，我们可以进一步将其划分为“温和的具身认知”（moderate embodied cognition）与“激进的具身认知”（radical embodied cognition）两个版本。前者关注活生生的身体或肉身在认知活动中扮演的角色，认为要深入理解身体、大脑与环境之间的耦合与相互建构，就必须选择新的理论、概念、方法与工具（如神经动力学方法）来研究认知活动的涌现特征。这种取向与经典认知科学或第一代认知科学纲领之间具有一定的兼容性。相比较而言，后者除了关注上述两个方面外，更进一步地指出，如果新的理论是正确的，那么由此衍生出的概念、方法与工具就必须取代经典认知科学的传统理论、概念、方法与工具，如计算、表征与模块等。基于表征主义与计算主义之上的经典认知科学的认识论必然被颠覆或推翻，我们需要重新审视心智、身体与世界之间的边界，从而重新揭示认知的本质。

显然，所有激进的具身认知都面临如下两大难题：①是否所有的心智与认知活动都可以运用具身–生成取向的理论、概念、方法与工具进行解释？②具身–生成取向中的理论、概念、方法与工具是否真的与经典认知科学的理论、概念、方法与工具之间不存在任何相容性？针对问题①，最简便与最直接的反驳就是寻找那些使用具身–生成取向解释失效的反例。按照具身–生成取向的理解，身体运动引导知觉，知觉是在身体运动中产生的。对此，实验心理学家 Camarazza 与 Mahon（2006）指出，在性质上相同的身体运动可以伴随不同的认知体验。如果是这样，那么一个认知活动所表达的“意义”就无法排他地与知觉–运动活动联系起来。这种活动或许是模棱两可的，但是句子或动作的意义却并非如此。换言之，不同的心理状态与认知活动可以共享同一种身体运动模式。例如，“约翰拿起杯子喝水”，这个行为背后的心理活动可能是“他很紧张，需要通过喝水这个动作来让自己镇静下来”或者是“他很渴，喝水是为了解渴”。这意味着，对心理状态的归因无法脱离背景知识，而这种背景知识并非在身体运动过程中生成的，而是作为一种预先存在的、概念化的表征存储在我们的头脑之中的。这进一步引发了研究者对具身–生成取向中将知觉模仿（perceptual simulating）视为认知活动必要条件的质疑：“首先，对生物性运动的识别是否必然需要产生这些运动？其次，当领域特殊性的输出过程受到损伤时，识别与进入概念知识会出现怎样的情况？”大量研究证明，婴儿不具备自己产生某些生物性运动的能力，却能够很好地识别这些运动。Pavlova 等（2003）对患有先天运动障碍的儿童的运动能力损伤程度与 Johansso 点光源演示[①]的敏感性之间的关系进行了探索。按照具身–生成取向中知觉模仿的观点，两者之间应该存在显著的负相关。然而，该研究发现，运动损伤的程度与顶–枕区域的脑室损伤的体积之间存在显著的正相关，但是在对点光源演示的视觉敏感性与运动损伤的严重性之间并不存在显著的相关。这说明，虽然这些儿童在生活中从未做出过这些运动，但是他们却能够正常地知觉与理解这些身体运动。此外，有学者质疑了镜像神经元在知觉模仿上的作用，认为从动作中推测出意图是一种有关高级的抽象概念的认知过程，该过程需要一种非镜像的加工（non-mirroring processes），以至于把这个复杂的过程硬生生地贴上“镜像”的标签是有失公允的（Uithol et al.，2011）。上述证据均说明，至少有一部分的心智与认知现象目前是无法使用具身–生成取向的理论、概念、方法与工具进行解释的。

针对问题②，一些学者认为，具身–生成取向的许多概念无法替代经典认知科学的概念，而仅仅是对其的拓展。从根本上说，这些概念表面上看似与表征主义或计算主义相悖，实质上依旧无法彻底摆脱经典认知科学的概念体系。Adams 指出，“有关具身化文献中正在浮现的问题非常类似于20世纪中期有关心脑同一论介绍中出现的问题。同一论的论证主要包含两个步骤：经验的步骤（empirical step）与逻辑的步骤（logical step）。经验的步骤包括发现心理状态与大脑状态之间在经验上的相关。逻辑的步骤包括论证在这些经验上相关的最佳解释即为心理状态等同于大脑状态”（Adams，2010）。按照这个思路，对认知或意识经验是具身–生成的证明也基本上沿袭了这两个步骤。然而，已有的经验研究是否已经证实认知或意识经验与身体、大脑与环境之间存在相关？对此的逻辑论证又是否已进一步证实最佳解释就是身体不仅仅因果性地影响认知或意识经验，而且也是其组成部

① 该技术是由瑞士心理学家约翰逊发明的。他在人体的某些重要关节处（如肩、肘、踝等）附上指示灯，并对处于运动过程中的关节运动轨迹进行摄像记录，从而获取含有光点运动的动画（一般为黑色背景中白色亮点的运动）。观察者通过观看动画就可以识别人的姿势、运动甚至情绪特征。

分？事实上，已有研究发现，认知与身体活动之间的相关有可能是“伪相关”（spurious correlation）。逻辑上的论证进一步发现，身体活动对认知的影响仍然无法脱离概念表征的范畴。比如，按照具身认知的理解，身体运动与知觉之间存在着自动的联结。这种设想在动作-句子匹配效应中得到了明确体现。以 Chen 和 Bargh（1999）的研究为例，他们利用电脑屏幕向被试呈现一系列具有积极效价或消极效价的词汇，并要求被试在每一个词出现时拉动或推动面前的操纵杆。研究结果显示，被试对积极词汇的拉动动作的速度显著快于消极词汇。相比之下，被试对消极词汇的推动动作的速度显著快于积极词汇。因此，由身体启动的运动似乎的确参与并影响了认知活动。

然而，Markman 和 Brendl（2005）的实验有力地质疑了上述观点。他们改进了 Chen 和 Bargh 的实验范式，巧妙地设计了一个后退式的、具有深度线索提示的走廊，在这个视觉场景的中央位置上放置了一个带有被试名字的物体，被试可以通过移动操作杆让具有消极效价或积极效价的词汇产生远离或靠近自己名字的运动。在某几个实验序列中，如果当屏幕中的词汇是积极的，被试需要沿着词汇靠近他们名字的方向移动操纵杆，而如果词汇是消极的，则被试需要沿着词汇远离他们名字的方向移动操纵杆。在另外的几个实验序列中，则执行相反的动作。实验结果发现，被试在移动操纵杆使得积极词汇朝向自己名字时的速度总是显著快于移动操纵杆使之远离自己名字（朝向他们对自己的表征），而无论这种反应需要一个推的动作（使得词汇远离他们的物理身体）或拉的动作（使得词汇靠近他们的物理身体）。这表明，由词汇效价所启动的靠近与远离身体的运动并非一种具身现象，而是基于对“自我”这一概念的符号表征。

在另一个相关的经典实验中，Glenberg 和 Kaschak（2002）使用句子描述某种以躯体为参照点的运动方向，例如，关闭抽屉（远离躯体的运动）或打开抽屉（靠近躯体的运动），同时设置远离躯体或靠近躯体的按键，让被试用手臂做出运动完成按键。研究发现，当被试听到的句意与需要做出的反应方向相匹配时反应更快。于是，他们认为，理解远离或靠近的句意是由个体对身体运动的模拟实现的。

然而，Hickok（2014）提醒我们设想这样的场景，如果每当某个人在说出“没有长颈鹿站在我身边”这句话时，都会向你的眼睛吹一口气，不用多久，其只要单独说出这句话，就能引起你眨眼睛的反应了。甚至，还可以要求被试在听到这句话时做出闭眼（促进动作）或张大眼睛（干扰动作）的反应，以此来检验“没有长颈鹿站在我身边-眨眼匹配效应”。但是，这并不意味着眨眼动作帮助被试理解了句意，而只能说在句子和动作之间存在某种联结。现在的问题是：虽然说具身模拟“实现”了对句意的理解，并它不能代替回答具身模拟是“如何实现”这种理解的。

退一步而言，即便承认身体、大脑与环境之间的紧密关系，进而认识到身体在认知活动中扮演的因果性角色，也不能草率地认定身体就直接构成了认知活动或意识经验本身。这样只会混淆心理、身体与世界之间的边界，“毕竟，存在着许多X系统，在这些系统中，X的加工并没有弥散到整个系统之中。例如，对于一台计算机而言，并非所有的组件都在执行计算任务。计算只发生在中央处理器中，而不可能出现在风扇与阴极射线管中”（Adams & Aizawa，2008）。按照这种观点，或许早在强调生命与心智的强连续性这一起点处，神经现象学就陷入了一种认识论的误区。

另一些学者则将具身-生成取向对认知活动或意识经验的误解归咎于现象学论证的逻辑缺陷。以具身交互主体性理论为例，正如Spaulding（2010）指出的，“我们日常互动行为的现象上的流畅性并不能确认理解他人的方式并不是读心的。现象学能告诉我们的是：互动行为‘看似’是基于快速的、实效的、评估的理解。但是，由于在读心文献中所存在的疑问并不是关于‘看似’的，而是关于‘真正’普遍互动行为的结构和亚个人层面过程的”。换言之，基于一种彻底的现象学立场，在绝大多数情境下，我们理解他人并与发生社会互动都是流畅的、简便的与迅捷的。这似乎与经典认知科学中以表征、计算的方式加工不尽相符。然而，这种常识性的反思是存在风险的。比如，视觉和语言的加工在计算上就极为复杂，但其外在表现却可以是非常迅速与便捷的以视觉计算为例，其包括在视网膜细胞上的光转导过程，以及从视网膜输入到对远距离刺激可用的三维表征的算法转换过程（Marr，1983）。这一过程牵涉一系列复杂的计算加工，包括对光亮的觉察、光的强度、物体表面的反射系数、物体的形状和朝向以及它们在视野中的连续变化。若按照现象学的论证，由此产生的“看”这一动作应该表现为一个冗长的、需要意志努力的活动。最近，表征主义与计算主义代表人物Thagard（2010）论证了镜像神经元的活动依旧是基于神经计算与表征的方式而被启动的。心智哲学家Borg（2007）严肃地批判：“（镜像神经元的活动）至多能确定在世界中哪类实体可以被人们当作是有心智的而加以对待，但是任何更强的宣称——无论是将镜像神经元的活动视为意图归因的必要特征，还是认为镜像神经元的发现支持了读心的模仿取向——都是令人起疑的。”这进一步说明，认知活动表面上体现的具身-生成特征也并不必然真的“如其所是”，其解释的无法排他性决定了其缺乏彻底颠覆经典认知科学纲领的理论效力。

理性地看，在科学史上，任何一个新范式都会面临这样的窘境——它既指导科学研究又限制科学研究：当它被提出来并被赋予一定使命时，往往会获得更多肯定的声音，也容易获得新的证据。伴随研究的深入，新范式势必遭遇老问题的挑战，原先宽松的氛围也会在骤然间变得严苛，各种否定的声音纷至沓来。一个真正经受得起考验的范式必然是在弥补瑕疵中进步的。我们不可能指望认知科学界出现一个赫拉克勒斯式的英雄来彻底清扫具身认知这一“奥吉厄斯牛圈”，而应该在如下三个方面集思广益，以回应上述挑战。

首先，界定内涵与核心概念，明确使命。具身认知的内涵与核心概念的界定有赖于在该领域建立起操作化的概念体系。不同学科背景的具身认知拥护者必须采取联合行动，尽快给出一个“最小限度的具身认知”定义。这个界定必须明确以下几点：①具身认知中身体的内涵与外延（是否包含大脑及其理据）；②各类与身体有关的概念的操作性定义。在此基础上，具身认知必须克服“表征-计算饥饿”，在理论假设上实现对经典认知的“替代”而不是“概念化”。

其次，提高研究设计的内部效度，排除他种解释。具身认知若想在认识论上实现经验步骤与逻辑步骤的统一，就必须提高其研究的内部效度。对此，Wilson 和 Golonka（2013）建议，一个好的具身认知研究设计必须在任务分析中考察对四个关键问题的回答是否摆脱了来自经典认知的他种解释：①当前需要解决的任务是什么？②生物体可以利用哪些资源来解决这个任务？③为了解决这个任务，这些资源是如何被组合起来的？④事实上，生物体是否组合并使用了这些资源？具身认知研究亟待更为严谨的方法学验证（Heyes，2014a，2015）。大脑错综复杂的认知功能对外在世界变化是如此敏感，以至于某种轻微的感知变动就会导致下游多种认知功能的变化以及行为学上的显著差异。例如，个体眼神的变化会导致观察者各种注意、空间认知、情绪、动机、自我意识和决策的变化（Hamilton，2016）。为了检验潜心智化是否存在于各种内隐和外显的心智化范式中，将来研究（包括灵长类动物、婴儿和成人）应尽量控制实验刺激在感知上的轻微差别（Teufel et al.，2010），并且加入包含具身化的控制组（如用非生物类的箭头和相机来取代社会个体），以确认或排除离身线索对于领域一般性认知功能的基托（Heyes，2015）。

最后，重视研究结论的可重复性，接受贝叶斯检验。最近，在 Pashler 倡导下运营的“心理文件柜”（psychfiledrawer）网站以及 Nosek 组织的“公开科学协作”（Open Science Collaboration）运动开始为具身认知实验的可重复性把脉。虽然潜藏在背后的证实偏见很难克服，但也不必过于忧虑，因为这不会导致认知科学领域内出现判决性实验来证伪经典认知抑或具身认知的观点。遵循贝叶斯主义的建议，对“认知是具身的”这一命题为真的概率可以由不同立场的认知科学家根据自己的先验信念进行分配，而对该命题为真的后验信念却可以根据新的诊断性证据（diagnostic evidence）得到逐渐修正。最终，具身认知只有经受住贝叶斯检验，才能有望完成认知科学的范式转型。

未来，对于具身认知心理学而言，以下两个方面的发展是值得期待的。

一、新的实体理论与研究方法对具身认知的探索

新的实体理论与研究方法对于具身认知的探索具有重要的意义。以具身社会认知为例，之前的理论主要把镜像神经元和动作理解、模仿等功能联系在一起，但当前的证据似乎论证了镜像神经元既不是动作理解的充分必要条件，其活动特征也与动作模仿所需的精确复制性相违背。那么，除动作理解和模仿外，镜像神经元还可能参与其他什么社会认知功能呢？

Hamilton（2013）最近提出了一个新理论：镜像神经元可能主要参与社会响应功能。受辅助动作（complementary actions）实验的启发（Newman-Norlund et al., 2007），Hamilton 认为，镜像神经元不仅仅在被动地分析所观察到的动作信息，其更重要的功能是从自身运动皮层中激发那些能回应该目标动作的运动表征，从而为接下来可能做出的社会回应行为做准备。为了便于理解该功能，我们可以想象以下情景：当你的朋友在饭桌上把啤酒杯递给你的时候，镜像神经元可能不仅仅帮你理解那是一个“握着啤酒杯的动作”，其更重要的是诱发你接下来做出合适的社会反应，即“张开手掌做出接杯子的动作”。在这里，由于啤酒杯的两侧不一样（一侧是柄，另一侧是宽大的杯面），你看到他人的动作（细握杯柄）和你自身回应的动作（张开手掌去握杯面）会稍有不同；但如果这是一个普通的透明玻璃杯（圆柱状无柄），则观察和回应的动作是完全相同的。这种允许镜像神经元在观察和执行动作时编码一致和非一致的表征很好地解释了为什么只有1/3的镜像神经元是“严格一致的镜像神经元”，而有2/3的镜像神经元是“宽泛一致的镜像神经元”（Kilner & Lemon，2013；Rizzolatti & Craighero，2004）。

虽然该理论才刚刚提出，并且还没有实验证据直接论证，但从逻辑上来说，镜像神经元的一些重要特征都支持社会响应理论，如推测性镜像神经元（predictive mirror neurons）或逻辑相关镜像神经元（Keysers & Gazzola，2014），以及联想学习性（几乎人类所有的社会响应动作均是后天学习的产物）（Cook et al., 2014）。考虑到自闭症患者的日常行为中严重缺乏社会响应动作，这极有可能是镜像神经元与自闭症联系最紧密的环节。

具身认知还需要寻找更多来自神经科学的证据。以具身社会认知为例，当前社会神经科学研究通过脑成像技术锁定了大量负责心智化的脑区，如内侧前额皮层、颞顶交界区以及楔前叶（Schurz et al.，2014）。然而，传统认知神经科学研究也已表明，这些区域并非社会认知的专属区域（Mitchell，2008），它们还参与

了诸多非社会性的认知功能，如中前额叶还主要负责逻辑推论和执行功能（van Overwalle，2011），颞顶交界区负责注意、记忆、空间认知和语言（Carter & Huettel，2013），楔前叶负责视觉空间想象和情景记忆（Cavanna & Trimble，2006）。相信将来对这些脑区进行更深层次的探索会在神经科学层面检验具身认知理论的正确性（Schurz & Perner，2015；Spunt & Adolphs，2015）。受到测量手段的影响，早期心智化研究的对象主要局限在外显心智化，被试也局限在3岁之后有语言能力的儿童（因为实验者和被试主要通过语言交流）。之后，肌电图、脑电图和磁共振的发展极大地推动了具身认知的研究，研究者更多地可以从生理水平和通过对婴儿被试的研究揭示心智化的机制。随着眼动仪的大量使用，研究者开始超越有意识的外显心智化而去研究无意识的内隐心智化，研究的被试也提早到了几个月大的新生儿（Skerry & Saxe，2016）。相信随着近些年来功能性近红外光谱（functional near-infrared spectroscopy，fNIRS）技术的发展，其与眼动仪的结合将会进一步推动心智化研究在灵长类动物、婴儿以及自闭症患者中的探索（Grossmann，2015；Machado & Nelson，2011）。

二、新研究范式对于具身认知研究的推动

受还原主义的影响，心理学研究往往聚焦于单一的外界刺激和过度细化的认知过程。这种影响在镜像神经元的研究中也颇为明显。虽然日常生活中人类的社会行为丰富多彩，镜像神经元的实验主要还是围绕在简单的个体动作（如观察一只手在拿杯子，或者一张脸在笑）上。我们认为，运用双个体社交范式来研究镜像神经元是否参与复杂的群体动作理解可能是将来的研究热点（Wang & Quadflieg，2015）。举两个例子：一个例子是，当我们看到一些社会情景，如一位学生拉着另外一位快要摔倒的学生的胳膊时，镜像神经元是如何理解这个群体行为的？这两个学生各自的行为极为不同，我们的镜像神经元是如何用唯一的运动皮层来同时模拟这两种不同的肢体动作的？镜像神经元又如何区分这个动作是亲社会性的（如扶起摔倒的同学）而不是反社会性的（如两个同学打架）？另一个例子是，当你看到两个小朋友打闹以及他们的面部表情的时候，我们是如何理解以下四种微妙的行为意图：快乐玩耍（两个小朋友都在笑），真正打架（两个小朋友都在生气），一方欺凌另一方（推搡的小朋友在笑，被推搡的小朋友在生气），一方挑衅而另一方被激怒（推搡的小朋友在生气，被推搡的小朋友在笑）。理解这些复杂的群体行为涉及对两个个体动作（或面部表情）的宏观解读：仅仅明白单一个体动作（如拉手臂、摔倒、哭、笑）不足以让我们完全理解整个动作的意义。在这里，简单的镜像神经元模拟说似乎无法帮助个体理解复杂的群体动

作（因为个体无法同时模拟两种不同的全身动作），所以极有可能需要其他的认知过程或神经网络去参与整合多种单一动作的信息。考虑到自闭症患者缺乏对事物“格式塔式”的宏观理解（参考弱中心统合理论），我们可以想象，自闭症患者在日常生活中遇到的动作理解困难很有可能不是镜像神经元对单一动作理解的问题，而是某些负责整合多种动作信息并对其进行“格式塔式”解读的认知过程或神经网络出了问题（即在动作理解方面的“见木不见林”）（Bolte et al.，2007；Simmons et al.，2009）。我们相信，将来会有不少研究运用这种新型多个体社交范式去冲击碎镜理论（broken mirror theory，BMT）对动作理解缺损的解释。

此外，第二人称神经科学范式可能是未来推动高生态效度具身认知研究的另一个重要方向（Schilbach，2015）。以具身社会认知为例，目前社会神经科学主要采取的是第三人称式的研究方法，即被试在核磁共振仪中被动地观察实验者所提供的各种社会刺激（如动作、面部表情、社会场景）。这种像看电影似的感知社会刺激而不是像日常生活中那样主动参与到社会交流中的范式近些年来饱受诟病（Schilbach et al.，2013）。因为无论从神经现象学角度还是认知科学角度，大脑在经历这两种不同范式时的状态极为不同（Schilbach，2014）：前者被称为离线社会认知，而后者则被称为在线社会认知。两者的关系就如同认知主义和生成主义般微妙：前者认为，大脑主要负责信息处理，从而帮助个体更好地认识和理解这个世界；而后者强调大脑服务于个体更好地与周围的环境互动，从而更好地适应这个世界（Cisek & Kalaska，2010）。让我们回到上面提到过的递啤酒杯的例子：当你看到你的朋友在饭桌上把啤酒杯递给你的时候，你的大脑很有可能已经准备启动接啤酒杯的动作，但是当你回家在沙发上观看用手机录下的一模一样的递啤酒杯的动作时，你的大脑不太可能激活任何和接啤酒杯相关的动作，因为你是以第三人称被动地旁观递啤酒杯的动作，而不是以第二人称设身处地地作为递啤酒杯动作的对象。换言之，你身处的环境决定了你的大脑会对相同的视觉信息做出不同的生理回应。借助于近些年来实验仪器设备的发展，目前已经有不少研究采取了第二人称神经科学范式，如用基于眼动仪的实时社交互动实验以及基于沉浸式虚拟现实技术的社会互动实验（Pfeiffer et al.，2013），而这些实验也表明，不同的脑区以及不同的神经网络分别参与到第二人称和第三人称范式的实验中（Schilbach et al.，2013）。

因此，结合前面讨论到的镜像神经元社会响应理论（Hamilton，2013），将来对镜像神经元的研究应该更多地采取第二人称范式，即在交互情境（reciprocal/interactive social contexts）下监测镜像神经元系统对观察到的动作的回应。例如，对于自闭症研究来说，考虑到之前研究发现，不少患者在完成某些离线社会任务（如仅仅通过观察面部图片来识别情绪）时与正常被试无显著差异，但是他们在日常生活中面对类似的刺激时仍有困难（如自闭症患者可以区分微笑的脸和愤怒的脸，但是他们不知道在行为上该如何回应这两种表情），将来研究应该多采取第二人称的研究方式来细化自闭症患者在在线社会认知以及离线社会认知上是否存在缺损（Klin et al.，2003；Schilbach et al.，2012）。

当然，无论是具身认知的支持者还是反对者，Goldinger 等（2016）提醒我们应牢记著名天文学家 Sagan 的忠告："科学的发展归因于两种看似矛盾对立的态度之间存在的基本张力。一种态度是保持对新观念的开放性，不管新想法多么奇怪或违反直觉，而另一种态度则是保持对新旧所有观念无情的怀疑审视。这就是深刻的真理能从荒谬的胡说中筛选出来的方式。"

第十三章　大脑、心智与身体的深度对话：内感受具身认知科学

基于计算机隐喻的经典认知科学在对认知过程进行合理解释的过程中取得过诸多瞩目的成就，但心智的身体基础、身体的认知作用等观念对经典认知科学的解释力提出了严肃的挑战。在具身认知的视角下，心智不再被视为只是基于符号或逻辑的抽象表征，而是根植于身体和具体经验的。21世纪以来，心理学的实践也表明，具身认知的基本主张不断得到来自实证证据的支持。例如，握拳的行为会影响人们对自己有多强大的判断（Schubert，2004）；物理重量差异的体验会影响人们的价值判断（Jostmann et al.，2009）；脸部表情的控制能够促进或抑制被试对积极词汇和消极词汇的理解（张静和陈巍，2010）……尽管这些研究的方法、对象、内容不尽相同，但都试图证明抽象概念的加工过程会不可避免地涉及身体的参与，这种具身模拟或许影响了我们对相关的抽象概念的理解。

然而，如火如荼的具身认知运动也正在面临广泛的质疑。从认识论上看，具身认知理论所衍生出的基本原则要么是模糊的（例如，“知觉受身体影响”并不是一个确切的描述），要么并未能提供新的内容（诸如“情绪影响认知”“知觉-行动耦合的重要性”等在传统研究中已经得到过证实）（Goldinger et al.，2016）。从实验科学的内部效度看，具身效应反映的或许只是基于身体线索的具体对抽象的启动效应，而并不只是依赖于身体的模拟。例如，概念隐喻的支持者认为，手拿热水杯时，被试会将他人知觉为更为友好的，这并不是具身模拟在起作用，而是由于物理温暖的具身概念和友好的抽象概念之间的隐喻映射（Landau et al.，2010）。

诸如此类的质疑似乎在提醒具身认知的支持者，知道心智和身体之间存在密切联系还远远不够，我们需要解答这种联系是如何发生的，又以何种形态存在并发挥作用。具体来说，身体在多大程度上涉入认知？身体通过何种渠道又如何影响认知？身体在认知的何时发挥作用？具身认知的发展需要研究者能更直接地对身体在认知中的直接作用进行说明。身体加工如何被转换为心理动作便是其中的重要问题之一。近年来，不少具身认知研究表明，身体信号本身并不与认知系统

直接相联系，而是先被转换为体验然后再进入认知系统的（Ackerman et al.，2010；Jostmann et al.，2009）。并不是脸部肌肉的运动本身加快或减慢了被试对快乐或悲伤的理解，而是对脸部肌肉运动的本体感觉反馈导致了具身效应的出现。换言之，具身性并不建基于身体加工，而是落地于对身体变化的体验中。例如，研究者认为，手持不同重量写字板的被试在估计外币汇率时会受到写字板轻重的影响是具身效应的一种体现，但 Häfner（2013）的实验结果表明，只有内感受能力高的被试才会受到具身效应的影响。就此而言，具身效应的产生并不是因为单纯的身体部分的模拟（simulation）与重演（reenactment），内感受作为个体对自己身体状态的感知，在身体信号与主观感受的转换中起着重要的作用（Connell et al.，2018）。纵观这些研究可以发现，近年来，具身认知领域已悄然呈现出一种重视内感受作用的研究转向。

一、内感受

1. 内感受的定义

广义的内感受包含本体感觉和内脏感觉（visceroception）两种形式（Gao et al.，2019）。前者主要是指来自皮肤、肌肉骨骼等结构的信号，而后者则是指源于内部器官的信号。关于内感受的传统观念认为，与疼痛、发痒等源于外部躯体感官系统的信号不同，源自内脏和血管舒缩活动的感受相互之间的差异较小、较难区分。然而，来自哺乳动物大脑皮层的最新研究表明，这一观点是有失偏颇的（Craig & Blomqvist，2002）。因此，当前对内感受的界定也从原本只认为它是指内脏的感觉而扩大至既包含对身体的生理条件的感觉，也包含在不断进行活动的环境中对内部状态的表征（Craig，2009）。具体而言，内感受的信号主要源于心血管、呼吸、胃肠以及生殖这四大系统。在所有这些不同来源的内感受中，源于心血管系统的感受是身体和大脑交互作用研究中的热点。这一方面可能是由于心和脑一直以来都被认为存在着紧密联系，另一方面也是因为源于心血管系统的内感受信息相对更为丰富，也更便于在实验中进行控制和测量（Tsakiris，2017）。

2. 内感受的测量

不同于外感受，内感受的有效刺激往往是不可知的，即便对于某些可以识别的内感受变量，在实验层面进行控制也是相当困难的。目前较有代表性的内感受敏感性指标是心跳知觉任务的测量结果。具体而言，心跳知觉任务又进一步被细分为心跳追踪任务和二项迫选任务。

心跳追踪任务范式由 Dale 和 Anderson 提出，之后得到 Schandry（1981）的推广。具体操作是要求被试在一些较短的时间段内（如25 s、35 s、45 s等）“监测”自己的心跳。每个阶段的开始和结束都会有语音提醒，结束之后要求被试报告他们数的或者估计的自己的心跳数。测试结束后，将被试报告的心跳数减去测试过程中用心电图（随着技术的发展，近年来更常用的是心率测试带、脉搏血氧仪或生理多导仪等）记录到的实际心跳数，并求绝对值，然后除以实际心跳数，所得结果即为单次的错误分数，或者可以用1减去错误分数所得到的是单次的知觉分数。最后计算每次测验所得错误分数或知觉分数的平均值，以此来描述被试的内感受能力。心跳知觉能力越强的个体报告的错误分数会越趋向于0，知觉分数越趋向于1，意味着其内感受能力越强。

实际的测试结果表明，成年人对自己心跳的知觉出现了普遍低估的情况。Schandry（1981）的统计结果是被试报告的平均心跳数为59 bpm，低于实际平均心跳数（80 bpm）26%，即平均错误分数为0.26。Schandry 和 Specht（1981）的研究发现，被试在静息时会低估约36%，在公开演讲之前会低估32%，而在运动之后则会低估23%。Ring 和 Brener（2018）也报告过类似的结果。心跳追踪任务最大的问题在于是主试要求被试估计自己的心跳数，该范式无法区分被试是基于心跳感觉体验还是基于对心跳数的常识认知来报告自己的心跳数。即便如此，基于心跳追踪任务范式所获得的内脏知觉能力与情绪感受之间的相关关系还是得到了很多研究的证实（Garfinkel et al.，2015）。因此，目前这一方法仍在研究中被广泛采用。

另一种常用的心跳知觉的测量方法是二项迫选任务范式（Whitehead & Drescher，1980）。与心跳追踪任务范式中被试的核心任务是“追踪”（tracking）不同，二项迫选任务范式的主要任务是“区分”。实验中会有一组与心跳相关的视觉刺激呈现，在一半试次中为“同步的”心跳提示（S+，出现于 R 波之后的128 ms处），在另一半试次中为“不同步的”心跳提示（S–，出现于 R 波之后的384 ms处）。具体数值的计算原理是，心跳感觉的产生是由于心室收缩产生的压力脉冲波会刺激心脏及其附近的机械性刺激感受器，因而即便是同步也存在一小段时间差。根据信号检测理论，在 S+的刺激呈现时，报告同步即为击中，而在 S–的刺激呈现时，报告同步则为虚报。最终的心跳知觉能力 *d'*= 击中率–虚报率。尽管这种方法在理论上看似有效，但实际实施过程中却发现被试似乎很难区分是否同步。在 Whitehead 和 Drescher 的研究中，只有25%的被试能够对同步（S+）或者不同步（S–）的刺激做出较好的区分（*d'*大于或等于0.75）。

由于心跳追踪任务和二项迫选任务所得到的结果并不完全一致，因此，这两种最常用的心跳知觉任务范式都曾遭遇被认为在测量结果上存在偏差，或是在有效性上存在问题（Desmedt et al.，2018；Zamariola et al.，2018）。一方面，针对身体感觉的自评量表，如 Porges 身体知觉问卷（Porges body perception questionnaire，PBPQ）等被引入，作为衡量个体内感受的另一个标准。以 PBPQ 为例，它包含45条不同的身体感觉，要求被试在“从无”到“总是”的五点量表上进行选择，考察被试对自己识别内部感受能力的信念。另一方面，也有研究者就此提出内感受的三分法模型（three-part model），指出采用不同方法所测得的结果之间存在差异，说明内感受还可以被细分为不同的成分（Garfinkel et al.，2015）。

3. 内感受的成分

Garfinkel 等（2015）提出，根据当前内感受的不同测量方法所得到的结果，至少应该存在三个相互联系但又有所区别的成分：内感受精确性、内感受敏感性以及内感受觉知。内感受精确性主要是指在心跳检测等客观的行为测试中的表现。它包括一些可测量的、可区分的过程，对心率的主观检测和识别，即心跳追踪任务，是其中最常被测量并作为衡量内感受精确性的一个指标。内感受敏感性是个体对自己内部感受的一种主观评估。它是个体对内部过程的主观体验，当前对它进行测量的主要方式包含身体觉知问卷（body awareness questionnaire，BAQ）、渴感觉知问卷（thirst awareness questionnaire，TAQ）等自我报告的问卷。内感受觉知是对内感受精确性的一种元觉知，即在多大程度上相信自己的精确性判断。它是内感受精确性的一种元认知量度，体现的是一个人对自己能精确觉知内部过程能力的觉知程度。在当前的研究实践中，内感受觉知主要是通过个体在心跳追踪任务和二项迫选任务中所表现出的差异，即内感受特质预测错误（来体现的（DuBois et al.，2016）。尽管研究者对于“内感受是否只包含上述三个成分”“这三个成分之间的关系如何”“现有的衡量这三种成分的方法是否客观、有效”等问题仍存在质疑，但通过改进实验方法从而提高心跳知觉能力区分度的尝试并没有停止。来自内感受与情绪、社会认知、决策行为等的研究表明，内感受的敏感性可能是具身加工的一个有效指标（Pollatos & Herbert，2018）。

二、内感受与具身认知

1. 内感受与身体表征

就内感受与具身认知的关系而言，当前研究最为重视内感受与身体表征之间的关系。关于身体表征，最有影响力的范式莫过于橡胶手错觉（Botvinick & Cohen，1998）。该范式能够通过施加同步的视觉和触觉刺激，让健康被试在短时间内将非自身一部分的外部对象感受为属于自己的。传统观念认为，我们之所以能够识别“我的手是我的”，源于我们拥有一个相对稳定的“手”的身体意象，自我识别更多是基于自上而下的影响。橡胶手错觉现象让我们意识到，或许自我表征并不是那么稳定，甚至有时还相当容易受外部信息的干扰，故而身体表征其实是可塑的（张静和陈巍，2016）。这一主张直接影响了具身认知的解释力。后者认为，认知依赖于来自主体的物理身体特征和来自身体的各类体验（Dijkerman & Lenggenhager，2018），但如果身体表征具有如此强的可塑性，那么基于身体的认知又如何能够保持稳定呢？在橡胶手错觉研究中，外感受自下而上的影响非常明显，十几分钟甚至更短时间的同步视觉和触觉刺激就能让被试产生拥有感错觉，因此我们要实现在不断变化的环境中保持身体表征的稳定性，就必然需要有别于外感受的其他机制的影响与调节。内感受被认为对具身认知的实现起着重要的作用。

如上文所述，心跳知觉是当前内感受的主要指标之一。通过心跳知觉任务，研究者能够得到一个内感受精确性的测量结果（Garfinkel et al.，2015）。Tsakiris 等（2011）在橡胶手错觉实验中采用心跳追踪任务，测量被试心跳知觉的准确性作为内感受精准性的指标，研究其与被试对橡胶手所产生的拥有感体验程度之间的关系。结果表明，内感受精准性与橡胶手错觉之间存在着明显的负相关，低内感受精准性组的被试会表现出更强的橡胶手错觉。换言之，内感受精确性高的被试更不容易体验到橡胶手错觉（更容易维持稳定的身体自我表征）。无论是身体自我的拥有感还是随之发生的自体平衡的调节（如皮肤温度会有所下降），均在一定程度上说明身体自我觉知过程中内外感受线索之间存在对抗。如果缺乏精确的内感受表征，一个人的自我表征就会更容易受到外感受的影响。Schauder 等（2015）用同一范式研究了8—17岁的自闭症患者，也发现内感受觉知能力与自我身体表征稳定性之间存在正相关。

随着虚拟现实技术的引入，心脏反馈也被作为自变量来考察内感受信号在个体形成拥有感过程中的作用。Suzuki 等（2013）将通过脉搏血氧仪采集到的被试心跳情况以“心跳视觉反馈”的方式呈现在被投影的被试手的图像上（虚拟手），同时测量被试的橡胶手错觉体验程度。高内感受精准性的被试体验到了更强的对虚拟手的拥有感。这一看似与 Tsakiris 等的研究结论相反的现象，却恰恰能够更好地补充说明内感受在维持自我稳定性中的作用。在 Tsakiris 等的研究中，内感受与橡胶手不是同步呈现的，因此它起的是离线的、非即时的作用，结果是帮助被试更集中地体验自身，从而使得高内感受精准性的被试表现出对错觉的抵制；在 Suzuki 等的研究中，内感受与虚拟手是同步呈现的，因此它起的是在线的、即时的作用，结果是帮助被试将内外部信号进行整合，从而使得高内感受精准性的被试更容易将虚拟手与自身相联系。除了心跳知觉外，呼吸也有类似的作用（Adler et al.，2014）。

内感受的控制会改变身体觉知的各个重要方面，而内感受精确性似乎会限制外感受信号在身体觉知上的效果。因此可以推测，如果自我的外感受模型强调的是身体觉知的可塑性，那么内感受模型主要就是服务于身体的稳定性及其对外部变化的心理表征。内感受模型反映的是适应性和稳定性之间必要的生物平衡。内感受很有可能是具身性的一个重要的调节机制。

2. 内感受与具身情绪

情绪的具身性思想最早可以追溯至 James 和 Lange 的情绪外周理论。伴随着具身认知的兴起，身体在情绪理解中的作用再次受到研究者的关注。根据具身认知的观点，高级的认知加工过程会使用感官、运动以及情感系统的部分激活来协助它们的工作（Ziemke，2016）。首先，神经成像研究发现，识别他人脸上的情绪表达和个体自己体验同样的情绪会涉及高度重叠的神经回路（Gallese & Caruana，2016）。其次，诸多行为研究也发现了情绪的具身性特征。例如，观察他人的时候，个体会模仿对方的情绪表达和姿势，并且在随后的自我报告中会有相伴随的情绪状态（Niedenthal et al.，2010）。通过注射肉毒梭菌暂时性地阻止皱眉所需肌肉群的运动，即限制负性情绪的外在表露，会显著地延长被试理解包含负性情绪的句子所需的时间。肉毒梭菌的注射导致被试无法做出消极的面部表情，从而在一定程度上抑制了其对消极情绪的理解（Havas et al.，2010）。一些相关研究也证实存在脸部反馈（facial feedback）效应：控制脸部肌肉让被试的面部表情处于“笑”或“无法笑”两种条件下，考察并比较他们在不同表情下理解笑话和判断情绪词汇的速度，结果表明，“笑”的表情会促进被试对笑话的理解，加速其对积极词汇的反应，同时抑制他们对消极词汇的反应（张静和陈巍，2010；Kraft & Pressman，2012；Niedenthal，2007）。情绪体验是具身的，对特定情绪的体验就是脑内特异性模态系统再激活过程的观点得到了较广泛的认可。

然而，一方面，在实践层面，对 Strack 等实验的重复出现了一些与以往研究不太一致的结果，脸部反馈对情绪的影响效应并没有那么明显（Wagenmakers et al.，2016）；另一方面，在理论层面，情绪的具身性受到的最大质疑就是，身体信号本身是否与认知系统直接相连？身体的加工是否直接导致了情绪理解的发生？情绪的具身理论需进一步考虑的关键问题在于“身体信号是如何被转换为心理加工的？”（Critchley & Garfinkel，2017）结合其他的一些具身性研究中所指出的，对重量的体验（Jostmann et al.，2009）或对触觉的体验（Ackerman et al.，2010）才是具身效应出现的直接驱动，因此，Häfner（2013）在研究中试图证明的“身体信号不直接与认知系统相联系”，可能比“身体模拟直接影响认知加工”的传统假设更为合理（图13-1）。

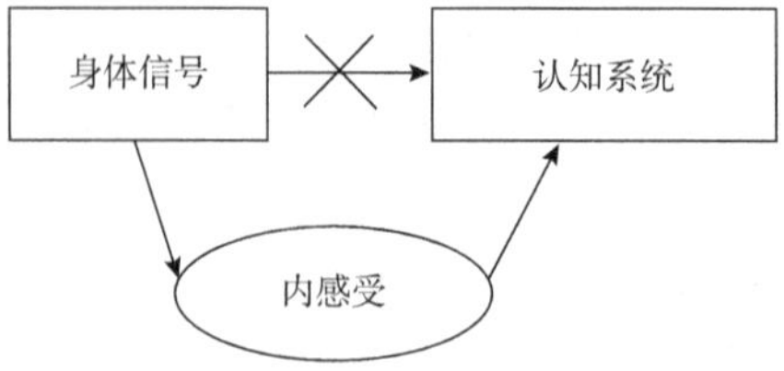

图 13-1　身体、认知、内感受关系模型（Häfner，2013）

如果具身性是基于身体加工的体验而不是基于身体加工本身，那么个体源自身体内部刺激（内感受）的敏感性的差异在情绪调节中的作用就尤其值得关注。从前文所述 Tsakiris 等（2011）和 Suzuki 等（2013）所开展的研究中可见，内感受对保持稳定的身体拥有感起着自上而下的作用。如果具身加工与认知加工之间存在体验的调节，那么内感受性（当前研究中往往选用内感受精确性或选用内感受敏感性作为衡量标准）强的个体，其情绪稳定性会更好。这一假设在 Pollatos 和 Herbert（2018）采用网络掷球范式（cyberball paradigm）来模拟社会排斥的研究中得到了证实。实验中，主试告知被试将与另外两位玩家进行在线接球游戏。通过程序设置，非排斥组的被试有1/3的概率能接到球，而排斥组的被试除了一开始能接到球外就会一直被忽视。与以往的经典社会排斥研究略有差异的是，Pollatos 等的研究中首先根据被试在心跳知觉任务中的表现，将其分为内感受性高、内感受性低不同的两组［在 Pollatos 等的研究中将其称为“内感受敏感性”，但在其他一些针对内感受成分进行区分的研究中（Garfinkel et al.，2015），通过心跳知觉任务所测得的差异更多地被称为“内感受精确性”，通过自评量表所测得的个体对主观的内感受的评价被称为“内感受敏感性”］。在实验处理前后，使用心境状态量表（profile of mood states）、需求威胁量表（needs-threat scale）和情绪调节问卷（emotion regulation questionnaire）对被试的主观心境、悲伤程度和情绪调节策略进行评价。心境状态量表包含19个条目，其中13条对应的是消极心境，6条对应的是积极心境，原始的测量结果会被转换为消极指数（negativity index），分数越高意味着个体越消极。需求威胁量表包含10个条目，用以评估被试的悲伤程度，分数越高意味着个体越悲伤。情绪调节问卷包含10个条目，用以评估被试的情绪调节策略是更偏向于压抑（suppression）还是更偏向于再评估（reappraisal）。实验结果揭示，在社会排斥情况下（被忽视而接不到球的情境），被试在用心境状态量表测量所得的消极指数上均呈显著上升，即无论被试的内感受性高低与否，社会排斥情况均会导致其心境状态更为消极。但是内感受性高的被试的需求威胁量表得分较低，在情绪调节量表上更偏向于采用再评估策略，说明在面对社会排斥时，内感受性高的被试所受到的负面影响更小，而这一结果与采用压抑或采用再评估的情绪调节策略有关。

来自脑成像的研究也证实，内感受的神经网络主要涉及躯体感官皮层和躯体运动皮层、脑岛、扣带回以及前额叶皮层。所有这些结构都与内部情绪和内脏感觉状态的监控、情绪加工和反应、自发或外部诱导的情绪感受，以及感受和行为的自我调节相关。尽管目前为止的发现大多是基于相关性的数据，我们暂时还无法回答内感受在多大程度上因果性地涉及情绪和认知加工，但这些结果都强调了情绪和认知加工过程中内脏的具身性，即通过心跳知觉等获得内感受相关信息的能力在认知过程中的作用，这为我们通过重启身体与心智的对话来更好地理解具身认知的发生机制提供了经验基础的支持。

3. 内感受与具身自我

从笛卡儿以来，对身体与心智的关系问题的探讨从未停止过。Damasio（1994）认为，身体是有意识心智的基础，没有身体就没有心智、没有意识、没有自我。因此，采用生命的视角和身体的视角是我们全面理解人类心智和自我的前提（Dieguez & Lopez，2017）。然而，以往关于具身认知的研究往往更重视环境的作用和身体外部刺激的影响，而较少关注到内感受的作用，从上述对相关研究的回顾中可见，为更好地推进身体与心智之间的对话，应该重视内感受的作用与影响。

内感受的状态和身体表征、情绪感受以及社会认知的很多方面存在联系，并且很有可能共同构筑了自我觉知和自我的基础。例如，Damasio（1994）将自我分为“原始自我”“核心自我”“自传体自我”。这些自我的层级主要就是通过不断进行的身体反应被反馈至大脑并被整合为“躯体标记”。原始自我由诸多映射有机体身体结构状态的神经模式集合而成，提供的是内环境、内脏、前庭系统和肌肉骨骼框架的状态，属于对当前身体状态的初级表征。当原始自我与客体发生交互作用时，有机体的身体状态即原始自我也会随之发生变化，此时核心自我便会出现。最后，最高层级的自传体自我是建立在对核心自我经验永久的但带有倾向性的记录基础上的（张静，2017）。具身是一种在环境中生成的身体感，确保我们能够捕获最原初的自我感，因此，具身认知是我们在理解身心关系中跨出的重要一步。

尽管笛卡儿的身心二元论主张一直备受诟病，但在处理身体和心智的关系上，有些理论太过强调连续性，忽略了自我的特定方面可能是相互对抗的（Zahavi，2011），而另一些理论则过于关注对抗性，破坏了自我的同一性（Blanke & Metzinger，2009）。身体与心智之间的对话需要同时兼顾竞争和整合的情况，这也意味着既要重视来自外感受的自下而上的对可塑性的影响，也要重视来自内感受的自上而下的稳定性的作用。自由能量原理又称最小震惊原理，能够对内外感受的整合在形成稳定统一的自我感过程中的作用进行较好的解释（Apps & Tsakiris，2014）。自由能量的概念源于热力学第二定律（熵增定律），大脑作为自主体评估关于外部和内部环境并抵制失调的一个器官，必须保持比较低的熵值（Bruineberg et al.，2018）。为了实现这一目标，自主体通过作用于环境以改变输入，或通过更新对输入信息的评估，来减少并避免震惊的出现（Friston，2018）。

自由能量原理认为，大脑得以维持自我稳定性的方式是预测编码。根据这一解释框架，个体会对将感觉的预测和实际的感官样本进行比较，从而使得先验的预期能够对知觉结果产生影响，或使得感官输入能够修正原有的认知结果（Seth & Friston，2016）。该模型支持自下而上和自上而下加工过程的分层互补（Badcock et al.，2019）。自下而上的信息在层级结构间的流动反映的是外感受的影响，自上而下的信息反馈体现的是内感受的作用。例如，身体拥有感错觉可以通过橡胶手错觉和全身错觉的实验范式，基于外感受的视觉–触觉刺激的一致性而引发，同时也可以通过基于内感受的“心脏视觉”反馈（Suzuki et al.，2013）或“呼吸视觉”反馈（Adler et al.，2014）的方式诱发或促进。关于内感受在塑造身体拥有性体验和影响自我的具身性方面所起的重要作用，未来可能能够在自由能量原理和预测编码理论的框架下得到更好的理解。

如上所述，形成并维持稳定、统一的自我感离不开外感受和内感受信号的整合，除了自由能量原理的解释外，基于脑成像研究的结果也为其提供了有效证据，即存在一组大脑区域，支持来自身体内外信息的整合，以建立身体的自我觉知。Salvato 等（2019）进行了一项定量的元分析，对现有的关于身体拥有感（外部视触活动信息）和内感受（内部生理信息）的神经影像学研究进行分析，其中涉及不同身体部位的心理错觉研究和各种评估内感受的方法。在揭示支持外感受和内感受信号的神经网络的基础上，通过多层核密度分析，发现两者共享的大脑区域主要集中在左右两侧的边缘上回，以及一组右侧区域，包括中央前区、中央后区和颞上回。这些区域在整合多种与身体相关的信号、重新校准来自不同输入通道和空间参考系的信息以及建立身体自我的多维表征中发挥着重要作用。

4. 内感受与具身社会认知

社会认知关注认知过程在社会互动中所扮演的角色，它包含于认知，因此，具身社会认知同样与内感受密不可分。推断他人的意图和信念，即心理理论，是进行社会交往的一种基本能力，理解心理理论机制的关键在于理解内感受、本体感受和外感受之间的相互作用，其中内感受性预测发挥着重要作用（Ondobaka et al.，2017）。Shah 等（2017）探究了内感受和心理理论之间的关系，对内感受是否能够预测心理状态，还是仅在理解情绪方面存在重要作用的问题进行了深入研究。实验中，被试集中注意力，在不同的时间间隔内默默地计数自己的心跳，并完成一份关于社会认知评估电影（Movie for the Assessment of Social Cognition，MASC）的问卷。结果显示，被试的内感受准确率和MASC得分存在正相关，这说明内感受在理解引起他人行为的内部状态方面发挥着重要作用。此外，Quattrocki 和 Friston（2014）通过对自闭症患者的研究，提出自闭症是由个体早期的催产素系统功能失调造成的，催产素能影响内感受信号的传递，且催产素受体在大脑中的分布位置涉及与心理理论有关的区域。换言之，催产素通过调节内感受来影响个体推断他人内部状态的能力。

共情是一种能够理解他人情感经历的能力，并与对他人的同情和关心紧密相连，感知他人的情感状态是社会互动的基本组成部分。共情包括两个相互关联的组成部分：情感共情和认知共情（Davis et al.，1994）。情感共情也被称为感同身受唤起，指间接地体验另一个人的情绪状态（我能感受到你的感受）。认知共情与换位思考有关，也就是接受他人心理观点的能力，也被称为心智化（我理解你的感受）。Grynberg 和 Pollatos（2015）采用心跳感知任务以及要求被试报告他们在看到传达他人处于痛苦或非痛苦状态的图片时的主观感受，即同情、觉醒和痛苦的程度。结果显示，对内感受越敏感的被试在看到他人处于疼痛状态的图片时，水平会高估对方的疼痛程度（认知共情），并有更高的觉醒和同情（情感共情）水平。此外，Fukushima 等（2011）的研究也表明，来自内脏活动的传入反馈可能有助于推断他人的情感状态。

在神经生理方面，已有研究显示，前脑岛、前扣带皮层以及中扣带皮层与共情有关，其中岛叶皮层还与自我和他人的情感处理以及其他广泛的社会认知过程有关（Bernhardt & Singer，2012）。此外，LeDoux 和 Pine（2016）认为，脑岛与内感受觉知有关，在感受焦虑时对生理状态的扰动尤其重要。同时，有研究证明，共情与焦虑呈正相关，许多与焦虑相关的区域也与共情有关，如杏仁核、脑岛和内侧前额叶（Knight et al.，2019）。

共情与内感受在脑岛部位的重叠得到了越来越多的证据的支持，除了上述研究之外，岛叶前部皮层（anterior insular cortex，AIC）还可以调节内感受性注意，内感受性注意是指对来自身体的生理信号的注意。Wang 等（2019）在呼吸检测任务中要求被试告知呈现的呼吸曲线相对于自己的呼吸节奏是否存在延迟，使用fMRI 评估了健康成人的 AIC 在内感受性注意中的激活情况，并探究了 AIC 在内感受性注意中的重要性。结果表明，内感受性注意与 AIC 激活有关，AIC 激活可以预测个体内感受准确性的差异。换言之，AIC 在内感受性注意中起关键作用。

综上所述，无论是行为方面的研究还是脑成像方面的研究都支持了内感受与社会认知之间存在密切关系的观点，强调了内感受在社会认知中的重要作用。虽然对某些方面仍需进行进一步的探究，但是已有的发现为身体与心智的对话提供了有益的启发。

三、迈向一种内感受的具身认知科学

如果说从离身认知到具身认知是重新确立了身体在自我问题中的核心地位，那么具身认知的内感受研究转向就是从对自我碎片化的理解走向对自我全面统一的理解的过程。将内感受作为协变量（covariate）引入具身认知的研究是这一过程中重要的一步，有助于研究者更好地理解“身体在认知的何时发挥作用”。这一问题中的“何时”并不是指认知过程中具体的“什么时间”（what time），而是关注身体对认知的影响是否需要满足某些特定的条件。根据传统具身认知的观点，身体对认知的影响是通过感官运动系统的模拟，这种模拟是无条件的，因此身体在认知过程中起作用的途径是模仿或重演。考察内感受能力不同的个体在具身性上的差异表现的研究揭示，影响认知的是对身体变化的体验而不是身体本身，内感受是具身认知的一个重要的调节因素。内感受作为人类具身性的基础，为我们提供了一个有着操作性定义和实际研究取向的理论框架，但对身心关系的更深入细致的讨论有赖于更多内感受相关研究的开展。

首先，内感受与身体表征的研究需进一步深入。与具身认知相关的内感受研究主要是在橡胶手错觉范式的基础上增加了对内感受性高低的考量，进而分析内感受对身体表征的影响。但是，从变量相互影响的角度而言，内感受对身体表征有着较大的影响，反之，身体表征或者其他具身加工是否会影响内感受性的高低也非常值得我们进一步探索。对于“对身体状态变化的觉知影响认知加工”这一新的假设的论证和检验，需要更多有关具身认知和内感受直接关系的研究。

其次，要扩大内感受与具身性的潜在研究对象。例如，述情障碍（alexithymia）是一种涉及识别、描述、调节和表达自身情绪困难的综合征，其核心问题是情绪觉知的缺陷。已有研究发现，述情障碍的相关量表中的高分与个体内感受觉知能力较低相联系，这一发现意味着述情障碍可以通过具身性的失调加以描述。因此，未来的研究不仅要聚焦于健康被试，也要关注具身性障碍的患者，还可以尝试性地开展通过调节内感受的某些方面来对特定的疾病进行干预和治疗的工作（Kuehn et al.，2018）。

再次，要丰富内感受与具身认知研究的覆盖内容。当前具身认知的内感受转向主要关注身体表征、情绪理解以及社会决策等方面的内感受对具身认知的调节作用。实际上，就具身认知所涉及的内容而言，内感受如何调节与影响注意、知觉、学习、记忆、运动发起、协调控制，都是值得我们进一步研究和关注的方面

（Critchley & Garfinkel，2018）。

最后，身体可以通过内感受影响认知。这种观点是传统具身认知的因果观，在强调认知的因果影响的基础上，将内感受作为连接身体和认知的桥梁，丰富了其内涵。然而，在更激进的认识论意义上，对应于具身认知的因果观，我们认为，内感受这一成分的发现，也可以进一步发展具身认知的构成假设。具身认知的构成假设认为，在认知加工中，身体或世界是认知的成分，而非仅仅是对认知产生因果影响。以手势为例，众所周知，手势可以以某种方式促进思维过程，但是手势也可以被视为存在于空间推理的认知程序的构成，即手势以某种方式和视觉状态结合，使它们成为认知的构成（Shapiro，2019）。进一步地，Clark 依靠耦合的想法来为“手势是认知的成分”的主张辩护，即手势是空间推理系统进行空间推理的创造物，它的存在是为了改进空间推理系统自身的操作。由此，毋庸置疑，手势成为空间推理中的实际成分。基于内感受对具身认知因果观的新的解释，具身认知的构成假设中——理所当然地——不能缺少内感受这一成分。受他心的构成观［将心灵视为具有复杂结构的混合实体，某些心理现象可以被认为既有内部方面（脑与神经生理活动、心理状态及主体的第一人称经验），也有外部方面（身体动作、手势、表情和环境］，以及内感受本身所包含的内容的启发，我们也可以从内部和外部两个角度对具身认知的构成假设进行分析，内感受则可以被归类为内部成分，并作为沟通内部成分与外部成分的桥梁。

综上，内感受的引入极大地丰富了具身认知解释的内涵与外延。无论是具身认知的因果观还是具身认知的构成观，都突破了以往内感受缺席的现象。我们期待一种迈向内感受的具身认知科学能够推动具身认知摆脱当前困境，迎接新的发展契机。

参考文献

波林，E. G.（1981）. *实验心理学史*（高觉敷译）. 北京：商务印书馆.

陈巍.（2016）. *神经现象学：整合脑与意识经验的认知科学哲学进路.* 北京：中国社会科学出版社.

陈巍，郭本禹.（2010）. 围绕符茨堡学派无意象思维实验的争论与启示——纪念符茨堡学派创立 110 周年. *华中师范大学学报（人文社会科学版），6*，154-160.

陈巍，郭本禹.（2012）. 具身-生成的意识经验：神经现象学的透视. *华东师范大学学报（教育科学版），* 3，60-66.

陈巍，单春雷，袁逖飞.（2016）. 异己手症候群述评：现象学精神病理学与认知神经科学的双重角度. *应用心理学研究，64*，135-171.

陈巍，张静.（2015）. 直通他心的"刹车"：五问具身模拟论. *华东师范大学学报（教育科学版），33*（4），65-71.

崔倩.（2012）. *触觉经验对认知判断的影响.* 南京师范大学硕士学位论文.

丁毅，纪婷婷，邹文谦，刘燕，冉光明，陈旭.（2013）. 物理温度向社会情感的隐喻映射：作用机制及其解释. *心理科学进展，21*（6），1133-1140.

杜威，J.（1958）. *哲学的改造*（许崇清译）. 北京：商务印书馆.

杜威，J.（2010）. *杜威全集. 早期著作 1882—1898*（熊哲宏，张勇，蒋柯译）. 上海：华东师范大学出版社.

费多益.（2009）. 认知研究的隐喻描述. *自然辩证法研究，25*（3），7-13.

郭本禹.（1999）. *心理学通史第 4 卷•外国心理学流派（上）*. 济南：山东教育出版社.

郭任远.（1933）. *心理学与遗传.* 上海：商务印书馆.

海德格尔，M.（2010）. *存在与时间*（陈嘉映，王节庆译，熊伟，陈嘉映修订）. 北京：生活・读书・新知三联书店.

何静. (2009). *身体意象与身体图式——*具身认知研究. 浙江大学博士学位论文.

胡塞尔，E.（1986）. *现象学的观念*（倪梁康译）. 上海：上海译文出版社.

胡塞尔，E.（1997）. *纯粹现象学通论*（李幼蒸译）. 北京：商务印书馆.

胡塞尔，E.（2002）. *笛卡尔式的沉思*（张廷国译）. 北京：中国城市出版社.

胡塞尔，E.（2005a）. *欧洲科学危机和超验现象学*（张庆熊译）. 上海：上海译文出版社

胡塞尔，E.（2005b）. *生活世界现象学*（黑尔德，K. 编. 倪梁康，张廷国译）. 上海：上海译文出版社.

胡塞尔，E.（2007）. *哲学作为严格的科学*（倪梁康译）. 北京：商务印书馆.

黄春霏.（2011）. *体现认知策略对幼儿阅读理解之影响.* 台湾中正大学硕士学位论文.

伽达默尔，H. G. (1999). *真理与方法*（洪汉鼎译）. 上海：上海译文出版社.

黎黑，T. H.（2013）. *心理学史：心理学思想的主要流派（第六版）*（蒋柯，胡林成，奚家文等译）. 上海：上海人民出版社.
李恒威.（2007）. 意向性的起源：同一性，自创生和意义. *哲学研究，10*，70-76，128.
李恒威.（2009）. 生成认知：基本观念和主题. *自然辩证法通讯，31*（2），27-31，110.
李恒威，董达.（2015）. 演化中的意识机制——达马西奥的意识观. *哲学研究，12*，106-113.
李恒威，黄华新.（2006）. “第二代认知科学”的认知观. *哲学研究，6*，92-99.
李恒威，盛晓明.（2006）. 认知的具身化. *科学学研究，24*（2），184-190.
李林慧.（2011）. 学前儿童图画故事书阅读理解发展研究——多元模式意义建构的视野. 华东师范大学博士学位论文.
李林慧.（2015）. 早期阅读理解能力发展：多元模式的意义建构. *学前教育研究*，（7），28-34，51.
李其维.（2008）. “认知革命”与“第二代认知科学”刍议. *心理学报，40*（12），1306-1327.
李旭东.（2005）. 异己手综合征. *中华神经科杂志，38*（6），405-406.
吕克，H. M.（2009）. *心理学史*（吕娜等译）. 上海：学林出版社.
刘胜利.（2011）. 身体经验与身体表象——梅洛-庞蒂对传统心理学的身体模型的方法论批判. *科学技术哲学研究，28*（2），51-55.
刘晓力.（2010a）. 进化-涉身认知框架下的“作为行动指南的表征理论”. *哲学研究，11*，68-75，128-129.
刘晓力.（2010b）. 延展认知与延展心灵论辨析. *中国社会科学，1*，48-57，222.
刘晓力.（2014）. 当代哲学如何面对认知科学的意识难题. *中国社会科学，6*，48-68，207.
刘晓力.（2020）. 哲学与认知科学交叉融合的途径. *中国社会科学，9*，23-47，204-205.
玛丽亚·蒙台梭利，M.（2016）. 蒙台梭利早教精华（董莎莎，林检妹译）. 北京：当代世界出版社.
梅洛-庞蒂，M.（2005）. *知觉现象学*（姜志辉译）. 北京：商务印书馆.
梅洛-庞蒂，M.（2010）. *行为的结构*（杨大春，张均尧译）. 北京：商务印书馆.
孟伟.（2009）. *交互心灵的建构——现象学与认知科学研究*. 北京：中国社会科学出版社.
墨菲，G.，柯瓦奇，J. K.（1982）. *近代心理学历史导引*（林方，王景和译）. 北京：商务印书馆.
倪梁康.（2007）. *意识的向度——以胡塞尔为轴心的现象学问题研究*. 北京：北京大学出版社.
钱伟东，张丽娜，尹亮，谢静.（2010）. 异己手综合征 2 例报道及文献复习. *蚌埠医学院学报，35*（7），681-683.
任俊，高肖肖.（2013）. 中国人在不道德行为之后会做些什么？*心理科学，36*（4），978-983.
施皮格伯格，H.（2011）. *现象学运动*（王炳文，张金言译）. 北京：商务印书馆.
石士奎，程敬亮，季立平，张勇.（2010）. 异己手综合征的 MRI 临床应用. *临床放射学杂志，29*（7），980-982.
塔米尼奥，J.（2008）. 论海德格尔的知觉现象学（靳宝译，张建华，张廷国校）. *世界哲学，6*，3-11.
瓦雷拉，F.，汤普森，E.，罗施，E.（2010）. *具身心智：认知科学和人类经验*（李恒威，李恒熙，王球等译）. 杭州：浙江大学出版社.
汪寅，臧寅垠，陈巍.（2011）. 从“变色龙效应”到“镜像神经元”再到“模仿过多症”：作为社会交流产物的人类无意识模仿. *心理科学进展，19*（6），916-924.

王锃，鲁忠义.（2013）. 道德概念的垂直空间隐喻及其对认知的影响. *心理学报*，*45*（5），538-545.
维特根斯坦，L.（2001）. *哲学研究*（陈嘉映译）. 上海：上海人民出版社.
吴福元.（1982）. 皮亚杰儿童思维发展理论与教育. *教育科研情况交流*，*4*，27-30.
吴圭世.（2006）. *变色龙效应：情绪与行为模仿*. 台湾中正大学硕士学位论文.
希克曼，L.（2010）. *阅读杜威：为后现代做的阐释*（徐陶等译）. 北京：北京大学出版社.
奚家文.（2009）. 语言模块的具身性考察——"第二代认知科学"视野下语言心理研究的新进路. *华东师范大学学报（教育科学版）*，*27*（2），70-75.
徐慧艳，陈巍.（2018）. 阅读的具身认知转向：扎根于身体与想象操作的学习. *远程教育杂志*，*36*（1），106-112.
徐献军.（2007）. *具身认知论——现象学在认知科学研究范式转型中的作用*. 浙江大学博士学位论文.
阎书昌.（2011）. 身体洁净与道德. *心理科学进展*，*19*（8），1242-1248.
叶浩生.（2010）. 具身认知：认知心理学的新取向. *心理科学进展*，*18*（5），705-710.
叶浩生.（2011a）. 西方心理学中的具身认知研究思潮. *华中师范大学学报（人文社会科学版）*，*50*（4），153-160.
叶浩生.（2011b）. 有关具身认知思潮的理论心理学思考. *心理学报*，*43*（5），589-598.
叶浩生.（2013）. 认知与身体：理论心理学的视角. *心理学报*，*45*（4），481-488.
殷融，曲方炳，叶浩生.（2012）. 具身概念表征的研究及理论述评. *心理科学进展*. *20*（9），1372-1381.
殷融，叶浩生.（2014）. 道德概念的黑白隐喻表征及其对道德认知的影响. *心理学报*，*46*（9），1331-1346.
扎哈维，D.（2001）. 胡塞尔先验哲学的交互主体性转折（臧佩洪译）. *哲学译丛*，*4*，2-9.
扎哈维，D.（2007）. *胡塞尔现象学*（李忠伟译）. 上海：上海译文出版社.
扎哈维，D.（2008）. *主体性和自身性——对第一人称视角的探究*（蔡文菁译）. 上海：上海译文出版社.
张静.（2017）. *自我和自我错觉——基于橡胶手和虚拟手错觉的研究*. 北京：中国社会科学出版社.
张静，陈巍.（2010）. 具身化的情绪理解研究：James-Lange 错了吗？*心理研究*，*3*（1），46-51.
张静，陈巍.（2016）. 身体意象可塑吗？——同步性和距离参照系对身体拥有感的影响. *心理学报*，*48*（8），933-945.
张静，李恒威.（2016）. 自我表征的可塑性：基于橡胶手错觉的研究. *心理科学*，*39*（2），299-304.
张述祖.（1983）. *西方心理学家文选*. 北京：人民教育出版社.
张文芳.（2016）. 促进幼儿早期阅读能力发展的策略. *学前教育研究*，*2*，67-69.
张尧均.（2006）. *隐喻的身体——梅洛-庞蒂身体现象学研究*. 杭州：中国美术学院出版社.
张万祥.（2008）. *苏霍姆林斯基教育名言*. 天津：天津教育出版社.
张祥龙.（2011）. *现象学导论七讲——从原著阐发原意（修订新版）*. 北京：中国人民大学出版社.
周静.（2012）. *汉语情绪词的颜色隐喻表征及其对颜色知觉的影响*. 河北师范大学硕士学位论文.

Aboitiz, F., Carrasco, X., Schröter, C., Zaidel, D., Zaidel, E., & Lavados, M.（2003）. The alien hand syndrome：Classification of forms reported and discussion of a new condition. *Neurological Science*, *24*, 252-257.

Ach, N. (1905). *Über die Willenstätigkeit und das Denken*. Göttingen: Vandenhoeck & Ruprecht.

Ackerman, J. M., Nocera, C. C., & Bargh, J. A.（2010）. Incidental haptic sensations influence social judgments and decisions. Science, 328（25）, 1712-1715.

Adams, F.（2010）. Embodied cognition. *Phenomenology & The Cognitive Sciences, 9*（4）, 619-628.

Adams, F., & Aizawa, K.（2008）. *The Bounds of Cognition*. Oxford：Blackwell.

Adams, F., & Osgood, C.（1973）. A cross-cultural study of the affective meanings of color. *Journal of Cross-Cultural Psychology*, *4*, 135-156.

Adler, D., Herbelin, B., Similowski, T., & Blanke, O.（2014）. Breathing and sense of self：Visuo-respiratory conflicts alter body self-consciousness. *Respiratory Physiology & Neurobiology, 203,* 68-74.

Aglioti, S. M., Cesari, P., Romani, M., & Urgesi, C.（2008）. Action anticipation and motor resonance in elite basketball players. *Nature Neuroscience*, *11*（9）, 1109-1116.

Akelaitis, A. J. (1941). Studies on the corpus callosum: II. The higher visual functions in each homonymous field following complete section of the corpus callosum. *Archives of Neurology and Psychiatry*, *45*(5), 788-796.

Alharbi, M. A.（2015）. Reading strategies, learning styles and reading comprehension：A correlation study. *Journal of Language Teaching and Research*, *6*（6）, 1257-1268.

Allison, T., Puce, A., & McCarthy, G.（2000）. Social perception from visual cues：Role of the STS region. *Trends in Cognitive Sciences*, *4*, 267-278.

Alonzo, J., Basaraba, D., Tindal, G., & Carriveau, R. S.（2009）. They read, but how well do they understand? An empirical look at the nuances of measuring reading comprehension. *Assessment for Effective Intervention*, *35*（1）, 34-44.

Ammirante, P., & Thompson, W. F.（2010）. Ideomotor effects of pitch on continuation tapping. *The Quarterly Journal of Experimental Psychology*, *64*, 381-393.

Anderson, M.（2003）.Embodied cognition：A field guide. *Artificial Intelligence*, *149*, 91-130.

Anderson, M. L.（2007）. How to study the mind：An introduction to embodied cognition. In F. Santoianni, & C. Sabatana, (Eds.), *Brain Development in Learning Environments : Embodied and Perceptual Advancements* pp. 65-82. Cambridge：Cambridge Scholars Press.

Andreas, H., Nadja, R., Frank, H., Jan, R. L., & Sven, H.（2011）.The impact of mimicry on sales—Evidence from field and lab experiments. *Journal of Economic Psychology*, *32*, 502-514.

Andrews, M., Vigliocco, G., & Vinson, D.（2009）. Integrating experiential and distributional data to learn semantic representations. *Psychological Review*, *116*, 463-498.

Angell, J. R.（1911）. Imageless though. *Psychological Review*, *18*, 295-322.

Angier, N.（2010）. Abstract thoughts? The body takes them literally. *The New York Times*, Feb. 2, 159（54,939）.

Ansuini, C., Cavallo, A., Bertone, C., & Becchio, C.（2015）. Intentions in the brain：The unveiling of

Mister Hyde. *The Neuroscientist, 21*（2）, 126-135.

Ansuini, C., Cavallo, A., Koul, A., D'Ausilio, A., Taverna, L., & Becchio, C.(2016). Grasping others' movements：Rapid discrimination of object size from observed hand movements. *Journal of Experimental Psychology：Human Perception and Performance, 42*（7）, 918-929.

Apps, M. A. J., & Tsakiris, M.（2014）. The free-energy self：A predictive coding account of self-recognition. *Neuroscience & Biobehavioral Reviews, 41*, 85-97.

Armel, K. C., & Ramachandran, V. S.（2003）. Projecting sensations to external objects：Evidence from skin conductance response. *Proceedings of the Royal Society of London. Series B：Biological Sciences, 270*（1523）, 1499-1506.

Asai, T., Mao, Z., Sugimori, E., & Tanno, Y.（2011）. Rubber hand illusion, empathy, and schizotypal experiences in terms of self-other representations. *Consciousness and Cognition, 20*（4）, 1744-1750.

Ashton-James, C., van Baaren, R. B., Chartrand, T. L., Decety, J., & Karremans, J.（2007）. Mimicry and me：The impact of mimicry on self-construal. *Social Cognition, 25*, 518-535.

Assal, F., Schwartz, S., & Vuilleumier, P.（2007）. Moving with or without will：Functional neural correlates of alien hand syndrome. *Annals of Neurology, 62*, 301-306.

Aster, E. V.（1908）. Die psychologische Beobachtung und experimentelle Untersuchung von Denkvorgänge. *Zeitschrift für Psychologie, 49*, 56-107.

Austin, J. L. (1979). *Philosophical Papers* (3rd ed). Oxford: Clarendon Press.

Badcock, P. B., Friston, K. J., & Ramstead, M. J. D.（2019）. The hierarchically mechanistic mind：A free-energy fromulation of the human psyche. *Physics of Reviews, 31*, 104-121.

Bailenson, J., & Yee, N.（2005）. Digital chameleons：Automatic assimilation of nonverbal gestures in immersive virtual environments. *Psychological Science, 16*, 814-819.

Ballard, D. H.（1991）. Animate vision. *Artificial Intelligence, 48*, 57-86.

Ballard, D. H.(1997). Deictic codes for the embodiment of cognition. *Behavioral and Brain Science, 20*, 723-767.

Banerjee, P., Chatterjee, P., & Sinha, J.(2012). Is it light or dark? Recalling moral behavior xchanges perception of brightness. *Psychological Science, 23*（4）, 407-409

Banks, W. P., & Isham, E. A.（2009）. We infer rather than perceive the moment we decided to act. *Psychological Science, 20*, 17-21.

Bargh, J. A., & Shalev, I.（2012）. The substitutability of physical and social warmth in daily life. *Emotion, 12*（1）, 154-162.

Bargh, J. A., Chaiken, S., Raymond, P., & Hymes, C.（1996）. The automatic evaluation effect：Unconditional automatic attitude activation with a pronunciation task. *Journal of Experimental Social Psychology, 32*, 104-128.

Bargh, J. A., Chen, M., & Burrows, L.(1996). Automaticity of social behavior：Direct effects of trait construct and stereotype activation on action. J*ournal of Personality and Social Psychology, 71*, 230-244.

Barrett, H. C., & Kurzban, R.（2006）. Modularity in cognition：Framing the debate. *Psychological*

Review, *113*, 628-647.

Barsalou, L. W.(1999). Perceptual symbol systems. *Behavioral and Brain Sciences*, *22*(4), 577-660.

Barsalou, L. W. (2008) . Grounded cognition. *Annual Review of Psychology*, *59*, 617-645.

Barsalou, L. W. (2009) . Simulation, situated conceptualization, and prediction. *Biological Sciences*, *364*, 1281-1289.

Barsalou, L. W. (2011) . Simulation, situated conceptualization, and prediction. In M. Bar (Ed.) , *Predictions in the Brain : Using our Past to Generate a Future* (pp. 27-39) . New York：Oxford University Press.

Barsalou, L. W., &Wiemer-Hastings, K. (2005) . Situating abstract concepts. In D. Pecher, & R. Zwaan (Eds.) , *Grounding Cognition : The Role of Perception and Action in Memory, Language, and Thinking* (pp. 129-163) . New York：Cambridge University Press.

Barsalou, L. W., Niedenthal, P. M., Barbey, A. K., & Ruppert, J. A.（2003）. Social embodiment. *Psychology of Learning and Motivation*, *43*, 43-92.

Baum, E. B. (2004) . *What is Thought?* Cambridge：MIT press.

Bavelas, J. B., Black, A., Chovil, N., Lemery, C. R., & Mullett, J. (1988) . Form and function in motor mimicry：Topographic evidence that the primary function is communicative. *Human Communication Research*, *14*, 275-299.

Bavelas, J. B., Black, A., Lemery, C. R., & Mullett, J.(1986). "I show how you feel"：Motor mimicry as a communicative act. *Journal of Personality and Social Psychology*, *50* (2) , 322-329.

Bavelas, J. B., Black, A., Lemery, C. R., & Mullett, J. (1987) . Motor mimicry as primitive empathy. In N. Eisenberg, & J. Strayer (Eds.) , *Empathy and its Development* (pp. 317-338) . New York：Cambridge University Press.

Bechtel, W.(1998). Representations and cognitive explanations：Assessing the dynamicist's challenge in cognitive science. *Cognitive Science, 22*, 295-318.

Becchio, C., Koul, A., Ansuini, C., Bertone, C., & Cavallo, A. (2018) . Seeing mental states: An experimental strategy for measuring the observability of other minds. *Physics of Life Reviews, 24*, 67-80.

Beck, B., di Costa, S., Haggard, P. (2017) . Having control over the external world increases the implicit sense of agency. *Cognition, 162*, 54-60.

Bekrater-Bodmann, R., Foell, J., Diers, M., et al. (2012) .The perceptual and neuronal stability of the rubber hand illusion across contexts and overtime. *Brain Research, 1452,* 130-139.

Beer, R. D. (1995) . A dynamical systems perspective on agent-environment interaction. *Artificial Intelligence*, *72*, 173-215.

Beer, R. D. (2000) . Dynamical approaches to cognitive science. *Trends in Cognitive Sciences*, *4*, 91-99.

Beer, R. D.（2011）. Dynamical systems and embedded cognition. In K. Frankish, & W. Ramsey (Eds.), *The Cambridge Handbook of Artificial Intelligence*(pp. 128-148). Cambridge and New York：Cambridge University Press.

Beilock, S. L., & Holt, L. E.（2007）. Embodied preference judgments：Can likeability be driven by the motor system? *Psychological Science*, *18*, 51-57.

Bekkering, H., Wohlschläger, A., & Gattis, M. (2000) . Imitation of gestures in children is goal-directed. *The Quarterly Journal of Experimental Psychology*, *53*, 153-164

Bekrater-Bodmann, R., Foell, J., Diers, M., & Flor, H. (2012) . The perceptual and neuronal stability of the rubber hand illusion across contexts and over time. *Brain Research*, *1452,* 130-139.

Berger, S. M., & Hadley, S. W. (1975) . Some effects of a model's performance on an observer's electromyographic activity. The *American Journal of Psychology*, *88* (2) , 263-276.

Berlin, B., & Kay, P. (1969) . *Basic Color Terms: Their Universality and Evolution*. Berkeley: University of California Press.

Bernhardt, B. C., & Singer, T. (2012) . The neural basis of empathy. *Annual Review of Neuroscience*, *35*, 1-23.

Betz, W. (1910) . Vorstellung and Einstellung: I. Über Wiedererkennen. *Archivfür die Gesamte Psychologie*, *17*, 266-296.

Biazak, J. E., Marley, S. C., & Levin, J. R. (2010) . Does an activity-based learning strategy improve preschool children's memory for narrative passages? *Early Childhood Research Quarterly*, *25* (4) , 515-526.

Biran, I., & Chatterjee, A. (2004) . Alien hand syndrome. *Archives of Neurology*, *61*, 292-294.

Biran, I., Giovannetti, T., Buxbaum, L., & Chatterjee, A. (2006) . The alien hand syndrome: What makes the alien hand alien? *Cognitive Neuropsychology*, *23* (4) , 563-582.

Bird, G., Brindley, R., Leighton, J., & Heyes, C. (2007) . General processes, rather than "goals", explain imitation errors. *Journal of Experimental Psychology: Human Perception and Performance*, *33*, 1158-1169

Bird, H., Howard, D., & Franklin, S. (2003) . Verbs and nouns: The importance of being imageable. *Journal of Neurolinguistics*, *16*, 113-149.

Black, M. (1993) . More about metaphor. In A. Ortony (Ed.) , *Metaphor and Thought* (pp. 19-41) . London: Cambridge University Press.

Blairy, S., Herrera, P., & Hess, U. (1999). Mimicry and the judgment of emotional facial expressions. *Journal of Nonverbal Behavior*, *23*, 5-41.

Blanke, O. (2012) . Multisensory brain mechanisms of bodily self-consciousness. *Nature Review Neuroscience*, *13* (8) , 556-571.

Blanke, O., & Metzinger, T. (2009). Full-body illusions and minimal phenomenal selfhood. *Trends in Cognitive Sciences*, *13* (1) , 7-13.

Blaesi, B., & Wilson, M. (2010) . The mirror reflects both ways: Action influences perception of others. *Brain and Cognition*, *72*, 306-309.

Blöbaum, A., & Hunecke, M. (2005). Perceived danger in urban public space: The impact of physical features and personal factors. *Environment and Behavior*, *37*, 465-486.

Bölte, S., Holtmann, M., Poustka, F., Scheurich, A., & Schmidt, L. (2007) . Gestalt perception and local-global processing in high-functioning autism. *Journal of Autism and Developmental Disorders*, *37* (8) , 1493-1504.

Bogen, J. E. (1985). The callosal syndrome. In K. M. Heilman, & E. V. Valenstein (Eds.), *Clinical Neuropsychology* (pp. 308-359). New York：Oxford University Press.

Bonini, L.（2016）. The extended mirror neuron network：Anatomy, origin, and functions. *The Neuroscientist, 23*（1）, 56-57.

Boot, I., & Pecher, D.（2011）. Representation of categories：metaphorical use of the container schema. *Experimental Psychology, 58*（2）, 162-170.

Borg, E.（2007）. If mirror neurons are the answer, what was the question? *Journal of Consciousness Studies, 14*（8）, 5-19.

Borghi, A. M., & Cimatti, F.（2010）. Embodied cognition and beyond：Acting and sensing the body. *Neuropsychologia, 48*, 763-773.

Borghi, A. M., Flumini, A., Cimatti, F., Marocco, D., & Scorolli, C.（2011）. Manipulating objects and telling words：A study on concrete and abstract words acquisition. *Frontiers in Psychology, 2*, punlished online.

Boroditsky, L.（2000）. Metaphoric structuring：Understanding time through spatial metaphors. *Cognition, 75*, 1-28.

Bottini, G., Bisiach, E., Sterzi, R., & Vallarc, G.（2002）. Feeling touches in someone else's hand. *Neuroreport, 13*（2）, 249-252.

Botvinick, M.（2004）. Probing the neural basis of body ownership. *Science, 305*（5685）, 782-783.

Botvinick, M., & Cohen, J.（1998）. Rubber hands "feel" touch that eyes see. *Nature, 391*（6669）, 756.

Boulenger, V., Mechtouff, L., Thobois, S., Broussolle, E., Jeannerod, M., & Nazir, T. A.（2008）. Word processing in Parkinson's disease is impaired for action verbs but not for concrete nouns. *Neuropsychologia, 46*（2）, 743-756.

Boulenger, V., Roy, A. C., Paulignan, Y., Deprez, V., Jeannerod, M., & Nazir, T. A.（2006）. Cross-talk between language processes and overt motor behavior in the first 200 msec of processing. *Journal of Cognitive Neuroscience, 18*（10）, 1607-1615.

Bourgeois, P., & Hess, U.（2008）. The impact of social context on mimicry. *Biological Psychology, 77*, 343-352.

Brainin, M.（2005）. Treatment of the chronic alien hand syndrome：Compensating for loss of motor inhibition at the interface of planning and execution. *Journal of the Neurological Sciences, 238*（S1）, 81-82.

Brainin, M., Seiser, A., & Matz, K.（2008）. The mirror world of motor inhibition：The alien hand syndrome in chronic stroke. *Journal of Neurology, Neurosurgery and Psychiatry, 79*, 246-252.

Brass, M., & Heyes, C.（2005）. Imitation：Is cognitive neuroscience solving the correspondence problem? *Trends in Cognitive Sciences, 9*, 489-495.

Brass, M., Bekkering, H., & Prinz, W.（2001）. Movement observation affects movement execution in a simple response task. *Acta psychologica, 106*, 3-22.

Brass, M., Schmitt, R. M., Spengler, S., & Gergely, G.（2007）. Investigating action understanding：Inferential processes versus action simulation. *Current Biology, 17*（24）, 2117-2121.

Bredo, E.（1998）. Evolution, psychology, and John Dewey's critique of the reflex arc concept. *The Elementary School Journal, 98*（5）, 447-466.

Brener, J., & Ring.（2016）. Towards a psychophysics of interoceptive processes：The measurement of heartbeat detection. *Philosophical Transactions of the Royal Society of London. Society B：Biological Sciences, 371*（1708）, 20160015.

Brentano, B.(1995). *Psychology from an Empirical Standpoint.* New York：Routledge & Kegan Paul.

Bridgeman, B.（2010）. Neural reuse implies distributed coding. *Behavioral and Brain Sciences, 33*（4）, 269-270.

Brion, S., & Jedynak, C. P. (1972) Troubles du transfert interhemispherique: Le signe de la main etrangere. *Revue Neurologique*, 4, 257-266.

Brodie, E. E., Whyte, A., & Waller, B.（2003）. Increased motor control of a phantom leg in humans results from the visual feedback of a virtual leg. *Neuroscience Letters, 341*（2）, 167-169.

Brooks, R. A.（1991）. Intelligence without representation. *Artificial Intelligence, 47*, 139-159.

Brown, H., Adams, R. A., Parees, I., Edwards, M., & Friston, K.（2013）. Active inference, sensory attenuation and illusions. *Cognitive Processing, 14*（4）, 411-427.

Brozzoli, C., Gentile, G., Petkova, V. I., & Ehrsson, H. H.（2011）. fMRI adaptation reveals a cortical mechanism for the coding of space near the hand. *The Journal of Neuroscience, 31*（24）, 9023-9031.

Bruineberg, J., Kiverstein, J., & Rietveld, E.（2018）. The anticipating brain is not a scientist：The free-energy principle from an ecological-enactive perspective. *Synthese, 195*（6）, 2417-2444.

Bub, D. N., Masson, M. E. J., & Cree, G. S.（2008）. Evocation of functional and volumetric gestural knowledge by objects and words. *Cognition, 106*（1）, 27-58.

Buccino, G., Lui, F., Canessa, N., Patteri, I., Lagravinese, G., Benuzzi, F., & Rizzolatti, G.（2004）. Neural circuits involved in the recognition of actions performed by nonconspecifics：An fMRI study. *Journal of Cognitive Neuroscience, 16*, 114-126.

Buccino, G., Vogt, S., Ritzl, A., Fink, G. R., Zilles, K., Freund, H. J., et al.（2004）. Neural circuits underlying imitation learning of hand actions：An event-related fMRI study. *Neuron, 42*, 323-334.

Bühler, K.（1907）. Tatsachen und Probleme zu einer Psychologie der Denkvorgänge: I Über gedanken. *Archiv für die Gesamte Psychologie, 9*, 297-365.

Bundick, T., & Spinella, M.（2000）. Subjective experience, involuntary movement, and posterior alien hand syndrome. *Journal of Neurology, Neurosurgery & Psychiatry, 68*（1）, 83-85.

Buss, D. M., Haselton, M. G., Shackelford, T. K., Bleske, A. L., & Wakefield, J. C.（1998）. Adaptations, exaptations, and spandrels. *American Psychologist, 53*, 533-548.

Butcher, S.（2012）. Embodied cognitive geographies. *Progress in Human Geography, 36*（1）, 90-110.

Caggiano, V., Fogassi L., Rizzolatti, G., Their, P., & Casile, A.（2009）. Mirror neurons differentially encode the peripersonal and extrapersonal space of monkeys. *Science, 324*（5925）, 403-406.

Caggiano, V., Fogassi, L., Rizzolatti, G., Pomper, J. K., Thier, P., Giese, M. A., Casile, A., et al.

（2011）. View-based encoding of actions in mirror neurons of area F5 in macaque premotor cortex. *Current Biology*, *21*（2）, 144-148.

Calder, A. J., Keane, J., Cole, J., Campbell, R., & Young, A. W. （2000）. Facial expression recognition by people with Mobius syndrome. *Cognitive Neuropsychology*, *17*（1）, 73-87.

Calvo-Merino, B., Glaser, D. E., Grèzes, J., Passingham,R. E., & Haggard, P.（2005）. Action observation and acquired motor skills：An fMRI study with expert dancers. *Cerebral Cortex*, *15*, 1243-1249.

Calvo-Merino, B., Grèzes, J., Glaser, D. E., Passingham,R. E., & Haggard, P.（2006）. Seeing or doing? Influence of visual and motor familiarity in action observation. *Current Biology*, *16*, 1905-1910.

Camarazza, A., & Mahon, B. (2006). The organization of conceptual knowledge in the brain: The future's past and some future directions. *Cognitive Neuropsychology, 23*, 13-38.

Cappella, J. N., & Panalp, S.（1981）. Talk and silence sequences in informal conversations Ⅲ：Interspeaker influence. *Human Communication Research*, *7*, 117-132.

Caramazza, A., Anzelotti, S., Strnad, L., & Lingnau, A.（2014）. Embodied cognition and mirror neurons：A critical assessment. *Annual Review of Neuroscience*, *37*, 1-15.

Carpenter, W. B. （1874）. *Principles of Mental Physiology, with Their Applications to the Training and Discipline of the Mind and the Study of Its Morbid Conditions*. New York：Appleton.

Carr, L., Iacoboni, M., Dubeau, M. C., Mazziotta, J. C., & Lenzi, G. L. （2003）. Neural mechanisms of empathy in humans：A relay from neural systems for imitation to limbic areas. *Proceedings of the National Academy of Sciences of the United States of America*, *100*, 5497-5502.

Carrillo, M., Han, Y., Migliorati, F, Liu, M., Gazzola, V., & Keysers, C.（2019）. Emotional mirror neurons in the rat's anterior cingulate cortex. *Current Biology*, *29*（8）, 1301-1312.

Carruthers, G. (2008). Types of body representation and the sense of embodiment. *Consciousness and Cognition*, *17*(4), 1302-1316.

Carruthers, G.（2013）. Toward a cognitive model of the sense of embodiment in a（rubber）hand. *Journal of Consciousness Studies*, *20*（3-4）, 33-60.

Carruthers, G.（2015）. Who am I in out of body experiences? Implications from OBEs for the explanandum of a theory of self-consciousness. *Phenomenology and Cognitive Sciences*, *14*, 183-197.

Carter, R. M., & Huettel, S. A.（2013）. A nexus model of the temporal-parietal junction. *Trends in Cognitive Sciences*, *17*（7）, 328-336.

Casartelli, L., & Molteni, M.（2014）. Where there is a goal, there is a way：What, why and how the parieto-frontal mirror network can mediate imitative behaviours. *Neuroscience and Biobehavioral Reviews*, *47*, 177-193.

Casasanto, D.（2009）. Embodiment of abstract concepts：Good and bad in right- and left-handers. *Journal of Experimental Psychology：General*, *138*（3）, 351-367.

Casasanto, D. （2010）. Space for thinking. In V. Evans, & P. Chilton（Eds.）, *Language, Cognition and Space：The State of the Art and New Directions*（pp. 453-478）. London：Equinox Publishing.

Casasanto, D., & Boroditsky, L. (2008) . Time in the mind: Using space to think about time. *Cognition*, *106*, 579-593.

Casasanto, D., & Bottini, R. (2014). Mirror reading can reverse the flow of time. *Journal of Experimental Psychology: General, 143*(2), 473-479.

Casasanto, D., & Chrysikou, E. G. (2011) . When left is "right": Motor fluency shapes abstract concepts. *Psychological Science*, *22* (4) , 419-422.

Casasanto, D., & Henetz, T. (2012) . Handedness shapes children's abstract concepts. *Cognitive Science*, *36* (2) , 359-372.

Casile, A., & Giese, M. A. (2006) . Non-visual motorlearning influences the recognition of biological motion. *Current Biology, 16*, 69-74.

Catmur, C. (2013) . Sensorimotor learning and the ontogeny of the mirror neuron system. *Neuroscience Letters*, *540* (6) , 21-27.

Catmur, C. (2014) . Unconvincing support for role of mirror neurons in "action understanding": Commentary on Michael et al. (2014) . *Frontiers in Human Neuroscience*, *8*, 553.

Catmur, C. (2015) . Understanding intentions from actions: Direct perception, inference, and the roles of mirror and mentalizing systems. *Consciousness and Cognition*, 36, 426-433.

Catmur, C., Mars, R. B., Rushworth, M. F., & Heyes, C. (2011) . Making mirrors: Premotor cortex stimulation enhances mirror and counter-mirror motor facilitation. *Journal of Cognitive Neuroscience*, *23* (9) , 2352-2362.

Catmur, C., Walsh, V., & Heyes, C. (2007) . Sensorimotor learning configures the human mirror system. *Current Biology*, *17* (17) , 1527-1531.

Cavanna, A. E., & Trimble, M. R. (2006) . The precuneus: A review of its functional anatomy and behavioural correlates. *Brain*, *129* (3) , 564-583.

Celine, J., Nicolas, G., Angelique, M., & Gaelle, B. (2011) . Retail salespeople's mimicry of customers: Effects on consumer behavior. *Journal of Retailing and Consumer Services*, *18*, 381-388.

Centerbar, D. B., & Clore, G. L. (2006) . Do approach-avoidance actions create attitudes? *Psychological Science*, *17*, 22-29.

Chandler, J., & Schwarz, N. (2009) . How extending your middle finger affects your perception of others: Learned movements influence concept accessibility. *Journal of Experimental Social Psychology*, *45*, 123-128.

Chandler, J., Reinhard, D., & Schwarz, N. (2012) . To judge a book by its weight you need to know its content: Knowledge moderates the use of embodied cuse. *Journal of Experimental Social Psychology*, *48* (4) , 948-952.

Chartrand, T. L., & Bargh, J. A. (1999) . The chameleon effect: The perception-behavior link and social interaction. *Journal of Personality and Social Psychology, 76,* 893-910.

Chatterjee, A. (2010). Disembodying cognition. *Language and Cognition*, 2, 79-116.

Chemero, A. (2009) . *Radical Embodied Cognitive Science*. Cambridge: The MIT Press.

Chen, M., & Bargh, J. A. (1999). Consequences of automatic evaluation: Immediate behavioral predispositions to approach or avoid the stimulus. *Personality and Social Psychology Bulletin, 25*, 215-224.

Cheng, C. M., & Chartrand, T. L.（2003）. Self-monitoring without awareness：Using mimicry as a nonconscious affiliation strategy. *Journal of Personality and Social Psychology, 85*, 1170-1179.

Chiou, W. B., & Cheng, Y. Y.（2013）. In broad daylight, we trust in God! Brightness, the salience of morality, and ethical behavior. *Journal of Environmental Psychology, 36*, 37-42.

Chomsky, N. （1959）. Verbal behavior by B.F. Skinner. *Language, 35*, 26-58.

Christ, O., & Reiner, M. （2014）. Perspectives and possible applications of the rubber hand and virtual hand illusion in non-invasive rehabilitation：Technological improvements and their consequences. *Neuroscience and Biobehavioral Reviews, 44*（7）, 33-44.

Christoff, K., Cosmelli, D., Legrand, D., & Thompson, E.（2011）. Specifying the self for cognitive neuroscience. *Trends in Cognitive Sciences, 15*（3）, 104-112.

Cisek, P., & Kalaska, J. F.（2010）. Neural mechanisms for interacting with a world full of action choices. *Annual Review of Neurosciences, 33*, 269-298.

Claire, E. A., William, W. M., Adam, D. G., &Tanya, L. C.（2009）. Who I am depends on how I feel：The role of affect in the expression of culture. *Psychological Science, 20（3）*, 340-346.

Clark, A.（1997a）. The dynamical challenge. *Cognitive Science, 21*, 461-481.

Clark, A.（1997b）. *Being There：Putting Brain, Body, and World Together Again*. Cambridge：MIT Press.

Clark, A.（1999）. An embodied cognitive science. *Trends in Cognitive Science, 3*, 345-351.

Clark, A.（2007）. Re-Inventing ourselves：The plasticity of embodiment, sensing, and mind. *Journal of Medicine and Philosophy, 32*, 263-282.

Clark, A.（2008）. *Supersizing the Mind：Embodiment, Action, and Cognitive Extension*. New York：Oxford University Press.

Clark, A.（2013）. Whatever next? Predictive brains, situated agents, and the future of cognitive science. *Behavioral and Brain Sciences, 36*（3）, 181-204.

Clark, A., & Chalmers, D. J.（1998）. The extended mind. *Analysis, 58*, 10-23.

Clark, H. H.（1973）. Space, time, semantics, and the child. In T. E. Moore（Ed.）, *Cognitive Development and the Acquisition of Language*（pp. 27-63）. New York：Academic Press.

Connell, L., & Lynott, D.（2011）. Modality switching costs emerge in concept creation as well as retrieval. *Cognitive Science, 35*（4）, 763-778.

Connell, L., Lynott, D., & Banks, B.（2018）. Interoception：The forgotten modality in perceptual grounding of abstract and concrete concepts. *Philosophical Transactions of the Royal Society of London. Series B：Biological Sciences, 373*（1752）, 20170143.

Cook, R., Bird, G., Catmur, C., Press, C., & Heyes, C.（2014）. Mirror neurons：From origin to function. *Behavioral and Brain Science, 37*（2）, 177-192.

Cook, R., Bird, G., Lünser, G., Huck, S., & Heyes, C.（2012）. Automatic imitation in a strategic context：Players of Rock-Paper-Scissors imitate opponents'gestures. *Proceedings of the Royal Society of London. Series B：Biological Sciences, 279*, 780-786.

Cook, R., Dickinson, A., & Heyes, C.（2012）. Contextual modulation of mirror and countermirror sensorimotor associations. *Journal of Experimental Psychology General, 141*（4）, 774-787.

Cooper, R. P., Cook, R., Dickinson, A., & Heyes, C. M.（2013）. Associative（not Hebbian）learning and the mirror neuron system. *Neuroscience Letters, 540*（28）, 28-36.

Coslett, H. B.（2013）. Body representations：Updating a classic concept. In A. Chatterjee, & H. Coslett.（Eds.）.*The Roots of Cognitive Neuroscience：Behavioral Neurology and Neuropsychology*（pp. 221-236）. New York：Oxford University Press.

Costantini, M., & Haggard, P.（2007）. The rubber hand illusion：Sensitivity and reference frame for body ownership. *Consciousness and Cognition, 16*（2）, 229-240.

Craig, A. D.（2009）. How do you feel now? The anterior insula and human awareness. *Nature Reviews Neuroscience, 10*, 59-70.

Craig, A. D. & Blomqvist, A.（2002）. Is there a specific lamina I spinothalamocortical pathway for pain and temperature sensations in primates? *The Journal of Pain, 3*（2）, 95-101.

Crawford, C.（2014）. *Phantom Limb：Amputation, Embodiment, and Prosthetic Technology*. New York：NYU Press.

Crepaldi, D., Aggujaro, S., Arduino, L. S., Zonca, G., Ghirardi, G., & Inzaghi, M. G.（2006）. Noun-verb dissociation in aphasia：The role of imageability and functional location of the lesion. *Neuropsychologia, 44*, 73-89.

Critchley, H. D., & Garfinkel, S. N.（2017）. Interoception and emotion. *Current Opinion in Psychology, 17*, 7-14.

Critchley, H. D., & Garfinkel, S. N.（2018）. The influence of physiological signals on cognition. *Current Opinion in Behavioral Sciences, 19*, 13-18.

Cunningham, A. E., & Stanovich, K. E.（1997）. Early reading acquisition and its relation to reading experience and ability 10 years later. *Developmental Psychology, 33*（6）, 934-945.

Dalton, A. N., Chartrand, T. L., & Finkel, E. J.（2010）. The schema-driven chameleon：How mimicry affects executive and self-regulatory resources. *Journal of Personality and Social Psychology, 98*（4）, 605-617.

Damasio, A. R.（1994）. Descartes' error：Emotion, reason and the human brain. *Psychosomatics, 310*（36）, 151-153.

Darwin, C.（1965）. *The Expression of Emotions in Man and Animals.* Chicago：University of Chicago Press.

Dautenhahn, K., Ogden, B., & Quick, T.（2002）. From embodied to socially embedded agents—Implications for interaction aware robots. *Cognitive Systems Research*, 3, 397-428.

David, N.（2011）. The feeling of agency：Empirical indicators for a pre-reflective level of action awareness. *Frontiers in Psychology, 2*, 149.

David, N.（2012）. New frontiers in the neuroscience of the sense of agency. *Frontiers in Human Neuroscience, 6*, 161.

David, N., Newen, A., & Vogeley, K.（2008）. The "sense of agency" and its underlying cognitive and neural mechanisms. *Consciousness and Cognition, 17*（2）, 523-534.

Davidson, D.（2001）. *Essays on Actions and Events：Philosophical Essays*（Vol. 1）. New York：Oxford University Press.

Davies, A. M. A., & White, R. C.（2013）. A sensational illusion：Vision-touch synaesthesia and the rubber hand paradigm. *Cortex, 49*（3）, 806-818.

Davies, A. M. A., White, R. C., & Davies, M.（2013）. Spatial limits on the nonvisual self-touch illusion and the visual rubber hand illusion：Subjective experience of the illusion and proprioceptive drift. *Consciousness and Cognition*, *22*（2）, 613-636.

Davis, M. H., Luce, C., & Kraus, S. J.（1994）. The heritability of characteristics associated with dispositional empathy. *Journal of Personality*, *62*（3）, 369-391.

de Bruin, L., & Strijbos, D.（2015）. Direct social perception, mindreading and Bayesian predictive coding. *Consciousness and Cognition*, *36*, 565-570.

de Jong, B. M.（2011）.Neurology of widely embedded free will. *Cortex, 47*（10）, 1160-1165.

de Ridder, D., Vanneste, S., & Freeman, W.（2014）. The Bayesian brain：Phantom percepts resolve sensory uncertainty. *Neuroscience and Biobehavioral Reviews*, *44*, 4-15.

de Vignemont, F. （2007）.Habeas Corpus: The sense of ownership of one's own body. *Mind and Language, 22*（4）, 427-449.

de Vignemont, F.（2010）. Body schema and body image—Pros and cons. *Neuropsychologia*, *48*（3）, 669-680.

de Vignemont, F.（2011）. Embodiment, ownership and disownership. *Consciousness and Cognition*, *20*（1）, 82-93.

de Vignemont, F., Tsakiris, M., & Haggard, P.（2006）. Body mereology. In G. Knoblich, I. Thornton, M. Grosjean, & M. Shiffrar（Eds.）, *Perception of the Human Body*（pp. 147-170）. New York：Oxford University Press.

de Wit, S., Niry, D., Wariyar, R., Aitken, M. R. F., & Dickinson, A.（2007）. Stimulus-outcome interactions during instrumental discrimination learning by rats and humans. *Journal of Experimental Psychology：Animal Behavior Processes*, *33*, 1-11

della Sala, S., & Marchetti, C.（2005）. The anarchic hand syndrome. In H. J. Freund, M. Jeannerod, M. Hallett, & R. Leiguarda（Eds.）, *Higher-Order Motor Disorders：From Neuroanatomy and Neurobiology to Clinical Neurology*（pp. 293-301）. New York：Oxford University Press.

della Sala, S., Marchetti, C., & Spinner, H.（1991）. Right sided anarchic（alien）hand：A longtitudinal study. *Neuropsychologia*, *29*, 1113-1127.

DeLoache, J. S.（2000）. Dual representation and young children's use of scale models. *Child Development*, *71*（2）, 329-338.

DeLoache, J. S.（2004）. Becoming symbol-minded. *Trends in Cognitive Sciences*, *8*（2）, 66-70.

Demiryürek, B. E., Gündogdu, A. A., Acar, B. A., & Alagoz, A. N.（2016）. Paroxysmal posterior variant alien hand syndrome associated with parietal lobe infarction：Case presentation. *Cognitive Neurodynamics*, *10*（5）, 453-455.

Duñabeitia, J. A., Aviles, A., Afonso, O., Scheepers, C., & Carreiras, M.（2009）. Qualitative differences in the representation of abstract versus concrete words：Evidence from the visual-word paradigm. *Cognition*, *110*, 284-292.

Dennett, D. C.（1969）. *Content and Consciousness*. London：Routledge.

Desai, R. H., Binder, J. R., Conant, L. L., & Seidenberg, M. S.（2010）. Activation of sensory-motor areas in Sentence Comprehension. *Cerebral Cortex*, *20*（2）, 468-478.

Desmedt, O., Luminet, O., & Corneille, O.（2018）. The heartbeat counting task largely involves non-interoceptive processes：Evidence from both the original and adapted counting task. *Biological Psychology*, *138*, 185-188.

Dewey, J.（1896）. The reflex arc concept in psychology. *Psychological Review*, *3*（4）, 357-370.

Dewey, J.（1916）. *Essays in Experimental Logic*. Lexington：University of Chicago Press.

Dewey, J.（1934）. *Art as Experience*. NewYork：Minton Press.

Dewey, J.（1938）. *Logic：The Theory of Inquiry*. In J. A. Boydston（Ed.）, *John Dewey：The Later Works*（pp. 1-506）. Carbondale：Southern Illinois University Press.

Dewey, J.（1969）. Introduction to philosophy：Syllabus of course 5. In J. A. Boydston（Ed.）, *John Dewey：The Early Work*s（vol.3, pp. 211-235）. Carbondale and Edwardsville：Southern Illinois University Press.

di Pellegrino, G., Fadiga, L., Fogassi, L., Gallese, V., & Rizzolatti, G.（1992）. Understanding motor events：A neurophysiological study. *Experimental Brain Research*, *91*（1）, 176-180.

Dieguez, S., & Lopez, C.（2017）. The bodily self：Insights from clinical and experimental research. *Annals of Physical and Rehabilitation Medicine*, *60*, 198-207.

Diers, M., Christmann, C., Koeppe, C., Ruf, M., & Flor, H.（2010）. Mirrored, imagined and executed movements differentially activate sensorimotor cortex in amputees with and without phantom limb pain. *Pain*, *149*, 296-304.

Dijkerman, C., & Lenggenhager, B.（2018）. The body and cognition：The relation between body representations and higher level cognitive and social processes. *Cortex*, *104*, 133-139.

Dijksterhuis, A., Chartrand, T. L., & Aarts, H.（2005）. Automatic behavior. In J. A. Bargh（Ed.）, *Social Psychology and the Unconscious：The Automaticity of Higher Mental Processes*（pp. 51-131）. Philadelphia：Psychology Press.

Dimberg, U.（1988）. Facial electromyography and the experience of emotion. *Journal of Psychophysiology*, *2*, 277-282.

Dimberg, U., Thunberg, M., & Elmehed, K.（2000）. Unconscious facial reactions to emotional facial expressions. *Psychological Science*, *11*, 86-89.

Doody, R. S., & Jankovic, J. (1992). The alien hand and related signs. *Journal of Neurology, Neurosurgery, and Psychiatry*, *55*(9), 806-810.

Dourish, P. (2001). *Where the Action is: Foundations of Embodied Interaction*. Cambridge: The MIT Press.

Dove, G.（2010）. On the need for embodied and disembodied cognition. *Frontiers in Psychology*, *1*, 242.

Dretske, F. (1973). Perception and other minds. *Noûs*, 7, 34-44.

Dreyfus, H. (2002). Intelligence without representation: Merleau-Ponty's critique of mental representation. *Phenomenology and the Cognitive Sciences, 1*, 367-383

DuBois, D., Ameis, S. H., Lai, M., Casanova, M. F., & Desarkar, P.（2016）. Interoception in autism spectrum disorder: A review. *International Journal of Developmental Neuroscience*, *52*, 104-111.

Dye, M. W., & Bavelier, D.（2010）. Differential development of visual attention skills in school-age children. *Vision Research*, *50*（4）, 452-459.

Ebisch, S.J., Perrucci, M.G., Ferretti, A., Del Gratta, C., Romani, G.L., & Gallese, V.（2008）. The Sense of touch: Embodied simulation in a visuotactile mirroring mechanism for observed animate or inanimate touch. *Journal of Cognitive Neuroscience*, *20*, 1611-1623.

Edin, B. B., Ascari, L., Beccai, L., Roccella, S., Cabibihan, J. J., & Carrozza, M. C.（2008）. Bio-inspired sensorization of a biomechatronic robot hand for the grasp-and-lift task. *Brain Research Bulletin*, *75*（6）, 785-795.

Ehrsson, H. H.（2012）. The concept of body ownership and its relation to multisensory integration. In B. E. Stein（Ed.）, *The New Handbook of Multisensory Processing*（pp. 775-792）. Cambridge: MIT Press.

Ehrsson, H. H., Rosén, B., Stockselius, A., Ragnö, C., Köhler, P., & Lundborg, G.（2008）. Upper limb amputees can be induced to experience a rubber hand as their own. *Brain, 131*, 3443-3452.

Ehrsson, H. H., Spence, C., & Passingham, R. E.（2004）. That's my hand! Activity in premotor cortex reflects feeling of ownership of a limb. *Science*, *305*（5685）, 875-877.

Ehrsson, H. H., Wiech, K., Weiskopf, N., Dolan, R. J., & Passingham, R. E.（2007）. Threatening a rubber hand that you feel is yours elicits a cortical anxiety response. *Proceedings of the National Academy of Sciences of the United States of America*, *104*（23）, 9828-9833.

Eliasmith, C.（2007）. Computational neuroscience. In P. Thagard（Ed.）, *Philosophy of Psychology and Cognitive Science*（pp.313-335）. Amsterdam: Elsevier.

Elisha, B., Frank, B., & Robert, R.（1991）. Students as judges of teachers' verbal and nonverbal behavior. *American Educational Research Journal*, *28*（1）, 211-234.

Elish-Piper, L.（2010）. Understanding reading comprehension: Information and ideas for parents about reading comprehension. *Illinois Reading Council Journal*, *38*（3）, 49-52.

Elsner, B., & Hommel, B.（2001）. Effect anticipation and action control. *Journal of Experimental Psychology: Human Perception & Performance*, *27*, 229-240.

Elsner, B., & Hommel, B.（2004）. Contiguity and contingency in action-effect learning. *Psychological Research*, *68*, 138-154.

Elsner, C., D'ausilio, A., Gredebäck, G., Falck-Ytter, T., & Fadiga, L.（2013）. The motor cortex is causally related to predictive eye movements during action observation. *Neuropsychologia*, *51*（3）, 488-492.

Fadiga, L., Craighero, L., Buccino, G., & Rizzolatti, G.（2002）. Speech listening specifically modulates the excitability of tongue muscles: A TMS study. *European Journal of Neuroscience*, *15*, 399-402.

Falconer, C. J., Slater, M., Rovira, A., King, J. A., Gilbert, P., Antley, A., & Brewin, C. R.（2014）. Embodying compassion: A virtual reality paradigm for overcoming excessive self-criticism. *Plos*

One, *9* (11) , e111933.

Fan, Y. T., Decety, J., Yang, C. Y., Liu, J. L., & Cheng, Y. (2010). Unbroken mirror neurons in autism spectrum disorders. *Journal of Child Psychology and Psychiatry*, *51* (9) , 981-988.

Farina, M. (2021) . Embodied cognition: Dimensions, domains and applications. *Adaptive Behavior, 29* (1) , 73-88.

Farmer, H., Tajadura-Jiménez, A., & Tsakiris, M. (2012) . Beyond the colour of my skin: How skin colour affects the sense of body-ownership. *Consciousness and Cognition*, *21* (3) , 1242-1256.

Farrer, C., Bouchereau, M., Jeannerod, M., & Franck, N. (2008) . Effect of distorted visual feedback on the sense of agency. *Behavioural Neurology*, *19* (1, 2) , 53-57.

Ferentzi, E., Bogdány, T., Szabolcs, Z., Csala, B., Horváth, Á., & Köteles, F. (2018) . Multichannel investigation of interoception: Sensitivity is not a generalizable feature. *Frontiers in Human Neuroscience*, *12*, 223.

Fernandez, J. (1986) . *Persuasion and Performance: The Play of Tropes in Culture*. Bloomington: Indiana University Press.

Ferrari, P. F., & Rizzolatti, G. (2014). Mirror neuron research: The past and the future. *Philosophical Transactions of the Royal Society of London. Series B: Biological Sciences*, *369* (1644) , 20130169.

Ferrari, P. F., Gallese, V., Rizzolatti, G., & Fogassi, L. (2003) . Mirror neurons responding to the observation of ingestive and communicative mouth actions in the monkey ventral premotor cortex. *European Journal of Neuroscience*, *17* (8) , 1703-1714.

Ferrari, P. F., Rozzi, S., & Fogassi, L. (2005) . Mirror neurons responding to observation of actions made with tools in monkey ventral premotor cortex. *Journal of Cognitive Neuroscience*, *17* (2) , 212-226.

Ferrari, P. F., Tramacere, A., Simpson, E. A., & Iriki, A. (2013) . Mirror neurons through the lens of epigenetics. *Trends in Cognitive Sciences*, *17* (9) , 450-457.

Fiske, A. P. (2004) . Relational models theory. In N. Haslam (Ed.) , *Relational Models Theory: A Contemporary Overview* (pp. 3-25) . London: Erlbaum.

FitzGerald, D. B., Drago, V., Jeong, Y., Chang, Y. L., White, K. D., & Heilman, K. M. (2007) . Asymmetrical alien hands in corticobasal degeneration. *Movement Disorders*, *22* (4) , 581-584.

Fleischer, F., Caggiano, V., Thier, P., & Giese, M. A. (2013) . Physiologically inspired model for the visual recognition of transitive hand actions. *The Journal of Neuroscience*, *33* (15) , 6563-6580.

Fogassi, L., Ferrari, P. F., Gesierich, B., Rozzi, S., Chersi, F., & Rizzolatti, G. (2005) . Parietal lobe: From action organization to intention understanding. *Science*, *308* (5722) , 662-667.

Folegatti, A., Farnè, A., Salemme, R., & de Vignemont, F. (2012). The rubber hand illusion: Two's a company, but three's a crowd. *Consciousness and Cognition*, *21* (2) , 799-812.

Frank, M. G., & Gilovich, T. (1988). The dark side of self-and social perception: Black uniforms and aggression in professional sports. *Journal of Personality and Social Psychology*, *54*, 74-85.

Franklin, D. W., &Wolpert, D. M. (2011) . Computational mechanisms of sensorimotor control. *Neuron*, *72* (3) , 425-442.

Freiler, T. J.（2008）. Learning through the body. *New Directions for Adult and Continuing Education, 119*, 37-47.

Friston, K. J., & Stephan, K. E.（2007）. Free-energy and the brain. *Synthese, 159*, 417-458.

Friston, K.（2005）. A theory of cortical responses. *Philosophical Transactions of the Royal Society of London. Series B：Biological Sciences, 360*（1456）, 815-836.

Friston, K.（2010）. The free-energy principle：A unified brain theory? *Nature Reviews Neuroscience, 11*（2）, 127-138.

Friston, K.（2018）. Does predictive coding have a future? *Nature Neuroscience, 21*, 1019-1021.

Friston, K., Rigoli, F., Ognibene, D., Mathys, C., FitzGerald, T., & Pezzulo, G.（2015）. Active inference and epistemic value. *Cognitive Neuroscience, 6*（4）, 187-214.

Fukushima, H., Terasawa, Y., & Umeda, S.（2011）. Association between interoception and empathy：Evidence from heartbeat-evoked brain potential. *International Journal of Psychophysiology, 79*（2）, 259-265.

Gallagher, S.（1986）. Body image and body schema：A conceptual clarification. *Journal of Mindand Behavior, 7*, 541-554.

Gallagher, S.（2000）. Philosophical conceptions of the self：Implications for cognitive science. *Trends in Cognitive Science, 4*（1）, 14-21.

Gallagher, S.（2001）. Dimensions of embodiment：Body image and body schema in medical contexts. In S. K. Toombs（Ed.）, *Handbook of Phenomenology and Medicine*（pp. 147-175）. Dordrecht：Springer.

Gallagher, S.（2004）. Understanding interpersonal problems in autism：Interaction theory as an alternative to theory of mind. *Philosophy, Psychiatry, & Psychology, 11*（3）, 199-217.

Gallagher, S.（2005）. *How the Body Shapes the Mind.* New York：Oxford. University Press.

Gallagher, S.（2008）. Philosophical antecedents to situated cognition. In P. Robbins, & M. Aydede（Eds.）, *Cambridge Handbook of Situated Cognition*（pp.35-53）. New York：Cambridge University Press.

Gallagher, S.（2012）. Multiple aspects in the sense of agency. *New Ideas in Psychology, 30*, 15-31.

Gallagher, S., & Meltzoff, A. N.（1996）. The earliest sense of self and others：Merleau-Ponty and recent developmental studies. *Philosophical Psychology, 9*（2）, 211-233.

Gallese, V.（2005）. Embodied simulation：From neurons to phenomenal experience. *Phenomenology and the Cognitive Sciences, 4*, 23-48.

Gallese, V.（2007）. Before and below theory of mind：Embodied simulation and the neural correlates of social cognition. *Philosophical Transactions of the Royal Society of London. Series B：Biological Sciences, 362*, 659-669.

Gallese, V.（2011）. Neuroscience and phenomenology. *Phenomenology & Mind, 1*, 33-48.

Gallese, V.（2016.）Finding the body in the brain：From simulation theory to embodied simulation. In H. Kornblith, & B. McLaughlin (Eds.), *Goldman and His Critics* (pp. 297-317). NewYork：Blackwell.

Gallese, V., & Caruana, F.（2016）. Embodied simulation：Beyond the expression/experience dualism of emotions. *Trends in Cognitive Sciences, 20*（6）, 397-398.

Gallese, V., & Cuccio, V. (2015). The paradigmatic body: Embodied simulation, intersubjectivity and the bodily self. In T. Metzinger, & J. M.Windt(Eds.), *Open Mind*（pp. 1-23）. Frankfurt: MIND Group.

Gallese, V., & Lakoff, G.（2005）. The Brain's concepts: The role of the sensory-motor system in conceptual knowledge. *Cognitive Neuropsychology, 22*（3/4）, 455-479.

Gallese, V., & Sinigaglia, C.（2010）. The bodily self as power for action. *Neuropsychologia, 48*, 746-755.

Gallese, V., & Sinigaglia, C.（2011）. What is so special about embodied simulation. *Trends in Cognitive Sciences, 15*（11）, 512-519.

Gallese, V., & Sinigaglia, C.（2014）. Understanding action with the motor system. *Behavioral and Brain Sciences, 37*（2）, 199-200.

Gallese, V., Fadiga, L., Fogassi, L., & Rizzolatti, G.（1996）. Action recognition in the premotor cortex. *Brain, 119*, 593-609

Gangopadhyay, N., & Miyahara, K.（2015）. Perception and the problem of access to other minds. *Philosophical Psychology, 28*（5）, 695-714.

Gao, Q., Ping, X., & Chen, W.（2019）. Body influences on social cognition through interoception. *Frontiers in Psychology, 10*, 2066.

Garbarini, F., & Adenzato, M.（2004）. At the root of embodied cognition: Cognitive science meets neurophysiology. *Brain and Cognition*, 56, 100-106.

Garfinkel, S. N., Seth, A. K., Barrett, A. B., Suzuki, K., & Critchley, H. D.（2015）. Knowing your own heart: Distinguishing interoceptive accuracy from interoceptive awareness. *Biological Psychology, 104*, 65-74.

Gasquoine, P. G. (1993). Alien hand sign. *Journal of Clinical and Experimental Neuropsychology, 15*(5), 653-667.

Geertjan, O., Sander, M. Bot, Wim, H. J. M., Miranda, S., Ronald, A. K., & Rutger, E.(2011). Where it's at! The role of best friends and peer group members in young adults' alcohol use. *Journal of Research on Adolescence, 21*（3）, 631-638.

Gelder, T. V. (1998). The dynamical hypothesis in cognitive science. *Behavioral and Brain Sciences, 21*, 615-628.

Gentile, G., Guterstam, A., Brozzoli, C., & Ehrsson, H. H.（2013）. Disintegration of multisensory signals from the real hand reduces default limb self-attribution: An fMRI study. *The Journal of Neuroscience, 33*（33）, 13350-13366.

Gentner, D. (2003). Why we're so smart. In D. Gentner, & S. Goldin-Meadow (Eds.), *Language in Mind: Advances in the Study of Language and Thought* (pp. 195-235). Cambridge: MIT Press.

Gentner, D.（2010）. Psychology in cognitive science: 1978-2038. *Topics in Cognitive Science, 2*, 328-344.

Germine, L., Benson, T. L., Cohen, F., & Hooker, C. I. L.（2013）. Psychosis-proneness and the rubber hand illusion of body ownership. *Psychiatry Research, 207*（1-2）, 45-52.

Guéguen, N.（2007）. Courtship compliance: The effect of touch on women's behavior. *Social Influence, 2*, 81-97.

Ghio, M., & Tettamanti, M.（2010）. Semantic domain-specific functional integration for action-related vs abstract concepts. *Brain & Language*, *112*, 223-232.

Gibbs, W. R.（2005）. *Embodiment and Cognitive Science*. New York：Cambridge University Press.

Giles, H., & Powesland, P. F.（1975）. *Speech Style and Social Evaluation*. London：Academic Press.

Giles, H., & Smith, P. M.（1979）. Accommodation theory：Optimal levels of convergence. In H. Giles, & R. Clair（Eds.）, *Language and Social Psychology*（pp. 45-65）. Oxford：Blackwell.

Giovannetti, T., Buxbaum, L.J., Biran, I., & Chatterjee, A.（2005）. Reduced endogenous control in alien hand syndrome：Evidence from naturalistic action. *Neuropsychologia*, *43*, 75-88.

Giudice, M. D., Manera, V., & Keysers, C.（2009）. Programmed to learn? The ontogeny of mirror neurons. *Developmental Science*, *12*（2）, 350-363.

Giummarra, M. J., Bradshaw, J. L., Nicholls, M. E. R., Hilti, L. M. & Brugger, P. (2011). Body integrity identity disorder: Deranged body processing, right fronto-parietal dysfunction, and phenomenological experience of body incongruity. *Neuropsychology Review*, *21*(4), 320-333.

Giummarra, M. J., Georgiou-Karistianis, N., Nicholls, M. E. R., Gibson, S. J., Chou, M., & Bradshaw, J. L.（2010）. Corporeal awareness and proprioceptive sense of the phantom. *British Journal of Psychology*, *101*, 791-808.

Giummarra, M. J., Gibson, S. J., Georgiou-Karistianis, N., & Bradshaw, J. L. (2007). Central mechanisms in phantom limb perception：The past, present and future. *Brain Research Reviews, 54*(1), 219-232.

Giummarra, M. J., Gibson, S. J., Georgiou-Karistianis, N., & Bradshaw, J. L.（2008）. Mechanisms underlying embodiment, disembodiment and loss of embodiment. *Neuroscience & Biobehavioral Reviews*, *32*（1）, 143-160.

Glenberg, A. M.（1997）. What memory is for. *Behavioral and Brain Sciences, 20*, 1-55.

Glenberg, A. M.（2008）. Embodiment for education. In P. Calvo., & A. Gomila（Eds.）, *Handbook of Cognitive Science*（pp. 355-372）. Amsterdam：Elsevier.

Glenberg, A. M., & Kaschak, M. P.（2002）. Grounding language in action. *Psychonomic Bulletin & Review*, *9*（3）, 558-565.

Glenberg, A. M., Gutierrez, T., Levin, J. R., Japuntich, S., & Kaschak, M. P.（2004）. Activity and imagined activity can enhance young children's reading comprehension. *Journal of Educational Psychology*, *96*（3）, 424-436.

Glenberg, A. M., Witt, J. K., & Metcalfe, J.（2013）. From the revolution to embodiment：25 years of cognitive psychology. *Perspectives on Psychological Science*, *8*（5）, 573-585.

Glenberg, A., Sato, M., Cattaneo, L., Riggio, L., Palumbo, D., & Buccino, G.（2008）. Processing abstract language modulates motor system activity. *The Quarterly Journal of Experimental Psychology*, *61*, 905-919.

Goldberg, G., & Goodwin, M. E.（2010）. Alien hand syndrome. In J. S. Kreutzer, J. DeLuca, & B. Caplan（Eds.）, *Encyclopedia of Clinical Neuropsychology*（pp. 84-91）. Dordrecht Heidelberg：

Springer.

Goldberg, G., &Bloom, K. K. (1990). The alien hand sign: Localization, lateralization and recovery. *American Journal of Physical Medicine & Rehabilitation*, *69*, 228-238.

Goldberg, R. F., Perfetti, C. A., & Schneider, W. (2006) . Perceptual knowledge retrieval activates sensory brain regions. *The Journal of Neuroscience*, *26* (18) , 4917-4921.

Goldinger, S. D., Papesh, M. H., Barnhart, A. S., Hansen, W. A., & Hout, M. C. (2016) . The poverty of embodied cognition. *Psychonomic Bulletin & Review*, *23* (4) , 959-978.

Goldman, A. I. （2013）. *Joint Ventures: Mindreading, Mirroring, and Embodied Cognition*. New York: Oxford University Press.

Goldman, A. (2012). A moderate approach to embodied cognitive science. *Review of Philosophy and Psychology*, *3*, 71-88.

Goldman, A., & de Vignemont, F. (2009).Is social cognition embodied? *Trends in Cognitive Sciences*, *13*（4）,154-159.

Goldstein K. (1908). Zur Lehre van der motorisation Apraxie. *Journal fur Psychologie und Neurologie, 11*,169-187.

Gould, S. J. (1991) . Exaptation: A crucial tool for an evolutionary psychology. *Journal of Social Issues*, *47* (3) , 43-65.

Grafton, S. T. (2009) . Embodied cognition and the simulation of action to understand others. *Annals of the New York Academy of Sciences*, *1156*, 97-117.

Greene , J. D., Sommerville, R. B., Nystrom, L. E., Darley, J. M., & Cohen, J. D. (2001) . An fMRI investigation of emotional engagement in moral judgment. *Science*, *293*, 2105-2108.

Greenwald, A. G. (1970) . Sensory feedback mechanisms in performance control: With special reference to the ideo-motor mechanism. *Psychological Review*, *77*, 73-99.

Greenwald, A. G. (1972) . On doing two things at once: Time sharing as a function of ideomotor compatibility. *Journal of Experimental Psychology*, *94*, 52-57.

Greenwald, A. G., & Banaji, M. R. (1995) . Implicit social cognition: Attitudes, self-esteem, and stereotypes. *Psychological Review*, *102* (1) , 4-27.

Greenwood, J. D. （1999） . Understanding the “cognitive revolution” in psychology. *Journal of the History of the Behavioral Sciences*, *35* (1) , 1-22.

Grillon, C., Pellowski, M., Merikangas, K. R., & Davis, M. (1997) . Darkness facilitates the acoustic startle reflex in humans. *Biological Psychiatry*, 42, 453-460.

Grossmann, T. （2015）. The development of social brain functions in infancy. *Psychological Bulletin*, *141*（6）, 1266-1287.

Grynberg, D., & Pollatos, O. (2015). Perceiving one’s body shapes empathy.*Physiology & Behavior*, *140*, 54-60.

Gurwitsch, A. (1979) . *Human Encounters in the Social World* (F. Kersten, Trans.) .Pittsburgh: Duquesne University Press.

Guterstam, A., Abdulkaraim, Z., & Ehrsson, H. H. (2015) . Illusory ownership of an invisible body reduces autonomic and subjective social anxiety responses. *Scientific Reports*, *5*, 9831.

Guterstam, A., Gentile, G., & Ehrsson, H. H.（2013）. The invisible hand illusion：Multisensory integration leads to the embodiment of a discrete volume of empty space. *Journal of Cognitive Neuroscience, 25*（7）, 1078-1099.

Guterstam, A., Petkova, V. I., & Ehrsson, H. H.（2011）. The illusion of owning a third arm. *PLoS One, 6*（2）, e17208.

Haans, A., Ijsselsteijn, W. A., & de Kort, Y. A.（2008）. The effect of similarities in skin texture and hand shape on perceived ownership of a fake limb. *Body Image, 5*（4）, 389-394.

Haans, A., Kaiser, F. G., Bouwhuis, D. G., & Ijsselsteijn, W. A.（2012）. Individual differences in the rubber-hand illusion：Predicting self-reports of people's personal experiences. *Acta Psychologica, 141*（2）, 169-177.

Häberle, A., Schütz-Bosbach, S., Laboissière, R., & Prinz, W.(2008). Ideomotor action in cooperative and competitive settings. *Social Neuroscience, 3*, 26-36.

Häfner, M.（2013）. When body and mind are talking：Interoception moderates embodied cognition. *Experimental Psychology, 60*（4）, 255-259.

Haggard, P.（2008）. Human volition：Towards a neuroscience of will. *Nature Reviews Neuroscience, 9*（12）, 934-946.

Haggard, P. (2017). Sense of agencyin the human brain. *Nature Reviews Neuroscience, 18*(4), 196-207.

Haggard, P., & Chambon, V.（2012）. Sense of agency. *Current Biology, 22*（10）, 390-392.

Hamilton, A. F.（2013）. The mirror neuron system contributes to social responding. *Cortex, 49*（10）, 2957-2959.

Hamilton, A. F.（2016）. Gazing at me：The importance of social meaning in understanding direct-gaze cues. *Philosophical Transactions of the Royal Society B：Biological Sciences, 371*（1686）, 20150080.

Hanyu, K.（2000）. Visual properties and affective appraisals in residential areas in daylight. *Journal of Environmental Psychology, 20*, 273-284.

Haq, I. U., Malaty, I. A., Okun, M. S., Jacobson, C. E., Fernandez, H. H., & Rodriguez, R. R. (2010). Clonazepam and botulinum toxin for the treatment of alien limb phenomenon. *The Neurologist, 16*(2), 106-108.

Harakeh, Z., Engels, R.,van Baaren, R. B., & Scholte, R. H. J.（2007）. Imitation of cigarette smoking：An experimental study on smoking in a naturalistic setting. *Drug and Alcohol Dependence, 86*, 199-206.

Hardcastle, V. G., & Stewart, R.W.（2008）.Reduction and embodied cognition：Perspectives from medicine and psychiatry. In J. Hohwy, & J. Kallestrup（Eds.）, *Being Reduced：New Essays on Reduction, Explanation, and Causation*（pp. 20-33）. New York：Oxford University Press.

Hark, M. T.（2004）. *Popper, Otto Selz and the Rise of Evolutionary Epistemology*. Cambridge：Cambridge University Press.

Harlow, H.（1958）. The nature of love. *American Psychologist, 13*, 673-685.

Hatfield, E., Cacioppo, J., Rapson, R. L.（1994）. *Emotional Contagion*. New York：Cambridge

University Press.

Haugeland, J. （1998）. Mind embodied and embedded. In J. Haugeland（Ed.）, *Having Thought* （pp. 207-237）. Cambridge： Harvard University Press.

Havas, D. A., Glenberg, A. M., Gutowski, K. A., Lucarelli, M. J., & Davidson, R. J. （2010）. Cosmetic use of botulinum toxin-A affects processing of emotional language. *Psychological Science, 21,* 895-900.

Hecht, E. E., & Parr, L. A. (2015). The chimpanzee mirror system and the evolution of frontalparietal circuits for action observation and social learning. In P. F. Ferrari, & G. Rizzolatti （Eds.）, *New Frontiers in Mirror Neurons Research* （pp. 153-181）. New York： Oxford University Press.

Heidegger, M. （1962）. *Being and Time*. Oxford: Basil Blackwell.

Heidegger, M. （1977）. *The Question Concerning Technology and Other Essays*. New York： Harper Torchbooks.

Held, R., & Hein, A. V. （1958）. Adaptation of disarranged hand-eye coordination contingent upon re-afferent stimulation. *Perceptual and Motor Skills, 8* （3）, 87-90.

Henderson, W. R., & Smyth, G. E. （1948）. Phantom limbs. *Journal of Neurology, Neurosurgery and Psychiatry, 11*, 88-112.

Herbert, B. M., & Pollatos, O. （2012）. The body in the mind： On the relationship between interoception and embodiment. *Topics in Cognitive Science, 4* （4）, 692-704.

Herbert, B. M., Herbert, C., Pollatos, O., Weimer, K., Enck, P., Sauer, H., & Zipfel, S. (2012). Effects of short-term food deprivation on interoceptive awareness, feelings and autonomic cardiac activity. *Biological Psychology, 89* （1）, 71-79.

Hertza, J., Davis, A. S., Barisa, M., & Lemann, E. R. (2012). Atypical sensory alien hand syndrome： A case study. *Applied Neuropsychology： Adult, 19* （1）, 71-77.

Herwig, A., & Waszak, F. （2009）. Intention and attention in ideomotor learning. *The Quarterly Journal of Experimental Psychology, 62*, 219-227.

Herwig, A., Prinz, W., &Waszak, F. (2007). Two modes of sensorimotor integration inintention-based and stimulus-based actions. *The Quarterly Journal of Experimental Psychology, 60*, 1540-1554.

Heyes, C. （2001）. Causes and consequences of imitation. *Trends in Cognitive Sciences, 5* （6）, 253-261.

Heyes, C. (2010). Where do mirror neurons come from? *Neuroscience & Biobehavioral Reviews, 34* （4）, 575-583.

Heyes, C. （2014). Submentalizing：I am not really reading your mind. *Perspectives on Psychological Science, 9* （2）, 131-143.

Heyes, C. (2015). Animal mindreading： What's the problem? *Psychonomic Bulletin and Review, 22* （2）, 313-327.

Heyes, C. （2016）. Homo imitans? Seven reasons why imitation couldn't possibly be associative. *Philosophical Transactions of the Royal Society B： Biological Sciences, 371*(1686), 20150069.

Heyes, C. （2019）. Précis of cognitive gadgets： The cultural evolution of thinking. *Behavioral and Brain Sciences, 42*, 1-57.

Heyes, C., Bird, G., Johnson, H., & Haggard, P.（2005）. Experience modulates automatic imitation. *Cognitive Brain Research, 22*（2）, 233-240.

Hickok, G.（2009）. Eight problems for the mirror neuron theory of action understanding in monkeys and humans. *Journal of Cognitive Neuroscience, 21*（7）, 1229-1243.

Hickok, G.（2014）. *The Myth of Mirror Neurons: The Real Neuroscience of Communication and Cognition*. New York：Norton & Company.

Hidalgo-Borrajo, R., Belaunzaran-Mendizábal, J., Hernáez-Goñi, P., Tirapu-Ustárroz, J., & Luna-Lario, P.（2009）. Alien hand syndrome：A review of the literature. *Revista de Neurologia, 48*（10）, 534-539.

Hoffmann, J., Berner, M., Butz, M. V., Herbort, O., Kiesel, A., Kunde, W., et al.（2007）. Explorations of anticipatory behavioral control（ABC）：A report from the cognitive psychology unit of the University of Würzburg. *Cognitive Processing, 8,*133-142.

Hoffmann, J., Lenhard, A., Sebald, A., & Pfister, R.（2009）. Movements or targets：What makes an actionin action-effect learning? *The Quarterly Journal of Experimental Psychology, 62,* 2433-2449.

Hoffmann, J., Stock, A., & Deutsch, R.（1996）. The Würzburg school. In J. Hoffmann & A. Sebald（Eds.）, *Cognitive psychology in Europe*（pp. 147-172）. Lengerich：Pabst Science Publishers.

Hohwy, J., & Paton, B.（2010）. Explaining away the body：Experiences of supernaturally caused touch and touch on non-hand objects within the rubber hand illusion. *PLoS One, 5*（2）, e9416.

Holland, R. W., Hendriks, M., & Aarts, H.（2005）. Smells like clean spirit：Nonconscious effects of scent on cognition and behavior. *Psychological Science, 16*, 689-693.

Hommel, B.（2000）. The prepared reflex：Automaticity and control in stimulus-response translation. In S. Monsell, & J. Driver（Eds.）, *Control of Cognitive Processes：Attention and Performance XVIII*（pp. 247-273）. Cambridge：MIT Press.

Hommel, B.（2009）. Action control according to TEC（theory of event coding）. *Psychological Research, 73,* 512-526.

Hommel, B., & Prinz, W.（1997）. *Theoretical Issues in Stimulus-Response Compatibility*. Amsterdam：North-Holland.

Hommel, B., Alonso, D., & Fuentes, L. J.（2003）. Acquisition and generalization of action effects.*Visual Cognition, 10*, 965-986.

Hommel, B., Müsseler, J., Aschersleben, G., & Prinz, W.（2001）. The theory of event coding（TEC）：A framework for perception and action planning. *The Behavioral and Brain Sciences, 24,* 849-878.

Hommer, D. H., McCallin, J. P., & Goff, B. J.（2014）. Advances in the treatment of phantom limb pain. *Current Physical Medicine and Rehabilitation Reports*, *2*（4）, 250-254.

Hong, J. W., & Sun, Y. C.（2012）. Warm it up with love：The effect of physical coldness on liking of romance movies. *The Journal of Consumer Research, 39*（2）, 293-306.

Huang, H., Lee, C., & Federmeier.（2010）. Imagine that! ERPs provide evidence for distinct hemispheric contributions to the processing of concrete and abstract concepts. *NeuroImage, 49*

（1），1116-1123.

Humphrey, G.（1951）. *Thinking: An Introduction to its Experimental Psychology*. London: John Wiley & Sons.

Hurley, S.（2008）. The shared circuits model（SCM）: How control, mirroring, and simulation can enable imitation,deliberation, and mindreading. *Behavioral and Brain Sciences, 31*, 1-22

Husserl, E.（1952）. *Ideen zu einer reinen phänomenologie und phänomenologischen philosophie, book 2, phänomenologische untersuchungen zur konstitution*. In M. Biemel(Ed.), Husserliana 4. Dordrecht: Kluwer Academic Publishers.

Husserl, E.（1959）. *Erstephilosophie, theorie der phänomenologischen reduktion*. In R. Boehm(Ed.), Husserliana 8（Vol. II, 1923-1924）. The Hague: Martinus Nijhoff.

Husserl, E.（1973a）. *Zur phänomenologie der intersubjektivität: texteaus dem nachlass*. In I. Kern（Ed.）. Husserliana 13（Vol. I, 1905-1920）. The Hague: Martinus Nijhoff.

Husserl, E.（1973b）. *Zur phänomenologie der intersubjektivität: texteaus dem nachlass*. In I. Kern（Ed.）, Husserliana 14（Vol. II, 1921-1928）.The Hague: Martinus Nijhoff.

Husserl, E.（1973c）. *Zur phänomenologie der intersubjektivität: texteaus dem nachlass*. In I. Kern（Ed.）, Husserliana 15（Vol. III, 1929-1935）. The Hague: Martinus Nijhoff.

Husserl, E.（1973d）. *Ding und raum: vorlesungen 1907*. In U. Claesges（Ed.）, Husserliana 16. Dordrecht: Kluwer Academic Publishers.

Husserl, E.（2006）. *The Basic Problems of Phenomenology: From the Lectures, Winter Semester, 1910-1911*. Dordrecht: Springer.

Hyslop, A.（2013）. *Other Minds*（Vol. 246）. Dordrecht: Springer Science & Business Media.

Iacoboni, M.（2005）. Neural mechanisms of imitation. *Current Opinion in Neurobiology, 15*, 632-637.

Iacoboni, M.（2009a）. Imitation, empathy and mirror neurons. *Annual Review of Psychology, 60*, 653-670.

Iacoboni, M.（2009b）. *Mirroring People: The New Science of How We Connect with Others*. New York: Picador.

Iacoboni, M., & Dapretto, M.（2006）. The mirror neuron system and the consequences of itsdysfunction. *Nature Reviews Neuroscience, 7*, 942-951.

Iacoboni, M., Koski, L. M., Brass, M., Bekkering, H., Woods, R. P., et al.（2001）. Reafferent copies of imitated actionsin the right superior temporal cortex. *Proceedings of the National Academy of Sciences of the United States of America, 98*, 13995-13999.

Iacoboni, M., Molnar-Szakacs, I., Gallese, V., Buccino, G., Mazziotta, J.C., & Rizzolatti, G.（2005）. Grasping the intentions of others with one's own mirror neuron system. *PLoS Biology, 3*（3）, e79.

Iacoboni, M., Woods, R. P., Brass, M., Bekkering, H., Mazziotta, J. C., & Rizzolatti, G.（1999）. Cortical mechanisms of human imitation. *Science, 286*（5449）, 2526-2528.

Ide, M.（2013）. The Effect of "anatomical plausibility" of hand angle on the rubber-hand illusion. *Perception, 42*（1）, 103-111.

Ijzerman, H., & Semin, G. R.（2009）. The thermometer of social relations：Mapping social proximity on temperature. *Psychological Science*, *20*, 1214-1220.

Ijzerman, H., & Semin, G. R.（2010）. Temperature perceptions as a ground for social proximity. *Journal of Experimental Social Psychology*, *46*（6）, 867-873.

Ijzerman, H., Karremans, J. C., Thomsen, L., & Schubert, T. W.（2013）. Caring for sharing：How attachment styles modulate communal cues of physical warmth. *Social Psychology*, *44*（2）, 160-166.

Ilharco, F.（2003）. Building bridges in phenomenology：Matching Heidegger and autopoiesis in interpretive research. http://www.ucp.pt/site/resources/documents/FCH/F%20Ilharco/site%209%20POT%20Building%20Bridges%20Ilharco%20POT2.pdf.

Inui, N.（2016）. *Systematic Changes in Body Image Following Formation of Phantom Limbs*. Singapore：Springer.

Ionta, S., Heydrich, L., Lenggenhager, B., Mouthon, M., Fornari, E., & Chapuis, D., et al.（2011）. Multisensory mechanisms in temporo-parietal cortex support self-location and first-person perspective. *Neuron*, *70*（2）, 363-374.

Jackson, S. R., Buxbaum, L. J., & Coslett, H. B.（2011）. Cognitive neuroscience of bodily representations：Psychological processes and neural mechanisms. *Cognitive Neuroscience*, *2*（3-4）, 135-137.

Jaeger, H.（1998）. Today's dynamical systems are too simple. *Behavioral and Brain Sciences*, *21*, 643-644.

James, W.（1887）. The consciousness of lost limbs. *Proceedings of the American Society for Psychical Research*, *1*, 249-258.

James, W.（1890）. *The Principles of Psychology*.（Vols. 1 & 2）. New York：Henry Holt.

Jarrett, C.（2014）. *Great Myths of the Brain*. London：Wiley Blackwell.

Jeannerod, M.（2003）. The mechanism of self-recognition in humans. *Behavioural Brain Research*, *142*（1-2）, 1-15.

Jeannerod, M.（2006）. *Motor Cognition*. New York：Oxford University Press.

Jellema, T., Baker, C. I., Wicker, B., & Perrett, D. I.（2000）. Neural representation for the perception of the intentionalityof actions. *Brain and Cognition*, *44*, 280-302.

Jenkinson, P. M., Haggard, P., Ferreira, N. C., & Fotopoulou, A.（2013）. Body ownership and attention in the mirror：Insights from somatoparaphrenia and the rubber hand illusion. *Neuropsychologia*, *51*（8）, 1453-1462.

Jeremy, N. B., & Nick, Y.（2007）. Virtual interpersonal touch and digital chameleons. *Journal of Nonverbal Behavior*, *31*, 225-242.

Jessica, L. L., Valerie, E. J., Clara, M. & Tanya, L. （2003）. The chamelen effect as soclal glue：Evidence for the evolutionary signifcance of nonconscious mimicry. *Journal of Nonverbal Behavior*, *27*, 145-163.

Jirak, D., Menz, M., Buccino, G., Borghi, A. M., & Binkofski, F.（2010）. Grasping language. A short story on embodiment. *Consciousness and Cognition*, *19*, 711-720.

Johansson, M., Rosén, M., & Küller, R. (2011). Individual factors influencing the assessment of the outdoor lighting of an urban footpath. *Lighting Research and Technology, 42*, 31-43.

Johnson, M. (2008). Meaning and the body. *New Scientist, 197* (2638), 46-47.

Johnson, M. (2010). Cognitive science and Dewey's theory of mind, thought, and language. In M. Cochran (Ed.), *The Cambridge Companion to Dewey* (pp. 123-144). Cambridge: Cambridge University Press.

Johnson-Frey, S. H. (2004). The neural bases of complex tool use in humans. *Trends in Cognitive Sciences, 8* (2), 71-78.

Johnston, L. (2002). Behavioral mimicry and stigmatization. *Social Cognition, 20*, 18-35.

Jones, D., & Elcock, J. (2001). *History and Theories of Psychology: A Critical Perspective*. London: Arnold.

Jones, W., & Klin, A. (2013). Attention to eyes is present but in decline in 2-6-month-old infants later diagnosed with autism. *Nature, 504* (7480), 427-431.

Jostmann, N. B., Lakens, D., & Schubert, T. W. (2009). Weight as an embodiment of importance. *Psychological Science, 20*, 1169-1174.

Judith, H., & Katie, W. (2011). Co-speech gesture mimicry in the process of collaborative referring during face-to-face dialogue. *Journal of Nonverbal Behavior, 35*, 133-153.

Kalckert, A., & Ehrsson, H. H. (2014). The moving rubber hand illusion revisited: Comparing movements and visuotactile stimulation to induce illusory ownership. *Consciousness and Cognition, 26*, 117-132.

Kanakogi, Y., & Itakura, S. (2011). Developmental correspondence between action prediction and motor ability in early infancy. *Nature Communications, 2*, 341.

Kang, Y., Williams, L. E., Clark, M. S., Gray, J. R., & Bargh, J. A. (2011). Physical temperature effects on trust behavior: The role of insula. *Social Cognitive and Affective Neuroscience, 6* (4), 507-515.

Kasahara, Y., Takayanagi, Y., Kawada, T., Itoi, K., & Nishimori, K. (2007). Impaired thermoregulatory ability of oxytocin-deficient mice during cold-exposure. *Bioscience, Biotechnology, and Biochemistry, 71*, 3122-3126.

Kaufman, D., & Mahoney, J. M. (1999). The effect of waitresses touch on alcohol consumption in dyads. *The Journal of Social Psychology, 139*, 261-267.

Keijzer, F. (2002). Representation in dynamical and embodied cognition. *Cognitive Systems Research, 3*, 275-288.

Keijzer, F. (2005). Theoretical behaviorism meets embodied cognition: Two theoretical analyses of behavior. *Philosophical Psychology, 18*, 123-143.

Keizer, A., Smeets, M. A. M., Postma, A., van Elburg, A., & Dijkerman, H. C. (2014). Does the experience of ownership over a rubber hand change body size perception in anorexia nervosa patients? *Neuropsychologia, 62*, 26-37.

Kelso, J. A. S. (1995). *Dynamic Patterns: The Self-organization of Brain and Behavior.* Cambridge: MIT Press.

Kendon, A.（1970）. Movement coordination in social interaction：Some examples described. *Acta Psychologica*, *32,* 101-125.

Kessler, J., & Hathout, G.（2009）. Dominant posterior-variant alien hand syndrome after acute left parietal infarction.*Clinical Neurology and Neurosurgery*, *111*, 633-635.

Keysers, C.（2011）. *Empathic Brain：How the Discovery of Mirror Neurons Changes Our Understanding of Human Nature*. Lexington：Social Brain Press.

Keysers, C., & Gazzola, V.（2014）. Hebbian learning and predictive mirror neurons for actions, sensations and emotions. *Philosophical Transactions of the Royal Society B：Biological Sciences*, *369*（1644）, 20130175.

Kikkert, M.A., Ribbers, G.M., & Koudstaal, P. J.（2006）. Alien hand syndrome in stroke：A report of 2 cases and review of the literature. *Archives of Physical Medicine and Rehabilitation*, *87*（5）, 728-732.

Kilner, J. M., & Lemon, R. N.（2013）. What we know currently about mirror neurons. *Current Biology*, *23*（23）, 1057-1062.

Kilner, J. M., Friston, K. J., & Frith, C. D.（2007）. The mirror-neuron system：A Bayesian perspective. *Neuroreport*, *18*, 619-623.

Kim, Y. D, Lee, E. S, Lee, K. S, & Kim, J. S.（2010）. Callosal alien hand sign following a right parietal lobe infarction. *Journal of Clinical Neuroscience*, *17*, 796-797.

Kimbara, I.（2008）. Gesture form convergence in joint description. *Journal of Nonverbal Behavior*, *32*（2）, 123-131.

Kimble, G. A., Michael,W., & Charlotte, W.（2000）. *Portraits of Pioneers in Psychology.* Mahwah：Lawrence Erlbaum Associates, Inc.

Kintsch, W.（1994）. Text comprehension, memory, and learning. *American Psychologist*, *49*（4）, 294-303.

Kintsch, W., & Rawson, K. A.（2005）. Comprehension. In M. J. Snowling, & C. Hulme（Eds.）, *The Science of Reading：A Handbook*（pp. 209-226）. Oxford：Blackwell Publishing.

Kirsh, D.（1995）. The intelligent use of space. *Artificial Intelligence*, *73*（1-2）, 31-68.

Kirsh, D., & Maglio, P.（1994）. On distinguishing epistemic from pragmatic action. *Cognitive Science*, *18*, 513-549.

Kiverstein, J.（2012）. The meaning of embodiment. *Topics in Cognitive Science*, *4*, 740-758.

Klein, S. B.（2012）. What is the self? Approaches to a very elusive question. *Social Cognition*, *30*（4）, 36-366.

Klerk, C. C. J. M., Johnson, M. H., Heyes, C. M., & Southgate, V.（2015）. Baby steps：Investigating the development of perceptual-motor couplings in infancy. *Developmental Science*, *18*（2）, 270-280.

Klin, A., Jones, W., Schultz, R., & Volkmar, F.（2003）. The enactive mind, or from actions to cognition：Lessons from autism. *Philosophical Transactions of the Royal Society B：Biological Sciences*, *358*, 345-360.

Kloesel, B., Czarnecki, K., Muir, J., & Keller, A. S.（2010）. Sequelae of a left-sided parietal stroke：

Posterior alien hand syndrome. *Neurocase, 16*（6）, 488-493.

Knight, L. K., Stoica, T., Fogleman, N. D., & Depue, B. E.（2019）. Convergent neural correlates of empathy and anxiety during socioemotional processing. *Frontiers in Human Neuroscience, 13*, 94.

Knoblich, G., & Flach, R.（2001）. Predicting the effects of actions：Interactions of perception and action.*Psychological Science, 12*, 467-472.

Kooijman, C. M., Dijkstra, P. U., Geertzen, J. H., Elzinga, A., & van der Schans, C. P.（2000）. Phantom pain and phantom sensations in upper limb amputees：An epidemiological study. *Pain, 87*（1）, 33-41.

Korb, S., Malsert, J., Rochas, V., Rihs, T. A., Rieger, S. W., Schwab, S., & Grandjean, D.（2015）. Gender differences in the neural network of facial mimicry of smiles—An rTMS study. *Cortex, 70*, 101-114.

Koski, L., Wohlschläger, A., Bekkering, H., Woods, R. P., Dubeau, M. C., Mazziotta, J. C., et al.（2002）. Modulation of motor and premotor activity during imitation of target-directed actions. *Cerebral Cortex, 12*, 847-855.

Kostopoulou, M., Varsou, E., & Stalikas, A.（2013）. Thought-shape fusion in anorexia and bulimia nervosa：A comparative experimental study. *Eating and Weight Disorders, 18*（3）, 245-253.

Kraft, T. L., & Pressman, S. D.（2012）. Grin and bear it：The influence of manipulated facial expression on the stress response. *Psychological Science, 23*（11）, 1372-1378.

Krois, J. M., Rosengren, M., Steidele, A., & Westerkamp, D.（2007）. *Embodiment in Cognition and Culture*. Amsterdam & Philadelphia：John Benjamins Publishing Company.

Kroker, K.（2003）. The progress of introspection in America, 1896—1938. *Studies in History and Philosophy of Biology Science Part C: Studies in History and Philosophy of and Biomedical Science, 34*, 77-108.

Kross, E., Egner, T., Downey, G., Ochsner, K., & Hirsch, J.（2007）. Neural dynamics of rejection sensitivity. *Journal of Cognitive Neuroscience, 19*, 945-956.

Krueger, J.（2011a）. Extended cognition and the space of social interaction. *Consciousness and Cognition, 20*（3）, 643-657.

Krueger, J.（2011b）. Seeing mind in action. *Phenomenology and the Cognitive Sciences, 11*（2）, 149-173.

Krueger, J.（2018）. Direct social perception. In A. Newen, de Bruin, & Gallagher（Eds.）, *Oxford Handbook of 4E Cognition*. New York：Oxford University Press.

Kuehn, E., Perez-Lopez, M. B., Diersch, N., Dohler, J., Wolbers, T., & Riemer, M.（2018）. Embodiment in the aging mind. *Neuroscience and Biobehavioral Reviews, 86,* 207-225.

Kühn, S., Brass, M., & Haggard, P.（2013）. Feeling in control：Neural correlates of experience of agency. *Cortex, 49*（7）, 1935-1942.

Kühn, S., Keizer, A., Rombouts, S. A. R. B., & Hommel, B.（2011）. The functional and neural mechanism of action preparation：Roles of EBA and FFA in voluntary action control. *Journal of Cognitive Neuroscience, 30*, 4353-4361.

Külpe, O.（1915）. *Die Ethik und der Krieg*. Leipzig：Hirzel.

Kunde, W.（2001）. Response-effect compatibility in manual choice reaction tasks. *Journal of Experimental Psychology：Human Perception and Performance*, *27*, 387-394.

Kunde, W.（2003）. Temporal response-effect compatibility. *Psychological Research, 67*, 153-159.

Kunde, W., Hoffmann, J., & Zellmann, P.（2002）. The impact of anticipated action effects on action planning. *Acta Psychologica*, *109*, 137-155.

Kunde, W., Koch, I., & Hoffmann, J.（2004）. Anticipated action effects affect the selection, initiation, and execution of actions. *The Quarterly Journal of Experimental Psychology*, *57*, 87-106.

Kung, M. （2012）. *Instructional Reading Level Growth of English-Language Learners over Two Years, According to Initial Word-Reading Ability* （Unpublished doctoral dissertation）. The University of North Carolina.

Kusch, M.（1995）. *Psychologism：A Case Study in the Sociology of Philosophical Knowledge*. New York：Routledge.

Kusch, M. （1999）. *Psychological Knowledge：A Social Hstory and Philosophy*. New York：Routledge.

Kutas, M., Federmeier, K. D., Staab, J., & Kluender, R.（2007）. Language. In J. Cacioppo, L. Tassinary & G. Berntson（Eds.）, *Handbook of Psychophysiology*（pp. 555-580）. Cambridge：Cambridge University Press.

Kyselo, M., & di Paolo, E.A.（2010, October）.Through the enactive eye-Locked-in syndrome as a challenge for embodied cognition. Poster session presented at *10th Biannual Conference of the German Society for Cognitive Science*, KogWis 2010, Postdam, Germany.

LaFrance, M.（1982）. Posture mirroring and rapport. In M. Davis（Ed.）, *Interaction Rhythms：Periodicity in Communicative Behavior*（pp. 279-298）. New York：Human Sciences Press.

Lakens, D., Fockenberg, D. A., Lemmens, K. P. H., Ham, J., & Midden, C. J. H.（2013）. Brightness differences influence the evaluation of affective pictures. *Cognition & Emotion*, *27*（7）, 1225-1246.

Lakens, D., Semin, G. R., & Foroni, F.（2011）. Why your highness needs the people：Comparing the absolute and relative representation of power in vertical space. *Social Psychology*, *42*, 205-213.

Lakens, D., Semin, G. R., & Foroni, F.（2012）. But for the bad, there would not be good：Grounding valence in brightness through shared relational structures. *Journal of Experimental Psychology：General*, *141*（3）, 584-594.

Lakin, J. L., & Chartrand, T. L.（2003）. Using nonconscious behavioral mimicry to create affiliation and rapport. *Psychological Science*, *14*, 334-339.

Lakoff, G., & Johnson, M.（1980）. *Metaphors We Live By*. Chicago：University of Chicago Press.

Lakoff, G., & Johnson, M.（1999）. *Philosophy in the Flesh：The Embodied Mind and Its Challenge to Western Thought*. Chicago：University of Chicago Press.

Lakoff, G., & Johnson, M.（2003）. *Metaphors We Live By*. Chicago：University of Chicago Press.

Lancaster, L.（2012）. Moving into literacy：How it all begins. In J. Larson, & J. Marsh（Eds.）, *The SAGE Handbook of Early Childhood Literacy*（pp. 313-328）. London：Sage Publication.

Landau, M. J., Meier, B. P., & Keefer, L. A. (2010) . A metaphor-enriched social cognition. *Psychological Bulletin, 136* (6) , 1045-1067.

Landmann, C., Landi, S. M., Grafton, S. T., & Della-Maggiore, V. (2011) . fMRI supports the sensorimotor theory of motor resonance. *PLoS ONE, 6* (11) , e26859.

Larkin, M., Eatough, V., & Osborn, M. (2011) . Interpretative phenomenological analysis and embodied, active, situated cognition. *Theory & Psychology, 21*, 318-337.

Leckie, A. (2013) . *Reading Among Former English Language Learners: The Importance of the Teacher and the Possibilities for Text* (Unpublished doctoral dissertation) . The University of Arizona.

LeDoux, J. E., & Pine, D. S. (2016) . Using neuroscience to help understand fear and anxiety: A two-system framework. *American Journal of Psychiatry, 173*, 1083-1093.

Lee, C. L., & Federmeier, K. D. (2008) . To watch, to see, and to differ: An event-related potential study of concreteness effects as a function of word class and lexical ambiguity. *Brain and Language*, (104) , 145-158.

Lee, S. W., & Schwarz, N. (2010a). Dirty hands and dirty mouths: Embodiment of the moral-purity metaphor is specific to the motor modality involved in moral transgression. *Psychological Science*, 21 (10) , 1423-1425.

Lee, S. W., & Schwarz, N. (2010b) . Washing away postdecisional dissonance. *Science, 328*, 709.

Legrand, D. (2007) . Pre-reflective self-as-subject from experiential and empirical perspectives. *Consciousness and Cognition, 16* (3) , 583-599.

Leighton, J., Bird, G., & Heyes, C. (2010) . "Goals" are not an integral component of imitation. *Cognition, 114*, 423-435.

Lenggenhager, B., Arnold, C. A., & Giummarra, M. J. (2014) . Phantom limbs: Pain, embodiment, and scientific advances in integrative therapies. *Wiley Interdisciplinary Reviews: Cognitive Science, 5* (2) , 221-231.

Levin, J. R. (1986) . Four cognitive principles of learning-strategy instruction. *Educational Psychologist, 21*, 3-17.

Liljenquist, K., Zhong, C. B., & Galinsky, A. D. (2010) . The smell of virtue: Clean scents promote reciprocity and charity. *Psychological Science, 21*, 381-383.

Limanowski, J., & Blankenburg, F. (2015). Network activity underlying the illusory self-attribution of a dummy arm. *Human Brain Mapping, 36* (6) , 2284-2304.

Lin, J. H, Kwan, S. Y, & Wu, D. (2007) . Mixed alien hand syndrome coexisting with left-sided extinction secondary to a left corpus callosal lesion: A case report. *Movement Disorders, 22*(2), 248-251.

Lindblom, J. (2007). *Minding the Body Interacting Socially Through Embodied Action* (Unpublished doctoral dissertation) Linköpings University.

Llorens, R., Borrego, A., Palomo, P., Cebolla, A., Noé, E., iBadia, S. B., & Baños, R. (2017) . Body schema plasticity after stroke: Subjective and neurophysiological correlates of the rubber hand illusion. *Neuropsychologia, 96*, 61-69.

Lloyd, D. M.（2007）. Spatial limits on referred touch to an alien limb may reflect boundaries of visuo-tactile peripersonal space surrounding the hand. *Brain and Cognition, 64*（1）, 104-109.

Longo, M. R., Kosobud, A. & Bertenthal, B. I.（2008）. Automatic imitation of biomechanically possible and impossible actions：Effects of priming movements versus goals. *Journal of Experimental Psychology：Human perception and Performance, 34*, 489-501.

Lopez, C., Lenggenhager, B., & Blanke, O.（2010）. How vestibular stimulation interacts with illusory hand ownership. *Consciousness and Cognition, 19*（1）, 33-47.

Lopez, C., Schreyer, H. M., Preuss, N., & Mast, F.W.（2012）. Vestibular stimulation modifies the body schema.*Neuropsychologia, 50*, 1830-1837.

Lotze, H.（1852）. *Medicinische psychologie oder physiologie der seele.* Leipzig：Weidmannsche Buchandlung.

Louwerse, M. M., & Jeuniaux, P.（2010）. The linguistic and embodied nature of conceptual processing. *Cognition, 114*（1）, 96-104.

Louwerse, M., & Connell, L.（2011）. A taste of words：Linguistic context and perceptual simulation predict the modality of words. *Cognitive Science, 35*（2）, 381-398.

Lu, Z. Y., &Wang, Z.（2011）. A study on the metaphor of social exclusion from embodied cognition *Scientific Research and Essays, 6*（10）, 2225-2227.

Lynn, M. T., Berger, C. C., Riddle, T. A., & Morsella, E.（2010）. Mind control? Creating illusory intentions through a phonybrain-computer interface. *Consciousness and Cognition, 19*（4）, 1007-1012.

Ma, K., & Hommel, B.（2013）. The virtual-hand illusion：Effects of impact and threat on perceived ownership and affective resonance. *Frontiers in Psychology, 4*, 604.

Ma, K., & Hommel, B.（2015）. Body-ownership for actively operated non-corporeal objects. *Consciousness and Cognition, 36*, 75-86.

Machado, C. J., & Nelson, E. E.（2011）. Eye-tracking with nonhuman primates is now more accessible than ever before. *American Journal of Primatology, 73*（6）, 562-569.

Maddox, K. B.（2004）. Perspectives on racial phenotypicality bias. *Personality and Social Psychology Review, 8*, 383-401.

Maddux, W. W., Mullen, E., & Galinsky, A. D.（2006）. Chameleons bake bigger pies and take bigger pieces：Strategic behavioral mimicry facilitates negotiation outcomes. *Journal of Experimental Social Psychology, 44,* 461-468.

Mahon, B. Z.（2015）. The burden of embodied cognition. *Canadian Journal of Experimental Psychology, 69*（2）, 172-178.

Mahon, B. Z., & Caramazza, A.（2005）. The orchestration of the sensory-motor systems：Clues from Neuropsychology. *Cognitive Neuropsychology, 22*（3/4）, 480-494.

Mahon, B. Z., & Caramazza, A.（2008）. A critical look at the embodied cognition hypothesis and a new proposal for grounding conceptual content. *Journal of Physiology, Paris, 102*（1-3）, 59-70.

Maister, L., Slater, M., Sanchez-Vives, M. V., & Tsakiris, M.（2015）. Changing bodies changes minds：Owning another body affects social cognition. *Trends in Cognitive Sciences, 19*（1）, 6-12.

Makin, T. R., Holmes, N. P., & Ehrsson, H. H. (2008). On the other hand: Dummy hands and peripersonal space. *Behavioural Brain Research, 191* (1), 1-10.

Makin, T. R., Holmes, N. P., & Zohary, E. (2007). Is that near my hand? Multisensory representation of peripersonal space in human intraparietal sulcus. *Jourod of Neurosci ences, 27* (4), 731-740.

Mandler, J. M. (1992). How to build a baby: II. Conceptual primitives. *Psychological Review, 99*, 587-604.

Mandler, J. M., & Mandler, G. (1964). *Thinking: From Association to Gestalt*. New York: John Wiley & Sons.

Manto, M., Bower, J. M., Conforto, A. B., Delgado-García, J. M., da Guarda, S. N. F., Gerwig, M., et al. (2012). Consensus paper: Roles of the cerebellum in motor control—The diversity of ideas on cerebellar involvement in movement. *The Cerebellum, 11* (2), 457-487.

Marbach, E. (2010). Is there a metaphysics of consciousness without a phenomenology of consciousness? Some thoughts derived from Husserl's philosophical phenomenology. *Royal Institute of Philosophy Supplement, 85*, 141-154.

Marbe, K. (1961). Autobiography. In C. A. Murchison (Ed.), *A History of Psychology in Autobiography.* (vol. III, pp. 181-213). New York: Russell & Russell.

Marey-Lopez, J., Rubio-Nazabal, E., Alonso-Magdalena, L., & Lopez-Facal, S. (2002). Posterior alien hand syndrome after a right thalamic infarct. *Journal of Neurology, Neurosurgery, and Psychiatry, 73*, 447-449.

Marianne, L., & Maida, B. (1979). Group rapport: Posture sharing as a nonverbal indicator. *Group & Organizations Management, 1* (3), 328-333.

Mariëlle, St., & Fieke, H. (2011). Being mimicked makes you a prosocial voter. *Experimental Psychology ,58* (1), 79-84.

Markman, A. B., & Brendl, M. (2005). Constraining theories of embodied cognition. *Psychological Science, 16*, 6-10.

Markman, A. B., & Dietrich, E. (2000). Extending the classical view of representation. *Trends in Cognitive Sciences, 4*, 470-475.

Marley, S. C., Levin, J. R., & Glenberg, A. M. (2007). Improving Native American children's listening comprehension through concrete representations. *Contemporary Educational Psychology, 32* (3), 537-550.

Marr, D. (1983). *Vision: A Computational Investigation into the Human Representation and Processing of Visual Information*. New York: W. H. Freeman and Company.

Marshall, J., Pring, T., Chiat, S., & Robson, J. (1996). Calling a salad a federation: An investigation of semantic jargon. Part 1-nouns. *Journal of Neurolinguistics, 9*, 237-250.

Massen, C., & Prinz, W. (2009). Movements, actions and tool-use actions: An ideomotor approach to imitation. *Philosophical Transactions of the Royal Society of London. Series B: Biological Sciences, 364*, 2349-2358.

Matelli, M., Luppino, G., & Rizzolatti, G. (1985). Patterns of cytochrome oxidase activity in the frontal agranular cortex of macaque monkey. *Behavioural Brain Research, 18* (2), 125-136.

Matthias, E., Schandry, R., Duschek, S., & Pollatos, O. (2009). On the relationship between interoceptive awareness and the attentional processing of visual stimuli. *International Journal of Psychophysiology, 72* (2), 154-159.

Maturana, H. R., & Varela, F. J. (1992). *The Tree of Knowledge: The Biological Roots of Human Understanding*. Boston: Shambhala.

Maurits, K., Panos M., Boris, R., & Emile, A. (2011). Two acts of social intelligence: The effects of mimicry and social praise on the evaluation of an artificial agent. *AI & Society, 26,* 261-273.

McGeoch, P. D., & Ramachandran, V. S. (2012). The appearance of new phantom fingers post-amputation in a phocomelus. *Neurocase, 18* (2), 95-97.

McNeil, N., & Jarvin, L. (2007). When theories don't add up: Disentangling he manipulatives debate. *Theory into Practice, 46* (4), 309-316.

McNeill, W. E. (2012). Embodiment and the perceptual hypothesis. *The Philosophical Quarterly, 62* (248), 569-591.

Meier, B. P., & Robinson, M. D. (2004). Why the Sunny side is up? Associations between affect and vertical position. *Psychological Science, 15* (4), 243-247.

Meier, B. P., Hauser, D. J., Robinson, M. D., Friesen, C. K., & Schjeldahl, K. (2007). What's "up" with god? Vertical space as a representation of the divine. *Journal of Personality and Social Psychology, 93* (5), 699-710.

Meier, B. P., Robinson, M. D., & Clore, G. L. (2004). Why good guys wear white automatic inferences about stimulus valence based on brightness. *Psychological Science, 15* (2), 82-87.

Meier, B. P., Robinson, M. D., Crawford, L. E., & Ahlvers, W. J. (2007). When "light" and "dark" thoughts become light and dark responses: Affect biases brightness judgments. *Emotion, 7* (2), 366-376.

Meltzoff, A. N. (1990). Foundations for developing a concept of self: The role of imitation in relating self to other and the value of social mirroring, social modeling, and self practice in infancy. In D. Cicchetti, & M. Beeghly (Eds.), *The Self in Transition: Infancy to Childhood* (pp. 139-164). Chicago: University of Chicago Press.

Meltzoff, A. N. (2007). The "like me" framework for recognizing and becoming an intentional agent. *Acta Psychologica, 124* (1), 26-43.

Meltzoff, A., & Moore, M. K. (1977). Imitation of facial and manual gestures by human neonates. *Science, 198*, 75-78.

Melzack, R. (1990). Phantom limb and the concept of a neuromatrix. *Trends in Neurosciences, 13, 88-92.*

Melzack, R. (1999). From the gate to the neuromatrix. *Pain,* (S6), 121-S126.

Melzack, R. (2001). Pain and the neuromatrix in the brain. *Journal of Dental Education, 65,* 1378-1382.

Menary, R. (2006). *Radical Enactivism-Intentionality, Phenomenology and Narrative. Focus on the Philosophy of Daniel D. Hutto*. Amsterdam: John Benjamins Publishing Company.

Menary, R. (2010). *The Extended Mind, New Edition.* Cambridge: MIT Press.

Merleau-Ponty, M. (1962) . *Phenomenology of Perception*. London：Routledge. (Original work published 1945) .

Merleau-Ponty, M. (1963) . *The Structure of Behavior*. Pittsburgh：Duquesne University Press.

Merleau-Ponty, M. (2008) .*The World of Perception*. London & New York：Routledge.

Merleau-Ponty, M. (2012) . *Phenomenology of Perception*. London：Routledge.

Miranda, M. (2015) . Moving off the page：Tapping into young children's imagination. *General Music Today, 28* (2) , 33-35.

Mitchell, J. P. (2008) . Activity in right temporo-parietal junction is not selective for theory-of-mind. *Cerebral Cortex, 18*, 262-271.

Mitchell, S. W. (1872) .*Injuries of Nerves and Their Consequences*. Philadelphia：J. B. Lippincott.

Mithen, S. (1996) . *Prehistory of the Mind：The Cognitive Origins of Art, Religion and Science*. London：Thames & Hudson.

Molenberghs, P., Cunnington, R., & Mattingley, J. B. (2012) . Brain regions with mirror properties：A meta-analysis of 125 human fmri studies. *Neuroscience and Biobehavioral Reviews, 36* (1) , 341-349.

Moll, J., Oliveira-Souza, R., Eslinger, P. J., Bramati, I. E., Mourão-Miranda, J., Andreiuolo, P. A., et al. (2002) . The neural correlates of moral sensitivity：A functional magnetic resonance imaging investigation of basic and moral emotions. *The Journal of Neuroscience, 22*, 2730-2736.

Mooney, R. (2014) . Auditory-vocal mirroring in songbirds. *Philosophical Transactions of the Royal Society B Biological Sciences, 369* (1644) , 20130179.

Moore, J. W., & Fletcher, P. C. (2012) . Sense of agency in health and disease：A review of cue integration approaches. *Consciousness and Cognition, 21* (1) , 59-68.

Moore, J. W., & Obhi, S. S. (2012) . Intentional binding and the sense of agency：A review. *Consciousness and Cognition, 21* (1) , 546-561.

Morris, M. W., Sheldon, O. J., Ames, D. R., &Young, M. J. (2007) . Metaphors and the market：Consequences and preconditions of agent and object metaphors in stock market commentary. *Organizational Behavior and Human Decision Processes, 102*, 174-192.

Morsella, E., & Bargh, J. A. (2011) . Unconscious action tendencies: Sources of "un-integrated" action. In J. Decety, & J. T. Cacioppo (Eds.) , *Oxford Library of Psychology. The Oxford Handbook of Social Neuroscience* (pp. 335-347). New York: Oxford University Press.

Moseley, G. L., Gallace, A., & Spence, C. (2012) . Bodily illusions in health and disease: Physiological and clinical perspectives and the concept of a cortical "body matrix". *Neuroscience & Biobehavioral Reviews, 36* (1) , 34-46.

Natanzon, M., & Ferguson, M. J. (2012) . Goal pursuit is grounded：The link between forward movement and achievement. *Journal of Experimental Social Psychology, 48*, 379-382.

National Research Council. (1998) . *Preventing Reading Difficulties in Young Children*. New York：National Academies Press.

Nattkemper, D., & Ziessler, M. (2004) . Cognitive control of action：The role of action effects. *Psychological Research, 68*, 71-73.

Negri, G. A. L., Rumiati, R. I., Zadini, A., Ukmar, M., Mahon, B. Z., & Caramazza, A.（2007）. What is the role of motor simulation in action and object recognition? Evidence from apraxia. *Cognitive Neuropsychology, 24*（8）, 795-816.

Neuberg, S. L., & Newsom, J. （1993）. Personal need for structure：Individual differences in the desire for simple structure. *Journal of Personality and Social Psychology, 65*, 113-131.

Newman-Norlund, R, D., van Schie, H, T., van Zuijlen, A, M., & Bekkering, H.（2007）. The mirror neuron system is more active during complementary compared with imitative action. *Nature Neuroscience, 10*, 817-818.

Newport, R., & Preston, C.（2011）. Disownership and Disembodiment of the real limb without visuo-proprioceptive mismatch. *Cognitive Neuroscience, 2*（3-4）, 179-185.

Nicholas, J. J., Wichner, M. H., Gorelick, P. B., & Ramsey, M. M.（1998）. "Naturalization" of the alien hand：Case report. *Archives of Physical Medicine and Rehabilitation, 79*, 113-114.

Niedenthal, P. M.（2007）. Embodying emotion. *Science, 316*（5827）,1002-1005.

Niedenthal, P. M., Brauer, M., Halberstadt, J. B., & Innes-Ker, A. H.（2001）.When did her smile drop?Facial mimicry and the influences of emotional state on the detection of change in emotional expression.*Cognition and Emotion,15,* 853-864.

Niedenthal, P. M., Mermillod, M., Maringer, M., & Hess, U. （2010）. The simulation of smiles （SIMS）model：Embodied simulation and the meaning of facial expression. *Behavioral and Brain Sciences, 33*（6）, 417-433.

Niedenthal, P. M., Winkielamn, P., Mondillon, L., & Vermeulen, N.（2009）. Embodiemnt of emotion concepts. *Journal of Personality and Social Psychology, 96*, 1120-1136.

Nishitani, N., Avikainen, S., & Hari, R.（2004）. Abnormal imitation-related cortical activation sequences in Asperger's Syndrome. *Annals of Neurology, 55*, 558-562.

Nizzi, M. C., Demertzi, A., Gosseries, O., Bruno, M. A., Jouen, F., & Laureys, S.（2012）. From armchair to wheelchair：How patients with a locked-in syndrome integrate bodily changes in experienced identity. *Consciousness and Cognition, 21*（1）, 431-437.

Nobuyuki, I.（2016）. *Systematic Changes in Body Image Following Formation of Phantom Limbs.* Singapore：Springer.

Noë, A.（2004）. *Action in Perception*. Cambridge：The MIT Press.

Nooteboom, B.（2006）. Embodied cognition, organization and innovation. *Center Discussion Paper, 38*, 1-30.

Ocklenburg, S., Peterburs, J., Rüther, N., & Güntürkün, O.（2012）. The rubber hand illusion modulates pseudoneglect. *Neuroscience Letters, 523*（2）, 158-161.

Ogden, R. M. （1911）. Imageless thought：Resume and critique. *Psychological Bulletin, 8*（6）, 183-197.

Oliveri, M., Koch, G., Salerno, S., Torriero, S., Gerfo, E. L., & Caltagirone, C. （2009）. Representation of time intervals in the right posterior parietal cortex：Implications for a mental time line. *NeuroImage, 46*（4）, 1173-1179.

Ondobaka, S., Kilner, J., & Friston, K.（2017）. The role of interoceptive inference in theory of mind.

Brain and Cognition, 112, 64-68.

Osbeck, L. M. (2009) . Transformations in cognitive science: Implications and issues posed. *Journal of Theoretical and Philosophical Psychology, 29*, 16-33.

Paivio, A. (1986) . *Mental Representations: A dual-Coding Approach*. New York: Oxford University Press.

Paladino, M. P., Mazzurega, M., Pavani, F., & Schubert, T. W. (2010) . Synchronous multisensory stimulation blurs self-other boundaries. *Psychological Science, 21* (9) , 1202-1207.

Paolo, D. E., Rohde, M., & Jaegher, D. H. (2010) . Horizons for the enactive mind: Values, social interaction, and play. In J. Stewart, O. Gapenne, & E. D. Paolo (Eds.) , *Enaction: Toward a New Paradigm for Cognitive Science* (pp. 33-88) . Cambridge: MIT Press.

Park, Y. W., Kim, C. H., Kim, M. O., Jeong, H. J., & Jung, H. Y. (2012) . Alien hand syndrome in stroke-case report & neurophysiologic study. *Annals of Rehabilitation Medicine, 36*, 556-560.

Passingham, R. E., Toni, I., & Rushworth, M. F. S. (2000) . Specialisation within the prefrontal cortex: The ventral prefrontal cortex and associative learning. *Experimental Brain Research, 133*,103-113.

Paukner, A., Anderson, J. R., Borelli, E., Visalberghi, E., & Ferrari, P. F. (2005) . Macaques (Macaca nemestrina) recognize when they are being imitated. *Biology Letters, 1* (2) , 219-222.

Paukner, A., Ferrari, P. F., & Suomi, S. J.(2011). Delayed imitation of lipsmacking gestures by infant rhesus macaques (Macaca mulatta) . *PLoS ONE, 6* (12) , e28848.

Paukner, A., Simpson, E. A., Ferrari, P. F., Mrozek, T., & Suomi, S. J. (2014) . Neonatal imitation predicts how infants engage with faces. *Developmental Science, 17* (6) , 833-840.

Pavlova, M., Staudt, M., Sokolov, A., Birbaumer, N., & Krageloh-Mann, I. (2003) . Perception and production of biological movement in patient with early periventricular brain lesions. *Brain, 126*, 692-701.

Peled, A., Ritsner, M., Hirschmann, S., Geva, A. B., & Modai, I. (2000) . Touch feel illusion in schizophrenic patients. *Biological Psychiatry, 48* (11) , 1105-1108.

Pellegrino, G. di Fadiga, L., Fogassi, L., Gallese, V., & Rizzolatti, G. (1992) . Understanding motor events—A neurophysiological study. *Experimental Brain Research, 91*(1), 176-180.

Perra, O., & Gattis, M. (2008) . Reducing the mapping between perception and action facilitates imitation. *British Journal of Developmental Psychology, 26*, 133-144.

Petkova, V. I., & Ehrsson, H. H. (2009) . When right feels left: Referral of touch and ownership between the hands. *PLoS One, 4* (9) , e6933.

Petkova, V. I., Björnsdotter, M., Gentile, G., Jonsson, T., Li, T. Q., & Ehrsson, H. H. (2011) . From part-to whole-body ownership in the multisensory brain. *Current Biology, 21* (13) , 1118-1122.

Petkova, V. I., Khoshnevis, M., & Ehrsson, H. H. (2011) . The perspective matters! Multisensory integration in ego-centric reference frames determines full-body ownership. *Frontiers in Psychology, 2* (4) , 35.

Petroni, A., Baguear, F., & Della-Maggiore, V. (2010) . Motor resonance may originate from sensorimotor experience. *Journal of Neurophysiology, 104* (4) , 1867-1871.

Pezzulo, G.（2008）. Coordinating with the future：The anticipatory nature of representation. *Minds and Machines, 18*, 179-225.

Pezzulo, G., & Castelfranchi, C.（2007）. Thesymbol detachment problem. *Cognitive Processing, 8*,115-131.

Pezzulo, G., & Castelfranchi, C.（2009）. Intentional action：From anticipation to goal-directed behavior. *Psychological Research, 73*, 437-440.

Pfeiffer, U. J., Vogeley, K., & Schilbach, L.（2013）. From gaze cueing to dual eyetracking：Novel approaches to investigate the neural correlates of gaze in social interaction. *Neuroscience and Biobehavioral Reviews, 37*, 2516-2528.

Phillipou, A., Rossell, S., Gurvich, C., Castle, D. J., Troje, N. F., & Abel, L. A.（2016）. Body image in anorexia nervosa：Body size estimation utilising a biological motion task and eyetracking. *European Eating Disorders Review, 24*, 131-138.

Pickard, H.（2003）. Emotions and the problem of other minds. In A. Hatzimoysis（Ed.）, *Philosophy and the Emotions*（pp. 87-104）. Cambridge：Cambridge University Press.

Pollatos, O., & Herbert, B. M.（2018）. Interoception：Definitions, dimensions, neural substrates. In G. Hauke, & A. Kritikos（Eds.）, *Embodiment in Psychotherapy*（pp. 15-27）. New York：Springer.

Pollatos, O., Matthias, E., & Keller, J.（2015）. When interoception helps to overcome negative feelings caused by social exclusion. *Frontiers in Psychology, 6,* 786.

Pons, T. P., Garraghty, P. E. , Ommaya, A. K., Kaas, J. H., Taub, E., & Mishkin, M.（1991）. Massive cortical reorganization after sensory deafferentation in adult macaques. *Science*, *252*（5014）, 1857-1860.

Pooyania, S., Mohr, S., & Gray, S.（2011）. Alien hand syndrome：A case report and description to rehabilitation. *Disability and Rehabilitation, 33*（17-18）, 1715-1718.

Poppa, T., & Bechara, A.（2018）. The somatic marker hypothesis：Revisiting the role of the "body-loop" in decision-making. *Current Opinion in Behavioral Sciences, 19,* 61-66.

Porges, S.（1993）. *Body Perception Questionnaire：Laboratory of Development Assessment.* University of Maryland.

Press, C., Catmur, C., Cook, R., Widman, H., Heyes, C., & Bird, G.（2012）. fMRI adaptation reveals geometric shape "mirror neurons". *PLoS One, 7*（12）, e51934.

Press, C., Gillmeister, H., & Heyes, C.（2007）. Sensorimotor experience enhances automatic imitation of robotic action. *Proceedings of the Royal Society B：Biological Sciences, 274*（1625）, 2509-2514.

Pressley, M.（2000）. What should comprehension instruction be the instruction of? In R. Barr, M. Kamil, P. Mosenthal, & P. Pearson（Eds.）, *Handbook of Reading Research*（vol. 3, pp. 545-562）. New Jersey：Lawrence Erlbaum Associates.

Prinz, J. J.（2005）. The return of concept empiricism. In H. Cohen, & C. Lefebvre（Eds.）, *Handbook of Categorization in Cognitive Science*（pp. 679-695）. Oxford：Elsevier.

Prinz, W.（1984）. Attention and sensitivity in visual search. *Psychological Research, 45*, 355-366.

Prinz, W. (1997) . Perception and action planning. *European Journal of Cognitive Psychology, 9*, 129-154.

Prinz, W., Aschersleben, G., & Koch, I. (2009). Cognition and action. In E. Morsella, J. A. Bargh, & P. M. Gollwitzer (Eds.) , *Oxford Handbook of Human Action* (pp. 35-71) . New York: Oxford University Press.

Provine, R. R. (1986) . Yawning as a sterotyped action pattern and releasing stimulus. *Ethology, 72*, 109-122.

Provine, R. R. (1992) . Contagious laughter: Laughter is a sufficient stimulus for laughs and smiles. *Bulletin of the Psychonomic Society, 30* (1) , 1-4.

Puce, A., & Perrett, D. (2003) . Electrophysiology and brain imaging of biological motion. *Philosophical transactions of the Royal Society of London. Series B: Biological Science, 358*, 435-445.

Pulvermüller, F. (2005) . Brain mechanisms linking language and action. *Nature Reviews Neuroscience, 6* (7) , 576-582.

Pulvermüller, F., Hauk, O., Nikulin, V. V., & Ilmoniemi, R. J. (2005) . Functional links between motor and language systems. *European Journal of Neuroscience, 21* (3) , 793-797.

Quattrocki, E., & Friston, K. (2014) . Autism, oxytocin and interoception. *Neuroscience &Biobehavioral Reviews, 47*, 410-430.

Quigley, B. M. & Collins, R. L. (1999) . The modeling of alcohol consumption: A meta-analytic review. *Journal of Studies on Alcohol, 60*, 90-98.

Ramachandran, V. S. (1993). Behavioral and magnetoencephalographic correlates of plasticity in the adult human brain. *Proceedings of the National Academy of Sciences, 90*, 10413-10420.

Ramachandran, V. S. (1998). Consciousness and body image: Lessons from phantom limbs, Capgras syndrome and painasymbolia. *Philosophical Transactions of the Royal Society of London. Series B: Biological Sciences,353* (1377) , 1851-1859.

Ramachandran, V. S. (2011) . *The Tell-Tale Brain: A Neuroscientist's Quest for What Makes Us Human*. New York: W. W. Norton &Company.

Ramachandran, V. S., & Altschuler, E. L. (2009) . The use of visual feedback, in particular mirror visual feedback, in restoring brain function. *Brain*, 132, 1693-1710.

Ramachandran, V. S., & Blakeslee, S. (1998) . *Phantoms in the Brain: Probing the Mysteries of the Human Mind.* New York: Morrow & Co.

Ramachandran, V. S., & Hirstein, W. (1998) . The perceptionof phantom limbs: The D.O. Hebb Lecture. *Brain, 121*, 1603-1630.

Ramachandran, V. S., & Rogers-Ramachandran, D. (1996) . Synaesthesia in phantom limbs induced with mirrors. *Proceedings of the Royal Society: Biological Sciences, 263*, 377-386.

Ramachandran, V. S., Brang, D., McGeoch, P., & Rosar, W. (2009) . Sexual and food preference in apotemnophilia and anorexia: Interactions between "beliefs" and "needs" regulated by two-way connections between body image and limbic structures. *Perception, 38* (5) , 775-777.

Ramachandran, V. S., Levi, L., Stone, L., Rogers-Ramachandran, D., McKinney, R., Stalcup, M., et al.

（1996）. Illusions of body image：What they reveal about human nature. In L. Rodolfo, & P. S. Churchland(Eds.), *The Mind-brain Continuum : Sensory Processes*(pp. 29-60). Massachusetts：MIT Press.

Ramachandran, V. S., Rogers-Ramachandran, D., & Cobb, S.（1995）. Touching the phantom limb. *Nature, 377*（6549）, 489-490.

Ramachandran, V. S., Rogers-Ramachandran, D., & Stewart, M.（1992）. Perceptual correlates of massive cortical reorganization. *Science, 258*, 1159-1160.

Ramakonar, H., Franz, E. A., & Lind, C. R. P.（2011）. The rubber hand illusion and its application to clinical neuroscience. *Journal of Clinical Neuroscience, 18*（12）, 1596-1601.

Ramsey, R., & Hamilton, A. F.（2010）. Triangles have goals too：Understanding action representation in left aIPS. *Neuropsychologia, 48*, 2773-2776.

Ramsey, R., & Hamilton, A. F.（2010）. Understanding actors and object-goals in the human brain. *NeuroImage, 50*, 1142-1147.

Raposo, A., Moss, H. E., Stamatakis, E. A., & Tyler L. K.（2009）. Modulation of motor and premotor cortices by actions, action words and action sentences. *Neuropsychologia, 47*（2）, 388-396.

Reddy, V., & Uithol, S.（2016）. Engagement：Looking beyond the mirror to understand action understanding. *British Journal of Developmental Psychology, 34*（1）, 101-114.

Reinersmann, A., Landwehrt, J., Krumova, E. K., Peterburs, J., Ocklenburg, S., & Güntürkün, O., et al.（2013）. The rubber hand illusion in complex regional pain syndrome：Preserved ability to integrate a rubber hand indicates intact multisensory integration. *Pain, 154*（9）, 1519-1527.

Rensen, J. B. S. S.（2005）. The alien-hand experiment. *Phenomenology and the Cognitive Sciences, 4*（1）, 73-90.

Riddoch, G.（1941）. Phantom limbs and body shape. *Brain, 64*, 197-222.

Riemer, M., Kleinböhl, D., Hölzl, R., & Trojan, J.（2013）. Action and perception in the rubber hand illusion. *Experimental Brain Research, 229*（3）, 383-393.

Rinehart, N., Chua, P., & Bradshaw, J. L.（2009）. Processes and mechanisms in neuropsychiatry：Motor-executive processes. In S. J. Wood, N. B. Allen, & C. Pantelis（Eds.）, *The Neuropsychology of Mental Illness*（pp. 25-36）. Cambridge：Cambridge University Press.

Ring, C., & Brener, J.（2018）. Heartbeat counting is unrelated to heartbeat detection：A comparison of methods to quantify interoception. *Psychophysiology, 55*（9）, e13084.

Rizzolatti, G., & Craighero, L.（2004）. The mirror-neuron system. *Annual Review Neuroscience, 27*, 169-192.

Rizzolatti, G., & Fogassi, L.（2014）. The mirror mechanism：Recent findings and perspectives. *Philosophical Transactions of the Royal Society of Lndon. Series B：Biological Sciences, 369*（1644）, 53-74.

Rizzolatti, G., & Sinigaglia, C.（2007）. Mirror neurons and motor intentionality. *Functional Neurology, 22*（4）, 205-210.

Rizzolatti, G., & Sinigaglia, C.（2010）. The functional role of the parieto-frontal mirror circuit：Interpretations and misinterpretations. *Nature Reviews Neuroscience, 11*, 264-274.

Rizzolatti, G., & Sinigaglia, C.（2015）. A curious book on mirror neurons and their myth review of Gregory Hickok's "The myth of mirror neurons: The real neuroscience of communication and cognition". *The American Journal of Psychology, 128*（4）, 527-533.

Rizzolatti, G., Fadiga, L., Gallese, V., & Fogassi, L.（1996）. Premotor cortex and there cognition of motor actions. *Cognitive Brain Research, 3,* 131-141.

Rizzolatti, G., Fadiga, L., Matelli, M., Bettinardi, V., Paulesu, E., Perani, D., Fazio, F., et al.（1996）. Localization of grasp representations in humans by PET: 1. Observation versus execution. *Experimental Brain Research, 111*（2）, 246-252.

Rizzolatti, G., Fogassi, L., Gallese, V.（2001）. Neurophysiological mechanisms underlying the understanding and imitation of action. *Nature Reviews Neuroscience, 2,* 661-670.

Roeckelein, J. E.（2006）. *Elsevier's Dictionary of Psychological Theories*. Boston: Elsevier.

Roessler-Górecka, M., & Seniów, J.（2010）. The phenomenon of anarchic hand— A disorder of intentional movement. *Neuropsychiatriai Neuropsychologia, 5*（1）, 26-34.

Rotella, K. N., & Richeson, J. A.（2013）. Body of guilt: Using embodied cognition to mitigate backlash to reminders of personal & ingroup wrongdoing. *Journal of Experimental Social Psychology*, 49（4）, 643-650.

Roth, W. M., & Lawless, D. V. (2002). Scientific investigations, metaphorical gestures and the emergence of abstract scientific concepts. *Learning and Instruction, 12*（285）, 285-304.

Rubman, C. N., & Waters, H. S. (2000). A,B seeing: The role of constructive processes in children's comprehension monitoring. *Journal of Educational Psychology, 92*（3）, 503-514.

Rüschemeyer, S. A., Brass, M., & Friederici, A. D.（2007）. Comprehending prehending: Neural correlates of processing verbs with motor stems. *Journal of Cognitive Neuroscience, 19,* 855-865.

Sabsevitz, D., Medler, D., Seidenberg, M., & Binder, J.（2005）. Modulation of the semantic system by word imageability. *NeuroImage, 27*, 188-200.

Saby, J. N., Marshall, P. J., & Meltzoff, A. N.（2012）. Neural correlates of being imitated: An EEG study in preverbal infants. *Social Neuroscience, 7*（6）, 650-661.

Sacco, L., & Calabrese, P.（2010）. Alien hand syndrome: A neurological disorder of will. *Schweizer Archiv fur Neurologie & Psychiatrie（Zurich）, 161*（2）, 60-63.

Salvato, G., Richter, F., Sedeño, L., Bottini, G., & Paulesu, E.（2019）. Building the bodily self-awareness: Evidence for the convergence between interoceptive and exteroceptive information in a multilevel kernel density analysis study. *Human Brain Mapping*, *41*（1）, 1-18.

Sanchez-Vives, M. V., Spanlang, B., Frisoli, A., Bergamasco, M., & Slater, M.（2010）. Virtual hand illusion induced by visuomotor correlations. *PLoS One, 5*（4）, e10381.

Sass, L., Parnas, J., & Zahavi, D.（2011）. Phenomenological psychopathology and schizophrenia: Contemporary approaches and misunderstandings. *Philosophy, Psychiatry & Psychology, 18*（1）, 1-23.

Saxe, R.（2005）. Against simulation: The argument from error. *Trends in Cognitive Sciences, 9*（4）, 174-179.

Scepkowski, L. A., & Cronin-Golomb, A. (2003) . The alien hand: Cases, categorizations, and anatomical correlates. *Behavioral and Cognitive Neuroscience Reviews, 2* (4) , 261-277.

Schaefer, M., Heinze, H. J, & Galazky, I. (2010) . Alien hand syndrome: Neural correlates of movements without conscious will. *PLoS One, 5* (12) , e15010.

Schaefer, M., Heinze, H. J., & Galazky, I. (2013) . Waking up the alien hand: Rubber hand illusion interacts with alien hand syndrome. *Neurocase, 19* (4) , 371-376.

Schandry, R. (1981) . Heart beat perception and emotional experience. *Psychophysiology, 18* (4) , 483-488.

Schandry, R., & Specht, G. (1981) . The influence of psychological and physical stress on the perception of heartbeats. *Psychophysiology, 18* (2) , 154.

Schauder, K. B., Mash, L. E., Bryant, L. K., & Cascio, C. J. (2015) . Interoceptive ability and body awareness in autism spectrum disorder. *Journal of Experimental Child Psychology, 131,* 193-200.

Scheler, M. (1954) . *The Nature of Sympathy*. London: Routlegde and Kegan Paul Ltd.

Schilbach, L. (2014) . On the relationship of online and offline social cognition. *Frontiers in Human Neuroscience, 8*, 278.

Schilbach, L. (2015) . Eye to eye, face to face and brain to brain: Novel approaches to study the behavioral dynamics and neural mechanisms of social interactions. *Current Opinion in Behavioral Sciences, 3*, 130-135.

Schilbach, L., Eickhoff, S. B., Cieslik, E. C., Kuzmanovic, B., & Vogeley, K. (2012) . Shall we do this together? social gaze influences action control in a comparison group, but not in individuals with high-functioning autism. *Autism, 16* (2) , 151-162.

Schilbach, L., Timmermans, B., Reddy, V., Costall, A., Bente, G., Schlicht, T., & Vogeley, K. (2013). Toward a second-person neuroscience. *Behavioral and Brain Sciences, 36*, 393-414.

Schnall, S., Haidt, J., Clore, G. L., & Jordan, A. H. (2008) . Disgust as embodied moral judgment. *Personality and Social Psychology Bulletin, 34*, 1096-1109.

Schneider, I. K., Rutjens, B. T., Jostmann, N. B., & Lakens, D. (2011) . Weighty matters: Importance literally feels heavy. *Social Psychological and Personality Science, 2*, 474-478.

Schubert, T. (2004) . The power in your hand: Gender differences in bodily feedback from making a fist. *Personality and Social Psychology Bulletin, 30,* 757-769.

Schultz, D. P., & Schultz, S. E. (2004) . *A History of Modern Psychology (8th ed.)* . Belmont: Wadsworth/Thompson Learning.

Schurz, M., & Perner, J. (2015) . An evaluation of neurocognitive models of theory of mind. *Frontiers in Psychology, 6*, 1610.

Schurz, M., Radua, J., Aichhorn, M., Richlan, F., & Perner, J. (2014) . Fractionating theory of mind: A meta-analysis of functional brain imaging studies. *Neuroscience and Biobehavioral Reviews, 42*, 9-34.

Schütz-Bosbach, S., Tausche, P., & Weiss, C. (2009) . Roughness perception during the rubber hand illusion. *Brain and Cognition, 70* (1) , 136-144.

Scorolli, C., Binkofski, F., Buccino, G., Nicoletti, R., Riggio, L., & Borghi, A. M.（2011）. Abstract and concrete sentences, embodiment, and languages. *Frontiers in Psychology, 2*, 227.

Seth, A. K.（2013）. Interoceptive inference, emotion, and the embodied self. *Trends in Cognitive Sciences, 17*（11）, 565-573.

Seth, A. K., & Friston, K. J.（2016）. Active interoceptive inference and the emotional brain. *Philosophical Transactions of the Royal Society B：Biological Sciences, 371*（1708）, 20160007.

Shah, P., Catmur, C., & Bird, G.（2017）. From heart to mind：Linking interoception, emotion, and theory of mind. *Cortex, 93*, 220-223.

Shapiro, L.（2011）. *Embodied Cognition*. London and New York：Routledge.

Shapiro, L.（2013）. Embodied cognition：Lessons from linguistic determinism. *Philosophical Topics ,39*,121-140.

Shapiro, L.（2019）. Flesh matters：The body in cognition. *Mind and Language*, *34*, 3-20.

Shaw, D. J., & Czekóová, K.（2013）. Exploring the development of the mirror neuron system：Finding the right paradigm. *Developmental Neuropsychology, 38*（4）, 256-271.

Sherman, G. D., & Clore, G. L.（2009）. The color of sin：White and black are perceptual symbols of moral purity and pollution. *Psychological Science, 20*（8）, 1019-1025.

Sherman, R. A., & Arena, J. G.（1994）. What do we really know about phantom limb pain. *Pain Reviews, 1*（3）, 261-274.

Shimada, S., Fukuda, K., & Hiraki, K.（2009）. Rubber hand illusion under delayed visual feedback. *PLoS One, 4*（7）, e6185.

Shusterman, R.（2008）. *Body Consciousness：A Philosophy of Mindfulness and Somaesthetics-Redeeming Somatic Reflection John Dewey's Philosophy of Body-Mind*. New York：Cambridge University Press.

Sidarus, N., Vuorre, M., & Haggard, P.（2017）. How action selection influences the sense of agency：An ERP study. *NeuroImage, 150*, 1-13.

Simmons, D. R., Robertson, A. E., McKay, L.S., Toal, E., McAleer, P., & Pollick, F. E.（2009）. Vision in autism spectrum disorders. *Vision Research, 49*, 2705-2739.

Simon, A., Walterfang, M., Petralli, C., & Velakoulis, D.（2008）. First-episode "coenesthetic" schizophrenia presenting with alien hand syndrome and partial agenesis of the corpus callosum. *Neuropsychobiology, 58*, 118-122.

Simonton, D. K.（2002）. *Great Psychologists and Their Times：Scientific Insights into Psychology's History*. Washington：American Psychological Association.

Simpson, E. A., Paukner, A., Suomi, S. J., & Ferrari, P. F.（2015）. Neonatal imitation and its sensory mechanism. In P. F. Ferrari, & G. Rizzolatti（Eds.）, *New Frontiers in Mirror Neurons Research*（pp.296-314）. New York：Oxford University Press.

Sinigaglia, C.（2008）. Mirror neurons：This is the question. *Journal of Consciousness Studies, 15*（10-11）, 70-92.

Skerry, A. E., & Saxe, R.（2016）. What neuroscience can reveal about cognition and its origins. In D. Barner & A. S. Baron（Eds.）, *Core Knowledge and Conceptual Change*（pp. 321-346）. New

York: Oxford University Press.

Slepian, M. L., & Ambady, N.（2012）. Fluid movement and creativity. *Journal of Experimental Psychology: General, 141*（4）, 625-629.

Slepian, M. L., Masicampo, E. J., Toosi, N. R., & Ambady, N.（2012）. The physical burdens of secrecy. *Journal of Experimental Psychology: General*, *141*, 619-624.

Slepian, M. L., Weisbuch, M., Rule, N. O., & Ambady, N.（2011）. Tough and tender: Embodied categorization of gender. *Psychological Science, 22*（1）, 26 -28.

Smith, L. B.（2005）. Cognition as a dynamic system: Principles from embodiment. *Developmental Review, 25*, 278-298.

Song, H., Vonasch, A. J., Meier, B. P., & Bargh, J. A.（2012）. Brighten up: Smiles facilitate perceptual judgment of facial lightness. *Journal of Experimental Social Psychology, 48*（1）, 450-452.

Sørensen, J. B.（2005）. The alien-hand experiment. *Phenomenology and the Cognitive Sciences, 4*, 73-90.

Spaulding, S.（2010）. Embodied cognition and mindreading. *Mind and Language, 25*（1）, 119-140.

Spaulding, S.（2013）. Mirror neurons and social cognition. *Mind and Language, 28*（2）, 233-257.

Sprengelmeyer, R., & Jentzsch, I.（2006）. Event related potentials and the perception of intensity in facial expressions. *Neuropsychologia*, 44, 2899-2906.

Spunt, R. P., & Adolphs, R.（2015）. Folk explanations of behavior: A specialized use of a domain-general mechanism. *Psychological Science, 26*（6）, 724-736.

Stanghellini, G.（2011）. Clinical phenomenology: A method for care?*Philosophy, Psychiatry, & Psychology*, *18*（1）, 25-29.

Steinhorst, A., & Funke, J.（2014）. Mirror neuron activity is no proof for action understanding. *Frontiers in Human Neuroscience, 8*, 333.

Stel, M., V., Baaren, R. B., & Vonk, R.（2008）. Effects of mimicking: Acting prosocially by being emotionally moved. *European Journal of Social Psychology, 38*, 965-976.

Stern, D.（2010）. *Forms of Vitality: Exploring Dynamic Experience in Psychology, the Arts, Psychotherapy, and Development*. New York: Oxford University Press.

Stöcker, C., & Hoffmann, J.（2004）. The ideomotor principle and motor sequence acquisition: Tone effects facilitate movement chunking. *Psychological Research, 68*,126-137.

Strack, F., Martin, L. L., & Stepper, S.（1988）. Inhibiting and facilitating conditions of the human smile: A nonobtrusive test of the facial feedback hypothesis. *Journal of Personality and Social Psychology, 54*, 768-777.

Suedfeldt, P., Bochner, S., & Matas, C.（1971）. Petitioner's attire and petition signing by peace demonstrators. *Journal of Applied Social Psychology, 1*（3）, 278-283.

Suzuki, K., Garfinkel, S. N., Critchley, H. D., & Seth, A. K.（2013）. Multisensory integration across exteroceptive and interoceptive domains modulates self-experience in the rubber-hand illusion. *Neuropsychologia, 51*（13）, 2909-2917.

Suzuki, M., Kitano, H., Ito, R., Kitanishi, T., Yazawa, Y., Ogawa, T., Shiino, A., & Kitajima, K.

(2001). Cortical and subcortical vestibular response to caloric stimulation detected by functional magnetic resonance imaging. *Cognitive Brain Research, 12*, 441-449.

Synofzik, M., Lindner, A., & Thier, P. (2008). The cerebellum updates predictions about the visual consequences of one's behavior. *Current Biology, 18* (11), 814-818.

Synofzik, M., Vosgerau, G., & Newen, A. (2008). I move, therefore I am: A new theoretical framework to investigate agency and ownership. *Consciousness and Cognition, 17*(2), 411-424.

Tajadura-Jiménez, A., Grehl, S., & Tsakiris, M. (2012). The other in me: Interpersonal multisensory stimulation changes the mental representation of the self. *PLoS One, 7* (7), e40682.

Talmy, L. (2000). *Toward a Cognitive Semantics: Vol. I. Concept Structuring Systems*. Cambridge: MIT Press.

Tarhan, L. Y., Watson, C. E., & Buxbaum, L. J. (2015). Shared and distinct neuroanatomic regions critical for tool-related action production and recognition: Evidence from 131 left-hemisphere stroke patients. *Journal of Cognitive Neuroscience, 27*(12), 2491-2511.

Teufel, C., Fletcher, P. C., & Davis, G.(2010). Seeing other minds: Attributed mental states influence perception. *Trends in Cognitive Sciences, 14* (8) , 376-382.

Thacker, M. A., & Moseley, G. L. (2012). First-person neuroscience and the understanding of pain. *The Medical Journal of Australia, 196* (6), 410-411.

Thelen, E. (2000). Grounded in the world: Developmental origins of the embodied mind. *Infancy, 1*, 3-28.

Thagard, P. (2010). I feel your pain: Mirror neurons, empathy, and moral motivation. *Journal of Cognitive Science, 8*, 109-136.

Thelen, E., & Smith, L. (1994). *A Dynamic Systems Approach to the Development of Cognition and Action*. Cambridge: MIT Presess.

Thelen, E., Schoner, G., Scheier, C., & Smith, L. B. (2001). The dynamics of embodiment: A field theory of infant preservative reaching. *Behavioral and Brain Sciences, 24* (1), 1-86

Thompson, E. (2005). Sensorimotor subjectivity and the enactive approach to experience. *Phenomenology and The Cognitive Sciences, 4* (4), 407-427.

Thompson, E. (2014). *Waking, Dreaming, Being: Self and Consciousness in Neuroscience, Meditation, and Philosophy*. New York: Columbia University Press.

Thompson, E., & Stapleton, M. (2009). Making sense of sense-making: Reflections on enactive and extended mind theories. *Topoi, 28*, 23-30.

Thompson, E., & Varela, F. J. (2001). Radical embodiment: Neural dynamics and consciousness. *Trends in Cognitive Sciences, 5* (10), 418-425.

Thompson, E. & Zahavi, D. (2007). Philosophical issues: Phenomenology. In P. D. Zelazo, M. Moscovitch, & E. Thompson (Eds.), *The Cambridge Handbook of Consciousness* (pp. 67-87). Cambridge: Cambridge University Press.

Thompson, E., Lutz, A., & Cosmelli, D. (2005). Neurophenomenology: An introduction for neurophilosophers. In A. Brook, & K. Akins (Eds.), *Cognition and the Brain: The Philosophy and Neuroscience Movement* (pp. 40-97). New York and Cambridge: Cambridge University

Press.

Thompson, J. J., Sameen, N., & Racine, T. P.（2016）. Methodological consequences of weak embodied cognition and shared intentionality. *New Ideas in Psychology, 43*, 28-38.

Thompson, M.（2008）. *Life and Action*.Cambridge：Harvard University Press.

Titchener, E. B.（1909）. *Lectures on the Experimental Psychology of the Thought-Processes*. New York：The Macmillan Company.

Todorov, A., Baron, S. G., & Oosterhof, N. N.（2008）. Evaluating face trustworthiness：A model based approach. *Social Cognitive and Affective Neuroscience, 3*, 119-127.

Tom, G., Pettersen, P., Lau,T., Burton,T., & Cook, J.（1991）. The role of overt head movement in the formation of affect. *Basic and Applied Social Psychology*, *12,* 281-289.

Toni, I., Rushworth, M. F. S., & Passingham, R. E.（2001）. Neural correlates of visuomotor associations：Spatial rules compared with arbitrary rules. *Experimental Brain Research, 141*, 359-369.

Tramacere, A., Pievani, T., & Ferrari, P. F.（2016）. Mirror neurons in the tree of life：Mosaic evolution, plasticity and exaptation of sensorimotor matching responses. *Biological Reviews, 92*（3）, 1819-1841.

Tsakiris, M.（2008）. Looking for myself：Current multisensory input alters self-face recognition. *PLoS One, 3*（12）, e4040.

Tsakiris, M.（2010）. My body in the brain：A neurocognitive model of body-ownership. *Neuropsychologia, 48*（3）, 703-712.

Tsakiris, M.（2017）. The multisensory basis of the self：From body to identity to others. *The Quarterly Journal of Experimental Psychology, 70（4）*, 597-609.

Tsakiris, M., & Haggard, P.（2005）. The rubber hand illusion revisited：Visuotactile integration and self-attribution. *Journal of Experimental Psychology：Human Perception and Performance, 31*（1）, 80-91.

Tsakiris, M., Carpenter, L., James, D., & Fotopoulou, A.（2010）. Hands only illusion：Multisensory integration elicits sense of ownership for body parts but not for non-corporeal objects. *Experimental Brain Research, 204*（3）, 343-352.

Tsakiris, M., Hesse, M. D., Boy, C., Haggard, P., & Fink, G. R.（2007）. Neural signatures of body ownership：A sensory network for bodily self-consciousness. *Cerebral Cortex, 17*（10）, 2235-2244.

Tsakiris, M., Longo, M. R., & Haggard, P.（2010）. Having a body versus moving your body：Neural signatures of agency and body-ownership. *Neuropsychologia, 48*（9）, 2740-2749.

Tsakiris, M., Tajadura-Jiménez, A., & Costantini, M.（2011）. Just a heartbeat away from one's body：Interoceptive sensitivity predicts malleability of body-representations. *Proceedings of the Royal Society B：Biological Sciences, 278,* 2470-2476.

Tsay, A., Allen, T. J., Proske, U., & Giummarra, M. J.（2015）. Sensing the body in chronic pain：A review of psychophysical studies implicating altered body representation. *Neuroscience and Biobehavioral Reviews, 52*, 221-232.

Uithol, S., van Rooij, I., Bekkering, H., & Haselager, W. F. G.（2011）. What do mirror neurons mirror? *Philosophical Psychology, 24*（5）, 607-623.

Umiltà, M. A., Escola, L., Intskirveli, I., Grammont, F., Rochat, M., Caruana, F., & Rizzolatti, G.（2008）. When pliers become fingers in the monkey motor system. *Proceedings of the National Academy of Sciences of the United States of America, 105*, 2209-2213.

Umiltà, M.A., Kohler, E., Gallese, V., Fogassi, L., Fadiga, L., Keysers, C., & Rizzolatti, G. (2001). I know what you are doing：A neurophysiological study. *Neuron, 31*, 155-165.

Urgesi, C., Candidi, M., & Avenanti, A.（2014）. Neuroanatomical substrates of action perception and understanding：An anatomic likelihood estimation meta-analysis of lesion-symptom mapping studies in brain injured patients. *Frontiers in Human Neuroscience, 8*, 344.

Vaesen, K.（2014）. Dewey on extended cognition and epistemology. *Philosophical Issues,* 24（1）, 426-438.

Vallet G. T., Brunel L., Riou B. & Vermeulen N.（2016）. Editorial：Dynamics of sensorimotor interactions in embodied cognition. *Frontiers in Psychology, 6*, 1929.

van Baaren, R. B., Fockenberg, D. A., Holland, R. W., Janssen, L. & van Knippenberg, A.（2006）. The moody chameleon：The effect of mood on non-conscious mimicry. *Social Cognition, 24,* 426-437.

van Baaren, R. B., Holland, R. W., Kawakami, K., & van Knippenberg, A.（2004a）. Mimicry and prosocial behavior. *Psychological Science, 15*（1）, 71-74.

van Baaren, R. B., Holland, R. W., Steenaert, B., & van Knippenberg, A.（2003a）. Mimicry for money：Behavioral consequences of imitation. *Journal of Experimental Social Psychology, 39,* 393-398.

van Baaren, R. B., Horgan, T. G., Chartrand, T. L., & Dijkmans, M.（2004b）. The forest, the trees, and the chameleon：Context dependence and mimicry. *Journal of Personality and Social Psychology, 86,* 453-459.

van Baaren, R. B., Maddux, W. W., Chartrand, T. L., de Bouter, C., & van Knippenberg, A.（2003b）. It takes two to mimic：Behavioral consequences of self-construals. *Journal of Personality and Social Psychology, 84,* 1093-1102.

van Dam, W. O., van Dijk, M., Bekkering, H., & Rueschemeyer, S. A.（2012）. Flexibility in embodied lexical-semantic representations. *Human Brain Mapping, 33*, 2322-2333.

van Dantzig, S., Pecher, D., & Zwaan, R. A.（2008）. Approach and avoidance as action effects. *The Quarterly Journal of Experimental Psychology, 61,* 1298-1306.

van der Hoort, B., Guterstam, A., & Ehrsson, H. H.（2011）. Being Barbie：The size of one's own body determines the perceived size of the world. *PLoS One, 6*（5）, e20195.

Vannuscorps, G., & Caramazza, A.（2016）. Typical action perception and interpretation without motor simulation. *Proceedings of the National Academy of Sciences USA, 113*(1), 86-91.

van Overwalle, F.（2011）. A dissociation between social mentalizing and general reasoning. *NeuroImage, 54*（2）, 1589-1599.

Vanderwert, R. E., Simpson, E. A., Paukner, A., Suomi, S. J., Fox, N. A., Ferrari, P. F., et al.（2015）.

Early social experience affects neural activity to affiliative facial gestures in newborn nonhuman primates. *Developmental Neuroscience, 37*（3）, 243-252.

Varela, F. J.（1996）. Neurophenomenology：A methodological remedy for the hard problem. *Journal of Consciousness Studies, 3*, 330-349.

Varela, F. J., Lachaux, J. P., Rodriguez, E., & Martinerie, J.（2001）. The brainweb：Phase synchronization and large-scale integration. *Nature Reviews Neuroscience, 2*, 229-239.

Varela, F. J., Thompson, E., & Rosch, E.（1991）. *The Embodied Mind：Cognitive Science and Human Experience*. Cambridge：The MIT Press.

Vaughan, K. B., & Lanzetta, J. T.（1981）. The effect of modification of expressive displays on vicarious emotional arousal. *Journal of Experimental Social Psychology, 17*, 16-30.

Velmans, M. (2009). *Understanding Consciousness*（*2nd ed*）. London: Routledge/Psychology Press.

Veissière, S. P., Constant, A., Ramstead, M. J., Friston, K. J., & Kirmayer, L. J.（2020）. Thinking through other minds：A variational approach to cognition and culture. *Behavioral and Brain Sciences, 43*, 1-75.

Venturelli, A. N.（2012）. Dewey on the reflex arc and the dawn of the dynamical approach to the study of cognition. *Pragmatism Today, 3*（1）, 132-143.

Verleger, R., Binkofski, F., Friedrich, M., Sedlmeier, P., & Kömpf, D.（2011）. Anarchic-hand syndrome：ERP reflections of lost control over the right hemisphere. *Brain and Cognition, 77*（1）, 138-150.

Vonèche, J.（2007）. Action as the solution to the mind-body problem in Piaget's theory. In F. O. Willis., M. U. lricvh., &L. N. Judith（Eds.）, *Developmental Perspectiveson Embodiment and Consciousness*（pp. 85-114）.New York：Lawrence Erlbaum Associates.

Vosgerau, G., & Newen, A.（2007）. Thoughts, motor actions, and the self. *Mind & Language, 2*（1）, 22-43.

Wade, N. J.（2003）. The legacy of phantom limbs. *Perception, 32*, 517-524.

Wagenmakers, E. J., Beek, T., Dijkhoff, L., & Gronau, Q. F.（2016）. Registered replication report：Strack, Martin, & Stepper（1988）. *Perspectives on Psychological Science, 11*（6）, 917-928.

Wang, X., Wu, Q., Egan, L., Gu, X., Liu, P., Gu, H., & Fan, J.（2019）. Anterior insular cortex plays a critical role in interoceptive attention. *eLife, 8*, e42265.

Wang, Y.（2012）. *The Control of Mimicry by Social Signals*（Unpublished Doctoral dissertation）. University of Nottingham.

Wang,Y., & Quadflieg, S.（2015）. In our own image? emotional and neural processing differences when observing human-human versus human-robot interactions. *Social Cognitive and Affective Neuroscience, 10*, 1515-1524.

Waskul, D., & Vannini, P.（2006）. *Body/Embodiment：Symbolic Interaction and the Sociology of the Body*. England：British Library Press.

Waszak, F., & Herwig, A.（2007）. Effect anticipation modulates deviance processing in the brain. *Brain Research, 1183*, 74-82.

Webb, J. T.（1969）. Subject speech rates as a function of interviewer behaviour. *Language and*

Speech, 12, 54-67.

Webb, J. T.（1970）. Interview synchrony：An investigation of two speech rate measures in an automated standardized interview. In B. Pope, & A. W., Siegman（Eds.）, *Studies in Dyadic Communication. Proceedings of a Research Conference on the Interview.*（pp.115-133）. New York：Pergamon Press.

Webster, G. D., Urland, G. R., & Correll, J.（2012）. Can uniform color color aggression? Quasi-experimental evidence from professional ice hockey. *Social Psychological and Personality Science, 3*（3）, 274-281.

Welsh, B. C., & Farrington, D. P.（2012）.Science, politics, and crime prevention：Toward a new crime policy. *Journal of Criminal Justice, 40*（2）, 128-133.

Wegner, D. M.（2002）. *The Illusion of Conscious Will.* Cambridge：MIT Press.

Wegner, D. M.（2003）. The mind's best trick：How we experience conscious will. *Trends in Cognitive Science, 7*, 65-69.

Werner, N. S., Schweitzer, N., Meindl, T., Duschek, S., Kambeitz, J., & Schandry, R.（2013）. Interoceptive awareness moderates neural activity during decision-making. *Biological Psychology, 94*（3）, 498-506.

Wheatcroft, D., & Qvarnström, A.（2017）. Genetic divergence of early song discrimination between two young songbird species. *Nature Ecology & Evolution, 1,* 192.

Whitehead, W., & Drescher, V.（1980）. Perception of gastric contractions and self-control of gastric motility. *Psychophysiology, 17*（6）, 552-558.

Wicker, B., Keysers, C., Plailly, J., Royet, J. P., Gallese, V., & Rizzolatti, G.（2003）. Both of us disgusted in my insula：The common neural basis of seeing and feeling disgust. *Neuron, 40*, 655-664.

Wiemar-Hastings, K., & Xu, X.（2005）. Content differences for abstract and concrete concepts. *Cognitive Science, 29*, 719-736.

Williams, L. E., & Bargh, J. A.（2008）. Keeping one's distance the influence of spatial distance cues on affect and evaluation. *Psychological Science, 19*（3）, 302-308.

Williams, L. E., Huang, J. Y., & Bargh, J. A.（2009）. The scaffolded mind：Higher mental processes are grounded in early experience of the physical world. *European Journal of Social Psychology, 39*, 1257-1267.

Wilson, M.（2001）. Perceiving imitatible stimuli：Consequences of isomorphism between input and output. *Psychological Bulletin, 127*, 543-553.

Wilson, M.（2002）. Six views of embodied cognition. *Psychonomic Bulletin & Review, 9*, 625-636.

Wilson, M., & Knoblich, G.（2005）. The case for motor involvement in perceiving conspecifics. *Psychological Bulletin, 131*, 460-473.

Wilson, N. L., & Gibbs, R. W.（2007）. Real and imagined body movement primes metaphor comprehension. *Cognitive Science, 31*（4）, 721-731.

Wilson, R. A.（2004）. *Boundaries of the Mind：The Individual in the Fragile Sciences.* Cambridge：Cambridge University Press.

Wilson, R. A., & Foglia, L. （2011）. Embodied cognition. In E. N. Zalta（Ed.）, *The Stanford Encyclopedia of Philosophy*. http://plato.stanford.edu/archives/fall2011/entries/embodied cognition/

Wilson, A. D., & Golonka, S. （2013）. Embodied cognition is not what you think it is. *Frontiers in Psychology, 4*(58), 1-13.

Wilson, M. C., Simmons, W. K., Martin, A., & Barsalou, L. W. （2013）. Contextual processing of abstract concepts reveals neural representations of non-linguistic semantic content. *Journal of Cognitive Neuroscience, 25*, 920-935.

Wittgenstein, L.（1958）. *The Blue and Brown Books*. Oxford：Basil Blackwell.

Wittgenstein, L.（1980）. *Remarks on the Philosophy of Psychology*（C. G. Luckhardt & M. A. E. Aue, Trans.）. Oxford：Blackwell.

Wohlschläger, A., & Bekkering, H.（2002）. Is human imitation based on a miror-neurone system? Some behavioural evidence. *Experimental Brain Research, 143*, 335-341.

Wohlschläger, A., Haggard, P., Gesierich, B., & Prinz, W.（2003）. The perceived onset time of self-and other-generated actions. *Psychological Science, 14*（6）, 586-591.

Wolfe, C. T.（2016）. *Materialism：A Historico-Philosophical Introduction*. Dordrecht：Springer.

Woodworth, R. S.（1915）. A revision of imageless thought. *Psychological Review, 22*, 1-27.

Woodworth, R. S., & Schlosberg, H.（1954）. *Experimental Psychology*. New York：Holt.

Wundt, W. M.（1897）. *Outlines of Psychology*. Leipzig：Wilhelm Engelmann.

Xu, A. J., & Zwick, R.（2012）. Washing away your（good or bad）luck：Physical cleansing affects risk-taking behavior. *Journal of Experimental Psychology：General, 141*（1）, 26-30.

Yanelia, Y., Lucy, J., Lynden, M., & Victoria, P. （2006）. Implicit behavioral mimicry：Investigating the impact of group membership. *Journal of Nonverbal Behaver, 30,* 97-113.

Yoshimi, J.（2004）. Field theories of mind and brain. In L. Embree（Ed.）,*Gurwitsch's Relevance for Cognitive Science*（pp. 111-130）. Dordrecht：Springer.

Yuan, J. L., Wang, S. K., Guo, X. J., & Hu, W. L.（2011）. Acute infarct of the corpus callosum presenting as alien hand syndrome：Evidence of diffusion weighted imaging and magnetic resonance angiography. *BMC Neurology, 11*, 142.

Zahavi, D.（2011）. Empathy and direct social perception：A phenomenological proposal. *Review of Philosophy and Psychology, 2*（3）, 541-558.

Zahavi, D.（2015）. *Self and Other：Exploring Subjectivity, Empathy, and Shame*. New York：Oxford University Press.

Zahavi, D., & Roepstorff, A.（2011）. Faces and ascriptions：Mapping measures of the self. *Consciousness and Cognition, 20*（1）, 141-148.

Zamariola, G., Maurage, P., Luminet, O., & Corneille, O.（2018）. Interoceptive accuracy scores from the heartbeat counting task are problematic：Evidence from simple bivariate correlations. *Biological Psychology, 137,* 12-17.

Zanolie, K., vanDantzig, S., Boot, I., Wijnen, J., Schubert, T. W., Giessner, S. R., et al.（2012）. Mighty metaphors：Behavioral and ERP evidence that power shifts attention on a vertical dimension. *Brain and Cognition, 78*, 50-58.

Zeller, D., Gross, C., Bartsch, A., Johansen-Berg, H., & Classen, J.（2011）. Ventral premotor cortex may be required for dynamic changes in the feeling of limb ownership：A lesion study. *Journal of Neuroscience, 31*, 4852-4857.

Zeller, D., Litvak, V., Friston, K. J., & Classen, J.（2015）. Sensory processing and the rubber hand illusion-an evoked potentials study. *Journal of Cognitive Neuroscience, 27*（3）, 573-582.

Zhang, J., & Hommel, B.（2015）. Body ownership and response to threat. *Psychological Research, 80*（6）, 1020-1029.

Zhang, J., Ma, K., & Hommel, B.（2015）. The virtual hand illusion is moderated by context-induced spatial reference frames. *Frontiers in Psychology, 6*, 1659.

Zheng, Z. Z., MacDonald, E. N., Munhall, K. G., & Johnsrude, I. S.（2011）. Perceiving a stranger's voice as being one's own：A "rubber voice" illusion? *PLoS One, 6*（4）, e18655.

Zhong, C. B., & Leonardelli, G. J.（2008）. Cold and lonely：Does social exclusion literally feel cold? *Psychological Science, 19*, 838-842.

Zhong, C. B., & Liljenquist, K. A.（2006）. Washing away your sins：Threatened morality and physical cleansing. *Science, 313*, 1451-1452.

Zhong, C., Strejcek, B., & Sivanathan, N.（2010）. A clean self can render harsh moral judgment. *Journal of Experimental Social Psychology, 46*（5）, 859-862.

Ziemke, T.（2003）. What's that thing called embodiment. In L. Erlbaum（Ed.）, *Proceedings of the 25th Annual Meeting of the Cognitive Science Society*（pp. 1305-1310）. Boston：Cognitive Science Society.

Ziemke, T.（2016）. The body of knowledge：On the role of the living body in grounding embodied cognition. *BioSystems, 148*, 4-11.

Zopf, R., Savage, G., & Williams, M. A.（2010）. Crossmodal congruency measures of lateral distance effects on the rubber hand illusion. *Neurophychologia, 48*（3）, 713-725.

Zopf, R., Truong, S., Finkbeiner, M., Friedman, J., & Williams, M. A.（2011）. Viewing and feeling touch modulates hand position for reaching. *Neuropsychologia, 49*（5）, 1287-1293.

重要术语

A

安全型依恋（secure attachment）

B

贝尔麻痹（Bell’s palsy）
贝叶斯逻辑（Bayesian logic）
贝叶斯推理编码（Bayesian predictive coding，BPC）
贝叶斯知觉学习（Bayesian perceptual learning）
贝叶斯主义（Bayesianism）
背侧-横向前额皮层（dorso-lateral prefrontal cortex）
被试内实验设计（experiment within subjects）
本体感觉（proprioception）
本体论（ontology）
比较器模型（comparator model）
边缘系统（limbic system）
变色龙效应（chameleon effect）
标准差（standard deviation）
表达的构成性意义（constitutive sense of expression）
表达行为（expressive behavior）
表观遗传学（epigenetics）
表征（representation）
表征-计算饥饿（representationally-computationally hungry）
表征瓶颈（representation bottleneck）
并存理论（conflation theory）
不可观察原则（unobservability principle，UP）
布罗卡区（Broca’s area）

C

常识心理学法则（folk-psychological laws）
持续趋势（perseverative tendency）
抽象概念（abstract concept）
重复测量方差分析（repeated measurement analysis of variance）

重新映射假说（remapping hypothesis）
初级躯体感觉皮层（primary somatosensory cortex）
初级运动皮层（primary motor cortex）
初级运动区（primary motor area）
传出复本（efference copy）
词汇工具（words as tools，WAT）
磁共振成像（magnetic resonance imaging，MRI）
磁共振血管造影（magnetic resonance angiography，MRA）
磁性/排斥性失用（magnetic/repellent apraxia）
次级躯体感觉皮层（secondary somatosensory cortex）
次级躯体感觉运动皮层（secondary somatosensory motor cortex）
刺激错误（stimulus error）
刺激-反应法（stimulus-response method）
刺激丰富（wealth of the stimulus）
刺激贫乏（poverty of the stimulus）

D

单侧视觉忽视（unilateral visual neglect）
单侧无注意（hemi-inattention）
单眼深度知觉（monocular depth perception）
单样本 *t* 检验（one sample *t*-test）
岛盖（operculum）
岛叶皮层（insular cortex）
等级心智隐喻理论（hierarchical mental metaphors theory）
等价论证（parity argument）
笛卡儿式焦虑（Cartesian anxiety）
第二人称神经科学范式（second-person neuroscience paradigm）
点光源演示（point-light displays）
顶下小叶（inferior parietal lobule）
顶上小叶（superior parietal lobule）
顶叶（parietal lobe）
顶叶皮层（parietal cortex）
动力系统理论（dynamical systems theory，DST）
动力学（dynamics）
动允性（affordances）
动作忽视（action neglect）
动作-句子匹配效应（action-sentence compatibility effect）
动作理解（action understanding）
动作识别（action recognition）
动作选择（action selection）

动作运动学（kinematics）
动作知觉（action perception）
独立样本 *t* 检验（independent sample *t* test）
对抗性运用障碍（diagonistic dyspraxia）
对应难题（correspondence problem）
多巴胺（dopamine）
多级串联加工（multistepserial processing）
多余手（supernumerary hands）
多余手错觉（supernumerary hand illusion，SHI）
多重比较（multiple comparisons）

E

额-顶镜像神经系统（fronto-parietal mirror system）
额纹状环路（fronto-striatal circuits）
额下回（inferior frontal gyrus，IFG）
额下皮层（subfrontal cortex）
二项迫选任务（two alternative forced choice task）

F

发生学（ontogeny）
发展心理学（developmental psychology）
发展性人际互动障碍（developmental interpersonal interaction disorder）
反射（reflex）
反射弧（reflex arc）
反应时（reaction time）
范式（paradigm）
方位追踪仪（orientation tracker）
非模态抽象符号（amodal abstract symbols）
非模态理论（amodal theory）
分析哲学（analytic philosophy）
符茨堡学派（Würzburg school）
符号交互理论（symbol interdependency theory，SIT）
符号性内置（symbolic off-loading）
辅助运动皮层（supplementary motor cortex）
辅助运动区（supplementary motor area）
负性偏向（negative bias）
复用（reuse）
复杂性局部疼痛综合征（complex regional pain syndrome，CRPS）
腹侧前运动皮层（ventral premotor cortex）
腹内侧前额叶皮层（ventromedial prefrontal cortex，VMPFC）

腹外侧运动皮层（ventrolateral motor cortex）

G

概念表征（conceptual representation）
概念加工（conceptual processing）
概念隐喻理论（conceptual metaphor theory，CMT）
感觉后效（sensory after effect）
感觉运动动作（sensorimotor action）
感觉运动回路（sensorimotor circuit）
感觉运动学习（sensorimotor learning）
感知-行为联系理论（perception-behavior link theory）
格式塔心理学（Gestalt psychology）
个人边缘空间（peri-personal space）
工具性条件反射（instrumental conditioning）
工作记忆（working memory）
弓状运动前区（arcuate premotor area）
功能性磁共振成像（funictional magnetic resonance imaging，fMRI）
功能性近红外光谱（functional near-infrared spectroscopy，fNIRS）
共济失调（ataxia）
共情（empathy）
共享编码（common coding）
共享环路模型（shared circuits model，SCM）
构成解释（constitutive account）
观察-执行匹配（observation-execution matching）
观念运动动作（ideomotor action）
观念运动理论（ideomotor theory）
归属感理论（affiliation theory）
规范性神经元（canonical neurons）

H

还原主义（reductionism）
海豹肢畸形症（phocomelus）
核心自我（core self）
后顶皮层（posterior parietal cortex）
后顶叶（posterior parietal）
后验信念（posterior belief）
后叶催产素（oxytocin）
互动理论（interaction theory，IT）
怀疑论（skepticism）
环境嵌入（environmental embedding）

环境心理学（environmental psychology）
幻肢（phantom limbs）
幻肢痛（phantom limb pains）
回溯性重释（retrospective reinterpretation）
混合设计（mixed design）
活力形态（forms of vitality）

J

机能心理学（functional psychology）
机械方法论（mechanical methodology）
激进具身化（radical embodiment）
架构理论（scaffolding theory）
简单效应（simple effect）
交感神经系统（sympathetic nervous system）
交互主体性（inter subjectivity）
角回（angular gyrus）
接地原则（closer to the ground）
结构性耦合（structural coupling）
截肢癖（apotemnophilia）
解剖合理性（anatomical plausibility）
解释鸿沟（explanatory gap）
紧缩解释（deflationary account）
进化论（evolutionism）
进化心理学（evolutionary psychology）
浸入式体验者框架（immersed experiencer frame）
经颅磁刺激（transcranial magnetic stimulation，TMS）
经验主义（empiricism）
精神分析法（psychoanalysis）
竞争性失用（agonistic dyspraxia）
镜像疗法（mirror therapy）
镜像神经元（mirror neurons）
镜像神经元系统（mirror neurons system）
镜像视觉反馈（mirror visual feedback，MVF）
镜像视觉反馈训练（mirror visual feedback treatment，MVFT）
具身感（sense of embodiment）
具身化（embodiment）
具身建构论（embodied constructivism）
具身模拟（embodied simulation，ES）
具身认知（embodied cognition）
具身心智（embodied mind）

卷入（engagement）
决定趋势（determining tendency）

K

科学心理学（scientific psychology）
刻板印象（stereotypes）
客观主义（objectivism）
扣带回（cingulate gyrus）
扣带皮层（cingulate cortex）
宽泛一致的镜像神经元（broadly congruent mirror neurons）
扩散（弥散）加权成像（diffuse weighing imaging，DWI）

L

离身性障碍体验（experience of disembodiment）
离线社会认知（off-line social cognition）
理论论（theory theory，TT）
理智主义（rationalism）
利用行为（utilisation behaviour）
联结主义（connectivism）
联想序列学习（associative sequence learning，ASL）
联想学习（associative learning）
联想主义（associationism）
脸部反馈（facial feedback）
临床现象学（clinical phenomenology）
吝啬律（unparsimonious low）
流体智力（fluid intelligence）
逻辑相关镜像神经元（logically-related mirror neurons）

M

描述性统计（descriptive statistics）
模仿目标导向理论（goal-directed theory of imitation）
模仿学习（imitation learning）
模拟论（simulation theory，ST）
默比乌斯综合征（Moebius syndrome）
目标导向动作（goal-directed action）
目标域（target domain）

N

脑磁图（magnetoencephalography，MEG）
脑岛（insula）

脑电图（electroencephalogram，EEG）
内感受（interoception）
内感受觉知（interoceptive awareness）
内感受精确性（interoceptive accuracy）
内感受的具身认知（interoceptive embodied cognition，IEC）
内感受敏感性（interoceptive sensitivity）
内感受特质预测错误（interoceptive trait prediction error，ITPE）
内外部驱动系统（internally and externally driven systems，IEDS）
内隐心智化（implicit mentalizing）
内源性刺激（endogenous stimuli）
内脏感觉（visceroception）
颞上沟（superior temporal sulcus）
颞上回（superior temporal gyrus）
颞叶（temporal lobe）

O

欧陆现象学（European phenomenology）

P

帕金森综合征（Parkinsonism）
判决性实验（crucial experiment）
皮层重组（cortical reorganization）
皮肤电导反应（skin conductance response，SCR）
皮肤电反应（galvanic skin response，GSR）
皮质基底节变性（corticobasal degeneration，CBD）
匹诺曹错觉（Pinocchio illusion）
偏侧忽视（hemineglect）
偏瘫失认（anosognosia for hemiplegia）
胼胝体（corpus callcsum）
朴素行动理论（naive action theory，NAT）
朴素具身化（simple embodiment）

Q

乞题谬误（begging the question）
前额皮层（prefrontal cortex）
前额运动皮层（prefrontal motor cortex）
前反思（pre-reflective）
前扣带皮层（anterior cingulate cortex）
前理论（pre-theoretical）
前脑岛（anterior insula，AI）

前庭电刺激（galvanic vestibular stimulation，GVS）
前庭冷热刺激（vestibular caloric stimulation）
前庭皮层（vestibular cortex）
前言语（pre-linguistic）
前运动皮层（premotor cortex）
前运动皮层内侧壁（the medial wall of the premotor cortex）
前运动皮层中部（medial premotor cortex）
前运动区（anterior motor area）
前运算（pre-operation）
嵌入认知（embedded cognition/embedded mind）
情境经验（situational experience）
情绪镜像神经元（emotional mirror neurons）
躯体标记（somaticmarkers）
躯体感觉皮层（somatosensory cortex）
躯体失认症（asomatognosia）
躯体妄想症（somatoparaphrenia）

R

认识论（epistemology）
认识论承诺（epistemology commitment）
认知革命（cognitive revolution）
认知科学（cognitive science）
认知偏移效应（cognitive bias effect）
认知神经科学（cognitive neuroscience）
认知隐喻理论（cognitive metaphor theory）
认知语言学（cognitive linguistics）
认知主义（cognitivism）
任性手（way-ward hand）
肉毒梭菌（clostridium botulinum）

S

三维表面重建磁共振（3D surface rendered MRI）
社会共价关系理论（communal sharing relationship theory）
社会聚合（social cohesion）
社会脑（social brain）
社会认知（social cognition）
社会生态位（socioecological niche）
社会响应理论（social response theory）
社会心理学（social psychology）
身体操作（physical manipulation，PM）

身体矩阵（body matrix）
身体模型假说（body-model hypothesis）
身体图式（body schema）
身体意向性（body intentionality）
身体意象（body image）
身体意象扭曲（body image distortion）
身体拥有感（body ownership）
身体整合意象障碍（body integrity image disorder，BIID）
身体-自我神经矩阵（body-self neuromatrix）
身体自我意识（bodily self-consciousness）
身体自主感（bodily sense of agency）
神经病理现象学（neuropathological phenomenology）
神经动力学（neurodynamics）
神经关联物（neural correlates）
神经激惹理论（nerve irritation theory）
神经矩阵理论（neuromatrix theory）
神经可塑性（neuroplasticity）
神经性暴食症（bulimia nervosa）
神经性厌食症（anorexia nervosa，AN）
神经影像学（neuroimaging）
神经再开发理论（neural exploitation theory）
生成认知（enacted cognition）
生成主义（enactivism）
生态主义（ecologism）
失用症（apraxia）
实效论（pragmatics）
始源域（source domain）
示能性（affordance）
事件相关电位（event related potential，ERP）
视觉动力学（visual kinematics）
视觉计算理论（computational theory of vision）
视觉假说（visual hypotheses）
手势动作（pantomimed actions）
述情障碍（alexithymia）
双个体社交范式（dyadic social interaction paradigm）
双重表征假说（dual-representation hypothesis）
双重运动前系统（dual premotor system，DPMS）
思辨心理学（critical psychology）
思维心理学（thinking psychology）
索引假说（indexical hypothesis，IH）

T

他心问题（other minds problem）
他心直通理论（theories of direct access other minds）
他异性（alterity）
特定反应理论（theory of specific responses）
体觉皮层（somatosensory cortex）
体验式理解（experiential understanding）
条件反射（conditional response）
通达问题（access problem）
同型的表征形式（isomorphic representational format）
图式结构（schema structure）
图式驱动理论（schema-driven theory）

W

外部纹状皮层（external striate cortex）
外传入感觉（ex-afference）
外感受（exteroception）
外显心智化（explicit mentalizing）
外源性刺激（exogenous stimuli）
完全中介效应（complete mediating effect）
纹外皮层（epidermis）
污名化（stigmatization）
无意象思维（imageless thought）

X

希普计时器（Hipp's chronoscope）
习得瘫痪（learned paralysis）
系统性实验内省法（systematic experimental introspection）
先验范畴（priori categories）
先验心理（prior psychology）
先验信念（prior belief）
现象学（phenomenology）
现象学精神病理学（phenomenological psychopathology）
现象直觉（phenomenological intuition）
相邻性（contiguity）
相依性（contingency）
想象操作（imagined manipulation，IM）
橡胶手错觉（rubber hand illusion，RHI）
楔前叶（precuneus）
协变量（covariant）

协方差分析（analysis of covariance）
心理理论（theory of mind）
心理物理学（psychophysics）
心理意动（psychology act）
心理主义（psychologism）
心灵哲学（philosophy of mind）
心脑同一论（identity theory of mind and brain）
心身二元论（mind-body dualism）
心跳视觉反馈（cardio-visual feedback）
心跳知觉（heartbeat perception）
心跳追踪任务（heartbeat tracking task）
心智（mind）
心智化（mentalizing）
心智化系统（mentalizing system）
信息加工心理学（information processing psychology）
杏仁核（amygdala）
行为感染（behavioral contagion）
行为知觉理论（behavioral perception theory）
行为主义（behaviorism）
虚拟脸错觉（virtual face illusion）
虚拟声音错觉（virtual sound illusion）
虚拟手错觉（virtual hand illusion，VHI）
虚拟现实（virtual rcality，VR）
叙事自我（narrative self）
叙述心理学（narrative psychology）

Y

压部后皮层（posterior cortex of compressure）
延展认知（extended cognition）
严格一致的镜像神经元（strictly congruent mirror neurons）
移情（empathy）
异己手实验（alienhand experiment）
异己手综合征（alien hand syndrome，AHS）
意识经验（consciousness experience）
意识态度（conscious attitudes）
意识意向性（intentionality of consciousness）
意向的内存性（intentional inexistence）
意向性（intentionality）
意向性行为（intentional action）
意向性特质（intentional matter）

意向性质料（intentional quality）
意象性表征（deictic representation）
意象性计算（deictic computation）
因变量（dependent variable）
隐喻（metaphor）
隐喻补偿效应（metaphor compensation effects）
隐喻结构理论（metaphoric structuring view）
隐喻一致性效应（metaphor consistency effects）
映射（mapping）
拥有感（sense of ownership）
右侧额下回（right inferior frontal gyrus，rIFG）
右侧枕叶皮层（right lateral occipital cortex）
右后侧岛叶（right posterior insular lobe）
右颞顶交界区（right temporoparietal junction）
语言与情境仿真理论（language and situated simulation，LASS）
预测编码理论（predictive coding theory）
预测编码模型（predictive coding model）
预测错误（prediction error）
预测性镜像神经元（predictive mirror neurons）
预测性注视（predictive gaze）
预期图式（anticipatory schema）
元认知（metacognition）
元素主义（elementalism）
原初的自我感（primitive sense of self）
原初交互主体性（primary intersubjectivity）
原始自我（original self）
缘上回（superior marginal gyrus）
运动（movement）
运动表征（motor representation）
运动动作（motor act）
运动动作链（motor action）
运动感染（motor contagion）
运动共振（motor resonance）
运动皮层（motor cortex）
运动前皮层（premotor cortex）
运动时相（movement phase）
运动意向性（motor intentionality）
运动诱发电位（motor evoked potential）
运动指令（motor command）
运动自动模仿（motor mimicry）

Z

在线社会认知（online social cognition）
正电子发射断层成像（positron emission tomography，PET）
证实偏见（confirmation bias）
症状学（symptomatology）
知觉符号理论（perceptual symbol theory，PST）
知觉模仿（perceptual simulating）
知觉生成解释理论（enactive account of perception theory）
知觉现象学（phenomenology of perception）
知觉性觉知（perceptual awareness）
肢体大小效应（body size effect）
直接匹配假说（direct-matching hypothesis，DMH）
直接社会知觉（direct social perception）
中扣带皮层（midcingulate cortex）
中前额叶（medial prefrontal cortex）
中枢联结（central connection）
中央后区（postcentral area）
中央前回（precentral gyrus）
中央前区（precentral area）
周期性感觉运动耦合（recurrent sensorimotor coupling）
主动视觉（animate vision）
主效应（main effect）
追问实验（interrogation experiments）
自闭症（autism）
自变量（independent variable）
自传入感觉（re-afference）
自传体自我（autobiographical self）
自上而下的匹配（up-bottom matching）
自我标明系统（self-designating system）
自我感丧失症（depersonalisation）
自我观察（self-observation）
自我建构（self-construction）
自我具身性障碍（disorders of self-embodiment）
自我实体论（substance theory for self）
自我-他者的融合（self-other merging）
自我意识（self-consciousness）
自下而上的匹配（bottom-up matching）
自由能量原理（free-energy principle）
最小震惊原理（minimal surprise principle）
最小自我（minimal self）

后　记

听见你说 朝阳起又落；
晴雨难测 道路是脚步多；
我已习惯 你突然间的自我；
挥挥洒洒 将自然看通透；
……

这是伍佰的一曲《突然的自我》。我第一次听到这首旋律的时间约莫是2005年初秋的一天，当时我在从杭州师范学院（现更名为杭州师范大学）下沙校区到浙江大学西溪校区的公交车上。本书的写作机缘恐怕要追溯至那一天。我已经记不得从哪里得知在浙江大学西溪校区将会举办一场“心灵与机器”的跨学科研讨会（后来得知当时是第二届）。只记得我起了大早，从下沙校区坐车辗转来到浙江大学。虽然对于会议的大部分内容我已经不太记得清楚了，但有一位老人及其反复提到的一个术语却让我记忆犹新。这位清矍的老人早早来到会场，端坐在会场一角，一身洗得发白的夹克，一双黑色的旅游鞋，简单朴素，十分整洁。他轻声款语地与每一位到场的与会者攀谈，几句话就直奔学术主题，而所有与之交流的学者无不流露出对他的由衷敬意。遗憾的是，那时的我对他们聊天的内容并不熟悉，只是频频听其提到一个叫“具身认知”的术语。好在从这些与会者的问候声中得知，眼前的这位老人就是——唐孝威院士。

第二年，我顺利考上了本校（杭州师范大学）心理系的研究生，学习之余，我时常会来浙江大学新成立的跨学科基地——语言与认知研究中心“蹭”各种学术活动，偶尔也会遇到唐先生，但或许是感觉到自己与唐先生之间的距离，再加上自己是外校学生，故而从未敢真正靠近唐先生。几次与先生擦肩而过，也未向唐先生主动问好，更遑论向他求教。现在思来，不禁为当年自己的青涩感到好笑。也是在这一年，我认识了该中心盛晓明老师的硕士生王球，并主动向当时中心沙龙的热情组织者李恒威老师申请来该中心做了第一次报告。也正是在那次活动间隙，我得知李老师在博士后期间的合作导师正是唐先生。唐先生的沉静质朴与李老师的热情健谈形成了鲜明的对比，但是他们却都以宽容、开放、无私、谦逊的人格魅力，深深吸引了我。

2009年9月，我来到南京师范大学心理学院攻读博士学位，由于学业压力和诸事缠身，回到杭州的机会不多，也一直没有机会接触唐先生，但我却一直关注着唐先生的学术活动，并与李恒威老师保持着密切的联系。2012年6月，我回到故乡绍兴文理学院心理学系工作。工作一年后，在李恒威老师的大力帮助下，我终于觅得机会到浙江大学语言与认知研究中心从事博士后阶段的工作。进站不久后，我就有幸参与了唐先生牵头组织的学术活动——上海市中国工程院院士咨询与学术活动中心与浙江大学语言与认知研究中心共同主办的以“意识与脑”为主题的第63期院士沙龙。在唐先生的号召下，来自中国科学院、中国工程院、上海交通大学、复旦大学、浙江大学、华东师范大学的30余位专家学者聚集一堂，在沙龙宽松的氛围中，展开了热烈而富有创见的讨论。在沙龙临近尾声时，唐先生在总结陈词中忽然提到了我的名字，这让我感到十分意外。原来中国科学技术协会主办的《科技导报》每期都会将其刊物赠阅给两院院士，而我曾多次在该刊发表过有关意识问题的书评和短篇评论。唐先生认为这样的工作非常具有科学普及意义，但在这样一个“大咖”云集的场合，上述微不足道的工作居然赢得唐先生的关注与推荐，着实让我汗颜。更让人感到出乎意料的是，从杭州返回家中的第二天，我就接到了李恒威老师的电话，李老师嘱咐我说唐先生让我给他打个电话，聊一下我的具体研究工作。怀揣着忐忑的心情，我第一次拨通了唐先生办公室的电话，我清晰地记得那一天是2013年6月18日。电话那头传来了唐先生亲切却又不失有力的声音：“陈巍，你好！我记得你，你现在绍兴文理学院工作。”这一下子拉近了我和唐先生的距离。随后，我向唐先生简要介绍了自己的求学经历，并向他汇报了博士后阶段的研究计划。唐先生不时询问其中的细节，并希望我有空多去他的办公室坐坐，谈谈我对意识问题的看法。搁下电话，我仍然不敢相信唐先生是如此平易近人。其实，现在想来，这一“领悟”实在是来得有点晚。

之后，我与唐先生的联系开始频繁，2014年5月10日，作为中国人民大学刘晓力教授主持的国家社会科学基金重大项目中期汇报的“认知科学对当代哲学的挑战”研讨会，在杭州佛学院召开。浙江大学语言与认知研究中心与哲学系、杭州佛学院、意识科学与东方研究中心为共同承办单位。来自中国人民大学、浙江大学、杭州佛学院、山东大学、中山大学、南京大学、复旦大学等高等院校的专家学者40多人出席了会议。在此次研讨会上，唐先生首先发言，对刘晓力教授领衔的课题团队在认知科学与当代哲学关系问题上取得的成果表示了肯定，并对课题组下一阶段的工作提出了更为殷切的期盼与更高的要求。唐先生认为，中国的认知科学家与哲学家应该重视在国际学术界发出属于自己的声音，在座的每一位中国学者都必须为回答“What is the mind?”这一问题贡献自己的力量。唐先生的发言赢得了在座所有学者的一致共鸣，充分体现了他高瞻远瞩的科学关怀与学术追求。会议间歇，在佛学院清幽静阒的过道上，唐先生邀请我陪他一起走走，几乎没有寒暄，他便单刀直入："在你看来，'What is mind?'"我向他比较详细地解释了我自己关注的领域，尤其是第一人称方法在意识科学谱系中的位置。其间，唐先生追问："如内省法这样的第一人称方法如何与实验科学之间产生充分的互动？"这个问题一直是近年来国际学术界备受争议的话题，唐先生一针见血地指出它，足见他对于意识科学的思考一直走在国际同行的前列。

2015年新年伊始，我打电话给唐先生拜年，他向我提议在下学期组织两周一次的认知科学沙龙，主题是"我们是否需要发起第三次认知科学革命"，并希望我能够定期参加。我欣然接受了他的提议，并与师弟董达积极筹划，在浙江大学内广泛宣传，邀请相关学科的学者参加我们的活动，很快就得到了来自浙江大学物理系、计算机系、心理学系等同学与老师的响应。就这样，在2015年3—6月，在浙江大学玉泉校区唐先生的办公室中，来自人工智能、哲学、神经科学、心理学等不同学者的师生每两周汇聚一堂，探讨第二代认知科学的核心议题，就"计算""表征""人工大脑""神经现象学""镜像神经元"等多个核心主题进行了深入的跨学科讨论。唐先生甚至动议："是否有必要推动第三次认知科学革命？如果可能，第三次认知科学革命的核心主张是什么？其又会对探索心智本质产生怎样的新影响？"这些问题一直激励着我的学术研究。

自博士后开始，我的学术旨趣已经完全转移到了以他心问题为中心的交叉学科探索上，也在学术研究上取得了关键性的突破。近五年来，我相继围绕这一主题申请并以"优秀"等级结项国家社会科学基金1项，成功申请到浙江省哲学社会科学规划新兴交叉学科重大扶持项目1项，并在*Frontiers in Psychology*、《心理学报》《科学通报》《哲学研究》等国内外权威期刊发表了系列论文。然而，"具身认知"这一主题却须臾不曾离开过我的学术视野，只不过最初的时候它似乎非常不主流，而在今天又似乎被"炒"得过于主流。在科学史上，任何一个新范式都会面临这样的窘境——它既指导科学研究又限制科学研究：当它被提出来并被赋予一定使命时，往往会获得更多肯定的声音，也容易获得新的证据。伴随研究的深入，新范式势必会遭遇老问题的挑战，原先宽松的氛围也会在骤然间变得严苛，各种否定的声音纷至沓来。一个真正经受得起考验的范式必然是在瑕疵中进步的。当然，上述"忽冷忽热"的表现，也一直是国内学术界难以治愈的顽疾之一。于我而言，我一直希望自己能够将多年来有关具身认知的思考记录下来，这不仅是一项具有学术意义的工作，更是对自己逝去的青葱岁月的祭奠。

2020年10月6日下午四点，我又一次从电话那头听到唐先生清健、亲切的声音。我欣喜地与他分享本书稿即将付梓的喜讯，并再次冒昧向他求赐序言一篇。唐先生不假思索就允诺下来，并嘱咐我在今年11月中旬在浙江大学举办的第十七届"心灵与机器"会议上将书稿带来与他讨论。15年光阴弹指一挥间，循环往替见证了我与唐先生的学术情缘。因此，本书的出版也可说得上是对这段学术情缘最好的纪念。

当然，我还需要由衷地感谢我多年的好友、本书的合作者张静博士和殷融博士，他们都为本书的写作提供了相当大的智力支持，没有他们的慷慨付出，本书的出版计划只能延宕甚至搁浅。其中，张静博士和我合作完成了第十一章、第十三章的写作；殷融博士则独立贡献了第六章的第一节、第二节和第九章的内容。近年来，我的学生，目前在浙江大学哲学系暨语言与认知研究中心攻读博士研究生的赵翥同学则为本书提供了围绕镜像神经元与具身模拟问题的深入探索。我的课题组成员，以及绍兴文理学院重点科研创新平台——大脑、心智与教育研究中心的徐慧艳博士、赵佩琼老师、孙洋洋老师等也参与了本书相关章节的资料收集、文献整理与初稿写作。我指导的硕士研究生张金鑫、田楚瑶同学对本书的体例与格式进行了多轮的校对，胡烨同学对书稿的插图进行了统一处理，在此一并致谢！这项工作也得到了我的博士后合作导师李恒威教授、博士导师郭本禹教授的关心与指导。尤其是李恒威老师，他一直是国内具身认知领域的先行者，也是我十多年前走进这个领域的引路人。感谢中国人民大学哲学院刘晓力老师、华东师范大学心理与认知科学学院李其维老师一直以来的青眼有加与提掖美意。还要感谢现担任北京师范大学认知神经科学与学习国家重点实验室 PI、IDG/麦戈文脑科学研究院研究员的汪寅博士十多年来对我们工作的悉心指导。农历牛年大年初四，华东师范大学郭秀艳老师慨然应允为拙著作序推荐，更为我们的研究给予莫大褒励。最后，对本书的责任编辑付艳老师、崔文燕老师、冯雅萌老师在书稿校对上付出的辛勤劳动谨致谢忱！

手机上再次传来这首熟悉的旋律，如果把梦想比作那个“你”，那么我追逐的脚步注定不会停歇。可喜的是人到中年，脚步声居然变得越发笃定、铿锵了！

那就不要留 时光一过不再有；
你远眺的天空 挂更多的彩虹；
我会紧紧的 将你豪情放在心头；
在寒冬时候 就回忆你温柔；
……

陈 巍

2021年2月15日于越中凌楷燃犀斋

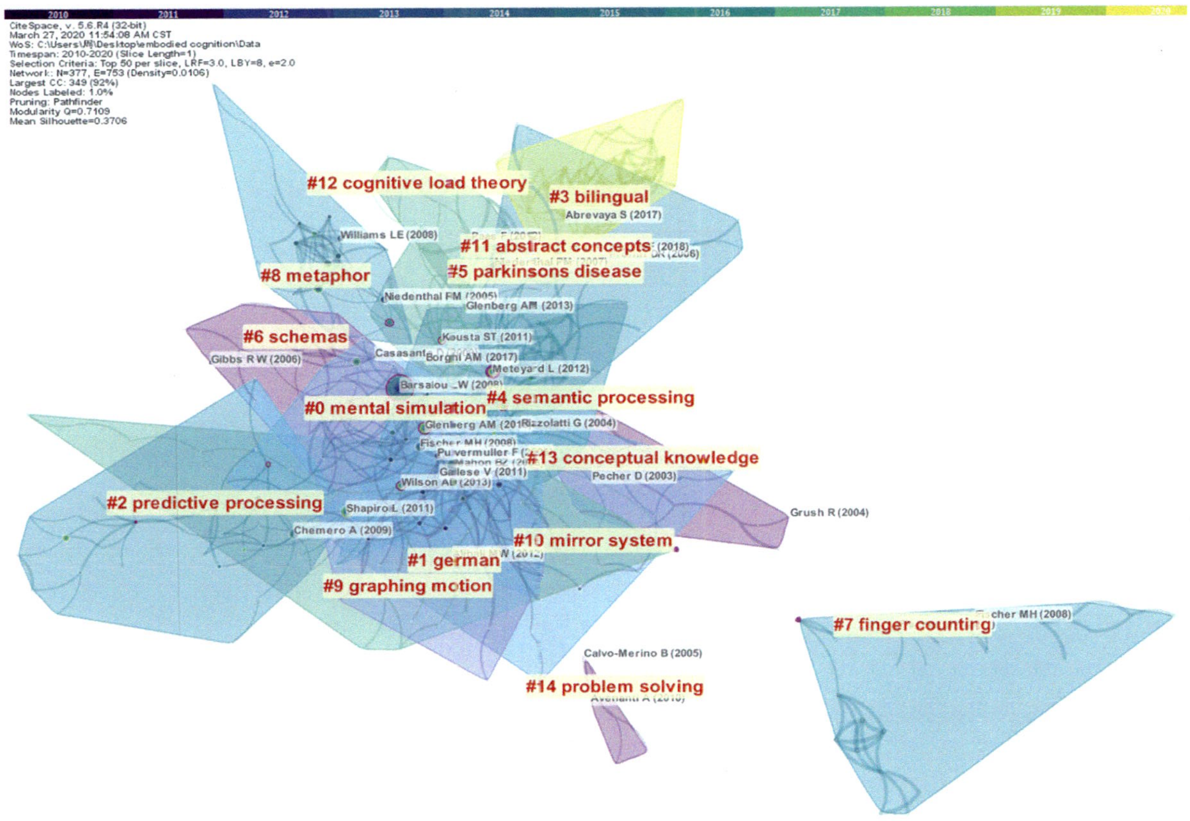

图0-2　具身认知领域热点主题共现分析

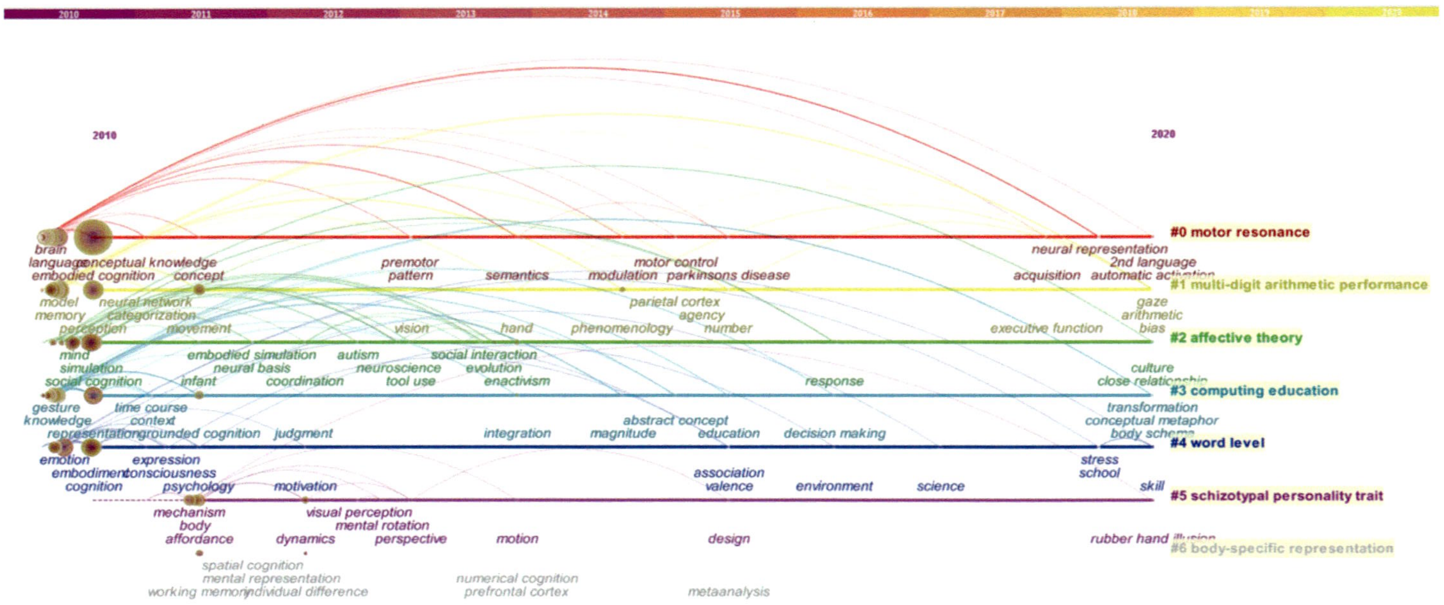

图0-3 具身认知时间聚类分析